기계설계산업기사

필기

기계설계산업기사 시험은 산업체에서 제품개발, 설계, 생산기술 부문의 기술자들이 치공구를 포함한 기계의 부품도, 조립도 등을 설계하며, 연구, 생산관리, 품질관리 및 설비관리 등을 수행하는 직무수행능력을 평가합니다.

본서는 2022년부터 적용되는 최신 NCS 기반의 출제기준에 맞게 단원별로 핵심 내용을 정리하였으며, 기출문제와 CBT 모의고사를 통해 수험생들이 보다 쉽게 실전 문제 풀이 능력을 향상할 수 있도록 효율적인 학습 루틴을 제시하였습니다.

이 책의 구성 및 특징

첫째, 최신 NCS를 토대로 한 핵심 내용 정리
둘째, 단원별 실전 문제와 핵심 기출 문제 수록
셋째, 이해도를 높이는 상세한 문제풀이 게재
넷째, 필기 합격률을 높일 수 있는 질 높은 유료 동영상 강의 제작

이 책이 기계설계 분야로 첫발을 내딛는 입문자들에게 밝은 빛이 될 것이라 믿습니다.

다솔유캠퍼스의 연구진들의 땀과 정성으로 만든 이 책이 누군가에게 기회를 만들 수 있는 초석이 되었으면 하는 바람입니다.

다솔유캠퍼스

Creative Engineering Drawing

Dasol U-Campus Book

2008

전산응용기계제도 실기/실무
AutoCAD-2D 활용서

2011

전산응용제도 실기/실무(신간)
KS규격집 기계설계
KS규격집 기계설계 실무(신간)

2012

AutoCAD-2D와 기계설계제도

2013

ATC 출제도면집

2001

전산응용기계제도 실기
전산응용기계제도기능사 필기
기계설계산업기사 필기

2007

KS규격집 기계설계
전산응용기계제도 실기 출제도면집

1996

전산응용기계설계제도

1998

제도박사 98 개발
기계도면 실기/실습

1996

다솔기계설계교육연구소

2000

㈜다솔리더테크
설계교육부설연구소 설립

2001

다솔유캠퍼스 오픈
국내 최초 기계설계제도
교육 사이트

2002

(주)다솔리더테크
신기술벤처기업 승인

2008

다솔유캠퍼스 통합

2010

자동차정비분0
강의 서비스 사

2012

홈페이지 1차 7

Since 1996

Dasol U-Campus

다솔유캠퍼스는 기계설계공학의 상향 평준화라는 한결같은 목표를 가지고 1996년 이래 교재 집필과 교육에 매진해 왔습니다.
앞으로도 여러분의 꿈을 실현하는 데 다솔유캠퍼스가 기회가 될 수 있도록 교육자로서 사명감을 가지고 더욱 노력하는 전문교육기업이 되겠습니다.

2017

CATIA-3D 실무 실습도면집
3D 실기 활용서 시리즈(신간)

2018

기계설계 필답형 실기
권사부의 인벤터-3D 실기

2014

NX-3D 실기활용서
인벤터-3D 실기/실무
인벤터-3D 실기활용서
솔리드웍스-3D 실기/실무
솔리드웍스-3D 실기활용서
CATIA-3D 실기/실무

2019

박성일마스터의 기계 3역학
홍쌤의 솔리드웍스-3D 실기

2020

일반기계기사 필기
컴퓨터응용가공선반기능사
컴퓨터응용가공밀링기능사

2015

CATIA-3D 실기활용서
기능경기대회 공개과제 도면집

2021

건설기계설비기사 필기
기계설계산업기사 필기
전산응용기계제도기능사 필기

2013

홈페이지 2차 개편

2015

홈페이지 3차 개편
단체수강시스템 개발

2016

오프라인
원데이클래스

2017

오프라인
투데이클래스

2018

국내 최초 기술교육전문
2018 브랜드선호도 1위

2020

Live클래스
E-Book사이트(교사/교수용)

2021

홈페이지 4차 개편
모바일 서비스

CBT PREVIEW

수험자 정보 확인

시험장 감독위원이 컴퓨터에 나온 수험자 정보와 신분증이 일치하는지를 확인하는 단계입니다.
수험번호, 성명, 주민등록번호, 응시종목, 좌석번호를 확인합니다.

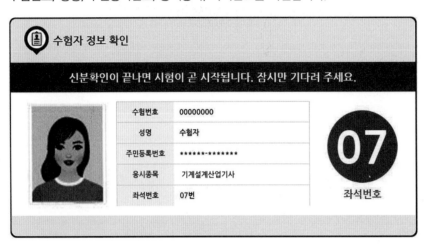

안내사항

시험에 관련된 안내사항이므로 꼼꼼히 읽어보시기 바랍니다.

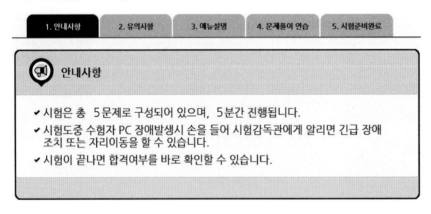

유의사항

부정행위는 절대 안 된다는 점, 잊지 마세요!

📢 **유의사항 - [1/3]**

• 다음과 같은 부정행위가 발각될 경우 감독관의 지시에 따라 퇴실 조치되고, 시험은 무효로 처리되며, 3년간 국가기술자격검정에 응시할 자격이 정지됩니다.

> ✔ 시험 중 다른 수험자와 시험에 관련한 대화를 하는 행위
> ✔ 시험 중에 다른 수험자의 문제 및 답안을 엿보고 답안지를 작성하는 행위
> ✔ 다른 수험자를 위하여 답안을 알려주거나, 엿보게 하는 행위
> ✔ 시험 중 시험문제 내용과 관련된 물건을 휴대하여 사용하거나 이를 주고받는 행위

다음 유의사항 보기 ▶

문제풀이 메뉴 설명

문제풀이 메뉴에 대한 주요 설명입니다. CBT에 익숙하지 않다면 꼼꼼한 확인이 필요합니다. (글자크기/화면배치, 전체/안 푼 문제 수 조회, 남은 시간 표시, 답안 표기 영역, 계산기 도구, 페이지 이동, 안 푼 문제 번호 보기/답안 제출)

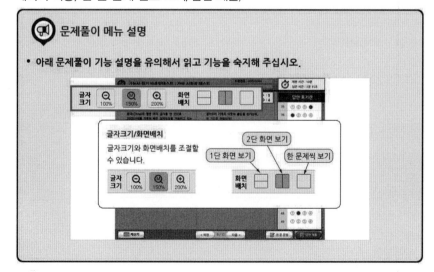

CBT PREVIEW

✅ 시험준비 완료!

이제 시험에 응시할 준비를 완료합니다.

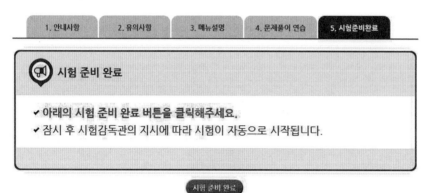

✅ 시험화면

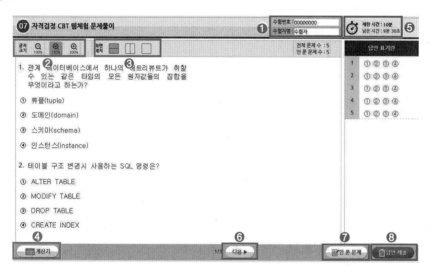

❶ 수험번호, 수험자명 : 본인이 맞는지 확인합니다.

❷ 글자크기 : 100%, 150%, 200%로 조정 가능합니다.

❸ 화면배치 : 2단 구성, 1단 구성으로 변경합니다.

❹ 계산기 : 계산이 필요할 경우 사용합니다.

❺ 제한 시간, 남은 시간 : 시험시간을 표시합니다.

❻ 다음 : 다음 페이지로 넘어갑니다.

❼ 안 푼 문제 : 답안 표기가 되지 않은 문제를 확인합니다.

❽ 답안 제출 : 최종답안을 제출합니다.

☑ 답안 제출

문제를 다 푼 후 답안 제출을 클릭하면 위와 같은 메시지가 출력됩니다.
여기서 '예'를 누르면 답안 제출이 완료되며 시험을 마칩니다.

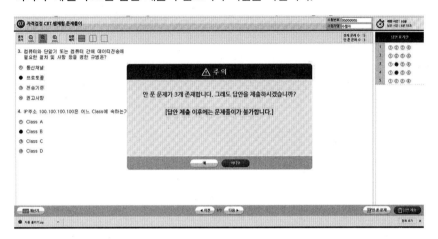

☑ 알고 가면 쉬운 CBT 4가지 팁

1. 시험에 집중하자.
기존 시험과 달리 CBT 시험에서는 같은 고사장이라도 각기 다른 시험에 응시할 수 있습니다. 옆 사람은 다른 시험을 응시하고 있으니, 자신의 시험에 집중하면 됩니다.

2. 필요하면 연습지를 요청하자.
응시자의 요청에 한해 시험장에서는 연습지를 제공하고 있습니다. 연습지는 시험이 종료되면 회수되므로 필요에 따라 요청하시기 바랍니다.

3. 이상이 있으면 주저하지 말고 손을 들자.
갑작스럽게 프로그램 문제가 발생할 수 있습니다. 이때는 주저하며 시간을 허비하지 말고, 즉시 손을 들어 감독관에게 문제점을 알려주시기 바랍니다.

4. 제출 전에 한 번 더 확인하자.
시험 종료 이전에는 언제든지 제출할 수 있지만, 한 번 제출하고 나면 수정할 수 없습니다. 맞게 표기하였는지 다시 확인해보시기 바랍니다.

INFORMATION

직무 분야	기계	중직무 분야	기계제작	자격 종목	기계설계산업기사	적용 기간	2022.1.1. ~ 2024.12.31.

○ 직무내용 : 산업체에서 제품개발, 설계, 생산기술 부문의 기술자들이 치공구를 포함한 기계의 부품도, 조립도 등을 설계하며, 연구, 생산관리, 품질관리 및 설비관리 등을 수행

필기검정방법	객관식	문제수	60	시험시간	1시간 30분

필기과목명	문제수	주요항목	세부항목	세세항목
기계제도	20	1. 도면분석	1. 도면 분석	1. 도면(설계) 양식과 규격 2. 설계사양서 3. 표준부품 4. 산업표준(KS, ISO)
			2. 요소부품 투상	1. 투상법 2. 조립도 3. 부품도
		2. 도면검토	1. 주요치수 및 공차 검토	1. 치수기입 2. 치수공차 3. 기하공차 4. 끼워맞춤 5. 표면거칠기 6. 표준부품의 호환성
			2. 도면해독 검토	1. 작업방법 2. 작업설비 3. 재료선정 및 중량 산출 4. 부품별 기능파악
		3. 2D도면작업	1. 작업환경설정	1. 사용자 환경 설정 2. 선의 종류와 용도 3. 도면 출력 양식
			2. 도면작성	1. 좌표계 2. 도면작성 3. 형상 비교 · 검토
		4. 형상모델링 작업	1. 모델링 작업 준비	1. 사용자 환경 설정
			2. 모델링 작업	1. 스케치 작업 2. 모델링 작업 3. 모델링 편집 4. 좌표계의 종류 및 특성
		5. 형상모델링검토	1. 모델링 분석	1. 모델링 분석 2. 모델링 보정
			2. 모델링 데이터 출력	1. 3D-2D 데이터변환 2. 도면 출력 양식

필기과목명	문제수	주요항목	세부항목	세세항목
기계요소설계	20	1. 체결요소설계	1. 요구기능 파악 및 선정	1. 나사 2. 키 3. 핀 4. 리벳 5. 용접 6. 볼트 · 너트 7. 와셔 8. 코터
			2. 체결요소 설계	1. 자립조건 2. 체결요소 풀림방지 3. 체결요소의 강도, 강성, 피로, 부식방지 4. 표면처리 방법
		2. 동력전달요소설계	1. 요구기능 파악 및 선정	1. 축 2. 축이음 3. 베어링 4. 마찰차 5. 기어 6. 캠 7. 벨트 8. 로프 9. 체인 10. 브레이크 등
			2. 동력전달요소 설계	1. 동력전달요소 설계 2. 동력전달 사양설정 3. 동력전달 구현방법 4. 동력전달력 계산
		3. 치공구요소설계	1. 요구기능 파악	1. 치공구의 기능과 특성 2. 공정별 가공 공정 이해
			2. 치공구요소 선정	1. 치공구의 종류 2. 치공구의 사용법 3. 공작물의 위치결정 4. 공작물 클램핑 5. 치공구 작업안전
			3. 치공구요소 설계	1. 고정구(Fixture)설계 2. 지그(Jig)설계
기계재료 및 측정	20	1. 요소부품 재질선정	1. 요소부품 재료 파악	1. 철강재료 2. 비철재료 3. 비금속재료
			2. 최적요소부품 재질 선정	1. 재질의 파악 2. 재질 적합성 검토 3. 재료의 특성 4. 재료의 원가

INFORMATION

필기과목명	문제수	주요항목	세부항목	세세항목
기계재료 및 측정	20	1. 요소부품 재질선정	3. 요소부품 공정 검토	1. 공작기계의 종류 및 용도 2. 선반가공 3. 밀링가공 4. 기타 절삭가공 5. 기계가공 관련 안전수칙
			4. 열처리 방법 결정	1. 강의 열처리 2. 표면처리
		2. 기본측정기사용	1. 작업계획 파악	1. 도면해독
			2. 측정기 선정	1. 측정기 종류 2. 측정 보조기구 선정
			3. 기본측정기 사용	1. 측정기 사용방법 2. 측정기 영점조정 3. 측정 오차 4. 측정기 측정값 읽기

CONTENTS

기계설계산업기사 필기

기계요소설계

기계재료 및 측정

PART 04

실전 모의고사

기계설계산업기사 필기

01

기계제도

Industrial Engineer Machinery Design

01 제도의 기본

01 제도통칙(KS A 0005)

1 제도

기계나 구조물의 모양 또는 크기를 일정한 규격에 따라 점·선·문자·부호 등을 사용하여 설계자의 의도를 제작자 또는 시공자에게 명확하게 전달되도록 도면을 작성하는 과정을 말한다.

① **제도통칙** : 1966년 KS A 0005로 제정
② **기계제도통칙** : 1967년 KS B 0001로 제정

2 제도의 표준화

① 균일한 제품을 만들고 품질을 향상시킬 수 있다.
② 생산능률을 높여 생산단가를 줄일 수 있다.
③ 부품의 호환성이 증가된다.
④ 인력과 자재가 절약되어 경쟁력을 높일 수 있다.

3 한국산업표준의 분류체계(각 분야를 알파벳으로 구분)

분류기호	부문	분류기호	부문	분류기호	부문
A	기본	H	식료품	Q	품질경영
B	기계	I	환경	R	수송기계
C	전기	J	생물	S	서비스
D	금속	K	섬유	T	물류
E	광산	L	요업	V	조선
F	건설	M	화학	W	항공우주
G	일용품	P	의료	X	정보

4 산업규격의 명칭 및 기호

명칭	규격기호	명칭	규격기호
국제표준화기구	ISO	일본산업규격	JIS
한국산업규격	KS	영국산업규격	BS
미국산업규격	ANSI	스위스산업규격	SNV
독일산업규격	DIN	프랑스산업규격	NF

> **Reference**
>
> • KS(Korean Industrial Standards)
> • ISO(International Organization for Standardization)

02 도면의 크기와 종류

1 도면의 크기와 윤곽선

① 길이의 기본 단위는 mm이다.

② 도면의 용지는 A 계열을 사용하며, 세로와 가로의 비는 $1 : \sqrt{2}$ 이고 A0의 넓이는 1m²이다.

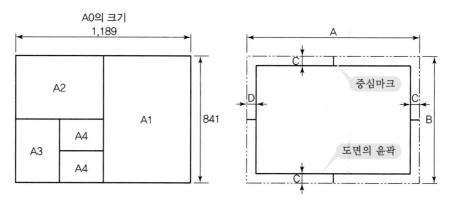

| 도면의 크기와 윤곽선 |

용지 크기		A0	A1	A2	A3	A4
A×B		841 × 1,189	594×841	420 × 594	297 × 420	210 × 297
C(최소)		20	20	10	10	10
D (최소)	철하지 않을 때	20	20	10	10	10
	철할 때	25	25	25	25	25

2 도면의 형식

도면에 반드시 기입해야 할 사항은 도면의 윤곽, 중심마크, 표제란이고, 비교눈금, 도면의 구역을 구분하는 구분선, 구분기호, 재단마크 등은 생략 가능하다.

표제란에 기입하는 사항은 도번(도면 번호), 도명(도면 이름), 척도, 투상법, 작성자명, 일자 등이고, 오른쪽 아래에 배치한다.

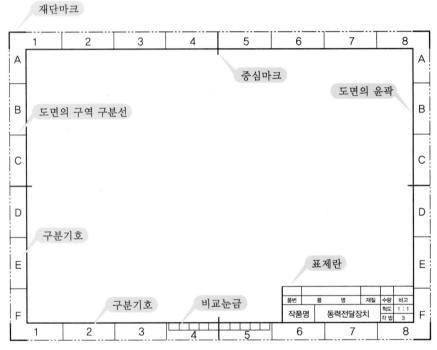

| 도면의 형식 |

3 척도

(1) 척도 표시방법

일반적으로 도면은 현척(실척)으로 그리는데, 경우에 따라 부품을 확대하거나 축소하여 그릴 수 있다. 척도는 표제란에 기입을 원칙으로 하며 한 장의 도면 내에 나타낸 각 부품의 척도가 서로 다를 경우 부품 번호 옆에 또는 부품란의 비고란에 기입해야 한다.

$$\textbf{A} \quad : \quad \textbf{B}$$

도면 크기   물체의 실제 크기

(2) 척도의 종류

① 축척 : 규정된 배율(다음 ⑤, ⑥ 표)에 따라 실물보다 작게 그린 도면

② 현척(실척) : 실물과 같은 크기로 그린 도면

③ 배척 : 규정된 배율(다음 ⑤, ⑥ 표)에 따라 실물보다 크게 그린 도면

④ NS(None Scale) : 비례척이 아닌 작성자가 임의대로 실물보다 크게 그린 도면

⑤ KS 규격에 정해진 축척, 현척, 배척의 값

척도의 종류	값
축척	• 1 : 2, 1 : 5, 1 : 10, 1 : 20, 1 : 50, 1 : 100, 1 : 200 • $(1 : \sqrt{2})$, $(1 : 2.5)$, $(1 : 2\sqrt{2})$, $(1 : 3)$, $(1 : 4)$, $(1 : 5\sqrt{2})$, $(1 : 25)$, $(1 : 250)$
현척	1 : 1
배척	• 2 : 1, 5 : 1, 10 : 1, 20 : 1, 50 : 1 • $(\sqrt{2} : 1)$, $(2.5\sqrt{2} : 1)$, $(100 : 1)$

📁 ( )의 척도는 가급적 사용하지 않는다.

⑥ ISO 5455에 의한 척도

축척			현척	배척		
1 : 2	1 : 5	1 : 10				
1 : 20	1 : 50	1 : 100	1 : 1	50 : 1	20 : 1	10 : 1
1 : 200	1 : 500	1 : 1,000		5 : 1	2 : 1	
1 : 2,000	1 : 5,000	1 : 10,000				

4 도면의 종류

(1) 사용 목적에 따른 분류

① 계획도 : 설계자가 만들고자 하는 제품의 계획을 나타낸 도면

② 제작도 : 부품도와 조립도가 있으며, 실제로 제품을 만들기 위한 도면

③ **주문도** : 주문서에 첨부하여 주문자의 요구 내용을 제작자에게 전달하는 도면

④ **견적도** : 견적서에 첨부하여 주문자에게 견적 내용을 전달하는 도면

⑤ **승인도** : 제작자가 주문자의 검토와 승인을 얻기 위한 도면

⑥ **설명도** : 제품의 구조, 기능, 성능 등을 설명하기 위한 도면

(2) 내용에 따른 분류

① **조립도** : 제품의 전체적인 조립상태를 나타내고, 조립에 필요한 치수 등을 나타낸 도면

② **부분 조립도** : 복잡한 제품의 각 부분 조립상태를 나타낸 도면

③ **부품도** : 각 부품에 대하여 필요한 모든 정보를 나타낸 도면

④ **상세도** : 필요한 부분을 더욱 상세하게 표시한 도면

⑤ **공정도** : 제품의 생산과정을 일련의 공정 도시기호로 나타내는 도면

⑥ **접속도** : 전기기기의 상호 간 접속상태 및 기능을 나타낸 도면

⑦ **배선도** : 전기기기의 배선상태(전기기기의 크기, 설치할 위치, 전선의 종류 · 굵기 · 수 및 배선의 위치 등)를 나타내는 도면

⑧ **배관도** : 관의 위치 및 설치방법 등을 나타낸 도면

⑨ **전개도** : 입체적인 제품의 표면을 평면에 펼쳐 그린 도면

⑩ **곡면선도** : 제품의 복잡한 곡면을 단면 곡선으로 나타내는 도면

⑪ **장치도** : 각 장치의 배치 및 제조공정 등의 관계를 나타내는 도면

⑫ **계통도** : 배관 및 전기장치의 결선과 작동을 나타내는 도면

(3) 성격에 따른 분류

① **원도** : 제도 용지에 연필로 그린 도면, 컴퓨터로 작성한 최초의 도면

② **트레이스도** : 연필로 그린 원도 위에 트레이싱지를 대고 연필 또는 드로잉 펜으로 그린 도면

③ **복사도** : 트레이스도를 원본으로 하여 복사한 도면[청사진(Blue Print), 백사진(Positive Print) 및 전자복사도 등]

실전 문제

01 현대사회는 산업 구조의 거대화로 대량 생산 체제가 이루어지고 있다. 이런 대량 생산화의 추세에서 기계제도와 관련된 표준규격의 방향으로 옳은 것은?

① 이익집단 중심의 단체 규격화
② 민족 중심의 보수 규격화
③ 대기업 중심의 사내 규격화
④ 국제 교류를 위한 통용된 규격화

해설 ⊕

기계제도와 관계된 표준규격은 국제 교류를 위한 통용된 규격화를 사용해야 하며, 우리나라의 제도규격은 KS와 ISO 규격을 같이 사용하고 있다.

02 기계제도에서 도면이 구비해야 할 기본요건으로 거리가 먼 것은?

① 대상물의 도형과 함께 필요로 하는 크기, 모양, 자세 등의 정보를 포함하여야 하며, 필요에 따라 재료, 가공방법 등의 정보를 포함하여야 한다.
② 무역 및 기술의 국제 교류의 입장에서 국제성을 가져야 한다.
③ 도면 표현에 있어서 설계자의 독창성이 잘 나타나야 한다.
④ 마이크로필름 촬영 등을 포함한 복사 및 도면의 보존, 검색, 이용이 확실히 되도록 내용과 양식이 구비되어야 한다.

해설 ⊕

도면은 설계자의 독창성보다는 제도법을 준수하여 규격대로 표현해야 한다.

03 도면에 마련되는 양식의 종류 중 작성부서, 작성자, 승인자, 도면 명칭, 도면 번호 등을 나타내는 양식은?

① 표제란
② 부품란
③ 중심마크
④ 비교눈금

해설 ⊕

표제란
도면의 우측 아래에 배치하며, 도번(도면 번호), 도명(도면 이름), 척도, 투상법, 작성자명, 일자 등의 내용을 기입한다.

04 다음 도면의 크기 중 A1 용지의 크기를 나타낸 것은?(단, 치수의 단위는 mm이다.)

① $841 \times 1,189$
② 594×841
③ 420×594
④ 297×420

해설 ⊕

A계열 용지 규격
• A0 : $841 \times 1,189$
• A1 : 594×841
• A2 : 420×594
• A3 : 297×420

05 기계도면을 용도에 따른 분류와 내용에 따른 분류로 구분할 때, 용도에 따른 분류에 속하지 않는 것은?

① 부품도
② 제작도
③ 견적도
④ 계획도

해설 ⊕

기계도면의 분류
• 용도에 따른 분류 : 계획도, 제작도, 주문도, 견적도, 승인도, 설명도 등
• 내용에 따른 분류 : 부품도

정답   01 ④   02 ③   03 ①   04 ②   05 ①

02 선·문자

01 선

1 굵기에 따른 선의 종류

종류	설명	모양
가는 선	굵기가 0.18~0.5mm인 선	——————
굵은 선	굵기가 0.35~1mm인 선	——————
아주 굵은 선	굵기가 0.7~2mm인 선	——————

> **Reference**
>
> 아주 굵은 선 : 굵은 선 : 가는 선 = 4 : 2 : 1

2 모양에 따른 선의 종류

종류	설명	모양
실선	연속된 선	——————
파선	일정한 간격으로 반복되어 그어진 선	- - - - - - -
1점쇄선	길고 짧은 2종류의 길이로 반복되어 그어진 선	—— — ——
2점쇄선	길고 짧고 짧은 길이로 반복되어 그어진 선	—— — - ——

❸ 용도에 따른 선의 종류

명칭	종류	용도에 의한 명칭	용도
굵은 실선	————————	외형선	물체의 보이는 부분의 모양을 표시하는 데 사용한다.
가는 실선	————————	치수선	치수를 기입하기 위하여 사용한다.
		치수보조선	치수를 기입하기 위하여 도형으로부터 끌어내는 데 사용한다.
		지시선	기술·기호 등을 표시하기 위하여 끌어들이는 데 사용한다.
		회전단면선	도형 내에서 끊은 부분을 90° 회전하여 표시하는 데 사용한다.
		중심선	짧은 길이의 물체 중심을 나타내는 데 사용한다.
		수준면선	수면, 유면 등의 위치를 표시하는 데 사용한다.
가는 파선 또는 굵은 파선	- - - - - - -	숨은선	물체의 보이지 않는 부분의 모양을 표시하는 데 사용한다.
가는 1점쇄선	——— — ———	중심선	• 도형의 중심을 표시하는 데 사용한다. • 중심이 이동한 중심궤적을 표시하는 데 사용한다.
		기준선	위치 결정의 근거가 된다는 것을 명시할 때 사용한다.
		피치선	되풀이하는 도형의 피치를 취하는 기준을 표시하는 데 사용한다.
굵은 1점쇄선	━━━ ▪ ━━━	기준선	기준선 중 특히 강조하는 데 쓰이는 선이다.
		특수 지정선	특수한 가공을 하는 부분 등 특별한 요구사항을 적용할 수 있는 범위를 표시하는 데 사용한다.
가는 2점쇄선	—— – – ——	가상선	• 인접 부분을 참고하거나 공구, 지그 등의 위치를 참고로 나타내는 데 사용한다. • 가공 부분을 이동 중의 특정 위치 또는 이동 한계의 위치로 표시하는 데 사용한다. • 되풀이하는 것을 나타내는 데 사용한다. • 도시된 단면의 앞쪽에 있는 부분을 표시하는 데 사용한다.
		무게중심선	단면의 무게중심을 연결한 선을 표시하는 데 사용한다.
파형의 가는 실선	～	파단선	물체의 일부를 자른 경계 또는 일부를 잘라 떼어낸 경계를 표시하는 데 사용한다.
지그재그의 가는 실선	∿		

명칭	종류	용도에 의한 명칭	용도
가는 1점쇄선 (선의 시작과 끝, 방향이 바뀌는 부분을 굵게 표시)		절단선	단면도를 그리는 경우 그 잘린 위치를 대응하는 그림에 표시하는 데 사용한다.
가는 실선으로 규칙적으로 빗줄을 그은 선		해칭선	잘려나간 물체의 절단면을 표시하는 데 사용한다.

4 겹치는 선의 우선순위

선과 문자나 기호가 겹친 경우 문자나 기호가 우선하고, 두 종류 이상의 선이 겹칠 경우 다음의 순위에 따라 그린다.

외형선 → 숨은선 → 절단선 → 가는 1점쇄선 → 가는 2점쇄선 → 치수 보조선

02 문자

제도에 사용되는 문자는 한자, 한글, 숫자, 영자 등이 있으며 문자는 되도록 간결하게 쓰고, 가로쓰기를 원칙으로 한다. 문자의 선 굵기는 한자는 문자 크기의 1/12.5, 한글은 문자 크기의 1/9로 한다.

1 문자의 크기(mm)

① 한자 : 3.15, 4.5, 6.3, 9, 12.5, 18의 6종 사용
② 한글 : 2.24, 3.15, 4.5, 6.3, 9의 5종 사용, 필요한 경우 다른 치수 사용 가능
③ 숫자 및 영자 : 2.24, 3.15, 4.5, 6.3, 9 등 5종 사용, 필요한 경우 다른 치수 사용 가능

실전 문제

01 파단선에 대한 설명으로 옳은 것은?

① 대상물의 일부분을 가상으로 제외했을 경우의 경계를 나타내는 선

② 기술, 기호 등을 나타내기 위하여 끌어낸 선

③ 반복하여 도형의 피치를 잡는 기준이 되는 선

④ 대상물이 보이지 않는 부분의 형태를 나타낸 선

해설 ➕

① 파단선, ② 지시선, ③ 피치선, ④ 숨은선

02 단면도의 절단된 부분을 나타내는 해칭선을 그리는 선은?

① 가는 2점쇄선 　　　② 가는 파선

③ 가는 실선 　　　　④ 가는 1점쇄선

해설 ➕

해칭선

절단된 부분을 나타내는 선으로 가는 실선으로 표시한다.

03 대상물의 일부를 파단한 경계 또는 일부를 떼어낸 경계를 표시하는 선으로 옳은 것은?

① 가는 1점쇄선

② 가는 2점쇄선

③ 가는 1점쇄선으로 끝부분 및 방향이 변하는 부분을 굵게 한 선

④ 불규칙한 파형의 가는 실선

해설 ➕

파단선

불규칙한 파형의 가는 실선으로 대상물의 일부를 파단한 경계 또는 일부를 떼어낸 경계를 표시하는 데 사용한다.

04 도면 작성 시 가는 실선을 사용하는 경우가 아닌 것은?

① 특별히 범위나 영역을 나타내기 위한 틀의 선

② 반복되는 자세한 모양의 생략을 나타내는 선

③ 테이퍼가 진 모양을 설명하기 위해 표시하는 선

④ 소재의 굽은 부분이나 가공공정을 표시하는 선

해설 ➕

특수 지정선

굵은 1점쇄선으로 특수한 가공을 하는 부분 등 특별히 범위나 영역을 표시하는 데 사용한다.

05 다음 중 가는 실선으로 나타내지 않는 선은?

① 지시선 　　　　　② 치수선

③ 해칭선 　　　　　④ 피치선

해설 ➕

피치선

가는 1점쇄선으로 되풀이하는 도형의 중심을 잡는 기준을 표시하는 데 사용한다.

06 KS 기계제도에서 특수한 용도의 선으로 아주 굵은 실선을 사용해야 하는 경우는?

① 나사, 리벳 등의 위치를 명시하는 데 사용한다.

② 외형선 및 숨은선의 연장을 표시하는 데 사용한다.

③ 평면이라는 것을 나타내는 데 사용한다.

④ 얇은 부분의 단면도시를 명시하는 데 사용한다.

해설 ➕

개스킷, 박판, 형강 등의 절단면이 얇은 경우 실제 치수와 관계없이 아주 굵은 실선으로 단면을 표시한다.

정답　**01** ①　**02** ③　**03** ④　**04** ①　**05** ④　**06** ④

07 가는 1점쇄선의 용도가 아닌 것은?

① 도형의 중심을 표시하는 데 쓰인다.

② 수면, 유면 등의 위치를 표시하는 데 쓰인다.

③ 중심이 이동한 중심궤적을 표시하는 데 쓰인다.

④ 되풀이하는 도형의 피치를 취하는 기준을 표시하는 데 쓰인다.

해설 ⊕----------------------------------

②는 가는 실선으로 수면, 유면 등의 위치를 표시하는 수준면선에 사용한다.

08 기계제도에서 특수한 가공을 하는 부분(범위)을 나타내고자 할 때 사용하는 선은?

① 굵은 실선　　　　② 가는 1점쇄선

③ 가는 실선　　　　④ 굵은 1점쇄선

해설 ⊕----------------------------------

특수 지정선

굵은 1점쇄선으로 특수한 가공을 하는 부분(범위)을 나타내고자 할 때 사용한다.

09 수면, 유면 등의 위치를 표시하는 수준면선에 사용하는 선의 종류는?

① 가는 파선　　　　② 가는 1점쇄선

③ 굵은 파선　　　　④ 가는 실선

해설 ⊕----------------------------------

수준면선

가는 실선으로 수면, 유면 등의 위치를 표시하는 데 사용한다.

10 도면에서 2종류 이상의 선이 같은 장소에서 겹치게 될 경우 우선순위로 알맞은 것은?

① 외형선＞숨은선＞절단선＞중심선

② 외형선＞절단선＞숨은선＞중심선

③ 외형선＞중심선＞숨은선＞절단선

④ 외형선＞절단선＞중심선＞숨은선

해설 ⊕----------------------------------

겹치는 선의 우선순위

11 다음 그림에서 길이 ⎡23⎤ 부위만을 데이텀 A로 지정하고자 한다. 이때 특정한 선을 사용하여 데이텀 부위를 지정할 수 있는데 이 선은 무엇인가?

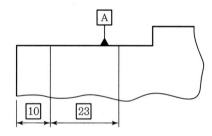

① 가는 1점쇄선

② 굵은 1점쇄선

③ 가는 2점쇄선

④ 굵은 2점쇄선

해설 ⊕----------------------------------

특수 지정선

굵은 1점쇄선으로 특수한 가공을 하는 부분 등 특별한 요구 사항을 적용할 수 있는 범위를 표시하는 데 사용한다.

12 가상선의 용도에 해당되지 않는 것은?

① 가공 전 또는 가공 후의 모양을 표시하는 데 사용
② 인접부분을 참고로 표시하는 데 사용
③ 대상의 일부를 생략하고 그 경계를 나타내는 데 사용
④ 되풀이되는 것을 나타내는 데 사용

해설 ➕

파단선
불규칙한 파형의 가는 실선으로 대상물의 일부를 생략하고 그 경계를 나타내는 데 사용한다.

13 절단면 표시방법인 해칭에 대한 설명으로 틀린 것은?

① 같은 절단면상에 나타나는 같은 부품의 단면에는 같은 해칭을 한다.
② 해칭은 주된 중심선에 대하여 45°로 하는 것이 좋다.
③ 인접한 단면의 해칭은 선의 방향 또는 각도를 변경하든지 그 간격을 변경하여 구별한다.
④ 해칭을 하는 부분에 글자 또는 기호를 기입할 경우에는 해칭선을 중단하지 말고 그 위에 기입해야 한다.

해설 ➕

해칭을 하는 부분에 글자 또는 기호를 기입할 경우에는 글자 또는 기호와 겹치지 않게 해칭선을 중단하여 기입해야 한다.

14 다음 중 표시해야 할 선이 같은 장소에 중복될 경우 선의 우선순위가 가장 높은 것은?

① 무게 중심선
② 중심선
③ 치수 보조선
④ 절단선

해설 ➕

겹치는 선의 우선순위

외형선 → 숨은선 → 절단선 → 가는 1점쇄선

→ 가는 2점쇄선 → 치수 보조선

15 다음 중 가는 1점쇄선으로 표시하지 않는 것은?

① 피치선 ② 기준선
③ 중심선 ④ 숨은선

해설 ➕

숨은선
파선으로 표시한다.

03 투상법 및 단면도법

01 투상법

공간에 있는 물체는 눈(시점)과 물체의 부분들을 연결하는 투상선이 조합되어 그 물체의 위치와 형상이 인식된다. 눈과 물체의 중간에 유리판(투상면)을 수평면에 수직으로 세워 유리판과 투상선의 교점들을 연결하면 유리판 위에 물체의 모양을 그릴 수 있게 되는데, 이를 투상(Projection)이라 하며, 보이는 형상을 투상하여 그린 그림을 투상도(Projection Drawing)라 한다.

1 투상도의 종류

(1) 정투상도

실척(현척)으로 보이는 물체의 모서리마다 관측시점을 두고 투상면에 투상하여 그린다. 기본적으로 6개의 투상도(정면도, 우측면도, 좌측면도, 평면도, 저면도, 배면도)가 존재하며, 투상도의 배치방법에 따라 1각법과 3각법으로 구분한다.

종류	원리	기호
1각법	눈 → 물체 → 투상면	
3각법	눈 → 투상면 → 물체	

① 1각법(조선 분야) : 눈 → 물체 → 투상면

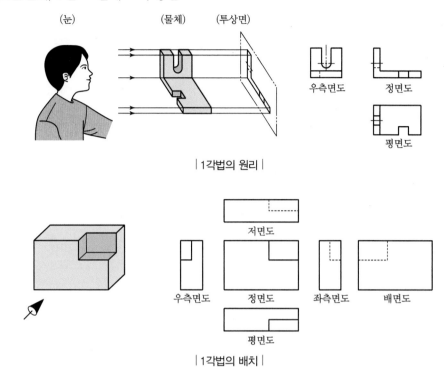

|1각법의 원리|

|1각법의 배치|

② 3각법(기계 분야) : 눈 → 투상면 → 물체

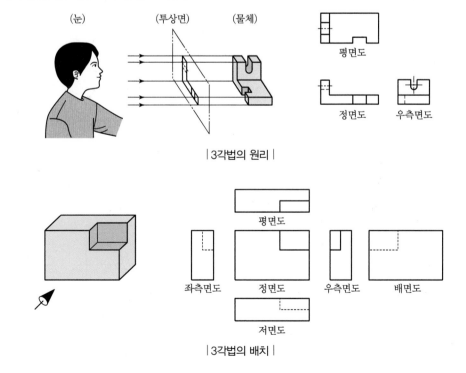

|3각법의 원리|

|3각법의 배치|

(2) 등각 투상도

정면, 우측면, 평면을 하나의 투상면에 나타내기 위하여 정면과 우측면 모서리 선을 수평선에 대하여 30°가 되게 하여 입체도로 투상한 것을 등각 투상도라 한다.

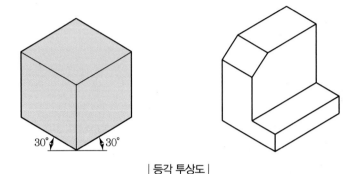

| 등각 투상도 |

(3) 부등각 투상도

등각 투상도와 비슷하지만 수평선에 대한 양쪽 각을 서로 다르게 하여 입체도로 투상한 것을 부등각 투상도라 한다.

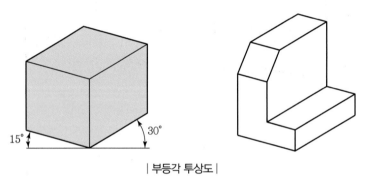

| 부등각 투상도 |

(4) 사투상도

정면도는 정면에서 바라본 실제 모양으로 그리고 나머지 윤곽은 α 각도로 기울여서 입체도로 투상한 것을 사투상도라 한다.

α 각도가 45°인 입체도를 카발리에도, 60°인 입체도를 캐비닛도라 한다.

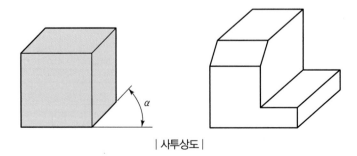

| 사투상도 |

② 특수 투상도

(1) 보조 투상도

경사진 물체를 경사면에 대해 수직인 각도로 바라보지 않으면 실제 길이보다 짧게 보이므로 경사면의 실제 길이를 나타내주기 위하여 경사면에 평행하게 그려내는 투상도를 말한다.

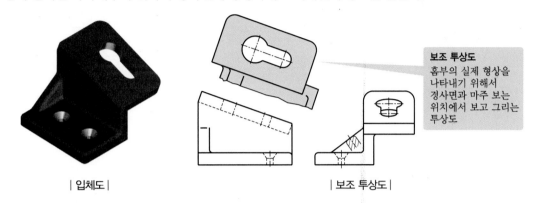

보조 투상도
홈부의 실제 형상을
나타내기 위해서
경사면과 마주 보는
위치에서 보고 그리는
투상도

| 입체도 | | 보조 투상도 |

보조 투상도는 화살표와 문자로써 표현하는 방법과 중심선을 이용하여 표현하는 방법이 있다.

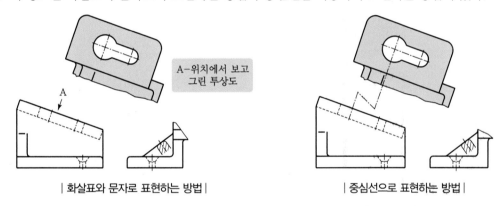

A-위치에서 보고
그린 투상도

| 화살표와 문자로 표현하는 방법 | | 중심선으로 표현하는 방법 |

(2) 부분 투상도

투상도의 일부를 그리는 것으로도 충분한 경우에 필요한 일부분을 잘라내어 그리는 투상도를 말하며, 잘린 경계를 파단선으로 그려준다.

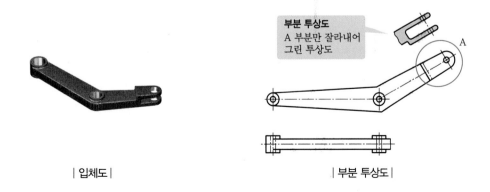

부분 투상도
A 부분만 잘라내어
그린 투상도

| 입체도 | | 부분 투상도 |

(3) 국부 투상도

대상물의 구멍, 홈 등의 어느 한 곳의 특정 부분의 모양만을 그리는 투상도를 말한다. 투상의 관계를 나타내기 위해 중심선, 기준선, 치수보조선 등으로 연결하여 나타낸다.

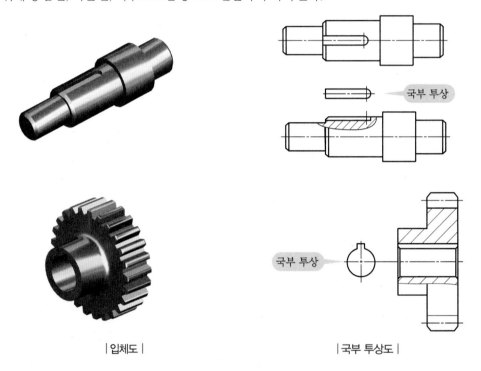

| 입체도 | | 국부 투상도 |

(4) 회전 투상도

단일 물체의 일부가 어떤 각도를 가지고 있을 때 그 물체의 실제 모양을 나타내기 위하여 각도를 가진 부분의 중심선을 기준 중심선까지 회전시켜 나타내는 투상도를 말하며, 투상도를 잘못 볼 우려가 있으면 가는 실선으로 그려진 작도선은 남겨둔다.

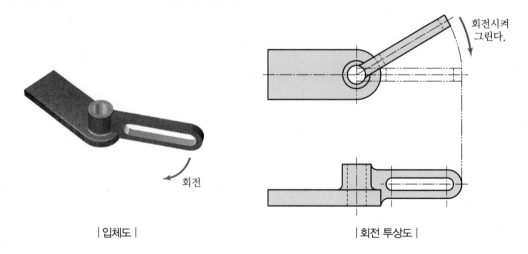

| 입체도 | | 회전 투상도 |

(5) 부분 확대도

물체에서 중요한 부분이 너무 작거나 치수선 등으로 인하여 물체의 형상이 복잡해지는 경우에 그 부분만 따로 오려내어 크기를 확대시켜 그려주는 투상도로서 확대부의 형상과 치수를 자세히 알 수 있다. 상세도에는 문자로써 척도를 표시하고 치수기입은 확대시키기 전의 원래 치수를 기입해야 한다.

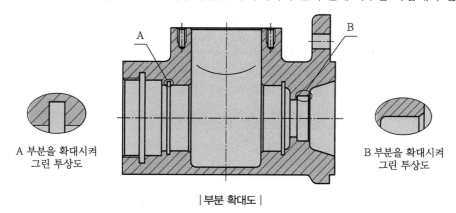

A 부분을 확대시켜
그린 투상도

B 부분을 확대시켜
그린 투상도

| 부분 확대도 |

02 단면법

물체의 보이지 않는 부분은 숨은선으로 나타내는데, 숨은선이 많을수록 물체의 형상이 이해하기 어렵고 불확실하게 보이므로 숨은선은 가능한 한 적게 사용하는 것이 바람직하다.

도면에서 숨은선으로 표시되는 부분을 분명하게 나타내기 위해 가상적으로 필요한 부분을 잘라 내어 투상한 다음 물체의 내부형상을 보여주는 것이 단면법이다. 이러한 단면도를 활용하여 설계자의 뜻을 가공자에게 명확하게 전달할 수 있도록 도면은 간단하고 정확하게 그려야 한다.

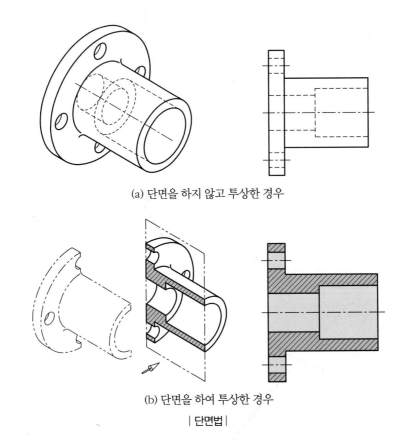

(a) 단면을 하지 않고 투상한 경우

(b) 단면을 하여 투상한 경우

| 단면법 |

① 단면 도시방법의 원칙

① 숨은선(은선)은 되도록 생략한다.

② 잘린 면과 잘리지 않은 면을 구분하기 위하여 45° 가는 실선의 해칭(Hatching) 또는 스머징(Smudging)을 사용한다.

③ 다음 그림 (a)에서와 같이 절단선으로 잘린 면의 위치를 나타낸다. 화살표의 방향은 자른 면을 직각으로 바라보는 방향(관측시점)이며, 문자는 주로 고딕 · 단선체의 알파벳 대문자를 사용한다. 그림 (b)에서와 같이 자른 면의 위치가 대칭 중심선 방향으로 명확할 경우 단면 도시방법(화살표, 문자)은 생략해도 된다.

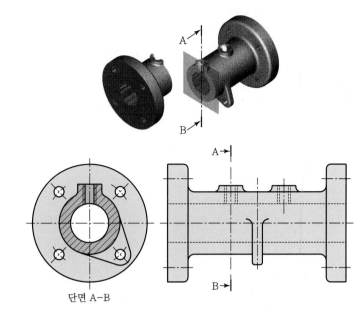

단면 A–B

(a) 단면 위치를 문자와 화살표로 표시

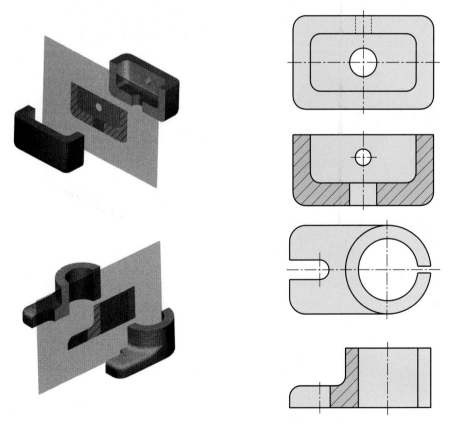

(b) 단면 위치가 분명한 경우의 도시방법

| 단면 도시방법 |

03 단면도

▍단면도의 종류와 특징

종류	특징
온단면도(전단면도)	물체의 1/2 절단
한쪽 단면도(반단면도)	대칭 물체를 1/4 절단. 내부와 외부를 동시에 보여줌
부분 단면도	• 필요한 부분만을 절단하여 단면으로 나타냄 • 절단 부위는 가는 파단선을 이용하여 경계를 나타냄
회전 단면도	암, 리브, 축, 훅 등의 일부를 90° 회전하여 나타냄
계단 단면	계단 모양으로 물체를 절단하여 나타낸 것
곡면 단면	구부러진 관 등의 단면을 나타낸 것

1 온단면도(전단면도)

중심선을 기준으로 전체 물체의 반(1/2)을 자른 다음, 잘린 면의 수직인 방향에서 바라본 형상을 그리는 가장 기본적인 단면도이다.

| 입체도 |

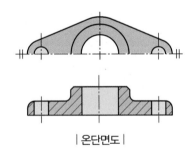

| 온단면도 |

2 한쪽 단면도(반단면도)

상하 또는 좌우 대칭인 물체에서 중심선을 기준으로 물체의 1/4만 잘라내서 그려주는 방법으로 물체의 외부형상과 내부형상을 동시에 나타낼 수 있는 장점을 가지고 있다.

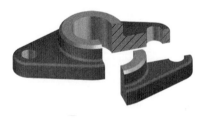

| 입체도 |

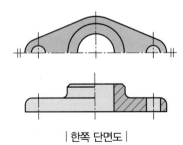

| 한쪽 단면도 |

❸ 부분 단면도

물체에서 필요한 일부분을 잘라내어 그 형상을 나타내는 기법으로 원하는 곳에 자유롭게 적용할 수 있어 사용범위가 매우 넓다. 대칭 또는 비대칭인 물체에 상관없이 적용할 수 있으며 잘려나간 부분은 파단선을 이용하여 그 경계를 표시해 준다.

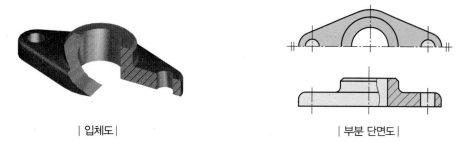

| 입체도 | | 부분 단면도 |

❹ 회전 단면도

물체의 한 부분을 자른 다음, 자른 면만 90° 회전시켜 형상을 나타내는 기법으로, 자른 단면에 수직인 면에서 자른 단면의 형상을 보여준다고 생각하면 이해하기 쉽다.
도형 내에 도시할 때는 가는 선으로 도시하고, 외부에 표시할 때는 외형선으로 도시한다.

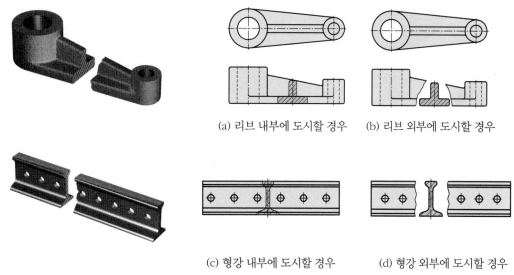

(a) 리브 내부에 도시할 경우   (b) 리브 외부에 도시할 경우

(c) 형강 내부에 도시할 경우   (d) 형강 외부에 도시할 경우

| 입체도 | | 회전 단면도 |

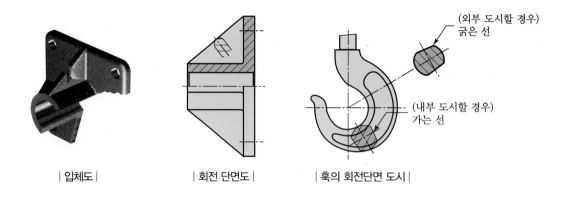

| 입체도 | | 회전 단면도 | | 훅의 회전단면 도시 |

(외부 도시할 경우)
굵은 선

(내부 도시할 경우)
가는 선

5 조합에 의한 단면도

(1) 예각 단면

중심선을 기준으로 그림과 같이 보이고자 하는 부위를 어느 정도의 각을 가지고 단면하는 방법이다.

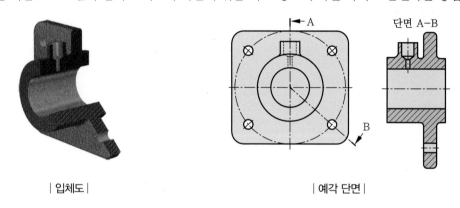

| 입체도 | | 예각 단면 |

단면 A–B

(2) 계단 단면

절단할 부분이 일직선상에 있지 않을 때 필요한 단면 모양을 계단식으로 절단하여 투상하는 방법이다.

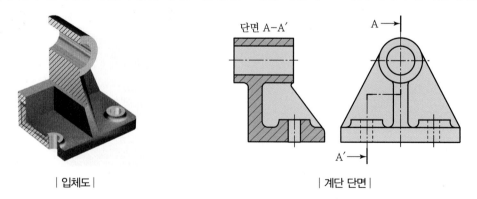

단면 A–A′

| 입체도 | | 계단 단면 |

(3) 곡면 단면

구부러진 관 등의 단면을 표시하는 경우 그 구부러진 중심선에 따라 절단하고 투상하는 방법이다.

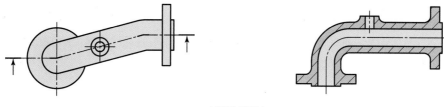

| 곡면 단면 |

6 얇은 두께 부분의 단면도

① 개스킷, 박판, 형강 등의 절단면이 얇은 경우 실제 치수와 관계없이 아주 굵은 실선으로 단면을 표시한다.

② 얇은 두께 부분의 단면이 서로 가깝게 있는 경우 0.7mm 이상 간격을 두어 그린다.

| 얇은 두께 부분의 단면도 |

7 절단하지 않는 부품

키, 축, 리브, 바퀴의 암, 기어의 이, 볼트, 너트, 핀, 단일기계요소 등의 물체는 잘라서 단면으로 나타내지 않는다. 그 이유는 단면으로 나타내면 물체를 이해하는 데 오히려 방해만 되고 잘못 해석될 수 있기 때문이다. 실제 물체가 잘려진다 하더라도 단면 표시를 하지 않는 것을 원칙으로 한다.

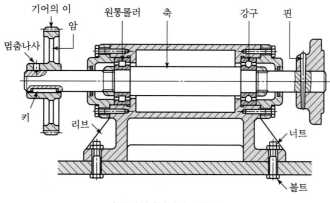

| 동력전달장치의 조립도 |

8 도형의 생략

(1) 대칭 도형의 생략

물체가 대칭인 경우 중심선을 기준으로 물체의 절반만을 그리고, 나머지 절반은 생략한 후 중심선의 양쪽 끝에 중간선으로 된 2개의 짧은 선을 수평으로 그어 대칭을 표시한다. 이를 대칭 도시기호라 하며, 반드시 대칭인 도면에는 기호를 나타내주어야 한다.

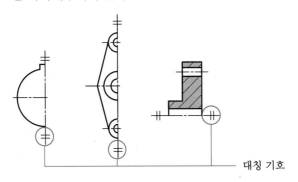

| 대칭 도시기호를 이용한 생략 |

(2) 반복 도형의 생략

같은 모양의 도형이 반복되는 경우 개수 또는 피치를 표시하여 나타낼 수 있다.

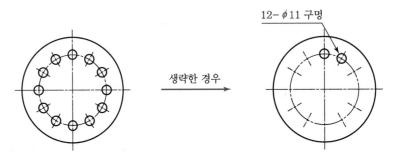

| ∅11 구멍 12개가 등간격으로 있는 경우 |

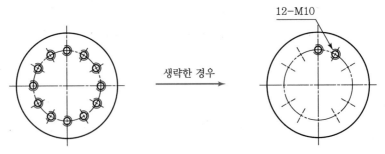

| M10의 볼트 구멍 12개가 등간격으로 있는 경우 |

9 특수한 경우의 표시방법

(1) 물체가 구부러진 경우

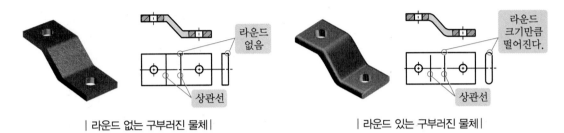

| 라운드 없는 구부러진 물체 | | 라운드 있는 구부러진 물체 |

> **Reference**
>
> 상관선
> 2개의 입체가 서로 만날 경우 두 입체 표면에서 만나는 경계선을 말한다.

(2) 리브의 경우

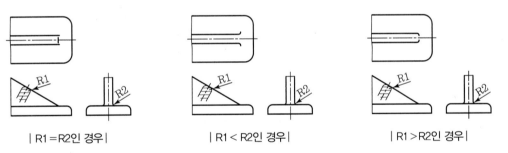

| R1 = R2인 경우 | | R1 < R2인 경우 | | R1 > R2인 경우 |

10 재료를 구분할 수 있는 단면 표시법

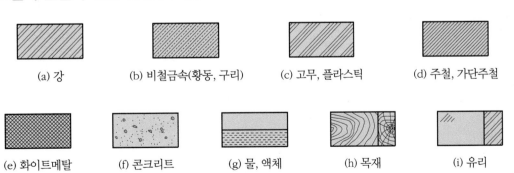

(a) 강   (b) 비철금속(황동, 구리)   (c) 고무, 플라스틱   (d) 주철, 가단주철

(e) 화이트메탈   (f) 콘크리트   (g) 물, 액체   (h) 목재   (i) 유리

실전 문제

01 그림과 같은 단면도의 형태는?

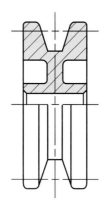

① 온 단면도
② 한쪽 단면도
③ 부분 단면도
④ 회전 도시 단면도

해설 ➕ -

한쪽 단면도(반 단면도)
대칭 물체를 1/4 절단하여 내부와 외부를 동시에 보여준다.

02 핸들이나 바퀴 등의 암 및 리브, 훅, 축 등의 절단면을 나타내는 도시법으로 가장 적합한 것은?

① 계단 단면도
② 부분 단면도
③ 한쪽 단면도
④ 회전 도시 단면도

해설 ➕ -

회전 도시 단면도
암, 리브, 축, 훅 등의 일부를 자른 다음 자른 면만 90° 회전하여 나타낸다.

03 제3각 정투상법으로 그린 (보기)에 알맞은 우측면도는?

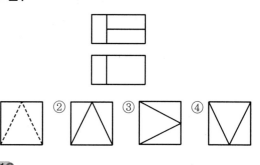

해설 ➕ -

입체도와 우측면도는 다음 그림과 같다.

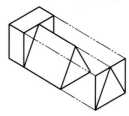

04 그림과 같은 제3각 정투상도의 입체도로 가장 적합한 것은?

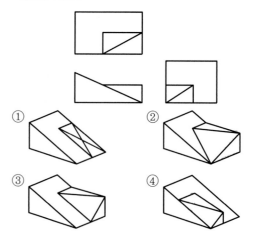

해설 ⊕

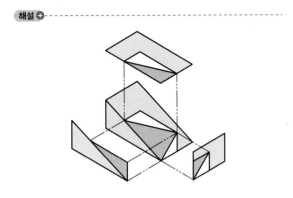

05 다음 입체도의 화살표(↗) 방향 투상도로 가장 적합한 것은?

①

②

③

④

해설 ⊕

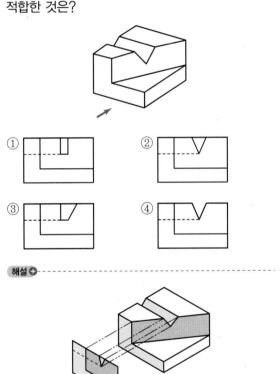

06 그림과 같은 정면도와 우측면도에 가장 적합한 평면도는?

(정면도)   (우측면도)

①   ②

③   ④

해설 ⊕

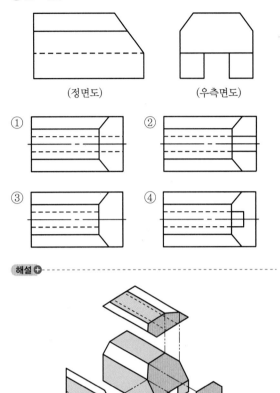

07 다음 중 투상도법의 설명으로 올바른 것은?

① 제1각법은 물체와 눈 사이에 투상면이 있는 것이다.
② 제3각법은 평면도가 정면도 위에, 우측면도는 정면도 오른쪽에 있다.
③ 제1각법은 우측면도가 정면도 오른쪽에 있다.
④ 제3각법은 정면도 위에 배면도가 있고 우측면도는 왼쪽에 있다.

해설 ⊕ ------

① 제1각법은 눈 → 물체 → 투상면 순으로 배치된다.
③ 제1각법은 우측면도가 정면도 좌측에 있다.
④ 제3각법은 정면도 위에 평면도가 있고 우측면도는 오른쪽에 있다.

08 다음과 같은 입체도를 제3각법으로 올바르게 나타낸 것은?

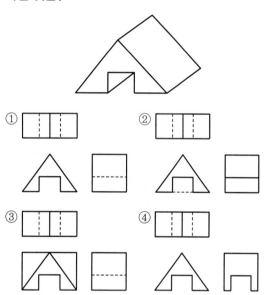

①
②
③
④

해설 ⊕ ------

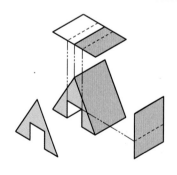

09 그림과 같은 입체도에서 화살표 방향 투상도로 가장 적합한 것은?

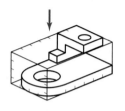

①
②
③
④

해설 ⊕ ------

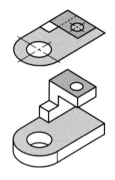

10 제3각법에 대한 설명으로 틀린 것은?

① 눈 → 투상면 → 물체의 순으로 나타난다.
② 좌측면도는 정면도의 좌측에 그린다.
③ 저면도는 우측면도의 아래에 그린다.
④ 배면도는 우측면도의 우측에 그린다.

해설 ⊕

제3각법은 보는 방향쪽에 투상도를 배치하므로, 저면도는 정면도 아래쪽에 배치하여야 한다.

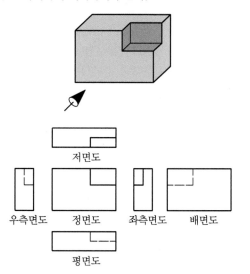

11 도면에서 부분 확대도를 그리는 경우로 가장 적합한 것은?

① 특정한 부분의 도형이 작아서 그 부분의 상세한 도시나 치수기입이 어려울 때 사용한다.
② 도형의 크기가 클 경우에 사용한다.
③ 물체의 경사면을 실제 길이로 투상하고자 할 때 사용한다.
④ 대상물의 구멍, 홈 등과 같이 그 부분의 모양을 도시하는 것으로 충분한 경우에 사용한다.

해설 ⊕

부분 확대도
물체에서 중요한 부분이 너무 작거나 치수선 등으로 인하여 물체의 형상이 복잡해지는 경우에 그 부분만 따로 오려내어 크기를 확대시켜 그려주는 투상도이다.

③ 보조 투상도 : 물체의 경사면을 실제 길이로 투상하고자 할 때 그리는 투상도이다.
④ 국부 투상도 : 대상물의 구멍, 홈 등과 같이 특정 부분의 모양만을 그리는 투상도이다.

12 그림과 같은 입체도의 정면도(화살표 방향)로 가장 적합한 것은?

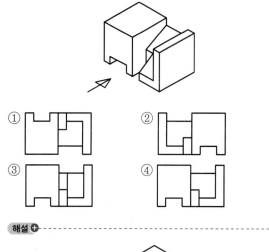

해설 ⊕

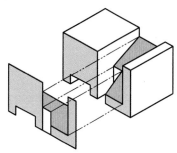

13 그림에서 오른쪽에 구멍을 나타낸 것과 같이 측면도의 일부분만을 그리는 투상도의 명칭은?

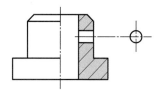

① 보조 투상도
② 부분 투상도
③ 국부 투상도
④ 회전 투상도

국부 투상도

대상물의 구멍, 홈 등 어느 한 곳의 특정 부분의 모양만을
그리는 투상도로 주어진 그림에서 구멍의 특정 부분의 모양
만을 그렸다.

14 다음과 같은 입체도에서 화살표 방향 투상도로
가장 적합한 것은?

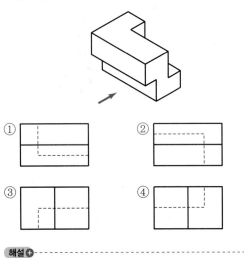

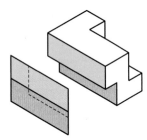

15 물체의 경사진 부분을 그대로 투상하면 이해가
곤란하여 경사면에 평행한 별도의 투상면을 설정하여
나타낸 투상도의 명칭을 무엇이라고 하는가?

① 회전 투상도   ② 보조 투상도
③ 전개 투상도   ④ 부분 투상도

보조 투상도

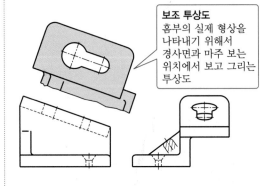

보조 투상도
홈부의 실제 형상을
나타내기 위해서
경사면과 마주 보는
위치에서 보고 그리는
투상도

16 그림과 같은 입체도를 화살표 방향에서 본 투상
도면으로 가장 적합한 것은?

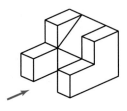

①   ②

③   ④

해설 ⊕

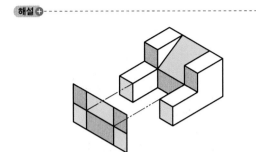

17 2개의 입체가 서로 만날 경우 두 입체 표면에 만나는 선이 생기는데 이 선을 무엇이라고 하나?

① 분할선
② 입체선
③ 직립선
④ 상관선

해설 ⊕

상관선
2개의 입체가 서로 만날 경우 두 입체 표면에서 만나는 경계선을 말한다.

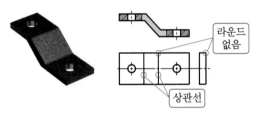

| 라운드 없는 구부러진 물체 |

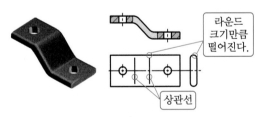

| 라운드 있는 구부러진 물체 |

18 개스킷, 박판, 형강 등과 같이 절단면이 얇은 경우 이를 나타내는 방법으로 옳은 것은?

① 실제 치수와 관계없이 1개의 가는 1점쇄선으로 나타낸다.
② 실제 치수와 관계없이 1개의 극히 굵은 실선으로 나타낸다.
③ 실제 치수와 관계없이 1개의 굵은 1점쇄선으로 나타낸다.
④ 실제 치수와 관계없이 1개의 극히 굵은 2점쇄선으로 나타낸다.

해설 ⊕

개스킷, 박판, 형강 등의 절단면이 얇은 경우 실제 치수와 관계없이 아주 굵은 실선으로 단면을 표시한다.

| 얇은 두께 부분의 단면도 |

19 다음 도면에 대한 설명으로 옳은 것은?

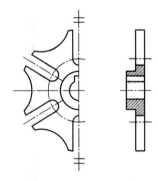

① 부분 확대하여 도시하였다.
② 반복되는 형상을 모두 나타냈다.
③ 대칭되는 도형을 생략하여 도시하였다.
④ 회전 도시 단면도를 이용하여 기 홈을 표현하였다.

해설 ⊕- -

대칭 도시 기호(＝)
물체가 대칭인 경우 중심선을 기준으로 물체의 절반만을 그리고, 나머지 절반은 생략하는 것으로 중심선의 양쪽 끝에 중간선으로 된 2개의 짧은 선을 수평으로 그어 대칭을 표시한다.

20 물체를 단면으로 나타낼 때 길이 방향으로 절단하여 나타내지 않는 부품으로만 짝지어진 것은?

① 핀, 커버
② 브래킷, 강구
③ O - 링, 하우징
④ 원통 롤러, 기어의 이

해설 ⊕- -

핀, 강구, 원통 롤러, 기어의 이 등은 길이 방향으로 절단하여 나타내지 않는다.

21 그림과 같이 절단할 곳의 전후를 파단선으로 끊어서 회전 도시 단면도로 나타낼 때 단면도의 외형선은 어떤 선을 사용해야 하는가?

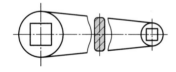

① 굵은 실선
② 가는 실선
③ 굵은 1점쇄선
④ 가는 2점쇄선

해설 ⊕- -

회전 단면도 도시법

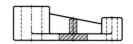

| 리브 내부에 도시할 경우(가는 실선) |

| 리브 외부에 도시할 경우(굵은 실선) |

정답 **20** ④ **21** ①

04 치수기입법 및 재료표시법

01 치수기입 일반

1 치수의 단위

① 단위표시가 되지 않았을 경우에는 길이의 기본 단위는 밀리미터(mm)이고, 각도는 도(°)를 기준으로 한다. 만약, 밀리미터(mm)나 도(°) 이외의 단위를 사용하고자 할 경우에는 그에 해당되는 단위의 기호를 붙여서 기입하는 것을 원칙으로 한다.

　예 cm, m, inch(인치), ft(피트)

② 치수정밀도에 따라 소수점 아래 2자리 또는 3자리까지 나타내 줄 수 있다.

　예 10mm를 10.000mm로 나타낼 수 있다.

2 치수기입요소

치수기입요소에는 치수선, 치수보조선, 화살표, 치수문자, 지시선 등이 있으며 모두 가는 선이다.

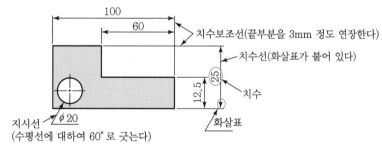

| 치수의 주요부 명칭 |

❸ 치수기입의 원칙

① 형체의 기능, 제작, 조립 등을 고려하여 필요하다고 생각되는 치수를 명료하게 도면에 기입한다.
② 치수는 형체의 크기, 자세 및 위치를 명확하게 표시한다.
③ 치수는 되도록 정면도에 집중하여 기입한다(보기 좋게 알맞게 기입하면 절대 안 됨).
④ 치수는 중복 기입을 피한다.
⑤ 치수는 선에 겹치게 기입해서는 안 된다.
⑥ 치수는 되도록 계산하여 구할 필요가 없도록 기입한다.
⑦ 치수는 치수선이 서로 만나는 곳에 기입하면 안 된다.
⑧ 치수는 필요에 따라 기준으로 하는 점, 선, 또는 면을 기초로 한다.

❹ 치수표시기호

명칭	기호(호칭)	사용법	예
지름	ϕ(파이)	지름 치수 앞에 기입한다.	ϕ20
반지름	R(알)	반지름 치수 앞에 기입한다.	R10
구의 지름	Sϕ(에스파이)	구의 지름 치수 앞에 기입한다.	Sϕ20
구의 반지름	SR(에스알)	구의 반지름 치수 앞에 기입한다.	SR10
정사각형의 변	□(사각)	정사각형 치수 앞에 기입한다.	□10
판의 두께	t(티)	두께 치수 앞에 기입한다.	t5
모따기	C(씨)	45° 모따기 치수 문자 앞에 기입한다.	C5
원호의 길이	⌒(원호)	원호 치수 앞 또는 위에 기입한다.	$\overset{\frown}{20}$
이론적으로 정확한 치수	▭(테두리)	이론적으로 정확한 치수의 치수 문자에 테두리를 씌운다.	20
참고치수	( )(괄호)	치수 문자를 ( ) 안에 기입한다.	(20)
비례치수가 아닌 치수	＿(밑줄)	비례 치수가 아닌 치수에 밑줄을 친다.	50

❺ 치수기입의 예

(1) 현, 호, 각도 치수기입의 구분

| 현의 치수 |

| 호의 치수 |

| 각도의 치수 |

(2) 센터 구멍의 표시방법

① 센터는 선반가공에서 공작물을 지지하는 부속장치로서 주로 축 가공 시 사용된다.

② 센터 구멍의 치수는 KS B 0410을 따르고, 도시 및 표시방법은 KS A ISO 6411−1에 따른다.

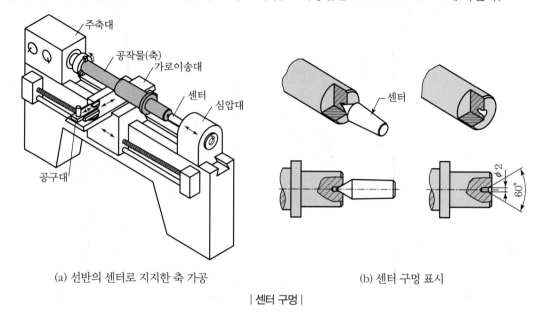

(a) 선반의 센터로 지지한 축 가공   (b) 센터 구멍 표시

| 센터 구멍 |

③ 센터 구멍의 도시방법

축 가공 후 센터 구멍을 남겨둘 것인지 남겨두지 않을 것인지 여부를 결정한다.

센터 구멍의 필요 여부	그림기호	도시방법
남겨둔다.		KS A ISO 6411−1 A 2/4.25
남아 있어도 된다.		KS A ISO 6411−1 A 2/4.25
남겨두지 않는다.		KS A ISO 6411−1 A 2/4.25

(3) 치수기입법

① 직렬 치수기입법

한 줄로 나란히 연결된 치수에 주어진 치수공차가 누적되어도 상관없는 경우에 사용하나, 누적공차가 발생하므로 잘 사용하지 않는다.

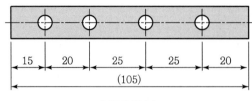

| 직렬 치수 |

② 병렬 치수기입법

한 곳을 기준으로 하여 치수를 계단 모양으로 기입하는 방법으로 개개의 치수공차는 다른 치수공차에 영향을 주지 않는다. 기준선의 위치는 제품의 기능이나 가공 등의 조건을 고려하여 적절히 선택하여야 한다.

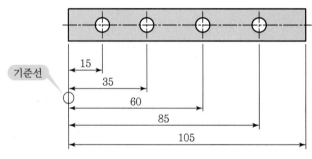

| 병렬 치수 |

③ 누진 치수기입법

기점기호를 기준으로 한 줄로 나란히 연결되게 기입하는 방법으로 치수는 기점기호로부터 누적된 치수(즉, 기점기호로부터 구멍까지의 치수)로써 병렬 치수기입법과 같이 개개의 치수공차는 다른 치수공차에 영향을 주지 않는다.

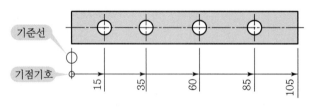

| 누진 치수 |

④ 좌표 치수기입법

여러 종류의 구멍 가공 시 구멍의 위치나 크기 등을 좌표를 사용하여 표에 나타낸 치수기입법으로 기준점의 위치는 제품의 기능이나 가공 등의 조건을 고려하여 적절히 선택하여야 한다.

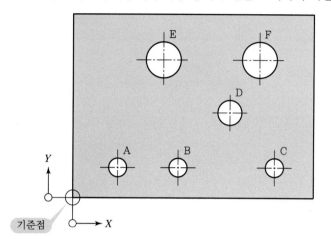

	X	Y	크기
A	15	10	$\phi 6$
B	35	10	$\phi 6$
C	67	10	$\phi 6$
D	52	28	$\phi 8$
E	30	45	$\phi 11.5$
F	62	45	$\phi 11.5$

| 좌표 치수 |

⑤ 구멍치수

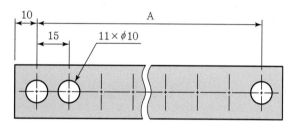

지름이 10mm인 구멍이 11개($11 \times \phi 10$) 있고, 구멍과 구멍 사이의 간격이 15mm이므로 "A"부의 치수값은 $10 \times 15 = 150$mm이다. 이때 구멍의 개수가 11개이면 구멍과 구멍 사이 간격의 개수는 $11 - 1 = 10$개이다.

02 재료표시법

구분	기호	명칭	해설
보통강	SS275	일반구조용 압연강재	• S : 강(Steel) • S : 일반구조용 압연강재 • 275 : 최저 항복강도(275N/mm²), 판 두께(16mm 이하)
	SM275	용접구조용 압연강재	• S : 강(Steel) • M : 용접 구조용 압연강재 • 275 : 최저 항복강도(275N/mm²), 판 두께(16mm 이하)
특수강	SM20C	기계구조용 탄소강재	• S : 강철(Steel) • M : 기계구조용(Machine Structure Use) • 20C : 탄소함유량 0.18~0.23%의 중간값
주강	SC450	주강	• S : 강철(Steel) • C : 주조(Casting) • 450 : 최저 인장강도(450N/mm²)
단강	SF340	단조강	• S : 강(Steel) • F : 단조품(Forging) • 340 : 최저 인장강도(340N/mm²)
주철	GC200	회주철	• GC : 회주철품 • 200 : 최저 인장강도(200N/mm²)
	BMC270	흑심가단주철	• 270 : 최저 인장강도(270N/mm²)
	WMC330	백심가단주철	• 330 : 최저 인장강도(330N/mm²)

03 재료의 중량 계산

1 중량 계산에 필요한 기본 식

① 밀도$(\rho) = \dfrac{질량}{체적} = \dfrac{m}{V}$ kg/m^3

② 중량$(W) = $질량$\times$중력가속도$= m \cdot g$ kg $\cdot$ m/s$^2 = $ N

  $1\text{N} = 1\,\text{kg} \cdot \text{m/s}^2$

③ 비중량$(\gamma) = \dfrac{중량}{체적} = \dfrac{W}{V} = \dfrac{mg}{V} = \rho g$ N/m^3

④ 비중$(S) = \dfrac{\gamma(대상물질의\ 비중량)}{\gamma_w(물의\ 비중량)} = \dfrac{\rho(대상물질의\ 밀도)}{\rho_w(물의\ 밀도)}$

  $\gamma_w = 1,000\,\text{kg}_\text{f}/\text{m}^3 = 9,800\,\text{N/m}^3$

⑤ 체적$(V) = $단면적$(A) \times $높이$(h) = $단면적$(A) \times $길이$(l)$m^3

  ㉠ 직육면체의 체적

    $V = $가로$\times$세로$\times$높이$= abh$ m^3

  ㉡ 원기둥의 체적

    $V = $원의 넓이$\times$길이$= Al = \pi r^2 l$ m^3

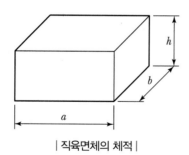

| 직육면체의 체적 |

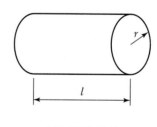

| 원기둥의 체적 |

예제

지름이 10cm이고, 길이가 20cm인 알루미늄 봉이 있다. 비중이 2.7일 때, 중량(N)은 얼마인가?

해설
$$비중(S) = \frac{\gamma(대상물질의\ 비중량)}{\gamma_w(물의\ 비중량)} , \gamma_w = 9,800\,\text{N/m}^3이고,$$

$$비중량(\gamma) = 비중(S) \times 물의\ 비중량(\gamma_w) = 2.7 \times 9,800 = 26,460\,\text{N/m}^3$$

$$V = \pi r^2 l = \pi \times 0.05^2 \times 0.2 = 0.00157\,\text{m}^3$$

$$\gamma = \frac{W}{V}\,\text{N/m}^3에서$$

$$W = \gamma V = 26,460 \times 0.00157 = 41.57\,\text{N}$$

예제

그림과 같은 탄소강 재질의 가공품의 중량은 약 몇 N인가?(단, 치수의 단위는 mm이며, 탄소강의 밀도는 7.8g/cm³ 로 계산한다.)

해설

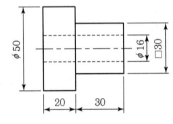
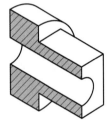
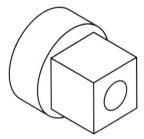

$$비중량(\gamma) = \rho g = 7.8\left[\frac{\text{g}}{\text{cm}^3}\right] \times \left[\frac{1\text{kg}}{1,000\text{g}}\right] \times \left[\left(\frac{100\text{cm}}{1\text{m}}\right)^3\right] \times 9.8\left[\frac{\text{m}}{\text{s}^2}\right]$$

$$= 7.8\left[\frac{\text{g}}{\text{cm}^3}\right] \times \left[\frac{1\text{kg}}{10^3\text{g}}\right] \times \left[\frac{10^6\text{cm}^3}{1\text{m}^3}\right] \times 9.8\left[\frac{\text{m}}{\text{s}^2}\right]$$

$$= 76.44 \times 10^3\left[\frac{\text{kg}\cdot\text{m/s}^2}{\text{m}^3}\right] = 76.44 \times 10^3\,\text{N/m}^3$$

$$체적[V] = \left(\pi \times 25^2 \times 20\right) + (30 \times 30 \times 30) - \left(\pi \times 8^2 \times 50\right)$$

$$= 56,216\,\text{mm}^3 \times \left[\frac{1\text{m}^3}{10^9\text{mm}^3}\right] = 56.216 \times 10^{-6}\,\text{m}^3$$

$$W = \gamma V = 76.44 \times 10^3\,\text{N/m}^3 \times 56.216 \times 10^{-6}\,\text{m}^3 = 4.3\,\text{N}$$

실전 문제

01 도면(위치도)에 치수가 다음과 같이 표시되어 있는 경우 치수의 외곽에 표시된 직사각형은 무엇을 뜻하는가?

$$\boxed{30}$$

① 다듬질 전 소재 가공치수
② 완성 치수
③ 이론적으로 정확한 치수
④ 참고 치수

해설 ⊕

$\boxed{30}$ 은 이론적으로 정확한 치수를 나타내는 데 사용한다.

02 다음 중 호의 치수기입을 나타낸 것은?

①
②
③
④

해설 ⊕

현, 호, 각도 치수기입의 구분

| 호의 치수 |

| 현의 치수 |

| 각도의 치수 |

03 다음 그림에서 "C2"가 의미하는 것은?

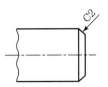

① 크기가 2인 15° 모떼기
② 크기가 2인 30° 모떼기
③ 크기가 2인 45° 모떼기
④ 크기가 2인 65° 모떼기

해설 ⊕

"C"는 45° 모떼기 치수문자 앞에 기입하는 기호이므로 아래 그림과 같이 크기가 2인 45° 모떼기를 나타낸다.

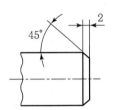

04 치수 보조기호의 설명으로 틀린 것은?

① R15 : 반지름 15
② t15 : 판의 두께 15
③ (15) : 비례척이 아닌 치수 15
④ SR15 : 구의 반지름 15

해설 ⊕

• (15) : 참고치수 15
• <u>15</u> : 비례척이 아닌 치수 15

정답   **01** ③   **02** ①   **03** ③   **04** ③

05 도면에 치수를 기입하는 방법을 설명한 것 중 옳지 않은 것은?

① 특별히 명시하지 않는 한, 그 도면에 도시된 대상물의 다듬질 치수를 기입한다.

② 길이의 단위는 mm이고, 도면에는 반드시 단위를 기입한다.

③ 각도의 단위로는 일반적으로 도(°)를 사용하고, 필요한 경우 분(′) 및 초(″)를 병용할 수 있다.

④ 치수는 될 수 있는 대로 주투상도에 집중해서 기입한다.

해설⊕

② 길이의 단위는 mm이고, 도면에는 단위를 기입하지 않는다. mm 이외의 길이 단위를 사용하고자 하는 경우에는 반드시 단위를 기입해 주어야 한다.

06 V – 블록을 3각법으로 정투상한 그림과 같은 도면에서 "A" 부분의 치수는?

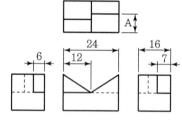

① 6   ② 7   ③ 9   ④ 10

해설⊕

"A" 부분의 치수는 아래 입체도에서 표시된 부분의 치수이므로 "A" 부분의 치수＝16－7＝9이다.

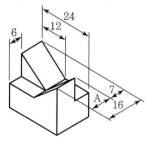

07 치수기입에 있어서 누진 치수기입방법으로 올바르게 나타낸 것은?

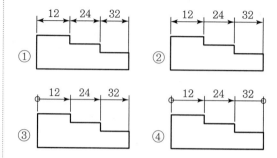

해설⊕

③번이 누진 치수기입방법으로 올바르게 기입한 것이다. 기점기호를 기준으로 한 줄로 나란히 연결되게 기입하는 방법으로 치수는 기점기호로부터 누적된 치수(즉, 기점기호로부터 구멍까지의 치수)로써 병렬 치수기입법과 같이 개개의 치수공차는 다른 치수공차에 영향을 주지 않는다.

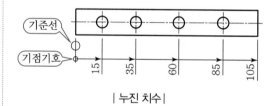

| 누진 치수|

08 다음 도면에서 대상물의 형상과 비교하여 치수기입이 틀린 것은?

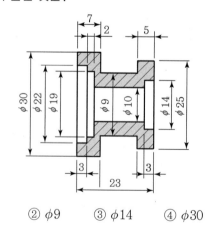

① 7   ② φ9   ③ φ14   ④ φ30

해설⊕

$\phi 9$ 치수가 잘못 되었다.

$\phi 9$ 치수와 가까운 지름 치수인 $\phi 14$, $\phi 19$에서 가는 2점 쇄선을 그어보면 $\phi 9$가 아니라 $\phi 14$보다는 크고 $\phi 19$보다 작은 치수임을 알 수 있다.

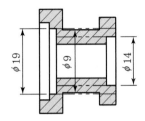

09 다음과 같이 도시된 도면에서 치수 A에 들어갈 치수 기입으로 옳은 것은?

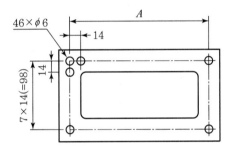

① $7 \times 7 (=49)$
② $15 \times 14 = (210)$
③ $16 \times 14 (=224)$
④ $17 \times 14 (=238)$

해설⊕

구멍치수(다음 그림 참조)

· $46 \times \phi 6$: 앞의 숫자 46은 구멍의 개수를 뜻하고, 뒤의 숫자 $\phi 6$은 구멍의 직경을 뜻한다.
· 세로치수 : $7 \times 14 (=98)$에서 앞의 숫자 7은 구멍과 구멍 사이 간격의 개수를 뜻하고, 뒤의 숫자 14는 구멍과 구멍 사이의 간격을 뜻한다. 따라서 세로방향의 구멍의 개수는 8개로 양쪽에 있으므로 16개이다.

· 전체 구멍의 개수가 46개이므로 가로방향의 구멍의 개수는 $46 - 16 = 30$이고, 위아래 각각 15개씩의 구멍이 더 필요하다. 따라서 위쪽의 가로방향 구멍 개수는 17개이고, 구멍과 구멍 사이 간격의 개수는 16이다.
· 가로치수 : $16 \times 14 (=224)$이다.

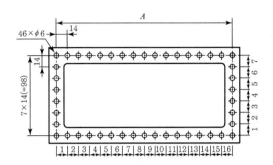

10 치수를 나타내는 방법에 관한 설명으로 틀린 것은?

① 도면에서 정보용으로 사용되는 참고(보조)치수는 공차를 적용하거나 (   ) 안에 표시한다.
② 척도가 다른 형체의 치수는 치수값 밑에 밑줄을 그어서 표시한다.
③ 정면도에서 높이를 나타낼 때는 수평의 치수선을 꺾어 수직으로 그은 끝에 90°의 개방형 화살표로 표시하며, 높이의 수치값은 수평으로 그은 치수선 위에 표시한다.
④ 같은 형체가 반복될 경우 형체 개수와 그 치수 값을 '×' 기호로 표시하여 치수기입을 해도 된다.

해설⊕

① 도면에서 정보용으로 사용되는 참고(보조)치수는 공차를 적용하지 않고 (   ) 안에 표시한다.

11 재료기호 SS 400에 대한 설명 중 맞는 항을 모두 고른 것은?(단, KS D 3503을 적용한다.)

> ㄱ. SS의 첫 번째 S는 재질을 나타내는 기호로 강을 의미한다.
> ㄴ. SS의 두 번째 S는 재료의 이름, 모양, 용도를 나타내며 일반구조용 압연재를 의미한다.
> ㄷ. 끝부분의 400은 재료의 최저 인장강도이다.

① ㄱ
② ㄱ, ㄴ
③ ㄱ, ㄷ
④ ㄱ, ㄴ, ㄷ

해설 ➕ -

SS400은 일반구조용 압연강재로써 ㄱ, ㄴ, ㄷ 모두 맞는 설명이다.
• S : 강(Steel)
• S : 일반구조용 압연강재
• 400 : 최저 항복강도(400N/mm^2), 판 두께(16mm 이하)

12 KS 재료기호 중 합금 공구강 강재에 해당하는 것은?

① STS
② STC
③ SPS
④ SBS

해설 ➕ -

합금 공구강의 종류는 KS 규격에 STS, STD, STF가 있다.

13 기계구조용 탄소강재의 KS 재료기호로 옳은 것은?

① SM40C
② SS330
③ AIDC1
④ GC100

해설 ➕ -

SM은 기계구조용 탄소강재를 나타낸다.

14 크롬몰리브덴 단강품의 KS 재질기호는?

① SCM
② SNC
③ SFCM
④ SNCM

해설 ➕ -

① SCM : 크롬몰리브덴강
② SNC : 니켈크롬강
③ SFCM(Steel Forging Chromium Molybdenum) : 크롬몰리브덴 단강품
④ SNCM : 니켈크롬몰리브덴강

15 도면에 표시된 재료기호가 "SF 390A"로 되었을 때 "390"이 뜻하는 것은?

① 재질 번호
② 탄소 함유량
③ 최저인장강도
④ 제품 번호

해설 ➕ -

SF 390A : 단조강
• S : 강(Steel)
• F : 단조품(Forging)
• 390 : 최저인장강도(390N/mm^2)
• A : 열처리 종류(어닐링)

16 다음 중 다이캐스팅용 알루미늄 합금에 해당하는 기호는?

① WM 1
② ALDC 1
③ BC 1
④ ZDC

해설 ➕ -

① WM 1 : 화이트메탈
② ALDC 1 : 다이캐스팅용 알루미늄 합금
③ BC 1 : 청동주물
④ ZDC : 아연합금 다이캐스팅

17 SM20C의 재료기호에서 탄소 함유량은 몇 % 정도인가?

① 0.18~0.23%

② 0.2~0.3%

③ 2.0~3.0%

④ 18~23%

해설 ➕

SM20C : 기계구조용 탄소강재

- S : 강철(Steel)
- M : 기계구조용(Machine Structure Use)
- 20C : 탄소함유량 0.18~0.23%의 중간값

18 도면 재질란에 "SPCC"로 표시된 재료기호의 명칭으로 옳은 것은?

① 기계구조용 탄소 강관

② 냉간 압연 강판 및 강대

③ 일반구조용 탄소 강관

④ 열간 압연 강판 및 강대

해설 ➕

SPCC(Steel Plate Cold Commercial)
냉간 압연 강판을 뜻한다.

19 재료기호가 'STD 10'으로 나타날 때 이 강재의 종류로 옳은 것은?

① 기계 구조용 합금강

② 탄소 공구강

③ 기계 구조용 탄소강

④ 합금 공구강

해설 ➕

합금 공구강의 종류에는 STS, STD, STF가 있다. STD 10은 냉간 금형용 합금 공구강이다.

20 두께 5.5mm인 강판을 사용하여 그림과 같은 물탱크를 만들려고 할 때 필요한 강판의 중량은 약 몇 N인가?(단, 강판의 비중은 7.85로 계산하고 탱크는 전체 6면의 두께가 동일함)

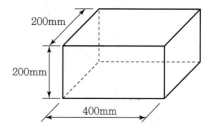

① 161

② 169

③ 180

④ 189

해설 ➕

그림과 같은 물탱크에서 200mm×400mm 강판이 4장, 200mm×200mm 강판이 2장 필요하다.

$$비중(S) = \frac{\gamma(대상물질의\ 비중량)}{\gamma_w(물의\ 비중량)}$$

$\gamma_w = 9,800\,\text{N/m}^3$이고

$$비중량(\gamma) = 비중(S) \times 물의\ 비중량(\gamma_w)$$
$$= 7.85 \times 9,800 = 76,930\,\text{N/m}^3$$

ⅰ) 200mm×400mm 강판 4장의 체적
$$V_1 = 4 \times 0.2 \times 0.4 \times 0.0055 = 0.00176\,\text{m}^3$$

ⅱ) 200mm×200mm 강판 2장의 체적
$$V_2 = 2 \times 0.2 \times 0.2 \times 0.0055 = 0.00044\,\text{m}^3$$

체적$(V) = V_1 + V_2 = 0.00176 + 0.00044 = 0.0022\,\text{m}^3$

$\gamma = \dfrac{W}{V}\,\text{N/m}^3$에서

$W = \gamma V = 76,930 \times 0.0022 = 169\,\text{N}$

CHAPTER 05 공차 및 표면 거칠기

01 치수공차

① 용어 정의

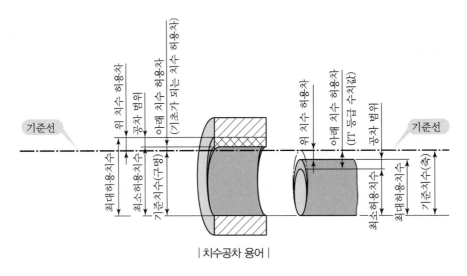

| 치수공차 용어 |

① **실치수** : 물체(형체)의 실제 측정 치수를 말하며, 기본단위는 mm이다.

② **기준선** : 허용한계치수 또는 끼워 맞춤을 도시할 때는 기준치수를 나타내고, 치수 허용차의 기준이 되는 직선을 말한다.

　　예 구멍 : $\varnothing 60^{+\,0.04}_{+\,0.01}$, 축 : $\varnothing 60^{-\,0.01}_{-\,0.029}$

③ **기준치수** : 위 치수 허용차 및 아래 치수 허용차를 적용하는 데 따라 허용한계치수가 주어지는 기준이 되는 치수로 도면에 기입된 호칭치수와 같다.

구분	구멍	축
기준치수	$\varnothing 60$	$\varnothing 60$

④ 최대허용치수 : 물체에 허용되는 최대치수를 말한다(기준치수＋위 치수 허용차).

구분	구멍	축
최대허용치수	$\varnothing 60 + 0.04 = \varnothing 60.04$	$\varnothing 60 - 0.01 = \varnothing 59.99$

⑤ 최소허용치수 : 물체에 허용되는 최소치수를 말한다(기준치수＋아래 치수 허용차).

구분	구멍	축
최소허용치수	$\varnothing 60 + 0.01 = \varnothing 60.01$	$\varnothing 60 - 0.029 = \varnothing 59.971$

⑥ 허용한계치수 : 물체의 실제 치수가 그 사이에 들어가도록 한계를 정하여 허용할 수 있는 최대, 최소의 극한 치수(최대허용치수, 최소허용치수)를 말한다.

구분	구멍	축
허용한계치수	$\varnothing\,{}^{60.04}_{60.01}$	$\varnothing\,{}^{59.99}_{59.971}$

⑦ 위 치수 허용차 : "최대 허용치수－기준치수"를 말한다.

구분	구멍	축
위 치수 허용차	$\varnothing 60.04 - \varnothing 60 = +0.04$	$\varnothing 59.99 - \varnothing 60 = -0.01$

⑧ 아래 치수 허용차 : "최소 허용치수－기준치수"를 말한다.

구분	구멍	축
아래 치수 허용차	$\varnothing 60.01 - \varnothing 60 = +0.01$	$\varnothing 59.971 - \varnothing 60 = -0.029$

⑨ 치수공차(공차 범위) : "최대허용치수－최소허용치수" 또는 "위 치수 허용차－아래 치수 허용차"를 말한다.

구분	구멍	축
치수공차(공차 범위)	$\varnothing 60.04 - \varnothing 60.01 = 0.03$ $0.04 - 0.01 = 0.03$	$\varnothing 59.99 - \varnothing 59.971 = 0.019$ $0.01 - 0.029 = 0.019$

2 일반공차

개별 공차 지시가 없는 선 치수(길이 치수)와 각도 치수에 대한 공차를 뜻한다.
공차 등급에 따른 분류는 아래 표를 따르고 도면에 표시할 때는 KS B ISO 2768－f와 같이 나타내면 된다.

호칭	f	m	c	v
설명	정밀급	중간급	거친급	매우 거친급

3 IT 기본공차

다음 표는 IT 기본공차가 적용되는 부분을 나타낸 것으로 기본공차의 등급을 01급, 0급, 1급, 2급, …, 18급의 총 20등급으로 구분하여 규정하였다. 표에서 알 수 있듯이 숫자가 낮을수록 IT 등급이 높으며, 축이 구멍보다 한 등급씩 높다는 것을 알 수 있다.

적용 구분	게이지 제작 공차	끼워 맞춤 공차	일반공차 (끼워 맞춤 이외 공차)
구멍	IT01~IT5급	IT6~IT10급	IT11~IT18급
축	IT01~IT4급	IT5~IT9급	IT10~IT18급

4 끼워 맞춤의 구멍과 축의 기호 및 상호관계

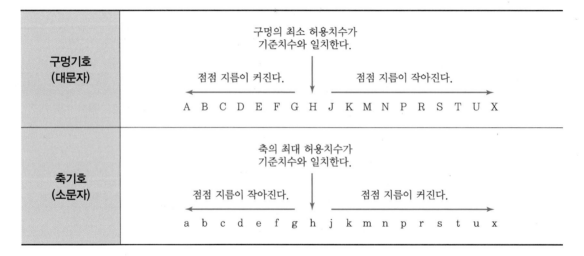

5 끼워 맞춤의 종류

① 헐거운 끼워 맞춤 : 구멍과 축을 조립하면 틈새만 존재한다.
② 억지 끼워 맞춤 : 구멍과 축을 조립하면 죔새만 존재한다.
③ 중간 끼워 맞춤 : 구멍과 축을 조립하면 틈새 또는 죔새가 발생한다.
④ 틈새 : 구멍의 치수가 축의 치수보다 클 때의 구멍과 축의 치수 차를 말한다.

　　예 구멍 : $\varnothing 60^{+0.04}_{+0.01}$, 축 : $\varnothing 60^{-0.01}_{-0.029}$

　　㉠ 최소틈새 : 헐거운 끼워 맞춤에서 "구멍의 최소허용치수－축의 최대허용치수"를 말한다(주어진 치수에서 구멍은 가장 작고, 축은 가장 클 때).
　　　　즉, 60.01 － 59.99 ＝ 0.02 또는 0.01 － (－0.01) ＝ 0.02 값이다.

ⓛ 최대틈새 : 헐거운 끼워 맞춤에서 "구멍의 최대허용치수−축의 최소허용치수"를 말한다(주어진 치수에서 구멍은 가장 크고, 축은 가장 작을 때).

즉, $60.04 - 59.971 = 0.069$ 또는 $0.04 - (-0.029) = 0.069$ 값이다.

⑤ **죔새** : 구멍의 치수가 축의 치수보다 작을 때 발생하며 조립 전의 구멍과 축의 치수 차를 말한다.

예 구멍 : $\varnothing\,60^{-0.005}_{-0.024}$, 축 : $\varnothing\,60^{+0.01}_{+0.002}$

㉠ 최소죔새 : 억지 끼워 맞춤에서 조립 전의 "축의 최소허용치수−구멍의 최대허용치수"를 말한다 (축은 가장 작고, 구멍은 가장 클 때).

즉, $60.002 - 59.995 = 0.007$ 또는 $0.002 - (-0.005) = 0.007$ 값이다.

ⓛ 최대죔새 : 억지 끼워 맞춤에서 조립 전의 "축의 최대허용치수−구멍의 최소허용치수"를 말한다 (축은 가장 크고, 구멍은 가장 작을 때).

즉, $60.01 - 59.976 = 0.034$ 또는 $0.01 - (-0.024) = 0.034$ 값이다.

⑥ 자주 사용하는 구멍기준 끼워 맞춤 공차

(KS B 0401)

기준 구멍	축의 종류와 등급															
	헐거운 끼워 맞춤						중간 끼워 맞춤				억지 끼워 맞춤					
	b	c	d	e	f	g	h	js	k	m	n	p	r	s	t	u	x
H5						4	4	4	4	4							
H6						5	5	5	5	5							
					6	6	6	6	6	6	6*	6*					
H7				(6)	6	6	6	6	6	6	6	6	6*	6	6	6	6
				7	7	(7)	7	7	(7)	(7)	(7)	(7)	(7)	(7)	(7)	(7)	(7)
H8				7		7											
				8	8	8											
			9	9													
H9			8	8		8											
		9	9	9		9											
H10	9	9	9														

📁 표 안에서 " * " 표시의 끼워 맞춤은 치수의 구분에 따라 예외가 있으며 괄호가 붙여진 것은 거의 사용하지 않는다.

예 • $\varnothing\,60\text{H}7/\text{g}6$: 헐거운 끼워 맞춤
• $\varnothing\,60\text{H}7/\text{js}6$: 중간 끼워 맞춤
• $\varnothing\,60\text{H}7/\text{p}6$: 억지 끼워 맞춤

⑦ 자주 사용하는 축 기준 끼워 맞춤 공차   (KS B 0401)

기준축	구멍의 종류와 등급																
	헐거운 끼워 맞춤						중간 끼워 맞춤				억지 끼워 맞춤						
	B	C	D	E	F	G	H	JS	K	M	N	P	R	S	T	U	X
h5							6	6	6	6	6*	6					
h6					6	6	6	6	6	6	6	6*					
				(7)	7	7	7	7	7	7	7	7*	7	7	7	7	7
h7				7	7	(7)	7	(7)	(7)	(7)	(7)	(7)	(7)	(7)			
					8		8										
h8			8	8	8		8										
			9	9			9										
h9			8	8			8										
		9	9	9			9										
	10	10	10														

☞ 표 안에서 " * " 표시의 끼워 맞춤은 치수의 구분에 따라 예외가 있으며 괄호가 붙여진 것은 거의 사용하지 않는다.

예 • ∅60h6/G7 : 헐거운 끼워 맞춤
 • ∅60h6/JS7 : 중간 끼워 맞춤
 • ∅60h6/N7 : 억지 끼워 맞춤

5 치수공차기입법

구멍과 축의 끼워 맞춤 공차를 동시에 기입하여 사용할 경우 구멍과 축의 기준치수 다음에 구멍의 공차 기호와 축의 공차기호를 연속하여 기입한다[단, 연속하여 기입할 경우 구멍공차(대문자), 축공차(소문자) 순서대로 쓴다].

예 • ∅60H7/g6
 • ∅60H7 − g6
 • ∅60 $\dfrac{\text{H7}}{\text{g6}}$

02 기하공차

1 기하공차의 종류와 기호

공차의 종류		기호	적용하는 형체	기준면(Datum)
모양 공차	직진도 공차	—	단독 형체	불필요
	평면도 공차	▱		
	진원도 공차	○		
	원통도 공차	⌀		
	선의 윤곽도 공차	⌒	단독 형체 또는 관련 형체	
	면의 윤곽도 공차	⌓		
자세 공차	평행도 공차	//	관련 형체	필요
	직각도 공차	⊥		
	경사도 공차	∠		
위치 공차	위치도 공차	⊕		
	동심도 공차	◎		
	대칭도 공차	=		
흔들림 공차	원주 흔들림 공차	↗		
	온흔들림 공차	⫽↗		

2 기하공차의 부가기호

① 최대실체조건(MMC, Maximum Material Condition)
   ㉠ 실체(구멍, 축)가 최대질량을 갖는 조건이므로 구멍 지름이 최소이거나 축 지름이 최대일 때를 말한다.
   ㉡ 최대실체치수(MMS, Maximum Material Size)의 기호는 Ⓜ으로 표기한다.

② 최소실체조건(LMC, Least Material Condition)
   ㉠ 실체(구멍, 축)가 최소질량을 갖는 조건이므로 구멍 지름이 최대이거나 축 지름이 최소일 때를 말한다.
   ㉡ 최소실체치수(LMS, Least Material Size)의 기호는 Ⓛ로 표기한다.

③ 돌출 공차 : 형체의 돌출부에 대해 적용하는 공차로 기호는 ⓟ로 표기한다.

④ 실체 공차를 사용하지 않음 : 규제기호로 표시하지 않음(RFS)의 기호는 ⓢ로 표기한다.

❸ 치수공차의 기입방법

치수공차가 아래와 같이 도면에 기입될 때	해설
// ⃞ 0.02/100 ⃞ A	A면을 기준으로 기준길이 100mm당 평행도가 0.02mm임을 표시
= ⃞ 0.01 ⃞ 0.003/100	구분 구간 100mm에 대하여는 0.003mm, 전체 길이에 대하여는 0.01mm의 대칭도
▱ ⃞ 0.01/□100	임의의 100×100에 대한 평면도의 허용값이 0.01임을 표시

▎03 표면 거칠기

표면 거칠기는 가공된 표면 거칠기의 정밀도를 의미하며, 표면 거칠기의 표시는 공차와 밀접한 관련이 있다.

❶ 표면 거칠기 표시방법

KS B 0161에서는 표면 거칠기를 다음 세 가지 방법으로 규정하고 있다.

① 산술평균 거칠기(R_a) : 1999년 이전에는 중심선 평균 거칠기라 하였다.

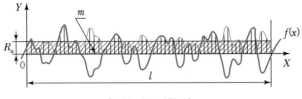

| 산술평균 거칠기 |

단면곡선(진한 곡선)의 중심선(X축) 아래 부분을 위쪽으로 접어서 얻은 빗금 부분의 면적을 적분으로 구해 기준길이(l)로 나눈 값이다.

② 최대높이(R_y)

기준길이(l)의 단면 곡선 중 가장 높은 곳과 가장 낮은 곳 사이의 거리를 의미한다.

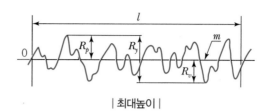

| 최대높이 |

③ 10점 평균 거칠기(R_z)

기준길이(l) 사이에서 가장 높은 봉우리 5개의 평균과 가장 낮은 골 5개의 평균을 합하여 측정한다 (10개 점의 평균값).

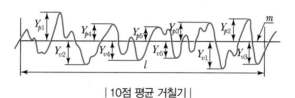

| 10점 평균 거칠기 |

② 다듬질 기호

표면 거칠기의 표시는 가공된 표면의 거칠기 정도를 기호로써 표기하는 것을 말하는데, 이를 다듬질 기호라고도 한다. 표면 거칠기의 정밀도가 높으면 높을수록 부품의 가공비는 많이 들게 되므로 물체의 특성과 경제성을 고려하여 적절한 표면 거칠기 값을 기입하는 것이 바람직하다.

표면 거칠기의 지시사항으로 대상물의 표면, 제거가공 여부, 표면 거칠기 값을 기입하며, 필요에 따라 면 가공방법, 줄무늬 방향, 파상도 등도 함께 표시한다.

(1) 제거가공 여부에 따른 표시

① $\bigvee$: 절삭 등 제거가공의 필요 여부를 문제 삼지 않는다.

② $\bigvee$: 제거가공을 하지 않는다.

③ $\bigvee$: 제거가공을 한다.

(2) 지시기호 위치에 따른 표시

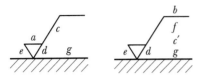

- a : 중심선 평균거칠기의 값(R_a의 값[μm])
- b : 가공방법, 표면처리
- c : 컷오프 값, 평가길이
- c' : 기준길이, 평가길이
- d : 줄무늬 방향의 기호
- e : 기계 가공 공차(ISO에 규정되어 있음)
- f : 최대높이 또는 10점 평균 거칠기의 값
- g : 표면 파상도(KS B 0610에 따름)

※ a 또는 f 이외는 필요에 따라 기입한다.

(3) 가공방법에 따른 표시

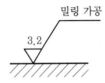

(4) 표면처리 지시에 따른 표시

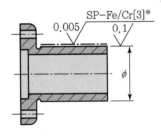

- SP(Surface treatment Polishing) : 표면처리 폴리싱(연마)
- Fe : 소재는 철강
- Cr : 크롬 도금
- [3] : 도금의 등급, 3급으로 도금(두께 10μm)
- * : 'KS D 0022의 표시에 따른다.'라는 의미의 기호

(5) 줄무늬 방향에 따른 표시

투상면에 직각으로 줄무늬 생성

❸ 가공방법에 따른 약호

(1) 절삭에 관한 가공방법

가공방법		약호	
		I	II
주조	Casting	C	주조
선반 가공	Lathe	L	선삭
드릴 가공	Drilling	D	드릴링
보링머신 가공	Boring	B	보링
밀링 가공	Milling	M	밀링
평삭반 가공	Planing	P	평삭(플레이닝)
형삭반 가공	SHaper	SH	형삭(셰이퍼)
브로치 가공	BRoach	BR	브로칭

(2) 다듬질(Finishing) 가공에 의한 가공방법

가공방법		약호	
		I	II
리머 가공	Reaming	FR	리밍
버프 다듬질	Buffing	FB	브러싱
블라스트 다듬질	Sand Blasting	SB	블라스팅
래핑 다듬질	Lapping	FL	래핑
줄 다듬질	File	FF	줄
스크레이퍼 다듬질	Scraping	FS	스크레이핑
페이퍼 다듬질	Coated Abrasive	FCA	페이퍼

(3) 연삭(Grinding)에 의한 가공방법

가공방법		약호	
		I	II
연삭 가공	Grinding	G	연삭
벨트샌딩 가공	Belt Sanding	GBL	벨트 연삭
호닝 가공	Horning	GH	호닝

(4) 특수가공(Special Processing)에 의한 가공방법

가공방법		약호	
		I	II
배럴연마 가공	BaRrel	SPBR	배럴
액체호닝 가공	Liquid Horning	SPLH	액체호닝

4 줄무늬 방향의 기호

기호	뜻	설명도
═	가공으로 생긴 커터의 줄무늬 방향이 기호를 기입한 그림의 투상면에 평행	
⊥	가공으로 생긴 커터의 줄무늬 방향이 기호를 기입한 그림의 투상면에 직각	
X	가공으로 생긴 커터의 줄무늬 방향이 기호를 기입한 그림의 투상면에 경사지고 두 방향으로 교차	
M	가공으로 생긴 커터의 줄무늬가 여러 방향으로 교차 또는 방향이 없음	
C	가공으로 생긴 커터의 줄무늬가 기호를 기입한 면의 중심에 대하여 동심원 모양	
R	가공으로 생긴 커터의 줄무늬가 기호를 기입한 면의 중심에 대하여 대략 방사선 모양	

실전 문제

01 지름이 60mm, 공차가 +0.001~+0.015인 구멍의 최대허용치수는?

① 59.85
② 59.985
③ 60.15
④ 60.015

해설 ⊕

구멍의 최대허용치수=기준치수+위 치수 허용차
　여기서, 기준치수 : $\phi 60$
　　　　　위 치수 허용차 : +0.015
　　　　　아래 치수 허용차 : +0.001

구멍의 최대허용치수=60+0.015=60.015이다.

02 구멍 70H7($70^{+0.030}_{0}$), 축 70g6($70^{-0.010}_{-0.029}$)의 끼워 맞춤이 있다. 끼워 맞춤의 명칭과 최대틈새를 바르게 설명한 것은?

① 중간 끼워 맞춤이며 최대틈새는 0.01이다.
② 헐거운 끼워 맞춤이며 최대틈새는 0.059이다.
③ 억지 끼워 맞춤이며 최대틈새는 0.029이다.
④ 헐거운 끼워 맞춤이며 최대틈새는 0.039이다.

해설 ⊕

구멍이 축보다 항상 크므로 헐거운 끼워 맞춤이다.
최대틈새는 구멍은 가장 크고, 축은 가장 작을 때 발생하므로 "구멍의 최대허용치수−축의 최소허용치수"를 구하면 된다.

구멍의 최대허용치수=70+0.03=70.03
축의 최소허용치수=70+(−0.029)=69.971
∴ 최대틈새=70.03−69.971=0.059이다.

03 h6 공차인 축에 중간 끼워 맞춤이 적용되는 구멍의 공차는?

① R7
② K7
③ G7
④ F7

해설 ⊕

h6은 축 기준식 끼워 맞춤 공차를 나타내며, 구멍의 공차가 K7일 때 중간 끼워 맞춤을 나타낸다.

기준축	구멍의 공차역 클래스												
	헐거운 끼워 맞춤			중간 끼워 맞춤			억지 끼워 맞춤						
h6	F6	G6	H6	JS6	K6	M6	N6	P6					
	F7	G7	H7	JS7	K7	M7	N7	P7	R7	S7	T7	U7	X7

04 $\varnothing 40^{-0.021}_{-0.037}$의 구멍과 $\varnothing 40^{0}_{-0.016}$의 축 사이의 최소죔새는?

① 0.053
② 0.037
③ 0.021
④ 0.005

해설 ⊕

최소죔새는 축은 가장 작고, 구멍은 가장 클 때 발생하므로 "축의 최소허용치수−구멍의 최대허용치수"를 구하면 된다.

축의 최소허용치수=40+(−0.016)=39.984
구멍의 최대허용치수=40+(−0.021)=39.979
∴ 최소죔새=39.984−39.979=0.005이다.

05 다음 끼워 맞춤 중에서 헐거운 끼워 맞춤인 것은?

① 25N6/h5
② 20P6/h5
③ 6JS7/h6
④ 50G7/h6

h5, h6은 축 기준식 끼워 맞춤 공차를 나타내며, 구멍의 공차가 G7일 때 헐거운 끼워 맞춤을 나타낸다.

기준축	구멍의 공차역 클래스												
	헐거운 끼워 맞춤		중간 끼워 맞춤			억지 끼워 맞춤							
h5			JS6	K6	M6	N6	P6						
h6	F6	G6	H6	JS6	K6	M6	N6	P6					
	F7	G7	H7	JS7	K7	M7	N7	P7	R7	S7	T7	U7	X7

06 허용한계 치수기입이 틀린 것은?

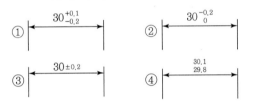

②번이 아래치수 허용공차와 위 치수 허용공차의 위치를 바꿔 기입하여 틀렸다. 올바른 허용한계 치수기입은 아래 그림처럼 기입하여야 한다.

07 데이텀(Datum)에 관한 설명으로 틀린 것은?

① 데이텀을 표시하는 방법은 영어의 소문자를 정사각형으로 둘러싸서 나타낸다.
② 지시선을 연결하여 사용하는 데이텀 삼각기호는 빈틈없이 칠해도 좋고, 칠하지 않아도 좋다.
③ 형체에 지정되는 공차가 데이텀과 관련되는 경우 데이텀은 원칙적으로 데이텀을 지시하는 문자기호에 의하여 나타낸다.
④ 관련 형체에 기하학적 공차를 지시할 때, 그 공차 영역을 규제하기 위하여 설정한 이론적으로 정확한 기하학적 기준을 데이텀이라 한다.

① 데이텀을 표시하는 방법은 영어의 알파벳 대문자를 사각형으로 둘러싸서 나타낸다.

08 보기와 같은 공차기호에서 최대실체 공차방식을 표시하는 기호는?

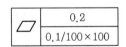

① ◎
② A
③ Ⓜ
④ ⌀

최대실체 공차방식은 Ⓜ 기호로 표시한다.

09 그림과 같은 기하공차 기호에 대한 설명으로 틀린 것은?

⬭	0.2
	0.1/100×100

① 평면도 공차를 나타낸다.
② 전체 부위에 대해 공차값 0.2mm를 만족해야 한다.
③ 지정넓이 100mm×100mm에 대해 공차값 0.1mm를 만족해야 한다.
④ 이 기하공차 기호에서는 두 가지 공차조건 중 하나만 만족하면 된다.

④ 이 기하공차 기호에서는 두 가지 공차조건 모두 만족해야 된다.

10 다음과 같이 치수가 도시되었을 경우 그 의미로 옳은 것은?

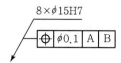

① 8개의 축이 $\phi15$에 공차등급이 H7이며, 원통도가 데이텀 A, B에 대하여 $\phi0.1$을 만족해야 한다.
② 8개의 구멍이 $\phi15$에 공차등급이 H7이며, 원통도가 데이텀 A, B에 대하여 $\phi0.1$을 만족해야 한다.
③ 8개의 축이 $\phi15$에 공차등급이 H7이며, 위치도가 데이텀 A, B에 대하여 $\phi0.1$을 만족해야 한다.
④ 8개의 구멍이 $\phi15$에 공차등급이 H7이며, 위치도가 데이텀 A, B에 대하여 $\phi0.1$을 만족해야 한다.

해설 ⊕

- $8 \times \phi15H7$: 8개의 구멍이 $\phi15$이고, 공차등급이 H7 이다.
- $\boxed{\oplus}\ \phi0.1\ \boxed{A}\ \boxed{B}$: 위치도($\oplus$)가 데이텀 A, B에 대하여 $\phi0.1$을 만족해야 한다.

11 기하공차의 도시방법에서 위치도를 나타내는 것은?

①   ② ◯

③ ◎ ④ ⊕

해설 ⊕

- ⊕ : 위치도
- : 원통도
- ◯ : 진원도
- ◎ : 동심도 공차

12 다음 도면과 같은 데이텀 표적 도시기호의 의미 설명으로 올바른 것은?

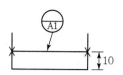

① 점의 데이텀 표적
② 선의 데이텀 표적
③ 면의 데이텀 표적
④ 구형의 데이텀 표적

해설 ⊕

데이텀 표적 도시기호

점	X
선	✕—✕
영역	◎ ▨

13 다음 기하공차 중 자세공차에 속하는 것은?

① 평면도 공차
② 평행도 공차
③ 원통도 공차
④ 진원도 공차

해설 ⊕

자세공차의 종류

평행도	∥
직각도	⊥
경사도	∠

14 그림과 같은 도면에서 '가' 부분에 들어갈 가장 적절한 기하공차기호는?

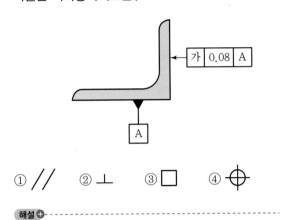

① //   ② ⊥   ③ □   ④ ⊕

해설 ➕

②번 직각도 공차가 들어가야 한다.
① 평행도, ③ 평면도, ④ 위치도

15 보기와 같이 지시된 표면의 결 기호의 해독으로 올바른 것은?

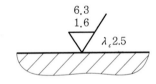

① 제거 가공 여부를 문제 삼지 않을 경우이다.
② 최대높이 거칠기 하한값이 $6.3\mu m$이다.
③ 기준길이는 $1.6\mu m$이다.
④ 2.5는 컷오프 값이다.

해설 ➕

- ▽ : 제거가공을 한다.
- 6.3 : 중심선 평균 거칠기 상한값이 $6.3\mu m$ 이다.
- 1.6 : 중심선 평균 거칠기 하한값이 $1.6\mu m$ 이다.
- λ_c : 컷오프 값, 평가길이가 2.5이다.
- c' : 기준길이를 나타내는데 위의 그림에서는 표시되지 않았다.

16 가공에 의한 커터의 줄무늬가 여러 방향일 때 도시하는 기호는?

① =   ② X
③ M   ④ C

해설 ➕

가공에 의한 커터의 줄무늬가 여러 방향이거나 방향이 없을 때는 M으로 표시한다.

17 재료의 제거가공으로 이루어진 상태든 아니든 앞의 제조 공정에서의 결과로 나온 표면 상태가 그대로 라는 것을 지시하는 것은?

①

②

③

④

해설 ➕

- ▽ : 제거가공을 하지 않는다.
- ▽ : 절삭 등 제거가공의 필요 여부를 문제 삼지 않는다.
- ▽ : 제거가공을 한다.

18 가공부에 표시하는 다듬질 기호 중 줄 다듬질 기호는?

① FF   ② FL

③ FS   ④ FR

해설 ⊕ -

다듬질(Finishing) 가공에 의한 약호
- FF(줄 다듬질) : 줄이 File이고, 다듬질이 Finishing이므로 첫 글자를 따와서 FF 기호가 된다.
- FL(래핑 다듬질) : 래핑이 Lapping이고, 다듬질이 Finishing이므로 첫 글자를 따와서 FL 기호가 된다.
- FS(스크레이퍼 다듬질) : Scraping
- FR(리머 가공) : Reaming

19 가공방법의 표시기호에서 "SPBR"은 무슨 가공인가?

① 기어 셰이빙

② 액체 호닝

③ 배럴 연마

④ 홋 블라스팅

해설 ⊕ -

특수가공(Special Processing)에 의한 약호
- SPBR(배럴 연마) : 특수가공의 알파벳 대문자 SP와 배럴(BaRrel)에서 알파벳 대문자 BR을 가져와서 SPBR 기호가 된다.
- SPLH(액체 호닝) : 특수가공을 나타내는 SP와 액체 호닝(Liquid Horning)에서 알파벳 대문자 LH를 가져와서 SPLH 기호가 된다.

20 다음 그림이 나타내는 가공방법은?

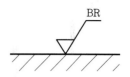

① 대상 면의 선삭 가공

② 대상 면의 밀링 가공

③ 대상 면의 드릴링 가공

④ 대상 면의 브로칭 가공

해설 ⊕ -

가공방법의 약호
- 선삭 가공 : L
- 밀링 가공 : M
- 드릴링 가공 : D
- 브로칭 가공 : BR

06 기계요소의 제도

01 결합용 기계요소

1 나사(Screw)

(1) 나사 도시법

① 수나사와 암나사의 산봉우리 부분(수나사는 바깥쪽 선, 암나사는 안쪽 선)은 굵은 실선으로, 골 부분(수나사는 안쪽 선, 암나사는 바깥쪽 선)은 가는 실선으로 표시한다.

② 나사인 부분(완전 나사부)과 나사가 아닌 부분(불완전 나사부)의 경계는 굵은 실선을 긋고, 나사가 아닌 부분의 골밑 표시선은 축 중심선에 대하여 30°의 경사각을 갖는 가는 실선으로 표시한다.

③ 보이지 않는 부분의 나사산 봉우리와 골 부분, 완전 나사부와 불완전 나사부 등은 중간선 굵기의 은선으로 표시한다.

④ 암나사의 드릴 구멍의 끝부분은 굵은 실선으로 118° 되게 긋는다(도면 작도 시 120°로 그어도 된다).

⑤ 수나사와 암나사 결합 부분은 수나사로 표현한다.

⑥ 나사 부분의 단면 표시에 해치를 할 경우에는 산봉우리 부분까지 긋도록 한다.

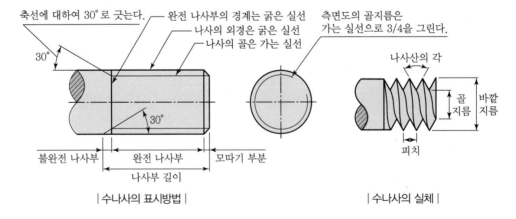

| 수나사의 표시방법 |　　　　　　| 수나사의 실체 |

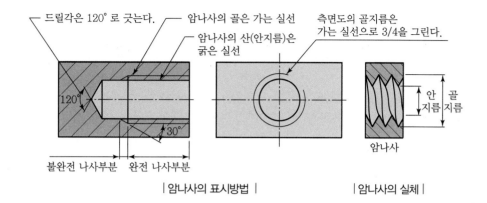

드릴각은 120° 로 긋는다.

암나사의 골은 가는 실선

암나사의 산(안지름)은 굵은 실선

측면도의 골지름은 가는 실선으로 3/4을 그린다.

120°

30°

안지름 골지름

암나사

불완전 나사부분   완전 나사부분

│ 암나사의 표시방법 │   │ 암나사의 실체 │

(2) 나사의 호칭방법

나사의 호칭방법은 "나사산이 감기는 방향, 나사산의 줄의 수, 나사의 호칭, 나사의 등급" 순으로 표시한다. 나사산이 감기는 방향(오른쪽인 경우), 나사산의 줄의 수, 나사의 등급은 필요 없는 경우 생략해도 된다.

① 미터 가는 나사

예 왼 2줄 M50×2−6H : 왼 2줄 미터 가는 나사(M50×2), 암나사 등급 6, 공차 위치 H

② 미터 보통 나사의 조합(암나사와 수나사의 등급 동시 표기)

예 왼 M10−6H/6g : 왼 미터 보통 나사(M10), 암나사 6H와 수나사 6g의 조합

③ 유니파이 보통 나사의 조합

예 No.4−40UNC−2A : 유니파이 보통 나사(No.4−40UNC) 2A급

④ 관용 평행 수나사

예 G1/2 A : 관용 평행 수나사(G1/2) A급

⑤ 관용 평행 암나사와 관용 테이퍼 수나사의 조합

예 Rp1/2/R1/2 : 관용 평행 암나사(Rp1/2)와 관용 테이퍼 수나사(R1/2)의 조합

(3) 나사의 종류와 표시

구분		나사의 종류		나사의 종류를 표시하는 기호	나사의 호칭에 대한 표시방법의 보기
일반용	ISO 규격에 있는 것	미터 보통 나사		M	M8
		미터 가는 나사			M8 × 1
		미니추어 나사		S	S0.5
		유니파이 보통 나사		UNC	3/8 − 16UNC
		유니파이 가는 나사		UNF	No.8 − 36UNF
		미터 사다리꼴 나사		Tr	Tr10 × 2
		관용 테이퍼 나사	테이퍼 수나사	R	R3/4
			테이퍼 암나사	Rc	Rc3/4
			평행 암나사	Rp	Rp3/4
		관용 평행 나사		G	G1/2
	ISO 규격에 없는 것	30° 사다리꼴 나사(미터계)		TM	TM18
		29° 사다리꼴 나사(인치계)		TW	TW20
		관용 테이퍼 나사	테이퍼 나사	PT	PT7
			평행 암나사	PS	PS7
		관용 평행 나사		PF	PF7

❷ 키(Key)

(1) 키의 입체도 및 치수기입법

키 홈은 되도록 위쪽으로 도시한다.

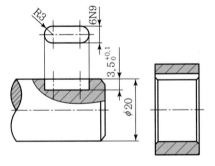

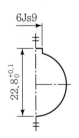

| 묻힘 키의 입체도 | | 묻힘 키의 치수기입법 |

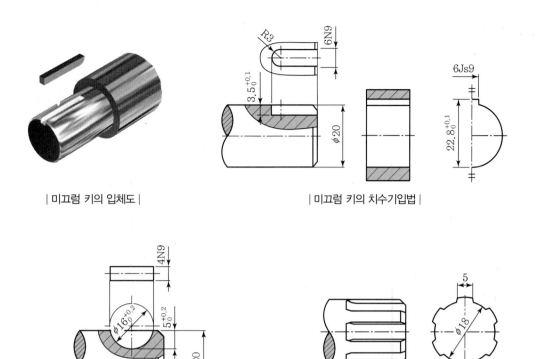

| 미끄럼 키의 입체도 | | 미끄럼 키의 치수기입법 |

| 반달 키 홈 | | 스플라인 |

(2) 키의 종류

키의 종류에는 묻힘 키(평행 키, 경사 키, 반달 키), 미끄럼 키 등이 있다.

모양		기호
평행 키	나사용 구멍 없음	P
	나사용 구멍 있음	PS
경사 키	머리 없음	T
	머리 있음	TG
반달 키	둥근 바닥	WA
	납작 바닥	WB

(3) 키의 끝부분 모양

명칭	양쪽 둥근형	양쪽 네모형	한쪽 둥근형
기호	A	B	C

(4) 키의 호칭방법

① 묻힘 키의 호칭방법

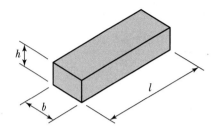

키의 호칭은 "표준번호, 종류(또는 그 기호), '호칭치수×길이'$(b×h×l)$[반달 키는 호칭치수 $(b×d_0)$만 기입]"로 한다. 다만, 나사용 구멍이 없는 평행 키 및 머리 없는 경사 키의 경우, 종류는 각각 단순히 "평행 키" 및 "경사 키"로 기재하여도 좋다.

평행 키의 끝부분의 모양을 나타낼 필요가 있는 경우에는 종류 뒤에 그 모양(또는 '종류-기호')을 나타낸다.

예	
평행 키	KS B 1311 나사용 구멍 없는 평행 키 양쪽 둥근형 25×14×90
	KS B 1311 P-A 25×14×90(키의 종류 및 끝부분 모양 표 참조)
경사 키	KS B 1311 머리붙이 경사 키 25×14×90
	KS B 1311 TG 25×14×90(키의 종류 및 끝부분 모양 표 참조)
반달 키	KS B 1311 둥근 바닥 반달 키 3×16
	KS B 1311 WA 3×16(키의 종류 및 끝부분 모양 표 참조)

② 미끄럼 키의 호칭방법

키의 호칭은 "표준번호 또는 명칭, 호칭치수×길이"로 한다. 다만, 끝부분의 모양 또는 재료에 대하여 특별 지정이 있는 경우는 이것을 기입한다.

예 • KS B 1313 6×6×50

• KS B 1313 36×20×140 양끝둥긂 SM45C-D

• 미끄럼 키 6×6×50 SF55

❸ 핀(Pin)

(1) 테이퍼 핀

테이퍼 핀의 호칭은 "규격번호 또는 규격명칭, 등급, 호칭지름×길이, 재료"로 기입한다. 단, 특별한 지정사항이 있는 경우에는 그 후에 추가로 기입한다.

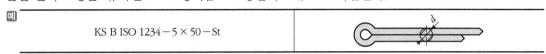

호칭 1.	KS B 1322 1급 6 × 70 SM45C − Q	
호칭 2.	테이퍼 핀 2급 6 × 70 SUS303	

(2) 분할 핀

분할 핀의 호칭은 "규격번호 − 호칭지름 × 호칭길이 − 재료"로 기입한다.

예	
KS B ISO 1234 − 5 × 50 − St	

📁 재료에 따른 기호 : 강(St), 구리 − 아연 합금(CuZn), 구리(Cu), 알루미늄 합금(Al), 오스테나이트 스테인리스강(A)

02 전동용 기계요소

1 벨트풀리

(1) 평벨트풀리의 도시법

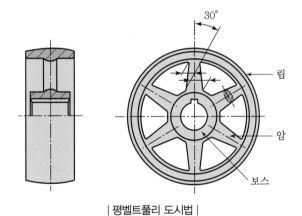

| 평벨트풀리 도시법 |

① 평벨트풀리는 축 직각 방향의 단면을 정면도로 한다.

② 평벨트풀리는 대칭형이므로 일부분만을 그릴 수도 있다.

③ 암은 길이 방향으로 단면하지 않으므로 회전단면도(도형 안에 그릴 때는 가는 실선, 도형 밖에 그릴 때는 굵은 실선)로 표시한다.

④ 암의 테이퍼 부분을 치수기입 할 때 치수보조선은 비스듬하게(수평의 60° 방향, 수직의 30° 방향) 긋는다.

(2) V 벨트풀리

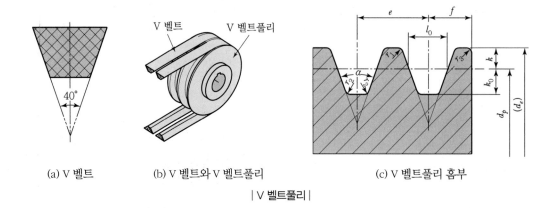

| (a) V 벨트 | (b) V 벨트와 V 벨트풀리 | (c) V 벨트풀리 홈부 |

| V 벨트풀리 |

크기는 형별에 따라 M, A, B, C, D, E형이 있고, 폭이 가장 좁은 것은 M형, 가장 넓은 것은 E형이다. V 벨트의 각은 40°이고, V 벨트 홈부의 각은 34°, 36°, 38°가 있다.

다음 표는 V 벨트풀리 홈부의 명칭을 나타낸다.

▌V 벨트풀리 홈부의 명칭

구분	명칭	구분	명칭
d_p	호칭 직경	k_0	피치원 직경에서 홈 바닥까지의 거리
α	홈부 각도	e	홈과 홈 사이의 거리
l_0	피치원 직경에서 홈의 폭	f	홈 중심에서 측면까지의 거리
k	피치원 직경에서 풀리의 바깥지름까지의 거리	$r_{1,2,3}$	홈부의 모서리 라운드

② 스프로킷 휠

① 체인 전동은 체인을 스프로킷 휠에 걸어 감아서(자전거, 오토바이 등) 동력을 전달해 주는 요소이다.

② 도시법
   ㉠ 이끝원은 굵은 실선으로 도시
   ㉡ 피치원은 가는 1점쇄선으로 도시
   ㉢ 이뿌리원은 가는 실선으로 도시
   ㉣ 정면도를 단면으로 도시할 경우 이뿌리는 굵은 실선으로 도시(단면하지 않은 경우 가는 실선으로 도시)

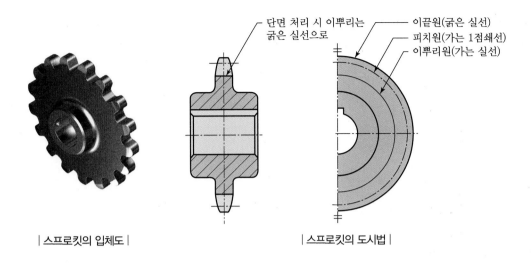

| 스프로킷의 입체도 | | 스프로킷의 도시법 |

3 기어

(1) 스퍼기어의 도시법

① 이끝원은 굵은 실선으로 도시

② 피치원은 가는 1점쇄선으로 도시

③ 이뿌리원은 가는 실선으로 도시(단, 정면도에서 단면을 했을 경우 굵은 실선으로 도시)

④ 피치원 지름(PCD) = 잇수(Z)×모듈(M)

   이끝원 지름(D) = $PCD + 2M = (Z+2)M$

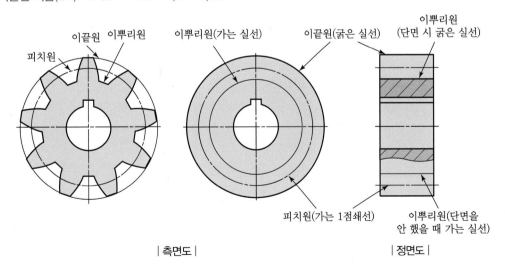

| 측면도 | | 정면도 |

(2) 맞물린 기어의 도시법

① 측면도의 이끝원은 굵은 실선으로 도시한다.

② 정면도의 단면에서 한쪽의 이끝원은 파선(숨은선)으로 그린다.

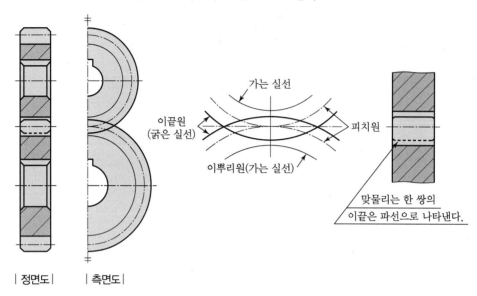

| 정면도 |　| 측면도 |

(3) 헬리컬기어의 도시법

헬리컬기어는 이의 모양이 비스듬히 경사져 있다. 기어이의 방향(잇줄 방향)은 3개의 가는 실선으로 그리고, 단면을 하였을 때는 가는 2점쇄선으로 그리며 기울어진 각도와 상관없이 30°로 표시한다.

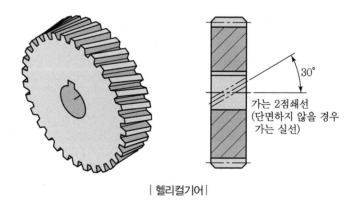

| 헬리컬기어 |

03 축용 기계요소

1 축의 도시법

내용	도시법
축은 길이 방향으로 단면 도시하지 않는다(단, 부분 단면을 할 때는 표시한다).	
긴 축은 중간을 파단하여 짧게 그리되 치수는 실제 길이로 나타내야 한다.	실제치수
모따기 및 평면 표시는 치수기입법에 따른다. 모따기는 'C' 기호와 함께 표기하고, 평면은 가는 실선으로 대각선을 그어 표시한다.	평면은 가는 실선으로 대각선으로 표시
축에 널링을 도시할 때 빗줄인 경우는 축선에 대하여 30°로 엇갈리게 나타낸다.	30° 30°
축을 가공하기 위한 센터의 도시를 한다.	KS B 0410 60° A형 2, 양끝

② 베어링

회전축을 받쳐주는 기계요소이며 축과 작용하중의 방향에 따라 레이디얼 베어링, 스러스트 베어링으로 나뉘며 축과 베어링 접촉상태에 따라 미끄럼 베어링과 롤링 베어링으로 구분할 수 있다.

| 깊은 홈 볼베어링 |

| 앵귤러 볼베어링 |

| 자동조심 볼베어링 |

| 원통 롤러베어링 |

(1) 볼베어링과 롤러 베어링 도시방법

단열 깊은 홈 볼베어링 (단열 원통 롤러 베어링)	복렬 깊은 홈 볼베어링 (복렬 원통 롤러 베어링)
단열 구형 롤러 베어링	복렬 자동조심 볼베어링 (복렬 구형 롤러 베어링)
단열 앵귤러 콘택트 분리형 볼베어링 (단열 앵귤러 콘택트 테이퍼 롤러 베어링)	복렬 앵귤러 콘택트 고정형 볼베어링
두 조각 내륜 복렬 앵귤러 콘택트 분리형 볼베어링	두 조각 내륜 복렬 앵귤러 콘택트 테이퍼 롤러 베어링

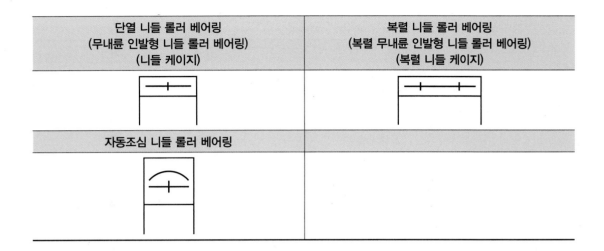

단열 니들 롤러 베어링 (무내륜 인발형 니들 롤러 베어링) (니들 케이지)	복렬 니들 롤러 베어링 (복렬 무내륜 인발형 니들 롤러 베어링) (복렬 니들 케이지)
자동조심 니들 롤러 베어링	

(2) 베어링 호칭 번호

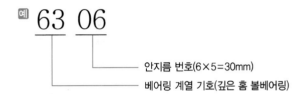

안지름 번호(6×5=30mm)
베어링 계열 기호(깊은 홈 볼베어링)

① 형식 번호(첫 번째 숫자)

번호	형식
1	복렬자동조심형
2, 3	복렬자동조심형(큰 나비)
5	스러스트 베어링
6	단열홈형
7	단열 앵귤러 볼형
N	원통 롤러베어링

② 치수 번호(두 번째 숫자)

번호	종류
0, 1	특별 경하중형
2	경하중형
3	중간 하중형
4	중하중형

③ 안지름 번호(세 번째, 네 번째 숫자)

번호	안지름 크기(mm)
00	10
01	12
02	15
03	17
04	20

- 1~9까지는 숫자가 그대로 베어링 내경이 된다.
  - 예 625 : 62 계열의 베어링, 내경은 5mm이다.
- 00~03번까지는 왼쪽 표의 크기를 따른다.
- 04번부터는 ×5를 한다(4×5=20).
  - 예 6206 : 62 계열의 베어링, 내경은 6×5=30이다.
- "/"가 있을 경우 "/" 뒤의 숫자가 그대로 베어링 내경이 된다.
  - 예 60/22 : 60 계열의 베어링, 내경은 22mm이다.

(3) 베어링 등급기호(숫자 이후의 기호)

무기호	H	P	SP
보통급	상급	정밀급	초정밀급

예 구름베어링(608C2P6)

60	8	C2	P6
베어링 계열 번호	안지름 번호(베어링 내경 8mm)	틈새기호	등급기호(6급)

예 구름베어링(6205ZZNR)

62	05	ZZ	NR
베어링 계열 번호	안지름 번호(베어링 내경 25mm)	실드기호	궤도륜 형상기호

04 제어용 기계요소

1 스프링

(1) 스프링 제도법

① 스프링은 일반적으로 무하중(힘을 받지 않은 상태)인 상태로 그린다.

② 스프링은 모두 오른쪽으로 감은 것을 나타내고, 왼쪽으로 감은 경우에는 '감긴 방향 왼쪽'이라고 표기한다.

③ 그림에 기입하기 힘든 사항은 요목표에 기입한다.

④ 종류 및 모양만을 간략도로 그릴 경우 재료의 중심선만을 굵은 실선으로 그린다.

⑤ 코일 스프링에서 양 끝을 제외한 동일 모양 부분의 일부를 생략하는 경우에는 생략하는 부분의 선지름의 중심선을 가는 1점쇄선으로 그린다.

⑥ 조립도, 설명도 등에서 코일 스프링을 도시하는 경우에는 그 단면만으로 표시하여도 좋다.

| 코일 스프링 |

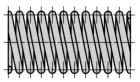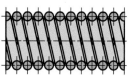

| 코일 스프링 외관도 |　　　　　　　　| 코일 스프링 단면도 |

| 코일 스프링 부분 생략도 |　　　　　　| 코일 스프링 간략도 |

(2) 겹판 스프링 제도법

① 겹판 스프링은 일반적으로 스프링 판이 수평인 상태(힘을 받고 있는 상태)에서 그리고, 무하중일 때의
  모양은 2점쇄선으로 표시한다.
② 종류 및 모양만을 간략도로 그릴 경우 스프링의 외형만을 굵은 실선으로 그린다.
③ 하중과 처짐의 관계는 요목표에 기입한다.

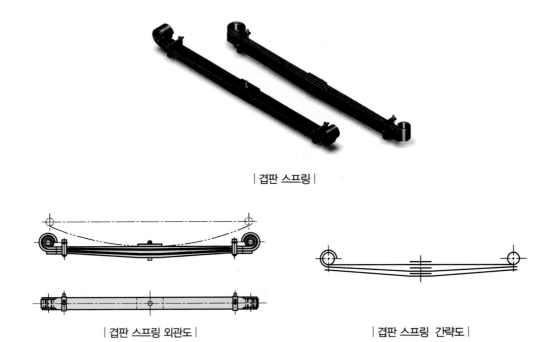

| 겹판 스프링 |

| 겹판 스프링 외관도 | | 겹판 스프링 간략도 |

05 리벳과 용접이음

1 리벳(Rivet Joint)

보일러, 물탱크, 교량 등과 같이 영구적인 이음에 사용된다.

(1) 리벳의 종류(머리 모양에 따라 구분)

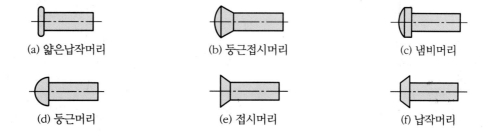

(a) 얇은납작머리   (b) 둥근접시머리   (c) 냄비머리

(d) 둥근머리   (e) 접시머리   (f) 납작머리

(2) 리벳이음의 도시법

① 리벳의 위치만을 표시할 때에는 중심선만으로 그린다.
② 얇은 판이나 형강 등의 단면은 굵은 실선으로 그리고, 인접하여 있는 경우 선 사이를 약간 띄어서 그린다.
③ 리벳은 길이 방향으로 절단하여 그리지 않는다.
④ 구조물에 사용하는 리벳은 약도(간략기호)로 표시한다.
⑤ 같은 피치로 같은 종류의 구멍이 연속되어 있을 때는 '피치의 수 × 피치의 간격 = 합계치수'로 간단히 기입한다.

(3) 리벳의 호칭방법

"표준번호(생략 가능), 종류, 호칭지름 × 길이, 재료, 지정 사항" 순으로 기입한다(단, 둥근머리 리벳의 길이는 머리 부분을 제외한 길이이다).
예 KS B 1102 둥근머리 리벳 12 × 30 SV330

(4) 리벳이음의 종류

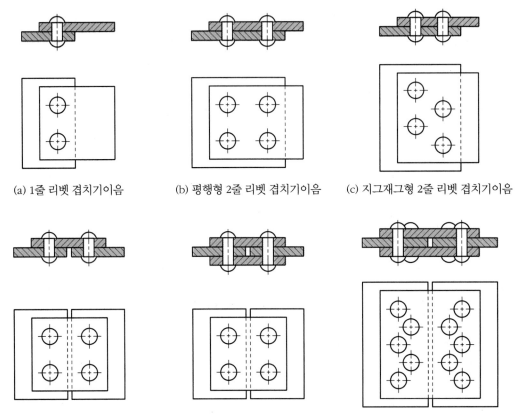

(a) 1줄 리벳 겹치기이음   (b) 평행형 2줄 리벳 겹치기이음   (c) 지그재그형 2줄 리벳 겹치기이음

(d) 한쪽 덮개판 1줄 리벳 맞대기이음   (e) 양쪽 덮개판 1줄 리벳 맞대기이음   (f) 양쪽 덮개판 2줄 리벳 맞대기이음

❷ 용접이음

(1) 용접이음의 종류

용접이음의 종류는 모재의 배치에 따라 다음과 같이 구분한다.

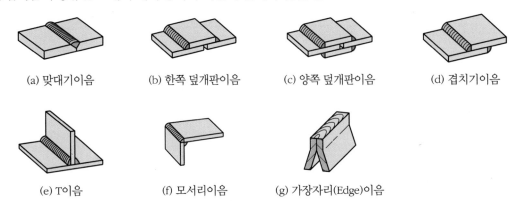

(a) 맞대기이음   (b) 한쪽 덮개판이음   (c) 양쪽 덮개판이음   (d) 겹치기이음

(e) T이음   (f) 모서리이음   (g) 가장자리(Edge)이음

(2) 용접의 종류와 기호

① 기본기호(KS B 0052) : 한국산업표준 그림 인용

번호	명칭	그림	기호
1	돌출된 모서리를 가진 평판 사이의 맞대기 용접 에지 플랜지형 용접(미국)/돌출된 모서리는 완전 용해		八
2	평행(I형) 맞대기 용접		‖
3	V형 맞대기 용접		∨
4	일면 개선형 맞대기 용접		⋁
5	넓은 루트면이 있는 V형 맞대기 용접		Y
6	넓은 루트면이 있는 한 면 개선형 맞대기 용접		ⳑ
7	U형 맞대기 용접(평행 또는 경사면)		⋃
8	J형 맞대기 용접		⋀
9	이면 용접		⌣
10	필릿 용접		◺
11	플러그 용접 : 플러그 또는 슬롯 용접(미국)		⊓
12	점 용접		○

번호	명칭	그림	기호
13	심(Seam) 용접		⊖
14	개선 각이 급격한 V형 맞대기 용접		⋁
15	개선 각이 급격한 일면 개선형 맞대기 용접		⋁
16	가장자리(Edge) 용접		‖‖
17	표면 육성		⌒⌒
18	표면(Surface) 접합부		=
19	경사 접합부		⫽
20	겹침 접합부		Ϛ

② 기본기호의 조합

필요한 경우 기본기호를 조합하여 사용할 수 있으며, 양면 용접의 경우에는 기본기호를 기준선에 대칭되게 조합하여 사용하면 된다.

▌양면 용접부 조합기호(보기) : 한국산업표준 그림 인용

명칭	그림	기호
양면 V형 맞대기 용접(X용접)		X
K형 맞대기 용접		K

명칭	그림	기호
넓은 루트면이 있는 양면 V형 용접		 ⅄
넓은 루트면이 있는 K형 맞대기 용접	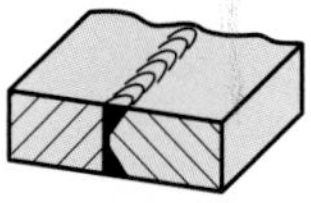	 Ⱪ
양면 U형 맞대기 용접		 ⅄

③ 보조기호

용접부 표면의 모양이나 형상의 특징을 나타내는 기호로써, 보조기호가 없는 경우에는 용접부의 표면을 자세히 나타낼 필요가 없다는 것을 의미한다.

▌보조기호 : 한국산업표준 그림 인용

용접부 표면 또는 용접부 형상	기호
평면(동일한 면으로 마감 처리)	―
볼록형	⌒
오목형	⌣
토우를 매끄럽게 함	 ⤵
영구적인 이면 판재(Backing Strip) 사용	M
제거 가능한 이면 판재 사용	MR

▌보조기호의 적용 보기 : 한국산업표준 그림 인용

명칭	그림	기호
평면 마감 처리한 V형 맞대기 용접		▽
볼록 양면 V형 용접		 ⅄
오목 필릿 용접	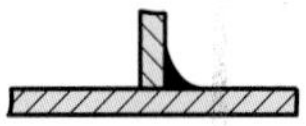	 ⊿
이면 용접이 있으며 표면 모두 평면 마감 처리한 V형 맞대기 용접		 ⊻

명칭	그림	기호
넓은 루트면이 있고 이면 용접된 V형 맞대기 용접		
평면 마감 처리한 V형 맞대기 용접		
매끄럽게 처리한 필릿 용접		

[a] ISO 1302에 따른 기호(표면의 결에 대한 지시) : 이 기호(▽) 대신 다음 기호(√)를 사용할 수 있다.

(3) 용접부 위치에 따른 기호의 표시

용접부가 화살표 쪽에 있으면 기호는 실선(기준선) 쪽에 표시하며, 용접부가 화살표 반대쪽에 있으면 기호는 점선(식별선) 쪽에 표시한다.

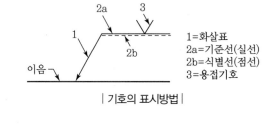

1=화살표
2a=기준선(실선)
2b=식별선(점선)
3=용접기호

| 기호의 표시방법 |

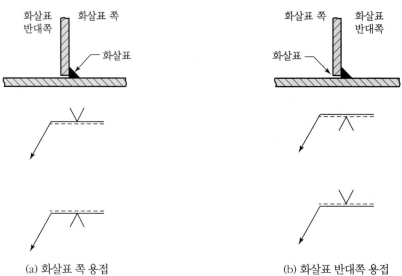

(a) 화살표 쪽 용접　　　　(b) 화살표 반대쪽 용접

| 용접부 위치에 따른 용접기호의 표시 |

(4) 용접부의 치수 표시

① 용접기호 다음에 어떤 표시도 없는 것은 용접부재의 전체 길이로 연속 용접한다는 의미이다.

② 별도 표시가 없는 경우는 완전 용입이 되는 맞대기 용접을 나타낸다.

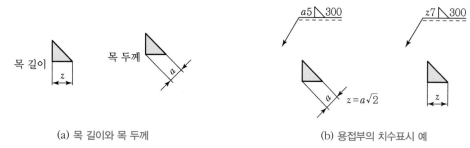

(a) 목 길이와 목 두께 　　　　　　 (b) 용접부의 치수표시 예

| 필릿 용접부의 치수 표시방법 |

예

$\dfrac{a5 \diagdown 300}{}$: 화살표 쪽 필릿 용접 목 두께가 5mm이고, 용접부 길이는 300mm이다.

$\dfrac{z7 \diagdown 300}{}$: 화살표 쪽 필릿 용접 목 길이가 7mm이고, 용접부 길이는 300mm이다.

▌주요 치수 : 한국산업표준 그림 인용

번호	명칭	그림	표시
1	맞대기 용접	s	$\vee$
		s	$s \\|$
		s	$s \curlyvee$
2	플랜지형 맞대기 용접	s	$s \\|$
3	연속 필릿 용접	z / a	$a \diagdown$ $z \diagup$
4	단속 필릿 용접	l (e) l	$a \diagdown n \times l(e)$ $z \diagup n \times l(e)$

번호	명칭	그림	표시
5	지그재그 단속 필릿 용접		
6	플러그 또는 슬롯 용접		$c \; \boxed{} \; n \times l(e)$
7	심 용접		$c \; \ominus \; n \times l(e)$
8	플러그 용접		$d \; \boxed{} \; n(e)$
9	점 용접		$d \; \bigcirc \; n(e)$

치수에 표시되는 문자의 의미

- s : 맞대기 용접의 경우 부재의 표면으로부터 용입의 바닥까지의 최소거리를 뜻하며, 플랜지형 맞대기 용접의 경우 용접부 외부 표면으로부터 용입의 바닥까지의 최소거리를 뜻한다.
- a : 목 두께
- z : 목 길이
- l : 용접 길이
- (e) : 인접한 용접부 간격
- n : 용접부 수
- c : 슬롯의 너비(플러그 또는 슬롯 용접), 용접부 너비(심 용접)
- d : 구멍의 지름(플러그 용접), 용접부의 지름(점 용접)

(5) 보조 표시

① 일주용접

용접이 부재의 전체를 둘러서 이루어질 때 기호는 원으로 표시한다.

② 현장용접

현장용접을 표시할 때는 깃발기호를 사용한다.

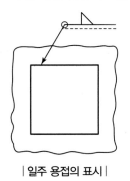

| 일주 용접의 표시 |

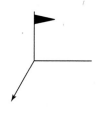

| 현장 용접의 표시 |

실전 문제

01 나사의 제도방법을 설명한 것으로 틀린 것은?

① 수나사에서 골 지름은 가는 실선으로 도시한다.

② 불완전 나사부를 나타내는 골지름 선은 축선에 대해서 평행하게 표시한다.

③ 암나사의 측면도에서 호칭경에 해당하는 선은 가는 실선이다.

④ 완전나사부란 산봉우리와 골 및 모양의 양쪽 모두 완전한 산형으로 이루어지는 나사부이다.

해설⊕ ---------------------------------------

② 불완전 나사부를 나타내는 골지름 선은 축선에 대해서 30°로 표시한다.

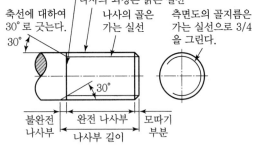

완전 나사부의 경계는 굵은 실선
나사의 외경은 굵은 실선
축선에 대하여 30°로 긋는다. 30°
나사의 골은 가는 실선
측면도의 골지름은 가는 실선으로 3/4을 그린다.
30°
불완전 나사부
완전 나사부
모따기 부분
나사부 길이

| 수나사의 표시방법 |

02 Tr 40×7−6H로 표시된 나사의 설명 중 틀린 것은?

① Tr : 미터 사다리꼴 나사

② 40 : 나사의 호칭지름

③ 7 : 나사산의 수

④ 6H : 나사의 등급

해설⊕ ---------------------------------------

③ 7 : 피치

03 "2줄 M20×2"와 같은 나사 표시기호에서 리드는 얼마인가?

① 5mm ② 2mm

③ 3mm ④ 4mm

해설⊕ ---------------------------------------

2줄 M20×2

2줄, 미터 가는 나사, 바깥지름 20mm, 피치 2mm이다.

∴ 리드 $L = nP = 2 \times 2 = 4\text{mm}$

04 나사의 표시가 다음과 같이 나타날 때 이에 대한 설명으로 틀린 것은?

> L 2N M10 − 6H/6g

① 나사의 감김 방향은 오른쪽이다.

② 나사의 종류는 미터나사이다.

③ 암나사 등급은 6H, 수나사 등급은 6g이다.

④ 2줄 나사이며 나사의 바깥지름은 10mm이다.

해설⊕ ---------------------------------------

L : 나사의 감김 방향은 왼쪽이다.

05 나사의 종류 중 ISO 규격에 있는 관용 테이퍼 나사에서 테이퍼 암나사를 표시하는 기호는?

① PT ② PS

③ Rp ④ Rc

정답   01 ② 02 ③ 03 ④ 04 ① 05 ④

- PT : 관용 테이퍼 나사(ISO 규격에 없음)
- PS : 관용 평행 암나사(ISO 규격에 없음)
- Rp : 관용 평행 암나사
- Rc : 관용 테이퍼 암나사

06 기어제도에 관한 설명으로 옳지 않은 것은?

① 잇봉우리원은 굵은 실선으로 표시하고 피치원은 가는 1점쇄선으로 표시한다.
② 이골원은 가는 실선으로 표시한다. 다만 축에 직각인 방향에서 본 그림을 단면으로 도시할 때는 이골의 선은 굵은 실선으로 표시한다.
③ 잇줄 방향은 통상 3개의 가는 실선으로 표시한다. 다만 주 투영도를 단면으로 도시할 때 외접 헬리컬 기어의 잇줄 방향을 지면에서 앞의 이의 잇줄 방향을 3개의 가는 2점쇄선으로 표시한다.
④ 맞물리는 기어의 도시에서 주 투영도를 단면으로 도시할 때는 맞물림부의 한쪽 잇봉우리 원을 표시하는 선은 가는 1점쇄선 또는 굵은 1점쇄선으로 표시한다.

맞물린 기어에서 주투상도의 잇봉우리 원은 한쪽은 굵은 실선으로 다른 한쪽은 숨은선으로 표시한다.

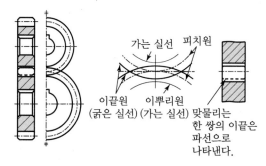

| 정면도 | | 측면도 |

07 모듈이 2인 한 쌍의 외접하는 표준 스퍼기어 잇수가 각각 20과 40으로 맞물려 회전할 때 두 축 간의 중심거리는 척도 1 : 1 도면에는 몇 mm로 그려야 하는가?

① 30mm
② 40mm
③ 60mm
④ 120mm

중심거리
$$C = \frac{(PCD_1 + PCD_2)}{2} = \frac{(MZ_1 + MZ_2)}{2}$$
$$= \frac{(2 \times 20 + 2 \times 40)}{2} = 60\text{mm}$$

08 다음 V 벨트의 종류 중 단면의 크기가 가장 작은 것은?

① M형 ② A형
③ B형 ④ E형

크기는 형별에 따라 M, A, B, C, D, E형이 있고, 폭이 가장 좁은 것은 M형, 가장 넓은 것은 E형이다.

09 표준 스퍼기어의 모듈이 2이고, 이끝원 지름이 84mm일 때 이 스퍼기어의 피치원지름(mm)은 얼마인가?

① 76 ② 78
③ 80 ④ 82

- 피치원 지름 : $PCD = M \times Z$
- 이끝원 지름 : $D = PCD + 2M$에서
  $PCD = D - 2M = 84 - (2 \times 2) = 80\text{mm}$

10 축을 가공하기 위한 센터구멍의 도시방법 중 그림과 같은 도시기호의 의미는?

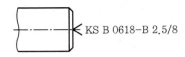

KS B 0618-B 2.5/8

① 센터의 규격에 따라 다르다.
② 다듬질 부분에서 센터구멍이 남아 있어도 좋다.
③ 다듬질 부분에서 센터구멍이 남아 있어서는 안 된다.
④ 다듬질 부분에서 반드시 센터구멍을 남겨둔다.

해설 ⊕

센터구멍의 도시방법
축 가공 후 센터구멍을 남겨둘 것인지 남겨두지 않을 것인지 여부를 결정한다.

센터구멍의 필요 여부	도시방법
남겨둔다.	KS A ISO 6411-1 A 2/4.25
남아 있어도 된다.	KS A ISO 6411-1 A 2/4.25
남겨두지 않는다.	KS A ISO 6411-1 A 2/4.25

11 도면에서 가는 실선으로 표시된 대각선 부분의 의미는?

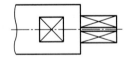

① 평면   ② 곡면
③ 홈부분   ④ 라운드 부분

해설 ⊕

평면 표시

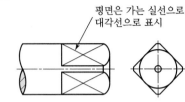

평면은 가는 실선으로
대각선으로 표시

12 베어링의 호칭번호가 62/28일 때 베어링 안지름은 몇 mm인가?

① 28   ② 32
③ 120   ④ 140

해설 ⊕

베어링 안지름은 호칭번호에서 세 번째, 네 번째 숫자가 베어링 안지름 번호이지만, "/"가 있을 경우 "/" 뒤의 숫자가 그대로 베어링 내경이 된다. 따라서 베어링 안지름은 28mm 이다.

13 빗줄 널링(Knurling)의 표시방법으로 가장 올바른 것은?

① 축선에 대하여 일정한 간격으로 평행하게 도시한다.
② 축선에 대하여 일정한 간격으로 수직으로 도시한다.
③ 축선에 대하여 30°로 엇갈리게 일정한 간격으로 도시한다.
④ 축선에 대하여 80°가 되도록 일정한 간격으로 평행하게 도시한다.

해설 ⊕

널링
굵은 실선으로 축선에 대하여 30°로 엇갈리게 일정한 간격으로 도시한다.

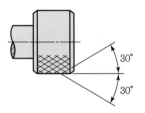

30°
30°

정답   10 ④ 11 ① 12 ① 13 ③

14 다음 중 단열 앵귤러 볼 베어링의 간략 도시기호는?

①

②

③

④

해설⊕

② 단열 앵귤러 볼 베어링

15 코일 스프링의 제도에 대한 설명 중 틀린 것은?

① 원칙적으로 하중이 걸리지 않는 상태로 그린다.
② 특별한 단서가 없는 한 모두 오른쪽 감기로 도시하고, 왼쪽 감기로 도시할 때에는 '감긴 방향 왼쪽'이라고 표시한다.
③ 그림 안에 기입하기 힘든 사항은 일괄하여 요목표에 표시한다.
④ 부품도 등에서 동일 모양 부분을 생략하는 경우에는 생략된 부분을 가는 파선 또는 굵은 파선으로 표시한다.

해설⊕

④ 코일 스프링에서 양 끝을 제외한 동일 모양 부분의 일부를 생략하는 경우에는 생략하는 부분의 선 지름의 중심선을 가는 1점쇄선으로 그린다.

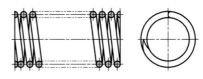

| 코일 스프링 부분 생략도 |

16 다음 중 스파이럴 스프링의 치수나 요목표에 기입하지 않아도 되는 사항은?

① 판 두께
② 재료
③ 전체 길이
④ 최대하중

해설⊕

스파이럴 스프링

단면이 일정한 가늘고 긴 띠 모양의 강을 한 평면상에 코일 형상으로 감은 스프링으로 나선형 스프링, 태엽 스프링이라고도 한다. 최대하중은 요목표에 기입하지는 않는다.

| 스파이럴 스프링 |

17 다음 중 무하중 상태로 그려지는 스프링이 아닌 것은?

① 접시 스프링
② 겹판 스프링
③ 벌류트 스프링
④ 스파이럴 스프링

해설⊕

겹판 스프링은 일반적으로 스프링 판이 수평인 상태(힘을 받고 있는 상태)에서 그리고, 무하중일 때의 모양은 2점쇄선으로 표시한다.

18 다음 도면과 같은 이음의 종류로 가장 적합한 설명은?

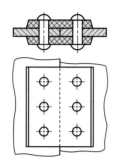

① 2열 겹치기 평행형 둥근머리 리벳이음
② 양쪽 덮개판 1열 맞대기 둥근머리 리벳이음
③ 양쪽 덮개판 2열 맞대기 둥근머리 리벳이음
④ 1열 겹치기 평행형 둥근머리 리벳이음

해설 ⊕ --

② 양쪽 덮개판 1열 맞대기 둥근머리 리벳이음은 모재와 모재가 서로 맞대어 있고, 모재 양쪽(위아래방향)으로 덮개판이 양쪽에 있는 둥근머리 리벳이음이다.

19 이면 용접의 KS 기호로 옳은 것은?

① ⌣   ② ◺

③ ⊓   ④ ○

해설 ⊕ --

① 이면 용접   ② 필릿 용접
③ 플러그 용접   ④ 점 용접

20 그림과 같이 기입된 KS 용접기호의 해석으로 옳은 것은?

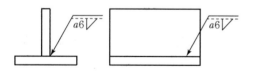

① 화살표 쪽 필릿 용접 목 두께가 6mm
② 화살표 반대쪽 필릿 용접 목 두께가 6mm
③ 화살표 쪽 필릿 용접 목 길이가 6mm
④ 화살표 반대쪽 필릿 용접 목 길이가 6mm

해설 ⊕ --

화살표 반대쪽 필릿 용접 목 두께가 6mm가 바른 해석이다.

• ◺ : 필릿 용접

• $\overline{a6}\diagdown$: 점선에 필릿 용접기호가 있으므로 화살표

반대쪽 용접이고, a6는 용접 목 두께 6mm를 뜻한다.

21 그림과 같이 용접기호가 도시될 때 이에 대한 설명으로 잘못된 것은?

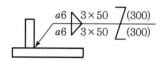

① 양쪽의 용접 목 두께는 모두 6mm이다.
② 용접부의 개수(용접수)는 양쪽에 3개씩이다.
③ 피치는 양쪽 모두 50mm이다.
④ 지그재그 단속 용접이다.

해설 ⊕ --

③ 피치는 양쪽 모두 300mm이다.

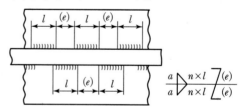

• a : 목 두께
• n : 용접부 수
• l : 용접 길이
• (e) : 인접한 용접부 간격(피치)

22 필릿 용접기호 중 화살표 반대쪽에 필릿 용접을 지시하는 것은?

① 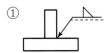　②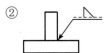

③ 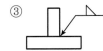　④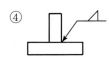

해설 ➕ -

② 점선에 필릿 용접기호가 있으므로 화살표 반대쪽 용접을 뜻한다.

23 다음 용접기호에 대한 설명으로 옳지 않은 것은?

① ⌐⌐ : 매끄럽게 처리한 필릿 용접

② ⌣ : 넓은 루트면이 있고 이면 용접된 V형 맞대기 용접

③ ▽ : 평면 마감 처리한 V형 맞대기 용접

④ ⌐ : 볼록한 필릿 용접

해설 ➕ -

④ ⌐⌐ : 오목한 필릿 용접

24 다음과 같은 리벳의 호칭법으로 옳은 것은?(단, 재질은 SV330이다.)

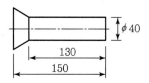

① 납작 머리 리벳 40×130 SV330
② 납작 머리 리벳 40×150 SV330
③ 접시 머리 리벳 40×130 SV330
④ 접시 머리 리벳 40×150 SV330

해설 ➕ -

리벳의 호칭방법은 리벳의 종류, 호칭지름×길이, 재료 순으로 기입한다.

여기서, 접시머리 리벳의 길이는 머리부위를 포함한 전체 길이(150mm)이다.

∴ 접시 머리 리벳 40×150 SV330

CHAPTER 07 스케치 및 전개도

01 스케치

실물을 보고 그 모양을 용지에 직접 그리는 것을 스케치라 하고, 스케치에 의하여 작성된 도면(치수, 재질, 가공방법 등을 기입)을 스케치도라고 한다.

1 스케치 용구

구분	종류
작도 용구	연필(HB, B), 용지(켄트지, 모눈종이, 트레이싱지), 화판, 지우개 등이 필요하며 필요에 따라 펜, 잉크, 매직, 목탄, 파스텔 등도 쓰인다.
측정 용구	눈금자, 직각자, 분도기, 버니어 캘리퍼스, 마이크로미터, 내측 캘리퍼스, 외측 캘리퍼스, 반지름 게이지, 피치 게이지, 틈새 게이지, 경도 시험편, 표면 거칠기 표준편, 정반 등
분해 조립용 공구	스패너, 드라이버, 렌치, 육각렌치, 별렌치, 망치 등
기타 용구	지우개, 세척제, 면 걸레, 납선, 광명단, 꼬리표 등

2 스케치 방법

종류	설명
프리핸드법	손으로 스케치한 도면에 치수를 기입하는 방법
본뜨기법 (모양뜨기법)	불규칙한 곡선이 있는 물체를 직접 용지에 대고 그리거나, 탄성이 있는 납선이나 구리선을 물체의 윤곽에 대고 구부린 다음 용지에 대고 그린 뒤 치수 등을 기입하는 방법
프린트법	평면으로 되어 있는 부품의 표면에 기름이나 광명단을 발라 용지에 대고 눌러서 실제의 모양을 뜨고 치수를 기입하는 방법
사진법	복잡한 기계의 조립상태나 부품을 앞에 놓고 여러 각도로 사진 찍는 방법

02 전개도

입체도형의 겉 표면을 한 장의 평면 위에 펼쳐 그린 그림을 전개도라 한다.

1 전개도의 종류

종류	설명
평행선 전개법	원기둥이나 각기둥 표면에 직선을 나란히 그어 전개하는 방법이다.
방사선 전개법	원뿔이나 각뿔의 꼭짓점을 중심으로 전개하는 방법이다.
삼각형 전개법	입체도형의 표면을 몇 개의 삼각형으로 나누어 전개하는 방법이다.

(1) 평행선법

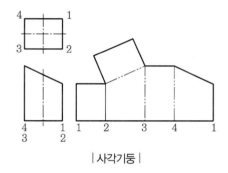

| 사각기둥 |

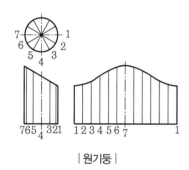

| 원기둥 |

(2) 방사선법

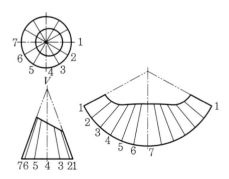

| 잘린 원뿔 |

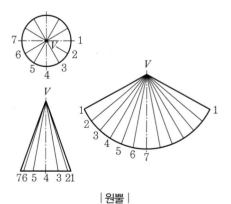

| 원뿔 |

(3) 삼각형법

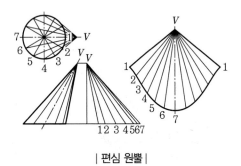

| 편심 원뿔 |

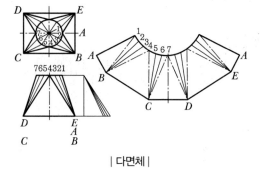

| 다면체 |

실전 문제

01 다음 중 전개도를 그리는 데 가장 중요한 것은?

① 투시도 ② 축척도

③ 도형의 중량 ④ 각부의 실제 길이

> **해설 ⊕**
>
> 각부의 실제 길이를 알아야 정확한 전개도를 그릴 수 있다.

02 아래 원뿔을 전개하면 오른쪽의 전개도와 같을 때 θ는 약 몇 도($°$)인가?(단, $r=20$mm, $h=100$mm 이다.)

(원뿔)

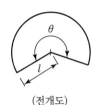
(전개도)

① 약 $130°$ ② 약 $110°$

③ 약 $90°$ ④ 약 $70°$

> **해설 ⊕**
>
> **모선의 길이(l)**
>
> $l = \sqrt{r^2 + h^2} = \sqrt{20^2 + 100^2} \fallingdotseq 102$mm
>
>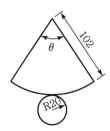
>
> 전개도에서 부채꼴의 호의 길이와 밑면의 원주(원의 둘레길이)가 같으므로
>
> $$2\pi l \times \frac{\theta}{360°} = 2\pi r$$
>
> $$\theta = r \times \frac{360°}{l} = \frac{20 \times 360°}{102}$$
>
> $$\fallingdotseq 70°$$

03 그림과 같은 물탱크의 측면도에서 원통 부분에 6mm 두께의 강판을 사용하여 판금 작업하고자 전개도를 작성하려고 한다. 이 원통의 바깥지름이 600mm일 때 필요한 마름질 길이는 약 몇 mm인가?(단, 두께를 고려하여 구한다.)

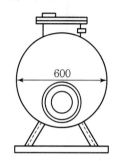

① 1,903.8 ② 1,875.5

③ 1,885 ④ 1,866.1

> **해설 ⊕**
>
> **원통의 마름질 치수 구하기(L)**
>
>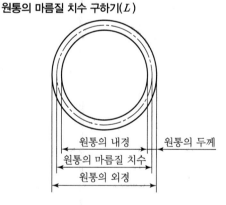
>
> - 원통치수가 외경으로 표시될 때
> $L = (외경 - 판 두께) \times \pi = (600 - 6) \times \pi$
> $= 1,866.1$mm
> - 원통치수가 내경으로 표시될 때
> $L = (내경 + 판 두께) \times \pi$

04 그림과 같이 수직 원통을 30° 정도 경사지게 일직선으로 자른 경우의 전개도로 가장 적합한 형상은?

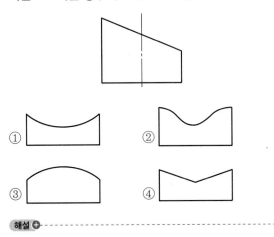

해설 ⊕

평행선법

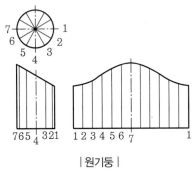

| 원기둥 |

05 그림과 같은 물체(끝이 잘린 원추)를 전개하고자 할 때 방사선법을 사용하지 않는다면 다음 중 가장 적합한 방법은?

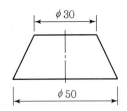

① 삼각형법　　　② 평행선법
③ 종합선법　　　④ 절단법

해설 ⊕

전개도의 종류에는 평행선법, 방사선법, 삼각형법 등이 있으며, 원뿔형인 경우에는 방사선법과 삼각형법을 이용하여 전개도를 그린다.

06 다음의 원뿔을 전개하였을 때 전개 각도 θ는 약 몇 도인가?(단, 전개도의 치수 단위는 mm이다.)

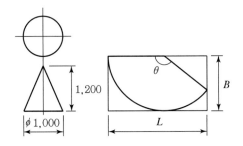

① 120°　　　② 128°
③ 138°　　　④ 150°

해설 ⊕

모선의 길이(l)

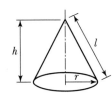

$h = 1,200,\ r = 500$이고, 피타고라스의 정리에 의하여 $l^2 = h^2 + r^2$이다.

$$\therefore\ l = \sqrt{h^2 + r^2}$$
$$= \sqrt{1,200^2 + 500^2}$$
$$= 1,300\,mm$$

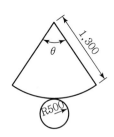

전개도에서 부채꼴의 호의 길이와 밑면의 원주(원의 둘레길이)가 같으므로

$$2\pi l \times \frac{\theta}{360°} = 2\pi r$$

$$\theta = r \times \frac{360°}{l} = \frac{500 \times 360°}{1,300}$$

$$\fallingdotseq 138°$$

정답　**04** ②　**05** ①　**06** ③

CHAPTER

08 CAD

01 CAD 시스템 일반

1 컴퓨터 일반

(1) 컴퓨터의 기본구성

CAD 시스템을 구성하는 하드웨어는 입출력장치, 중앙처리장치, 기억장치로 되어 있다.

(2) 중앙처리장치(CPU : Central Process Unit)

명령어의 해석과 자료의 연산, 비교 등의 처리를 제어하는 컴퓨터 시스템의 핵심적인 장치를 말한다.

① 제어장치 : 프로그램 명령어를 해석하고, 해석된 명령의 의미에 따라 연산장치, 주기억장치, 입출력 장치 등에 동작을 지시한다.

② 연산장치 : 덧셈, 뺄셈, 곱셈, 나눗셈의 산술 연산만이 아니라 AND, OR, NOT, XOR와 같은 논리 연산 을 하는 장치로, 제어장치의 지시에 따라 연산을 수행한다.

③ 주기억장치 : 실행 중인 프로그램과 실행에 필요한 데이터를 저장하는 장치로, RAM과 ROM이 있다. RAM(Random Access Memory)은 프로그램과 실행에 필요한 데이터를 일시적으로 저장하는 장치로, 전원을 끄면 모든 내용이 사라진다. ROM(Read Only Memory)은 부팅할 때 실행되는 바이오스 프로 그램을 저장하는 장치로, 전원을 꺼도 내용이 사라지지 않는다.

④ 레지스터 : 중앙처리장치에서 읽어온 명령어나 데이터를 저장하거나 연산된 결과를 저장하는 공간이다.

(3) 보조기억장치

프로그램과 데이터를 영구적으로 저장하는 장치로 하드디스크, USB 메모리, CD-ROM 등이 있다.

(4) 캐시기억장치(Cache Memory)

보조기억장치이며 중앙처리장치(CPU)와 메인 메모리(RAM) 사이에서 원활한 정보의 교환을 위하여 주 기억장치의 정보를 일시적으로 저장하는 장치로, CPU와 주기억장치 간의 데이터 접근 속도 차이를 극 복하기 위해 사용한다.

(5) 포스트 프로세서(Post – Processor)

설계해석 프로그램의 결과에 따라 응력, 온도 등의 분포도나 변형도를 작성하거나, CAD 시스템으로 만들어진 형상 모델을 바탕으로 NC공작기계의 가공 Data를 생성하는 소프트웨어 프로그램이나 절차를 뜻한다.

(6) 전처리기(Pre – Processor)

CAD 시스템으로 구축한 형상 모델에서 설계해석을 위한 각종 정보를 추출하거나, 추가로 필요로 하는 정보를 입력하고 편집하여 필요한 형식으로 재구성하는 소프트웨어 프로그램이나 처리절차를 뜻한다.

❷ 입출력 장치

(1) 입력장치

① 키보드 : 문자, 숫자, 특수문자를 입력하는 장치로 알파뉴메릭(Alphanumeric), 기능키, 키패드 등으로 구성되어 있다.

② 마우스 : 쥐 모양을 닮아 마우스라 부르며, 마우스를 움직여 커서의 움직임을 제어하거나 버튼을 클릭하여 명령을 실행하는 장치이다.

③ 트랙볼 : 볼(Ball)을 손가락 끝이나 다른 신체 부위를 사용하여 굴려서 커서 등을 원하는 위치에 놓은 다음, 볼의 위 또는 좌우에 있는 버튼을 눌러 원하는 것을 선택하도록 하는 장치이다.

④ 라이트펜 : 감지용 렌즈를 이용하여 컴퓨터 명령을 수행하는 끝이 뾰족한 펜 모양의 입력 장치로, 컴퓨터 작업 시 펜을 이동시키면서 눌러 명령한다. 마우스(Mouse)나 터치스크린(Touch Screen) 방식에 비해 입력이 세밀하므로 그림 등 그래픽 작업도 할 수 있으며 작업 속도도 빠른 장점이 있다.

⑤ 조이스틱 : 막대를 수직, 수평, 경사 방향으로 움직여서 포인터를 이동시키는 장치로, 컴퓨터 게임의 시뮬레이터에 많이 사용하는 장치이다.

⑥ 포인팅 스틱 : 노트북 컴퓨터에 채용하고 있는 포인팅 장치로서, 손가락으로 원하는 방향으로 지그시 밀거나 당겨 주면 압력과 방향을 인식하여 마우스의 움직임을 대신해 주는 장치이다.

⑦ 터치패드 : 컴퓨터의 입력 장치 중 압력 감지기가 달려 있는 작은 평판을 의미하며 손가락이나 펜 등을 이용해 접촉하면 그 압력에 의해 커서가 움직이고, 이에 따른 위치 정보를 컴퓨터가 인식한다.

⑧ 터치스크린 : 터치스크린은 구현 원리와 동작 방법에 따라 다양한 방식(저항막, 광학, 정전용량, 초음파, 압력 등)으로 구분된다. 여기서 우리가 흔히 접하는 휴대폰이나 스마트폰, 태블릿 PC 등에 탑재된 터치스크린은 저항막(감압) 방식과 정전용량 방식으로 나눌 수 있다.

⑨ 디지타이저 : 그래픽 태블릿, 도형 입력판(태블릿)이라고 하며, 무선 혹은 유선으로 연결된 펜과 펜에서 전하는 정보를 받는 납작한 판으로 이루어져 있다. 이 판에 입력되는 좌표를 판독하여 컴퓨터에 디지털 형식으로 입력해 주는 장치이다.

⑩ 스캐너 : 사진 또는 그림과 같은 종이 위의 도형 정보를 그래픽 형태로 읽어 들여 컴퓨터에 전달하는 입력 장치이다.

(2) 출력장치

컴퓨터 시스템의 정보처리 결과를 사람이 알아볼 수 있는 문자, 도형, 음성 등의 다양한 형태로 제공하고 나타내는 장치를 말한다. 모니터나 프린터, 스피커 등이 가장 널리 사용되지만, 플로터, 빔 프로젝터, 그래픽 디스플레이, 음성 출력 장치 등도 많이 사용되고 있다.

① CRT 모니터 : 가장 오래되고 대중적인 디스플레이 장치로 음극선관, 혹은 브라운관이라고도 하며, LCD 모니터보다 전력소비량이 많고 부피도 크며 무거워 거의 사용하지 않는다.

② LCD 모니터 : 빛을 편광시키는 특성을 가진 유기화합물을 이용하여 투과된 빛의 특성을 수정하여 디스플레이하는 방식으로, 전자총이 없어서 CRT 모니터에 비해서는 두께가 얇은 모니터를 만들 수 있으나 시야각이 다소 좁고 백라이트가 필요하며 어느 정도의 두께 이상은 줄일 수 없다는 단점을 가진다.

③ OLED(전자발광형 디스플레이) : 스스로 빛을 내는 자기발광형 디스플레이로서 시야각이 넓고 응답 시간도 빠르며 백라이트가 필요 없기 때문에 두께를 얇게 할 수 있다.

④ 프린터 : 잉크 또는 레이저를 이용하여 문서나 이미지를 인쇄할 수 있는 장치이다.

⑤ 플로터 : A4 용지 이외에 A0, A1 등 다양한 규격의 용지를 인쇄할 수 있는 제품이다. 일반 잉크젯 프린터와 흡사한 기능을 가지지만, 글자보다는 도형 인쇄에 적합하여 간판 제작, 도면, 현수막 인쇄 등 전문적인 용도로 많이 사용되며 일반적으로 해상도가 높을수록 우수한 출력물을 얻을 수 있다.

⑥ 그래픽 디스플레이 : 도형 표시장치라고도 하며, 브라운관을 사용하여 전자적으로 도형을 그리게 하는 장치를 말한다.

⑦ 빔 프로젝터 : 빛을 이용하여 슬라이드나 동영상, 이미지 등을 스크린에 비추는 장치를 말한다.

3 데이터의 저장단위

① 비트(Bit) : Binary Digit의 줄임말로 컴퓨터가 데이터를 기억하는 최소 단위로서, 이진수인 0과 1을 사용해 나타낸다.

② 쿼터(Quarter) : 2비트 묶음을 나타낸다.

③ 니블(Nibble) : 4비트 묶음을 나타낸다.

④ 바이트(Byte) : 8개의 비트를 묶어서 정보를 표현하는 단위를 나타낸다.

10진수에서 K(kilo)는 1,000을 의미하지만, 컴퓨터에서는 2진수를 사용하므로 2^{10}은 1,024를 뜻한다.

㉠ 1Byte = 8Bit

㉡ 1KB(Kilo Byte) = 1,024B

㉢ 1MB(Mega Byte) = 1,024KB

㉣ 1GB(Giga Byte) = 1,024MB

㉤ 1TB(Tera Byte) = 1,024GB

⑤ 워드(Word) : 명령 처리 단위로, 컴퓨터가 한 번에 처리할 수 있는 데이터의 양을 나타낸다.

⑥ 필드(Fild) : 여러 개의 워드가 모여 구성되며 의미 있는 정보를 표현하는 최소 단위이다.

⑦ 레코드(Record) : 여러 개의 필드가 모여 구성되며 하나의 완전한 정보를 표현할 수 있다.

⑧ 블록(Block) : 프로그램의 입출력 단위를 나타낸다.

⑨ 파일(File) : 여러 개의 레코드가 모여 구성되며 프로그램을 구성하는 단위로, 컴퓨터에서 정보를 저장하는 단위로 사용된다.

⑩ 10진수를 2진수로 바꾸기

11을 2진수로 변환하려면 아래 그림처럼 11을 2로 나누어 몫을 아래에 쓰고 나머지는 오른쪽에 기입한다. 몫이 0이 될 때까지 나누어서 나머지 부분을 아래에서 위 방향으로 읽으면 11을 2진수로 바꾼 값이 된다.

```
2 | 11      나머지
2 |  5      … 1
2 |  2      … 1    ↑ (1011)
2 |  1      … 0
  |  0      … 1
```

⑪ 2진수를 10진수로 바꾸기

2진수 1011을 10진수로 바꾸려면 2진수 오른쪽 끝부터 2^0, 2^1, 2^2, 2^3 …을 나타내므로 2진수에 곱하여 계산한다.

$$1 \times 2^0 + 1 \times 2^1 + 0 \times 2^2 + 1 \times 2^3 = 1 + 2 + 0 + 8 = 11$$

02 CAD 소프트웨어

1 CAD에서 사용되는 좌표계

3차원 좌표축의 값을 알려면 오른손 좌표계에 의해 쉽게 이해할 수 있다. 우선 오른손의 엄지, 검지, 중지를 90° 각도가 되도록 다음 그림처럼 펼치면 엄지의 방향이 X축의 +방향, 검지의 방향이 Y축의 +방향, 중지의 방향이 Z축의 +방향이 된다.

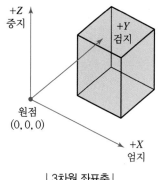

| 3차원 좌표축 |

(1) 직교 좌표계(Rectangular)

① 절대좌표계(x, y, z) : 절대원점(0,0,0)이 기준이 된다.

② 상대좌표계(@Δx, Δy, Δz) : 현재의 위치(최종점 @)를 기준으로 x, y, z 방향의 증분값(Δx, Δy, Δz) 을 입력한다.

③ 상대극좌표계(@거리<각도) : 현재의 위치(최종점 @)를 기준으로 그리고자 하는 거리값과 방향(각 도)을 입력한다.

④ @(최종점) : 맨 마지막에 마우스로 선택한 지점 또는 입력한 좌표 위치가 된다.

⑤ AutoCAD의 방향계

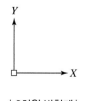

| 2차원 방향계 |

| 3차원 방향계 |

⑥ 입력 예시

㉠ 명령 : LINE ↵

㉡ 첫 번째 점 지정 : 0,0,0 ↵

㉢ 다음 점 지정 또는 [명령 취소(U)] : 5,5,7 ↵

㉣ 다음 점 지정 또는 [명령 취소(U)] : ↵

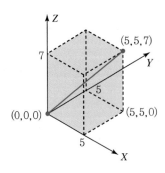

(2) 원통 좌표계(Cylindrical)

공간상의 한 점을 표시하기 위해 사용되는 좌표계로, xy평면으로 한 점을 투영했을 때 원점으로부터 투영점까지의 거리(r), x축과 원점과 투영점이 지나는 직선과의 각도(θ), xy평면과 그 점의 높이(z)로써 나타내어지는 좌표계이다.

① 입력형식

　　$r < \theta, z$ 또는 @$r < \theta, z$

② 입력 예시

　　㉠ 명령 : LINE ↵

　　㉡ 첫 번째 점 지정 : 0, 0, 0 ↵

　　㉢ 다음 점 지정 또는 [명령 취소(U)] : 5 < 40, 4 ↵

　　㉣ 다음 점 지정 또는 [명령 취소(U)] : ↵

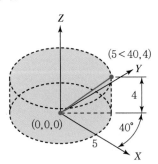

(3) 구면 좌표계(Spherical)

공간상의 한 점을 표시하기 위해 사용되는 좌표계로, xy평면으로 한 점을 투영했을 때 원점으로부터 공간상의 한 점까지의 거리(r), x축과 원점과 투영점이 지나는 직선과의 각도(θ_1), xy평면과 원점과 투영점이 지나는 직선과의 각도(θ_2)로써 나타내어지는 좌표계이다.

① 입력형식

$r < \theta_1 < \theta_2$ 또는 $@r < \theta_1 < \theta_2$

② 입력 예시

㉠ 명령 : LINE ⏎

㉡ 첫 번째 점 지정 : 0,0,0 ⏎

㉢ 다음 점 지정 또는 [명령 취소(U)] : 5 < 40 < 45 ⏎

㉣ 다음 점 지정 또는 [명령 취소(U)] : ⏎

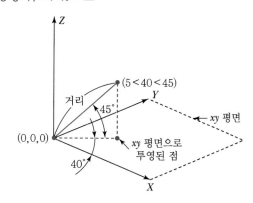

② 기본 도형의 정의

(1) 선(Line)의 정의

① 두 점으로 정의
② 첫 번째 점과 특정 객체에 수평 또는 수직으로 정의
③ 첫 번째 점과 곡선의 접선으로 정의
④ 두 곡선에 대한 접선으로 정의
⑤ Offset에 의한 선으로 정의

(2) 원(Circle)의 정의

① 원의 중심점과 반지름으로 정의
② 원의 중심점과 지름으로 정의
③ 원의 중심점과 원을 지나는 하나의 접선으로 정의
④ 원을 지나는 2개의 점으로 정의(단, 두 점의 직선거리가 원의 지름이 된다.)
⑤ 원을 지나는 3개의 점으로 정의
⑥ 원에 접하는 두 객체와 반지름으로 정의

(3) 호(Arc)의 정의

① 세 점으로 정의

② 시작점, 중심점, 끝점으로 정의

③ 시작점, 중심점, 각도로 정의

④ 시작점, 중심점, 현의 길이로 정의

⑤ 시작점, 끝점, 중심점으로 정의

⑥ 시작점, 끝점, 각도로 정의

⑦ 시작점, 끝점, 방향(호의 시작점에 대한 접선 방향)으로 정의

⑧ 시작점, 끝점, 반지름으로 정의

(4) 다각형(Polygon)의 정의

① 원에 내접하는 정다각형으로 정의

② 원에 외접하는 정다각형으로 정의

③ 한 변의 길이로 정의

❸ 도형의 방정식

(1) 평면좌표

① 수직선 위의 두 점 사이의 거리

$$\overline{\mathrm{AB}} = |x_2 - x_1|$$

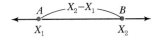

② 좌표평면 위의 두 점 사이의 거리

피타고라스 정리에 의하여

$$\overline{\mathrm{AB}}^2 = \overline{\mathrm{AC}}^2 + \overline{\mathrm{BC}}^2 = (x_2 - x_1)^2 + (y_2 - y_1)^2$$

$$\therefore \overline{\mathrm{AB}} = \sqrt{(x_2 - x_1)^2 + (y_2 - y_1)^2}$$

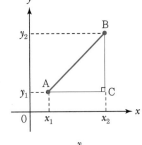

③ 대칭이동

㉠ x축 대칭 : 좌표값 중 y값의 부호가 반대가 되므로
A(3,2) → B(3,−2)로 바뀐다.

㉡ y축 대칭 : 좌표값 중 x값의 부호가 반대가 되므로
A(3,2) → C(−3,2)로 바뀐다.

㉢ 원점 대칭 : 좌표값의 x, y값 부호가 모두 반대가
되므로 A(3,2) → D(−3,−2)로 바뀐다.

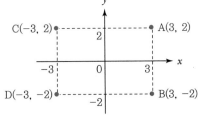

(2) 직선의 방정식

① 직선의 기울기

$$기울기 = \frac{y값의\ 증가량}{x값의\ 증가량}$$

㉠ 두 점 $(x_1,\ y_1)$, $(x_2,\ y_2)$를 지나는 직선의 기울기

$$기울기(m) = \frac{y_2 - y_1}{x_2 - x_1}\ (단, x_1 \neq x_2)$$

㉡ 직선 $y = mx + n$에서 x의 계수 m이 직선의 기울기이다.

② 직선 방정식의 일반형

$ax + by + c = 0$(단, a, b, c는 상수, $a \neq 0$ 또는 $b \neq 0$)

③ 한 점과 기울기가 주어진 직선의 방정식

점 $(x_1,\ y_1)$을 지나고 기울기가 m인 직선의 방정식은 m에 관한 항등식으로 기울기 m에 관계없이 $(x_1,\ y_1)$을 지난다.

$$y - y_1 = m(x - x_1)$$

④ 두 점을 지나는 직선의 방정식

서로 다른 두 점 $(x_1,\ y_1)$, $(x_2,\ y_2)$를 지나는 직선의 방정식

$$y - y_1 = \frac{y_2 - y_1}{x_2 - x_1}(x - x_1) \quad \left(\because\ m = \frac{y_2 - y_1}{x_2 - x_1} \right)$$

⑤ 두 직선이 서로 수직인 관계일 때 직선의 방정식

$y = mx + n$인 직선에 직교하면서 점 $(x_1,\ y_1)$을 지나는 직선의 방정식

구하는 직선의 기울기를 m'이라고 하면 $m \times m' = -1$(두 직선의 기울기 곱이 -1이다.)

$$y - y_1 = m'(x - x_1)에서\ y - y_1 = -\frac{1}{m}(x - x_1)$$

(3) 원의 방정식

① 중심이 원점이고 반지름이 r인 원의 방정식

$$x^2 + y^2 = r^2$$

② 중심이 $(a,\ b)$이고 반지름이 r인 원의 방정식

$$(x - a)^2 + (y - b)^2 = r^2$$

③ 원의 방정식 일반형

$x^2 + y^2 + Ax + By + C = 0$ (단, A, B, C는 상수, $A^2 + B^2 - 4C > 0$)

원의 방정식은 x^2의 계수와 y^2의 계수가 같고 xy항이 없는 x, y에 대한 이차방정식이다.

④ 평면 좌표에서 원의 궤적을 나타내는 x, y 좌표값

$\cos\theta = \dfrac{x}{r}$, $\sin\theta = \dfrac{y}{r}$ 에서

$x = r\cos\theta$, $y = r\sin\theta$ 로 정의된다.

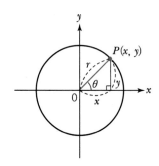

(4) 타원의 방정식

① 중심이 원점이고 두 점 $(a\ 0)$, $(0,\ b)$를 지나는 타원의 방정식

$$\dfrac{x^2}{a^2} + \dfrac{y^2}{b^2} = 1$$

② 타원의 방정식 일반형

$Ax^2 + By^2 + Cx + Dy + E = 0$ (단, A, B, C, D, E는 상수, $AB > 0$, $A \neq B$)

(5) 스칼라와 벡터

- 스칼라 : 크기만 있는 양(길이, 온도, 밀도, 질량, 속력)
- 벡터 : 크기와 방향을 가지는 양(힘, 속도, 가속도, 전기장)
- 단위벡터(Unit Vector) : 주어진 방향에 크기가 1인 벡터

$$|i| = |j| = |k| = 1 \ (x,\ y,\ z\ \text{축})$$

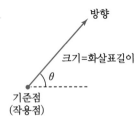

- 벡터는 평행 이동 가능
- 벡터는 합성 또는 분해 가능($\sin\theta$, $\cos\theta$, $\tan\theta$)

① 벡터의 곱
　㉠ 내적(● : Dot Product)
　　두 벡터 a, b가 이루는 각을 θ라 할 때

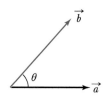

$$a \cdot b = |a| \cdot |b| \cos \theta$$
예 $i \cdot i = |i| \cdot |i| \cos 0° = 1 \, (x$축과 x축$)$
$$i \cdot j = j \cdot k = k \cdot i = 0 \ (\because \ \theta = 90°)$$

　㉡ 외적(× : Cross Product)
　　$a \times b = |a| \cdot |b| \sin\theta$
　　같은 방향에 대한 외적값은 0이다.(θ가 0°이므로)
　　$i \cdot i = j \cdot j = k \cdot k = 0$

② 벡터의 합
　두 벡터가 θ각을 이룰 때 합 벡터(두 힘이 θ각을 이룰 때 합력과 동일)

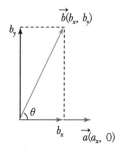 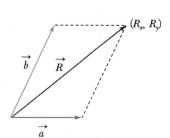

　합(력) 벡터 R
　$\vec{R} = (R_x, \ R_y)$
　　$= (a_x + b_x, \ b_y)$
　　$= (a + b\cos\theta, \ b\sin\theta)$
$\therefore$ 합력의 크기 $= \sqrt{R_x{}^2 + R_y{}^2}$
　　　　　　$= \sqrt{(a + b\cos\theta)^2 + (b\sin\theta)^2}$
　　　　　　$= \sqrt{a^2 + 2ab\cos\theta + b^2\cos^2\theta + b^2\sin^2\theta}$
　　　　　　$= \sqrt{a^2 + b^2(\cos^2\theta + \sin^2\theta) + 2ab\cos\theta}$
　　　　　　$= \sqrt{a^2 + b^2 + 2ab\cos\theta}$

Reference

피타고라스 정리

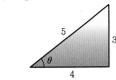

$\sin\theta = \dfrac{3}{5}$

$\cos\theta = \dfrac{4}{5}$

$\tan\theta = \dfrac{3}{4}$

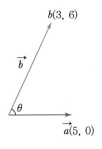

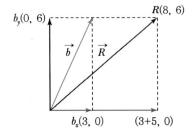

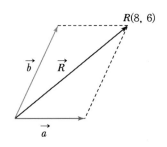

(6) 접선의 방정식

① $y = ax^2$ 위의 한 점 $P(x_1,\ y_1)$에서의 접선의 방정식

위의 식을 미분하면 $f'(x) = 2ax$이고, 기울기를 m이라 하면, $m = f'(x_1) = 2ax_1$이므로 점 $P(x_1,\ y_1)$에서의 접선의 방정식은 $y - y_1 = 2ax_1(x - x_1)$이 된다.

② 원의 접선의 방정식

㉠ 기울기가 주어진 원의 접선의 방정식

원 $x^2 + y^2 = r^2\ (r > 0)$에 접하고 기울기가 m인 접선의 방정식

$y = mx \pm r\sqrt{m^2 + 1}$

㉡ 원 위의 점에서의 접선의 방정식

원 $x^2 + y^2 = r^2$ 위의 점 $(x_1,\ y_1)$에서의 접선의 방정식

$x_1 x + y_1 y = r^2$

㉢ 원 위의 점에서의 법선의 방정식

원 $x^2 + y^2 = r^2$ 위의 점 $(x_1,\ y_1)$에서의 법선의 방정식

$y - y_1 = \dfrac{y_1}{x_1}(x - x_1)$

③ 타원에서의 접선의 방정식

　㉠ 기울기가 주어진 타원의 접선 방정식

　　타원 $\dfrac{x^2}{a^2} + \dfrac{y^2}{b^2} = 1$에 접하고 기울기가 m인 접선의 방정식

　　$y = mx \pm r\sqrt{a^2 m^2 + b^2}$

　㉡ 타원 위의 점에서의 접선의 방정식

　　타원 $\dfrac{x^2}{a^2} + \dfrac{y^2}{b^2} = 1$ 위의 점 $(x_1,\ y_1)$에서의 접선의 방정식

　　$\dfrac{x_1 x}{a^2} + \dfrac{y_1 y}{b^2} = 1$

4 행렬

변환 행렬은 두 좌표계의 변환에 사용하는 행렬을 뜻하며 CAD 시스템에서 도형의 이동(Translation), 축소 및 확대(Scaling), 대칭(Reflection), 회전(Rotation) 등의 변환에 의해 이루어진다. CAD에서 2차원의 최대변환 행렬은 3×3이고, 3차원에서 최대변환 행렬은 4×4이다.

(1) 행렬의 계산

① $A = \begin{bmatrix} 2 & 4 \\ 1 & 3 \end{bmatrix}$, $B = \begin{bmatrix} 6 & -1 \\ 3 & 5 \end{bmatrix}$에서 $A \times B$의 계산

　$A \times B = \begin{bmatrix} 2 & 4 \\ 1 & 3 \end{bmatrix} \times \begin{bmatrix} 6 & -1 \\ 3 & 5 \end{bmatrix} = \begin{bmatrix} 2 \times 6 + 4 \times 3 & 2 \times (-1) + 4 \times 5 \\ 1 \times 6 + 3 \times 3 & 1 \times (-1) + 3 \times 5 \end{bmatrix} = \begin{bmatrix} 24 & 18 \\ 15 & 14 \end{bmatrix}$

② $A = \begin{bmatrix} 1 & 2 \\ 0 & 1 \\ 1 & 1 \end{bmatrix}$, $B = \begin{bmatrix} 0 & 1 & 2 \\ 1 & 0 & 3 \end{bmatrix}$에서 $A \times B$의 계산

　$A \times B = \begin{bmatrix} 1 & 2 \\ 0 & 1 \\ 1 & 1 \end{bmatrix} \times \begin{bmatrix} 0 & 1 & 2 \\ 1 & 0 & 3 \end{bmatrix} = \begin{bmatrix} 1 \times 0 + 2 \times 1 & 1 \times 1 + 2 \times 0 & 1 \times 2 + 2 \times 3 \\ 0 \times 0 + 1 \times 1 & 0 \times 1 + 1 \times 0 & 0 \times 2 + 1 \times 3 \\ 1 \times 0 + 1 \times 1 & 1 \times 1 + 1 \times 0 & 1 \times 2 + 1 \times 3 \end{bmatrix} = \begin{bmatrix} 2 & 1 & 8 \\ 1 & 0 & 3 \\ 1 & 1 & 5 \end{bmatrix}$

③ $A = \begin{bmatrix} 1 & 0 & 1 \\ 2 & 1 & 1 \end{bmatrix}$, $B = \begin{bmatrix} 0 & 1 \\ 1 & 0 \\ 2 & 3 \end{bmatrix}$에서 $A \times B$의 계산

　$A \times B = \begin{bmatrix} 1 & 0 & 1 \\ 2 & 1 & 1 \end{bmatrix} \times \begin{bmatrix} 0 & 1 \\ 1 & 0 \\ 2 & 3 \end{bmatrix} = \begin{bmatrix} 1 \times 0 + 0 \times 1 + 1 \times 2 & 1 \times 1 + 0 \times 0 + 1 \times 3 \\ 2 \times 0 + 1 \times 1 + 1 \times 2 & 2 \times 1 + 1 \times 0 + 1 \times 3 \end{bmatrix} = \begin{bmatrix} 2 & 4 \\ 3 & 5 \end{bmatrix}$

(2) 좌표변환 행렬

① 이동 변환(Translation)

$$\begin{bmatrix} 1 & 0 & m \\ 0 & 1 & n \\ 0 & 0 & 1 \end{bmatrix}$$

- m의 값만큼 x축으로 이동
- n의 값만큼 y축으로 이동

② 스케일 변환(Scaling)

㉠ 2차원 스케일 변환

$$\begin{bmatrix} s_x & 0 & 0 \\ 0 & s_y & 0 \\ 0 & 0 & 1 \end{bmatrix}$$

- s_x의 값만큼 x축으로 축소 또는 확대
- s_y의 값만큼 y축으로 축소 또는 확대

㉡ 3차원 스케일 변환

$$\begin{bmatrix} s_x & 0 & 0 & 0 \\ 0 & s_y & 0 & 0 \\ 0 & 0 & s_z & 0 \\ 0 & 0 & 0 & 1 \end{bmatrix}$$

- s_x의 값만큼 x축으로 축소 또는 확대
- s_y의 값만큼 y축으로 축소 또는 확대
- s_z의 값만큼 z축으로 축소 또는 확대

③ 대칭 변환(Reflection, Mirror)

㉠ $$\begin{bmatrix} 1 & 0 & 0 \\ 0 & -1 & 0 \\ 0 & 0 & 1 \end{bmatrix}$$

y값의 부호가 반대가 되므로 x축에 대칭

㉡ $$\begin{bmatrix} -1 & 0 & 0 \\ 0 & 1 & 0 \\ 0 & 0 & 1 \end{bmatrix}$$

x값이 부호가 반대가 되므로 y축에 대칭

㉢ $$\begin{bmatrix} -1 & 0 & 0 \\ 0 & -1 & 0 \\ 0 & 0 & 1 \end{bmatrix}$$

x, y값이 부호가 반대가 되므로 원점에 대칭

④ 회전 변환(Rotation)

㉠ 2차원 회전 변환

$$\begin{bmatrix} \cos\theta & \sin\theta & 0 \\ -\sin\theta & \cos\theta & 0 \\ 0 & 0 & 1 \end{bmatrix}$$

점(Z축)을 기준으로 회전 변환

㉡ 3차원 회전 변환

$$\begin{bmatrix} 1 & 0 & 0 & 0 \\ 0 & \cos\theta & \sin\theta & 0 \\ 0 & -\sin\theta & \cos\theta & 0 \\ 0 & 0 & 0 & 1 \end{bmatrix}$$

X축을 기준으로 회전 변환

$$\begin{bmatrix} \cos\theta & 0 & -\sin\theta & 0 \\ 0 & 1 & 0 & 0 \\ \sin\theta & 0 & \cos\theta & 0 \\ 0 & 0 & 0 & 1 \end{bmatrix}$$

Y축을 기준으로 회전 변환

$$\begin{bmatrix} \cos\theta & \sin\theta & 0 & 0 \\ -\sin\theta & \cos\theta & 0 & 0 \\ 0 & 0 & 1 & 0 \\ 0 & 0 & 0 & 1 \end{bmatrix}$$

Z축을 기준으로 회전 변환

03 3D 형상모델링

1 3차원 모델링

(1) 와이어 프레임 모델링(Wire Frame Modeling)

가장 단순한 모델링으로 점, 선, 원, 호 형태의 철사프레임으로 구조물을 표현한다.

① 장점
　　㉠ 처리 속도가 빠르다.
　　㉡ 모델 작성이 쉽다.
　　㉢ 데이터 구성이 간단하다.
　　㉣ 3면 투시도 작성이 용이하다.

② 단점
　　㉠ 형상을 정확하게 판단하기 어렵다.
　　㉡ 체적 등의 물리적 성질 계산이 불가능하다.
　　㉢ 숨은선을 제거할 수 없다.
　　㉣ 단면도 작성이 불가능하다.

(2) 서피스 모델링(Surface Modeling)

면을 사용하여 물체를 모델링하는 방법으로 표면만 존재하고 내부는 비어 있다.

① 장점
　　㉠ 숨은선을 제거할 수 있다.
　　㉡ 복잡한 형상 표현이 가능하다.
　　㉢ 단면도 작성이 가능하다.
　　㉣ 가공면을 자동적으로 인식 · 처리할 수 있어서 NC Data에 의한 NC가공작업이 가능하다.

② 단점

　　㉠ 면만 존재하므로 물체 내부 정보가 없다.

　　㉡ 질량 등의 물리적 성질을 구할 수 없다.

(3) 솔리드 모델링(Solid Modeling)

내부가 채워진 모델링방법으로 물체의 내부를 공학적으로 분석할 수 있는 방식이다.

① 장점

　　㉠ Boolean(불린)연산(합집합, 차집합, 교집합)을 통하여 복잡한 형상의 표현이 가능하다.

　　㉡ 부품 상호 간의 간섭을 체크할 수 있다.

　　㉢ 은선 제거가 가능하고 물리적 성질 등의 계산이 가능하다.

　　㉣ 형상을 절단하여 단면도 작성이 용이하다.

② 단점

　　㉠ 컴퓨터의 메모리량과 데이터 처리가 많아진다.

　　㉡ 데이터 구조가 복잡하다.

② 솔리드 모델링의 표현방식

(1) B-Rep 방식(Boundary Representation : 경계표현)

물체의 점(Vertex), 모서리(Edge), 면(Face)의 상관관계를 이용해서 물체를 형상화하는 방식으로, 입체(Solid)를 둘러싸고 있는 면의 조합으로 표현하는 방식이다.

① 복잡한 Topology 구조를 가지고 있다.

② 경계면 형상을 화면에 빠르게 나타낼 수 있다.

③ 3면도, 투시도, 전개도의 작성이 용이하다.

④ 화면 재생시간이 적게 소요된다.

⑤ 데이터의 상호 교환이 쉽다.

(2) CSG 방식(Constructive Solid Geometry)

육면체(Box), 실린더(Cylinder), 원뿔(Cone), 구(Sphere) 등 기본적인 단순한 입체의 도형을 불러와서 Boolean연산(합집합, 차집합, 교집합)으로 물체를 표현하는 방식이다.

① 자료구조가 간단하여 데이터 관리가 용이하다.

② 데이터가 간결하여 필요 메모리가 적다.

③ CSG 표현은 항상 대응된 B-Rep 모델로 치환이 가능하다.

④ 파라메트릭 모델링을 쉽게 구현할 수 있다.

⑤ 불리언 연산자 사용으로 명확한 모델생성이 쉽다.

⑥ 형상 수정이 용이하고 체적, 중량을 계산할 수 있다.

⑦ 3면도, 투시도, 전개도 등의 작성이 곤란하다.

3 3D 형상모델링 명령어

(1) 용어 설명

① 스위핑(Sweeping) : 하나의 2차원 단면형상을 입력하고 이를 안내곡선을 따라 이동 혹은 회전이동 시켜 입체를 생성하는 것을 말한다.

② 스키닝(Skinning) : 원하는 경로상에 여러 개의 단면 형상을 위치시키고 이를 덮는 입체를 생성하는 것을 말한다.

③ 리프팅(Lifting) : 주어진 물체 특정면의 전부 또는 일부를 원하는 방향으로 움직여서 물체가 그 방향으로 늘어난 효과를 갖도록 하는 것을 말한다.

④ 트위킹(Tweaking) : 곡면 모델링시스템에 의해 만들어진 곡면을 불러들여 기존 모델의 평면을 바꿀 수 있는 모델링 기능을 말한다.

⑤ 블렌딩(Blending) : 서로 만나는 2개의 평면 혹은 곡면에서 서로 만나는 모서리를 주어진 반경으로 곡면을 만드는 것을 말한다.

⑥ 스위프(Sweep) : 점, 선, 프로파일(윤곽선)을 경로에 따라 이동하여 베이스, 보스, 자르기 또는 곡면 형상을 생성하는 모델링기법을 말한다.

⑦ 그루브(Groove) : 회전 특징 형상 모양으로 잘려 나간 부분에 해당하는 특징 형상을 말한다.

실전 문제

01 다음 중 중앙처리장치(CPU)와 메인 메모리 (RAM) 사이에서 처리될 자료를 효율적으로 이송할 수 있도록 하는 기능을 수행하는 것은?

① BIOS
② 캐시 메모리
③ CISC
④ 코프로세서

해설 ➕ -

캐시기억장치(Cache Memory)
보조기억장치이며 중앙처리장치(CPU)와 주기억장치 사이에서 원활한 정보의 교환을 위하여 주기억장치의 정보를 일시적으로 저장하는 장치로, CPU와 주기억장치 간의 데이터 접근 속도 차이를 극복하기 위해 사용한다.

02 중앙처리장치(CPU) 구성요소에서 컴퓨터 내부장치 간의 상호 신호교환과 입·출력 장치 간의 신호를 전달하고 명령어를 수행하는 장치는?

① 기억장치
② 입력장치
③ 제어장치
④ 출력장치

해설 ➕ -

제어장치
프로그램 명령어를 해석하고, 해석된 명령의 의미에 따라 연산장치, 주기억장치, 입출력장치 등에 동작을 지시한다.

03 CAD시스템의 출력장치로 볼 수 없는 것은?

① 플로터
② 디지타이저
③ PDP
④ 프린터

해설 ➕ -

디지타이저는 입력장치이다.

04 비트(Bit)에 대한 설명으로 틀린 것은?

① Binary Digit의 약자이다.
② 0과 1을 동시에 나타내는 정보단위이다.
③ 2진수로 표시된 정보를 나타내기에 알맞다.
④ 컴퓨터에서 데이터를 나타내는 최소단위이다.

해설 ➕ -

② 0과 1을 사용하여 나타내는 정보단위이다.

05 CAD시스템에서 점을 정의하기 위해 사용되는 좌표계가 아닌 것은?

① 직교 좌표계
② 원통 좌표계
③ 벡터 좌표계
④ 구면 좌표계

해설 ➕ -

CAD시스템에서 사용하는 좌표계는 직교 좌표계, 원통 좌표계, 구면 좌표계가 있다.

06 일반적인 CAD시스템의 2차원 평면에서 정해진 하나의 원을 그리는 방법이 아닌 것은?

① 원주상의 세 점을 알 경우
② 원의 반지름과 중심점을 알 경우
③ 원주상의 한 점과 원의 반지름을 알 경우
④ 원의 반지름과 2개의 접선을 알 경우

해설 ➕ -

③ 원주상의 한 점과 원의 반지름을 알 경우는 원의 중심이 결정되지 못하므로 원을 그릴 수 없다.

정답   01 ②   02 ③   03 ②   04 ②   05 ③   06 ③

07 점(1, 5)과 점(4, 3)을 잇는 선분에 대한 y축 대칭인 선분이 지나는 두 점은 무엇인가?

① 점$(-1, -5)$, 점$(4, 3)$
② 점$(1, 5)$, 점$(-4, -3)$
③ 점$(-1, 5)$, 점$(-4, 3)$
④ 점$(1, -5)$, 점$(4, 3)$

해설 ⊕

y축 대칭은 x좌표의 부호만 반대가 되므로 점$(-1, 5)$, 점$(-4, 3)$이 된다.

08 (x, y) 평면에서 두 점 $(-5, 0)$, $(4, -3)$을 지나는 직선의 방정식은?

① $y = -\dfrac{2}{3}x - \dfrac{5}{3}$　　② $y = -\dfrac{1}{2}x - \dfrac{5}{2}$
③ $y = -\dfrac{1}{3}x - \dfrac{5}{3}$　　④ $y = -\dfrac{3}{2}x - \dfrac{4}{3}$

해설 ⊕

두 점 $(-5, 0)$, $(4, -3)$을 지나는 직선의 기울기는

기울기 $= \dfrac{-3-0}{4-(-5)} = \dfrac{-3}{9} = -\dfrac{1}{3}$ 이고

기울기 $= -\dfrac{1}{3}$ 이면서 $(-5, 0)$을 지나는 직선의 방정식은

$y - 0 = -\dfrac{1}{3}\{x - (-5)\}$

$\therefore y = -\dfrac{1}{3}x - \dfrac{5}{3}$

09 다음 중 반지름이 3이고, 중심점이 (1, 2)인 원의 방정식은?

① $(x-1)^2 + (y-2)^2 = 3$
② $(x-3)^2 + (y-1)^2 = 2$
③ $x^2 - 2x + y^2 - 4y + 4 = 0$
④ $x^2 - 2x + y^2 - 4y - 4 = 0$

해설 ⊕

중심점이 $(1, 2)$이고 원의 반지름이 3인 원의 방정식은
$(x-1)^2 + (y-2)^2 = 3^2$이고
$x^2 - 2x + 1^2 + y^2 - 4y + 2^2 = 3^2$
$\therefore x^2 - 2x + y^2 - 4y - 4 = 0$

10 다음 그림에서 벡터 a의 크기가 5, 벡터 b의 크기가 3이고 $\theta = 30°$라면 이 두 벡터의 내적은 얼마인가?

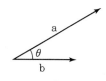

① 7.50　　　　② 10.58
③ 12.99　　　　④ 15.39

해설 ⊕

두 벡터 a, b가 이루는 각 $\theta = 30°$일 때 내적은
$a \cdot b = |a| \cdot |b| \cos\theta = 5 \times 3 \times \cos 30° ≒ 12.99$

11 "$y = 3x^2$"으로 표시된 곡선에 대하여 점 $(1, 3)$에서 접선의 기울기는?

① 1　　　　② 3
③ 6　　　　④ 9

해설 ⊕

$y = f(x) = 3x^2$이므로 기울기를 구하면 $f'(x) = 6x$에서
$f'(1) = 6 \times 1 = 6$이 된다.

12 다음 중 CAD에서의 기하학적 데이터(점, 선 등)의 변환 행렬과 관계가 먼 것은?

① 이동　　　　② 회전
③ 복사　　　　④ 반사

정답　07 ③　08 ③　09 ④　10 ③　11 ③　12 ③

해설+ -

변환 행렬은 두 좌표계의 변환에 사용하는 행렬을 뜻하며 CAD시스템에서 도형의 이동, 축소 및 확대, 대칭, 회전 등의 변환에 의해 이루어진다.

13 다음 행렬의 곱($A \times B$)을 옳게 구한 것은?

$$A = \begin{bmatrix} 2 & 4 \\ 1 & 3 \end{bmatrix}, B = \begin{bmatrix} 6 & -1 \\ 3 & 5 \end{bmatrix}$$

① $\begin{bmatrix} 24 & 18 \\ 14 & 15 \end{bmatrix}$　　② $\begin{bmatrix} 18 & 24 \\ 15 & 14 \end{bmatrix}$

③ $\begin{bmatrix} 24 & 18 \\ 15 & 14 \end{bmatrix}$　　④ $\begin{bmatrix} 18 & 24 \\ 14 & 15 \end{bmatrix}$

해설+ -

$$A \times B = \begin{bmatrix} 2 & 4 \\ 1 & 3 \end{bmatrix} \begin{bmatrix} 6 & -1 \\ 3 & 5 \end{bmatrix}$$

$$= \begin{bmatrix} 2 \times 6 + 4 \times 3 & 2 \times (-1) + 4 \times 5 \\ 1 \times 6 + 3 \times 3 & 1 \times (-1) + 3 \times 5 \end{bmatrix}$$

$$= \begin{bmatrix} 24 & 18 \\ 15 & 14 \end{bmatrix}$$

14 3차원 변환에서 Z축을 기준으로 다음의 변환식에 따라 P점은 P'으로 임의의 각도(θ)만큼 변환할 때 변환 행렬식(T)으로 옳은 것은?(단, 반시계 방향으로 회전한 각을 양(+)의 각으로 한다.)

$$P' = PT$$

① $\begin{bmatrix} \cos\theta & 0 & -\sin\theta & 0 \\ 0 & 1 & 0 & 0 \\ \sin\theta & 0 & \cos\theta & 0 \\ 0 & 0 & 0 & 1 \end{bmatrix}$　② $\begin{bmatrix} \cos\theta & \sin\theta & 0 & 0 \\ -\sin\theta & \cos\theta & 0 & 0 \\ 0 & 0 & 1 & 0 \\ 0 & 0 & 0 & 1 \end{bmatrix}$

③ $\begin{bmatrix} 1 & 0 & 0 & 0 \\ 0 & \cos\theta & \sin\theta & 0 \\ 0 & -\sin\theta & \cos\theta & 0 \\ 0 & 0 & 0 & 1 \end{bmatrix}$　④ $\begin{bmatrix} \cos\theta & 0 & -\sin\theta & 0 \\ \sin\theta & 0 & \cos\theta & 0 \\ 0 & 0 & 1 & 0 \\ 0 & 0 & 0 & 1 \end{bmatrix}$

해설+ -

Z축을 기준으로 회전하면 X, Y 좌표값은 변하지만 Z 좌표값은 바뀌지 않으므로 ②번이 답이 된다.

15 다음 중 3차원 형상을 표현하는 것으로 틀린 것은?

① 곡선 모델링　　　② 서피스 모델링
③ 솔리드 모델링　　④ 와이어프레임 모델링

해설+ -

3차원 모델링에는 와이어프레임, 서피스, 솔리드 모델링이 있다.

16 와이어프레임 모델의 장점에 해당하지 않는 것은?

① 데이터의 구조가 간단하다.
② 모델 작성이 용이하다.
③ 투시도의 작성이 용이하다.
④ 물리적 성질(질량)의 계산이 가능하다.

해설+ -

와이어프레임 모델은 점, 선, 원, 호 등의 기본적인 요소로 3차원 형상을 표현하므로 물리적 성질(질량)의 계산이 불가능하다.

17 솔리드 모델의 일반적인 특징을 설명한 것 중 틀린 것은?

① 질량 등 물리적 성질의 계산이 곤란하다.
② Boolean연산(더하기, 빼기, 교차)을 통하여 복잡한 형상 표현도 가능하다.
③ 와이어프레임 모델에 비해 데이터의 처리시간이 많아진다.
④ 은선 제거가 가능하다.

정답　13 ③　14 ②　15 ①　16 ④　17 ①

해설 ⊕

솔리드 모델링은 내부가 채워진 모델링방법으로, 질량 등 물리적 성질의 계산이 가능하다.

18 3차원 형상의 모델링방식에서 B – Rep방식과 비교하여 CSG방식의 장점으로 옳은 것은?

① 투시도 작성이 용이하다.
② 전개도의 작성이 용이하다.
③ B – Rep방식보다는 복잡한 형상을 나타내는 데 유리하다.
④ 중량을 계산하는 데 용이하다.

해설 ⊕

내부가 채워진 입체의 도형을 불러와서 Boolean연산(합집합, 차집합, 교집합)으로 물체를 표현하는 방식으로 중량을 계산할 수 있다.

19 제시된 단면곡선을 안내곡선에 따라 이동하면서 생기는 궤적을 나타낸 곡면은?

① 룰드(Ruled) 곡면
② 스윕(Sweep) 곡면
③ 보간 곡면
④ 블렌딩(Blending) 곡면

해설 ⊕

스위프(Sweep) 곡면에 대한 내용이다.

20 솔리드 모델링(Solid Modeling)에서 면의 일부 혹은 전부를 원하는 방향으로 당겨서 물체를 늘어나도록 하는 모델링 기능은?

① 트위킹(Tweaking)
② 리프팅(Lifting)
③ 스위핑(Sweeping)
④ 스키닝(Skinning)

해설 ⊕

리프팅(Lifting)에 대한 내용이다.

핵심 기출 문제

01 다음 도면에서 X 부분의 치수는 얼마인가?

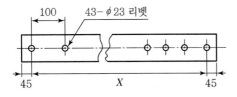

① 2,200

② 2,300

③ 4,100

④ 4,200

해설⊕

$43 \times \phi 23$은 지름이 23mm인 구멍이 43개 있다는 것이고, 피치는 100mm, 피치 개수는 42개이다.

$\therefore X = 100 \times 42 = 4,200$mm

여기서, 피치는 구멍과 구멍 사이의 간격을 뜻한다.

02 그림과 같이 우측의 입체도를 3각법으로 정투상한 도면(정면도, 평면도, 우측면도)에 대한 설명으로 옳은 것은?

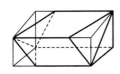

① 정면도만 틀림

② 모두 맞음

③ 우측면도만 틀림

④ 평면도만 틀림

해설⊕

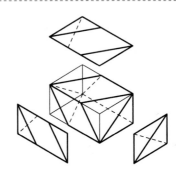

03 다음 치수 중 치수공차가 0.1이 아닌 것은?

① $50^{+0.1}_{0}$ ② 50 ± 0.05

③ $50^{+0.07}_{-0.03}$ ④ 50 ± 0.1

해설⊕

치수공차＝최대허용치수－최소허용치수 또는 위 치수 허용차－아래 치수 허용차이다.

④ 치수공차＝＋0.1－(－0.1)＝0.2

04 다음 그림과 같은 평면도 A, B, C, D와 정면도 1, 2, 3, 4가 올바르게 짝지어진 것은?(단, 제3각법을 적용한다.)

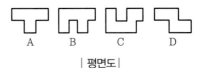

| 평면도 |

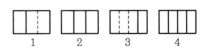

| 정면도 |

① A-2, B-4, C-3, D-1
② A-1, B-4, C-2, D-3
③ A-2, B-3, C-4, D-1
④ A-2, B-4, C-1, D-3

해설 +

|A-2|

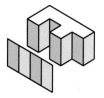

|B-4|

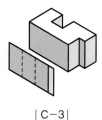

|C-3|

|D-1|

05 끼워 맞춤 중에서 구멍과 축 사이에 가장 원활한 회전운동이 일어날 수 있는 것은?

① H7/f6
② H7/p6
③ H7/n6
④ H7/t6

해설 +

가장 원활한 회전운동이 일어나려면 틈새가 커야 한다. 따라서 헐거운 끼워 맞춤을 찾으면 된다.

기준 구멍	축의 공차역 클래스											
	헐거운 끼워 맞춤			중간 끼워 맞춤			억지 끼워 맞춤					
H7		f6	g6	h6	js6	k6	m6	n6	p6	r6	s6	t6
	e7	f7		h7	js7							

06 KS에서 정의하는 기하공차기호 중에서 관련 형체의 위치공차기호들만으로 짝지어진 것은?

① ▱ ○ ─
② ∠ ⊥ ⌿
③ ⊕ ◎ ═
④ ∕ ⌒ ◎

해설 +

위치공차의 종류

위치도	⊕
동심도	◎
대칭도	═

07 그림과 같은 도면에서 치수 20 부분의 '굵은 1점 쇄선 표시'가 의미하는 것으로 가장 적절한 설명은?

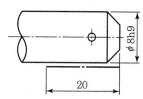

① 공차가 φ8h9보다 약간 적게 한다.
② 공차가 φ8h9 되게 축 전체 길이부분에 필요하다.
③ 공차 φ8h9 부분은 축 길이 20 되는 곳까지만 필요하다.
④ 치수 20 부분을 제외하고 나머지 부분은 공차가 φ8h9 되게 가공한다.

해설 +

굵은 1점쇄선은 특수 지정선으로서 특수한 가공을 하는 부분 등 특별한 요구사항을 적용할 수 있는 범위를 표시하는 데 사용하므로 ③번이 적절한 설명이다.

08 보기와 같은 입체도를 제3각법으로 투상할 때 가장 적합한 투상도는?

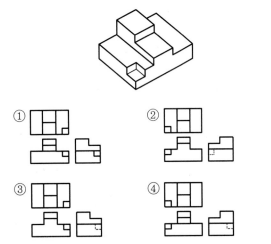

① ② ③ ④

해설 ✚

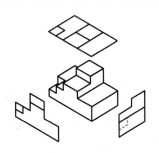

09 베어링 호칭번호 NA 4916 V의 설명 중 틀린 것은?

① NA 49는 니들 롤러 베어링 치수계열 49
② V는 리테이너기호로서 리테이너가 없음
③ 베어링 안지름은 80mm
④ A는 실드기호

해설 ✚

NA 4916 V

• NA 49 : 니들 롤러 베어링 치수계열 49
• 16 : 베어링 안지름 $16 \times 5 = 80$mm
• V : 리테이너기호로서 리테이너가 없음

10 도면의 KS 용접기호를 가장 올바르게 설명한 것은?

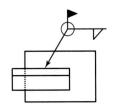

① 전체둘레 현장 연속 필릿 용접
② 현장 연속 필릿 용접(화살표 있는 한 변만 용접)
③ 전체둘레 현장 단속 필릿 용접
④ 현장 단속 필릿 용접(화살표 있는 한 변만 용접)

해설 ✚

일주용접(용접이 부재의 전체를 둘러서 연속으로 이루어짐) +현장용접+필릿 용접

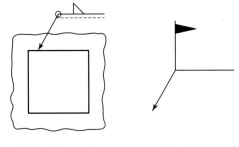

|일주 용접의 표시| |현장 용접의 표시|

11 그림과 같이 화살표 방향이 정면일 경우 우측면도로 가장 적합한 투상도는?

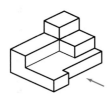

①
②
③
④

해설 ➕

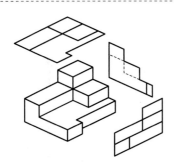

12 호칭번호가 "NA 4916 V"인 니들 롤러 베어링의 안지름 치수는 몇 mm인가?

① 16
② 49
③ 80
④ 96

해설 ➕

베어링 안지름 $= 16 \times 5 = 80mm$

13 그림과 같이 가공된 축의 테이퍼 값은 얼마인가?

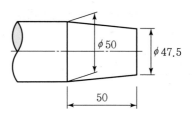

① $\dfrac{1}{5}$ ② $\dfrac{1}{10}$ ③ $\dfrac{1}{20}$ ④ $\dfrac{1}{40}$

해설 ➕

가공된 축의 테이퍼 값 $= \dfrac{D-d}{l}$

$$= \dfrac{50-47.5}{50} = \dfrac{2.5}{50} = \dfrac{1}{20}$$

여기서, D : 테이퍼의 큰 지름(mm)
d : 테이퍼의 작은 지름(mm)
l : 가공물의 전체 길이(mm)

14 그림은 필릿 용접 부위를 나타낸 것이다. 필릿 용접의 목 두께를 나타내는 치수는?

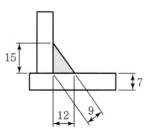

① 7   ② 9
③ 12   ④ 15

해설 ➕

목 길이와 목 두께

| 목 길이 |

| 목 두께 |

15 제3각 투상법으로 정면도와 평면도를 그림과 같이 나타낼 경우 가장 적합한 우측면도는?

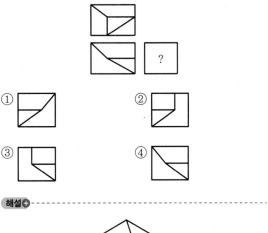

①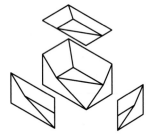

②

③

④

 해설➕

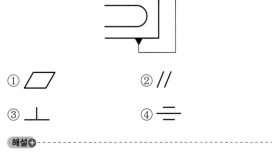

16 그림과 같은 기하공차 기입 틀에서 "A"에 들어갈 기하공차기호는?

| A | 02 |

① ▱

② //

③ ⊥

④ ⚌

 해설➕

데이텀(▼) 면과 화살촉(↓)이 평행하므로 평행도 공차(//)가 들어가야 한다.

17 제3각법으로 투상한 보기의 도면에 가장 적합한 입체도는?

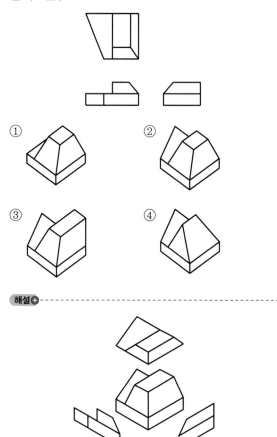

①

②

③

④

 해설➕

18 그림과 같은 기호에서 숫자 "1.6"이 의미하는 것은?

$$\sqrt{\overset{S_m 0.1}{\lambda_c 2.5}}$$
1.6

① 컷오프 값

② 기준길이 값

③ 평가길이 표준값

④ 평균거칠기 값

해설❶

- 1.6 : 중심선 평균거칠기 값[R_a의 값(μm)]
- S_m : 기준길이 내의 단면 요철간격의 평균값
- λ_c : 컷오프 값

19 그림과 같은 입체도에서 화살표 방향을 정면도로 할 경우에 우측면도로 가장 적절한 것은?

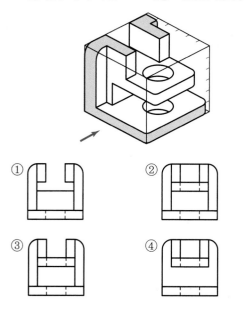

①　　　　　②

③　　　　　④

해설❶

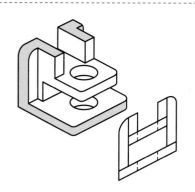

20 표준 스퍼기어의 항목표에서는 기입되지 않으나 헬리컬기어 항목표에는 기입되는 것은?

① 모듈　　　　② 비틀림 각

③ 잇수　　　　④ 기준 피치원 지름

해설❶

리드, 비틀림 방향, 비틀림 각은 헬리컬기어에만 입력한다. 모듈, 잇수, 기준 피치원 지름은 두 기어 모두 요목표에 기입하여야 한다.

21 그림과 같이 암나사를 단면으로 표시할 때, 가는 실선으로 도시하는 부분은?

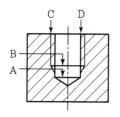

① A　　② B　　③ C　　④ D

해설❶

① A : 드릴 표시부는 굵은 실선
② B : 완전 나사부와 불완전 나사부의 경계는 굵은 실선
③ C : 암나사의 골은 가는 실선
④ D : 암나사의 산은 굵은 실선

22 일반 구조용 압연강재의 KS 재료기호는?

① SPS　　　　② SBC

③ SS　　　　④ SM

해설❶

① SPS : 스프링강
② SBC : Chain용 환봉강
③ SS : 일반구조용 압연강재
④ SM : 기계구조용 탄소강재

23 그림에서 도시한 기어는?

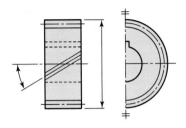

① 베벨기어　　　② 웜기어
③ 헬리컬기어　　④ 하이포이드기어

해설➕
헬리컬기어는 이의 모양이 비스듬히 경사져 있고 기어 이의 방향(잇줄 방향)은 기울어진 각도와 상관없이 30°로 3개의 가는 실선으로 그린다.

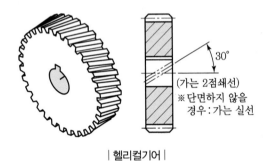

| 헬리컬기어 |

24 그림과 같이 3각법으로 투상한 도면에 가장 적합한 입체도 형상은?

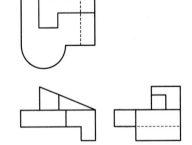

① 　　②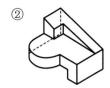

③ 　　④

해설➕

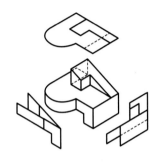

25 3각법으로 투상한 그림과 같은 도면의 입체도는?

① 　　②

③ 　　④

해설 ⊕

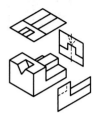

26 그림과 같은 표면의 결 지시기호에서 각 항목별 설명 중 옳지 않은 것은?

① a : 거칠기 값   ② b : 가공방법

③ c : 가공 여유   ④ d : 표면의 줄무늬 방향

해설 ⊕

- a : 중심선 평균 거칠기의 값[R_a의 값(μm)]
- b : 가공방법, 표면처리
- c : 컷오프 값, 평가길이
- d : 줄무늬 방향의 기호
- e : 기계 가공 공차(ISO에 규정되어 있음)
- f : 최대높이 또는 10점 평균 거칠기의 값

27 다음 기하공차기호 중 돌출 공차역을 나타내는 기호는?

① ⑫   ② Ⓜ

③ 🄰   ④ Ⓐ

해설 ⊕

① ⑫ : 돌출 공차역
② Ⓜ : 최대실체 공차
③ 🄰 : 기하공차에서 데이텀(기준면)을 나타낼 때 사용

28 그림과 같은 입체도에서 화살표 방향이 정면일 때 정투상법으로 나타낸 투상도 중 잘못된 도면은?

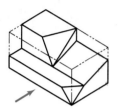

① 좌측면도

② 평면도

③ 우측면도

④ 정면도
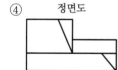

해설 ⊕

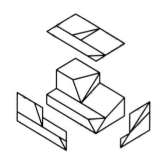

29 보기와 같이 축 방향으로 인장력이나 압축력이 작용하는 두 축을 연결하거나 풀 필요가 있을 때 사용하는 기계요소는 무엇인가?

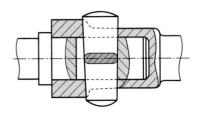

① 핀
② 키
③ 코터
④ 플랜지

해설 ⊕

코터의 구조

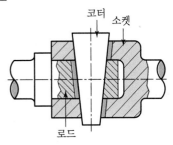

30 다음 용접 보조기호 중 전체 둘레 현장용접 기호인 것은?

①
②
③
④

해설 ⊕

- ▶ : 현장용접
- ◯ : 전체 둘레 용접

31 피아노 선재의 KS 재질기호는?

① HSWR
② STSY
③ MSWR
④ SWRS

해설 ⊕

④ SWRS : 피아노 선재

32 다음 중 복렬 깊은 홈 볼 베어링의 약식 도시기호가 바르게 표시된 것은?

①
②
③
④

해설 ⊕

① 복렬 깊은 홈 볼 베어링
② 복렬 자동조심 볼 베어링
③ 두 조각 내륜 복렬 앵귤러 콘택트 분리형 볼 베어링
④ 두 조각 내륜 복렬 테이퍼 롤러 베어링

33 금속 재료의 표시기호 중 탄소 공구강 강재를 나타낸 것은?

① SPP
② STC
③ SBHG
④ SWS

해설 ⊕

① SPP : 배관용 탄소강관
② STC : 탄소 공구강
③ SBHG : 아연도 강판
④ SWS : 용접구조용 압연강재

| 정답 | 29 ③ | 30 ① | 31 ④ | 32 ① | 33 ② |

34 도면에 그림과 같은 기하공차가 도시되어 있을 때 이에 대한 설명으로 옳은 것은?

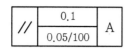

① 경사도 공차를 나타낸다.

② 전체 길이에 대한 허용값은 0.1이다.

③ 지정길이에 대한 허용값은 $\frac{0.05}{100}$ mm이다.

④ 이 기하공차는 데이텀 A를 기준으로 100mm 이내의 공간을 대상으로 한다.

해설 ⊕

데이텀 A를 기준으로 지정길이 100mm에 대하여 허용값이 0.05mm이며, 전체 길이에 대하여 허용값은 0.1mm인 평행도를 나타낸 것이다.

35 그림과 같은 입체도에서 화살표 방향을 정면으로 할 때 정투상도를 가장 옳게 나타낸 것은?

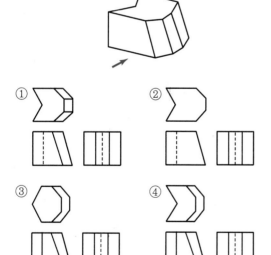

해설 ⊕

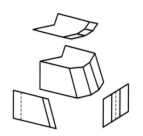

36 다음 구름 베어링 호칭 번호 중 안지름이 22mm인 것은?

① 622　　　　② 6222

③ 62/22　　　④ 62 − 22

해설 ⊕

베어링 안지름

호칭번호에서 세 번째, 네 번째 숫자가 베어링 안지름 번호이지만, "/"가 있을 경우 "/" 뒤의 숫자가 그대로 베어링 내경이 된다. 따라서 베어링 안지름이 22mm인 것은 62/22이다.

37 다음 나사의 도시법에 관한 설명 중 옳은 것은?

① 암나사의 골지름은 가는 실선으로 표현한다.

② 암나사의 안지름은 가는 실선으로 표현한다.

③ 수나사의 바깥지름은 가는 실선으로 표현한다.

④ 수나사의 골지름은 굵은 실선으로 표현한다.

해설 ⊕

수나사와 암나사의 산봉우리 부분(수나사는 바깥쪽 선, 암나사는 안쪽 선)은 굵은 실선으로, 골 부분(수나사는 안쪽 선, 암나사는 바깥쪽 선)은 가는 실선으로 표시한다.

② 암나사의 안지름은 굵은 실선으로 표현한다.

③ 수나사의 바깥지름은 굵은 실선으로 표현한다.

④ 수나사의 골지름은 가는 실선으로 표현한다.

38 다음 제3각법으로 투상된 도면 중 잘못된 투상도가 있는 것은?

①
②

③
④

해설 ➕

올바른 투상도
① ② ④

39 그림과 같은 KS 용접기호의 해독으로 올바른 것은?

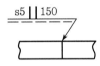

① 루트 간격은 5mm
② 홈 각도는 150°
③ 용접피치는 150mm
④ 화살표 쪽 용접을 의미함

해설 ➕

- ▮▮ : 맞대기 용접
- s : 맞대기 용접의 경우 부재의 표면으로부터 용입의 바닥까지의 최소거리(루트 깊이)

- 150 : 용접 길이(mm)
- 실선 쪽에 맞대기 용접기호(▮▮)가 기입되어 있으므로 화살표 쪽 용접을 의미함

40 기준치수가 φ50인 구멍기준식 끼워 맞춤에서 구멍과 축의 공차값이 다음과 같을 때 틀린 것은?

- 구멍 : 위 치수 허용차 +0.025
  아래 치수 허용차 0.000
- 축 : 위 치수 허용차 −0.025
  아래 치수 허용차 −0.050

① 축의 최대허용치수 : 49.975
② 구멍의 최소허용치수 : 50.000
③ 최대틈새 : 0.050
④ 최소틈새 : 0.025

해설 ➕

③ 최대틈새 : 0.075

최대틈새는 구멍은 가장 크고, 축은 가장 작을 때 발생하므로
최대틈새＝구멍의 최대허용치수−축의 최소허용치수
＝50.025−49.95＝0.075

41 그림과 같은 입체도에서 화살표 방향에서 본 정면도를 가장 올바르게 나타낸 것은?

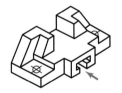

①  ②
③  ④

해설 ➕

잘못된 부분
② ③ ④

42 다음 도면에서 A의 길이는 얼마인가?

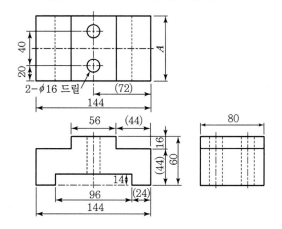

① 44   ② 80
③ 96   ④ 144

A는 앞뒤 거리(폭)를 나타내므로 $A=80$이다.

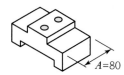

43 그림과 같은 정면도와 평면도에 가장 적합한 우측면도는?

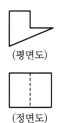

(평면도)

(정면도)

①   ②
③   ④

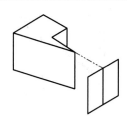

44 다음 중 평면도를 나타내는 기호는?

①   ② / /

③ ○   ④ ⊠

① 평면도
② 평행도
③ 진원도
④ 평면 표시기호(가는 실선을 대각선으로 표시)

45 그림과 같이 제3각법으로 나타낸 정면도와 우측면도에 가장 적합한 평면도는?

(정면도)   (우측면도)

①    ②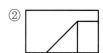
③    ④

해설 ⊕

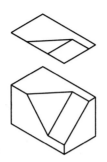

46 KS 용접기호표시와 용접부의 명칭이 틀린 것은?

① ⌐ : 플러그 용접   ② ○ : 점 용접

③ ‖ : 가장자리 용접   ④ ◺ : 필릿 용접

해설 ⊕

③ ‖ : 평행(I형) 맞대기 용접

47 나사의 표시가 "No.8 – 36UNF"로 나타날 때, 나사의 종류는?

① 유니파이 보통 나사
② 유니파이 가는 나사
③ 관용 테이퍼 수나사
④ 관용 테이퍼 암나사

해설 ⊕

① 유니파이 보통 나사 : UNC
② 유니파이 가는 나사 : UNF
③ 관용 테이퍼 수나사 : R
④ 관용 테이퍼 암나사 : Rc

48 I – 형강의 치수기입이 옳은 것은?(단, B : 폭, H : 높이, t : 두께, L : 길이)

① I $B \times H \times t - L$ ② I $H \times B \times t - L$

③ I $t \times H \times B - L$ ④ I $L \times H \times B - t$

해설 ⊕

I 형강 표시법
형별 높이×폭×두께 – 길이이므로
② I $H \times B \times t - L$

49 다음 정면도와 우측면도에 가장 적합한 평면도는?

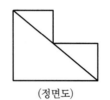
(정면도)

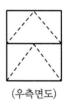
(우측면도)

①   ②

③   ④

해설 ⊕

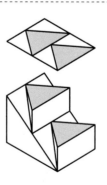

50 최대틈새가 0.075mm이고, 축의 최소허용치수가 49.950mm일 때 구멍의 최대허용치수는?

① 50.075mm ② 49.875mm
③ 49.975mm ④ 50.025mm

해설 ⊕

최대틈새는 구멍은 가장 크고, 축은 가장 작을 때 발생하므로
최대틈새＝구멍의 최대허용치수－축의 최소허용치수
∴ 구멍의 최대허용치수＝축의 최소허용치수 ＋ 최대틈새
＝49.950＋0.075＝50.025

51 베어링기호 608 C2 P6에서 P6이 뜻하는 것은?

① 정밀도 등급기호
② 계열기호
③ 안지름 번호
④ 내부 틈새기호

해설 ⊕

깊은 홈 볼 베어링(608C2P6)

60	8	C2	P6
베어링 계열 번호	안지름 번호 (베어링 내경 8mm)	틈새기호	등급기호(6급)

52 다음 중 탄소 공구 강재에 해당하는 KS 재료 기호는?

① STS ② STF
③ STD ④ STC

해설 ⊕

④ STC : 탄소 공구 강재

STS, STF, STD는 합금 공구강의 종류이다.

53 제3각법으로 도시한 3면도 중 각 도면 간의 관계를 가장 옳게 나타낸 것은?

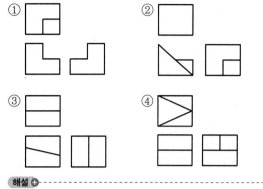

해설 ⊕

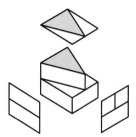

54 그림과 같은 도면의 기하공차에 대한 설명으로 가장 옳은 것은?

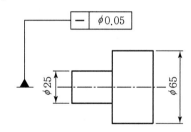

① $\phi25$ 부분만 중심축에 대한 평면도가 $\phi0.05$ 이내
② 중심축에 대한 전체의 평면도가 $\phi0.05$ 이내
③ $\phi25$ 부분만 중심축에 대한 진직도가 $\phi0.05$ 이내
④ 중심축에 대한 전체의 진직도가 $\phi0.05$ 이내

진직도 공차

중심축에 직접 지정하였으므로 중심축에 대한 전체의 진직
도가 $\phi0.05$ 이내이다.

55 다음 KS 재료기호 중 니켈 크로뮴 몰리브덴강에 속하는 것은?

① SMn 420

② SCr 415

③ SNCM 420

④ SFCM 590S

① SMn : 망간강

② SCr : 크롬강

③ SNCM : 니켈 크롬(크로뮴) 몰리브덴강

④ SFCM : 크롬몰리브덴 단강품

56 코일 스프링 제도에 대한 설명으로 틀린 것은?

① 스프링은 원칙적으로 하중이 걸린 상태로 그린다.

② 특별한 단서가 없으면 오른쪽으로 감은 것을 나타
낸다.

③ 스프링의 종류 및 모양만을 간략도로 나타내는 경우
에는 스프링 재료의 중심선만을 굵은 실선으로 그
린다.

④ 그림 안에 기입하기 힘든 사항은 일괄적으로 요목표
에 나타낸다.

① 스프링은 원칙적으로 무하중(힘을 받지 않는 상태)인 상
태로 그린다.

57 그림과 같은 입체도의 제3각 정투상도로 가장 적합한 것은?

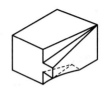

① 　　②

③ 　　④

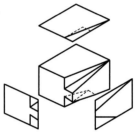

58 베어링 호칭번호 "6308ZNR"에서 "08"이 의미하는 것은?

① 실드기호　　　　② 안지름 번호

③ 베어링 계열기호　④ 레이스 형상기호

깊은 홈 볼 베어링(6308ZNR)

63	08	Z	NR
베어링 계열 번호	안지름 번호 (베어링 내경 40mm)	실드기호	궤도륜 형상 기호

59 표면의 결 지시방법에서 "제거가공을 허용하지 않는다."를 나타내는 것은?

① 　　　　②

③ 　　　　④

해설 ⊕

- 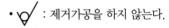 : 제거가공을 하지 않는다.

- $\bigvee$: 절삭 등 제거가공의 필요 여부를 문제 삼지 않는다.

- $\underline{\bigvee}$: 제거가공을 한다.

60 나사의 종류를 표시하는 기호 중 미터 사다리꼴 나사의 기호는?

① M　　　② SM　　　③ PT　　　④ Tr

해설 ⊕

① M : 미터나사
② SM : 미싱나사
③ PT : 관용 테이퍼나사
④ Tr : 미터 사다리꼴나사

61 그림에서 ⊠로 표시한 부분의 의미로 올바른 것은?

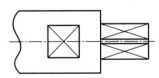

① 정밀 가공 부위를 지시
② 평면임을 지시
③ 가공을 금지함을 지시
④ 구멍임을 지시

해설 ⊕

평면 표시

평면은 가는 실선으로 대각선으로 표시

62 다음 형상공차의 종류별 기호 표시가 틀린 것은?

① 평면도 : ▱　　　② 위치도 : ⊕

③ 진원도 : ○　　　④ 원통도 : ◎

해설 ⊕

④ 원통도 : ⌭ , 동심도 : ◎

63 다음 중 니켈 크롬강의 KS 기호는?

① SCM415　　　　② SNC415

③ SMnC420　　　　④ SNCM420

해설 ⊕

① SCM : 크롬몰리브덴강
② SNC : 니켈크롬강
③ SMnC : 망간크롬강
④ SNCM : 니켈크롬몰리브덴강

64 구멍의 치수가 $\phi 50^{+0.05}_{0}$, 축의 치수가 $\phi 50^{0}_{-0.02}$일 때, 최대틈새는 얼마인가?

① 0.02　　　　② 0.03

③ 0.05　　　　④ 0.07

해설 ➕ -

최대틈새＝구멍의 최대허용치수－축의 최소허용치수
　　　　＝구멍의 위 치수 허용차－축의 아래 치수 허용차
　　　　＝$(+0.05)-(-0.02)$
　　　　＝0.07

65 철골 구조물 도면에 2 - L75×75×6 - 1800 으로 표시된 형강을 올바르게 설명한 것은?

① 부등변 부등두께 ㄱ형강이며 길이는 1,800mm이다.
② 형강의 개수는 6개이다.
③ 형강의 두께는 75mm이며 그 길이는 1,800mm 이다.
④ ㄱ형강 양변의 길이는 75mm로 동일하며 두께는 6mm이다.

해설 ➕ -

등변 ㄱ형강의 치수 표시방법
형강의 개수-모양(L) 세로×가로×두께-길이

형강의 개수는 2개이고, 등변 ㄱ형강으로 가로 · 세로가 각각 75mm, 두께는 6mm, 전체 길이는 1,800mm이다.

66 다음 중 위치 공차를 나타내는 기호가 아닌 것은?

① ◎　　　　　② ＝

③ ↗　　　　　④ ⊕

해설 ➕ -

↗ 는 원주 흔들림 공차로써 흔들림 공차에 속한다.

67 다음과 같이 투상된 정면도와 우측면도에 가장 적합한 평면도는?

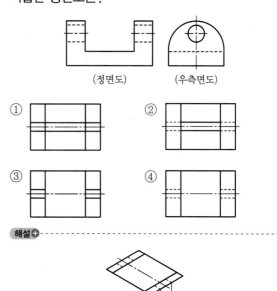

(정면도)　　　(우측면도)

①　　　　　②

③　　　　　④

해설 ➕ -

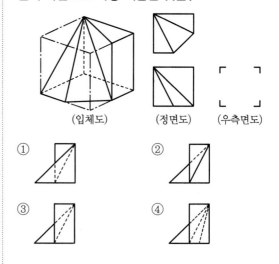

68 그림과 같은 입체도의 제3각 정투상도에서 누락된 우측면도로 가장 적합한 것은?

(입체도)　　　(정면도)　　　(우측면도)

①　　　　　②

③　　　　　④

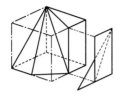

69 다음 그림에서 "*A*"의 치수는 얼마인가?

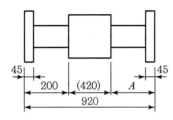

① 200   ② 225
③ 250   ④ 300

A 부의 치수 계산
$A = 920 - 200 - 420 = 300$

70 보기는 제3각법 정투상도로 그린 그림이다. 정면도로 가장 적합한 투상도는?

①
②

③
④

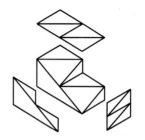

71 그림은 맞물리는 어떤 기어를 나타낸 간략도이다. 이 기어는 무엇인가?

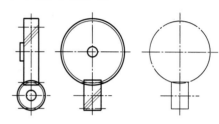

① 스퍼기어
② 헬리컬기어
③ 나사기어
④ 스파이럴 베벨기어

두 기어 모두 기어 이의 방향이 비스듬히 경사져 있고, 두 축이 직각 방향을 보고 있어 나사기어에 해당한다.

| 나사기어 |

72 최대실체 공차방식을 적용할 때 공차붙이 형체와 그 데이텀 형체 두 곳에 함께 적용하는 경우로 옳게 표현한 것은?

① ⊕ ∣ ∅0.04 ∣ Ⓜ ∣ A

② ⊕ ∣ ∅0.04 ∣ A Ⓜ

③ ⊕ ∣ ∅0.04 ∣ Ⓜ ∣ A

④ ⊕ ∣ ∅0.04 Ⓜ ∣ A Ⓜ

해설 ➕

- ⊕ : 위치도 공차
- Ⓜ : 최대실체 공차방식
- 최대실체 공차방식을 두 곳에 함께 적용하는 경우에는 기하공차 값(두 번째 칸)과 데이텀 기입 틀(세 번째 칸) 두 곳에 모두 기입한다.

73 나사의 표시법 중 관용 평행나사 "A"급을 표시하는 방법으로 옳은 것은?

① Rc 1/2 A 　② G 1/2 A

③ A Rc 1/2 　④ A G 1/2

해설 ➕

- G : 관용 평행나사
- 1/2 : 바깥지름(인치)
- A : 수나사 A급

74 바퀴의 암(Arm), 형강 등과 같은 제품의 단면을 나타낼 때, 절단면을 90° 회전하거나 절단할 곳의 전후를 끊어서 그 사이에 단면도를 그리는 방법은?

① 전단면도
② 부분 단면도
③ 계단 단면도
④ 회전 도시 단면도

해설 ➕

회전 도시 단면도
물체의 한 부분을 자른 다음, 자른 면만 90° 회전하여 형상을 나타내는 기법이다.

75 보기는 제3각법 정투상도로 그린 그림이다. 우측면도로 가장 적합한 것은?

① 　②

③ 　④

해설 ➕

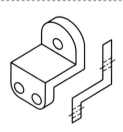

76 다음과 같은 I 형강 재료의 표시법으로 옳은 것은?

① $IA \times B \times t - L$ ② $t \times IA \times B - L$

③ $L - I \times A \times B \times t$ ④ $IB \times A \times t - L$

해설 ⊕ --------------------------------

I 형강 표시법

형별 높이×폭×두께－길이이므로

$IA \times B \times t - L$

77 체인 스프로킷 휠의 피치원 지름을 나타내는 선의 종류는?

① 가는 실선 ② 가는 1점쇄선

③ 가는 2점쇄선 ④ 굵은 1점쇄선

해설 ⊕ --------------------------------

스프로킷 휠 또는 기어의 피치원은 가는 1점쇄선으로 그린다.

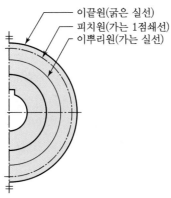

78 구멍의 치수는 $\phi 35 ^{+0.003}_{-0.001}$, 축의 치수는 $\phi 35 ^{+0.001}_{-0.004}$일 때, 최대틈새는?

① 0.004 ② 0.005

③ 0.007 ④ 0.009

해설 ⊕ --------------------------------

최대틈새＝구멍의 최대허용치수－축의 최소허용치수

＝구멍의 위 치수 허용차－축의 아래 치수 허용차

＝(+0.003)－(－0.004)＝0.007

79 KS 용접기호 중 현장 용접을 뜻하는 기호가 포함된 것은?

① ②

③ ④

해설 ⊕ --------------------------------

현장 용접의 표시

80 스프링용 스테인리스 강선의 KS 재료기호로 옳은 것은?

① STC ② STD

③ STF ④ STS

해설 ⊕ --------------------------------

④ STS : 스프링용 스테인리스 강재

81 다음의 그림에서 A, B, C, D를 보고 화살표 방향에서 본 투상도를 옳게 짝지은 것은?

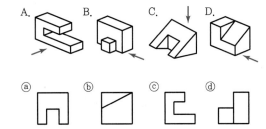

① A-ⓐ, B-ⓒ, C-ⓑ, D-ⓓ
② A-ⓒ, B-ⓓ, C-ⓐ, D-ⓑ
③ A-ⓐ, B-ⓑ, C-ⓓ, D-ⓒ
④ A-ⓓ, B-ⓒ, C-ⓐ, D-ⓑ

해설⊕

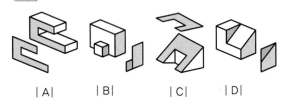

|A|　　|B|　　|C|　　|D|

82 그림과 같은 입체도에서 화살표 방향이 정면일 경우 평면도로 가장 적합한 투상도는?

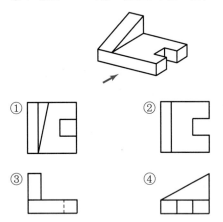

① ② ③ ④

해설⊕

83 가공방법의 약호 중 래핑 가공을 나타낸 것은?

① FL ② FR
③ FS ④ FF

해설⊕

① FL(Finishing Lapping) : 래핑 가공
② FR(Finishing Reaming) : 리머 가공
③ FS(Finishing Scraping) : 스크레이퍼 가공
④ FF(Finishing File) : 줄 가공

84 스프링 도시방법에 대한 설명으로 틀린 것은?

① 코일 스프링, 벌류트 스프링은 일반적으로 무하중 상태에서 그린다.
② 겹판 스프링은 일반적으로 스프링 판이 수평인 상태에서 그린다.
③ 요목표에 단서가 없는 코일 스프링 및 벌류트 스프링은 모두 왼쪽으로 감긴 것을 나타낸다.
④ 스프링 종류 및 모양만을 간략도로 나타내는 경우에는 스프링 재료의 중심선만을 굵은 실선으로 그린다.

해설⊕

③ 요목표에 단서가 없는 스프링은 모두 오른쪽으로 감긴 것을 나타내고, 왼쪽으로 감긴 것은 '왼쪽'이라고 기입을 한다.

85 기하공차를 나타내는 데 있어서 대상면의 표면은 0.1mm만큼 떨어진 두 개의 평행한 평면 사이에 있어야 한다는 것을 나타내는 것은?

① | ─ | 0.1 | ② | ▱ | 0.1 |

③ | ⌭ | 0.1 | ④ | ⊥ | 0.1 | A |

해설⊕----------------------

① ─ : 진직도   ② ▱ : 평면도

③ ⌭ : 원통도   ④ ⊥ : 직각도

86 배관 결합 방식의 표현으로 옳지 않은 것은?

① ──┼── 일반 결합

② ──✱── 용접식 결합

③ ──┤├── 플랜지식 결합

④ ──┤├── 유니언식 결합

해설⊕----------------------

② ──●── : 용접식 결합

87 기준치수가 50mm이고, 최대허용치수가 50.015mm이며, 최소허용치수가 49.990mm일 때 치수 공차는 몇 mm인가?

① 0.025   ② 0.015
③ 0.005   ④ 0.010

해설⊕----------------------

치수공차 = 최대허용치수 − 최소허용치수
= 50.015 − 49.990 = 0.025

88 나사가 "M50×2−6H"로 표시되었을 때 이 나사에 대한 설명 중 틀린 것은?

① 미터 가는 나사이다.   ② 암나사 등급 6이다.
③ 피치 2mm이다.   ④ 왼나사이다.

해설⊕----------------------

④ 감긴 방향에 대한 표시가 없으므로 오른나사이다.

• M50×2 : 미터 가는 나사로 피치가 2mm이다.
• 6H : 알파벳 대문자이므로 암나사이며, 공차 등급은 6등급이다.

89 강구조물(Steel Structure) 등의 치수 표시에 관한 KS 기계제도규격에 관한 설명으로 틀린 것은?

① 구조선도에서 절점 사이의 치수를 표시할 수 있다.
② 형강, 강관 등의 치수를 각각의 도형에 연하여 기입할 때 길이의 치수도 반드시 나타내야 한다.
③ 구조선도에서 치수는 부재를 나타내는 선에 연하여 직접 기입할 수 있다.
④ 등변 ㄱ형강의 경우 "L 100×100×5−1500"과 같이 나타낼 수 있다.

해설⊕----------------------

② 형강, 강관 등의 치수를 각각의 도형에 연하여 기입할 때 길이의 치수는 반드시 나타낼 필요가 없다.

90 그림에서 나타난 기하공차 도시에 대해 가장 올바르게 설명한 것은?

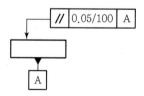

① 임의의 평면에서 평행도가 기준면 A에 대해 $\frac{0.05}{100}$ mm 이내에 있어야 한다.

② 임의의 평면 100mm × 100mm에서 평행도가 기준면 A에 대해 $\frac{0.05}{100}$ mm 이내에 있어야 한다.

③ 지시하는 면 위에서 임의로 선택한 길이 100mm에서 평행도가 기준면 A에 대해 0.05mm 이내에 있어야 한다.

④ 지시한 화살표를 중심으로 100mm 이내에서 평행도가 기준면 A에 대해 0.05mm 이내에 있어야 한다.

해설 ⊕ ----------------------------------

A면을 기준으로 기준길이 100mm당 평행도가 0.05mm임을 표시한 것이다.

91 헬리컬기어 제도에 대한 설명으로 틀린 것은?

① 잇봉우리원은 굵은 실선으로 그린다.
② 피치원은 가는 1점쇄선으로 그린다.
③ 이골원은 단면 도시가 아닌 경우 가는 실선으로 그린다.
④ 축에 직각인 방향에서 본 정면도에서 단면 도시가 아닌 경우 잇줄 방향은 경사진 3개의 가는 2점쇄선으로 나타낸다.

해설 ⊕ ----------------------------------

기어 이의 방향(잇줄 방향)은 3개의 가는 실선으로 그리고, 단면을 하였을 때는 가는 2점쇄선으로 그리며 기울어진 각도와 상관없이 30°로 표시한다.

30°
(가는 2점쇄선)
※ 단면하지 않을
  경우 : 가는 실선

92 그림과 같은 환봉의 "A" 면을 선반 가공할 때 생기는 표면의 줄무늬 방향기호로 가장 적합한 것은?

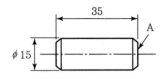

35
$\phi 15$
A

① C   ② M
③ R   ④ X

해설 ⊕ ----------------------------------

선반에서 측면을 바이트로 가공하면 동심원 모양이 나타나므로 줄무늬 방향기호는 "C"이다.

93 구름베어링의 상세한 간략 도시방법에서 복열 자동 조심 볼 베어링의 도시기호는?

① ┼┼   ② ┼

③ ╳╳   ④ ╳╳

해설 ⊕ ----------------------------------

복열 자동 조심 볼 베어링

94 그림과 같이 제3각법으로 나타낸 정면도와 평면도에 가장 적합한 우측면도는?

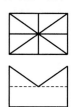

①   ②

③   ④

해설

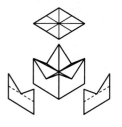

95 그림과 같은 정투상도(정면도와 평면도)에서 우측면도로 가장 적합한 것은?

| 평면도 |　| 정면도 |

①   ②

③   ④

해설

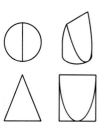

96 기하학적 형상의 특성을 나타내는 기호 중 자유 상태 조건을 나타내는 기호는?

① Ⓟ ② Ⓜ
③ Ⓕ ④ Ⓛ

해설

① Ⓟ : 돌출 공차역
② Ⓜ : 최대실체 공차방식
③ Ⓕ : 자유 상태 조건
④ Ⓛ : 최소실체 공차방식

97 그림과 같은 도면에서 가는 실선이 교차하는 대각선 부분은 무엇을 의미하는가?

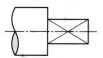

① 평면이라는 뜻
② 나사산 가공하라는 뜻
③ 가공에서 제외하라는 뜻
④ 대각선의 홈이 파여 있다는 뜻

해설

평면 표시

평면은 가는 실선으로
대각선으로 표시

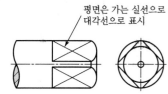

정답　94 ②　95 ②　96 ③　97 ①

143

98 재료기호가 "SS 275"로 나타났을 때 이 재료의 명칭은?

① 탄소강 단강품
② 용접 구조용 주강품
③ 기계 구조용 탄소강재
④ 일반 구조용 압연강재

해설 ⊕

• SS : 일반 구조용 압연강재
• 275 : 최저항복강도 275(N/mm^2) 이상

99 치수기입의 원칙에 관한 설명으로 옳지 않은 것은?

① 치수는 되도록 주 투상도에 집중하여 기입한다.
② 치수는 되도록 공정마다 배열을 분리하여 기입한다.
③ 치수는 기능, 제작, 조립을 고려하여 명료하게 기입한다.
④ 중요치수는 확인하기 쉽도록 중복하여 기입한다.

해설 ⊕

④ 치수는 중복 기입을 피한다.

100 다음 용접기호가 나타내는 용접 작업 명칭은?

① 가장자리 용접
② 표면 육성
③ 개선 각이 급격한 V형 맞대기 용접
④ 표면 접합부

해설 ⊕

• 가장자리 용접

• 표면 육성

• 개선 각이 급격한 V형 맞대기 용접

• 표면 접합부

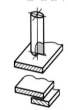

101 다음 공 · 유압 장치의 조작 방식을 나타낸 그림 중에서 전기 조작에 의한 기호는?

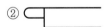

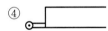

해설 ⊕

① 전기조작 : 단동 솔레노이드
② 기계조작 : 플런저
③ 기계조작 : 스프링
④ 기계조작 : 롤러

102
기준치수가 φ50인 구멍기준식 끼워 맞춤에서 구멍과 축의 공차 값이 다음과 같을 때 옳지 않은 것은?

구멍	위 치수 허용차 +0.025
	아래 치수 허용차 0.000
축	위 치수 허용차 +0.050
	아래 치수 허용차 +0.034

① 최소틈새는 0.009이다.
② 최대죔새는 0.050이다.
③ 축의 최소허용치수는 50.034이다.
④ 구멍과 축의 조립 상태는 억지 끼워 맞춤이다.

해설 ⊕

주어진 표에서 축은 $\phi^{50.05}_{50.034}$이고 구멍은 $\phi^{50.025}_{50.0}$으로 축이 구멍보다 항상 큰 조건으로 틈새는 없고 죔새만 있는 억지 끼워 맞춤의 상태이므로 최소틈새는 없다.

103
호칭지름이 3/8인치이고, 1인치 사이에 나사산이 16개인 유니파이 보통 나사의 표시로 옳은 것은?

① UNF 3/8 − 16
② 3/8 − 16 UNF
③ UNC 3/8 − 16
④ 3/8 − 16 UNC

해설 ⊕

유니파이 보통 나사의 표시법
• 호칭지름(인치) − 나사산의 수 − 나사 종류 순으로 표기한다.
• UNC : 유니파이 보통 나사
• UNF : 유니파이 가는 나사

104
가공으로 생긴 커터의 줄무늬 방향이 기호를 기입한 그림의 투영면에 비스듬하게 2방향으로 교차하는 것을 의미하는 기호는?

① ⊥
② ×
③ C
④ =

해설 ⊕

두 방향 교차 시 줄무늬 방향 기호 : ×

커터의 줄무늬 방향

105
그림과 같이 제3각 정투상도로 나타낸 정면도와 우측면도에 가장 적합한 평면도는?

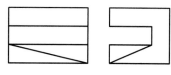

① 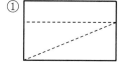 ②

③ 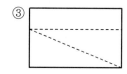 ④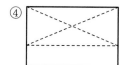

해설 ⊕

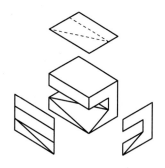

106 그림과 같은 도면에서 참고치수를 나타내는 것은?

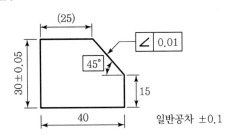

일반공차 ±0.1

① (25)

② ∠0.01

③ 45°

④ 일반공차 ±0.1

해설 ➕

① (25) : 치수문자를 ( ) 안에 기입하면 참고치수를 나타
낸다.

107 다음 투상도 중 KS 제도 표준에 따라 가장 올바
르게 작도된 투상도는?

①
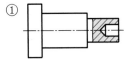

②
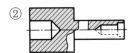

③
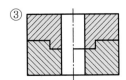

④
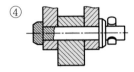

해설 ➕

② ①번처럼 부분단면을 하여야 하는데, 중심선까지만 부분
단면을 하여 잘못되었다.

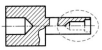

③ 두 부품 사이의 투상선이 누락되었다.

④ 축과 같은 단일기계요소는 길이방향으로 단면하지 않
는다.

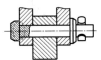

108 그림과 같은 도면에서 구멍 지름을 측정한 결
과 10.1일 때 평행도 공차의 최대허용치는?

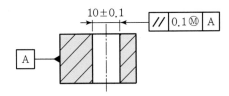

① 0
② 0.1
③ 0.2
④ 0.3

해설 ➕

Ⓜ은 최대실체 공차방식을 뜻하며 허용된 공차 안에서 구멍
이 최대질량을 갖도록 한 공차로 구멍 지름이 최소일 때를
말한다.
구멍의 측정치수는 10.1mm이고 평행도 공차가 0.1mm,
구멍의 최소치수는 9.9mm이다. 따라서 평행도 공차의 최
대허용치는 "구멍의 최대치수－구멍의 최소치수"를 계산하
면 된다.
∴ 최대허용치＝10.1＋0.1－9.9＝0.3mm

109 기어 제도에서 선의 사용법으로 틀린 것은?

① 피치원은 가는 1점쇄선으로 표시한다.
② 축에 직각인 방향에서 본 그림을 단면도로 도시할 때는 이골(이뿌리)의 선은 굵은 실선으로 표시한다.
③ 잇봉우리원은 굵은 실선으로 표시한다.
④ 내접 헬리컬기어의 잇줄 방향은 2개의 가는 실선으로 표시한다.

해설 ➕

④ 헬리컬기어의 잇줄 방향은 3개의 가는 실선으로 표시하고, 단면을 하였을 때는 가는 2점쇄선으로 30°로 표시한다.

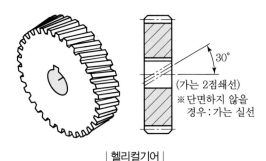

30°
(가는 2점쇄선)
※단면하지 않을 경우 : 가는 실선

| 헬리컬기어 |

110 다음 중 구멍 기준식 억지 끼워 맞춤을 올바르게 표시한 것은?

① $\phi 50 \times 7/h6$
② $\phi 50 H 7/h6$
③ $\phi 50 H 7/s6$
④ $\phi 50 F 7/h6$

해설 ➕

구멍 기준식은 알파벳 대문자 H가 기준이고, 축 기준식은 알파벳 소문자 h가 기준이다.

③ $\phi 50 H 7/s6$의 관계가 억지 끼워 맞춤이다.

111 그림과 같은 등각투상도에서 화살표 방향이 정면일 경우 3각법으로 투상한 평면도로 가장 적합한 것은?

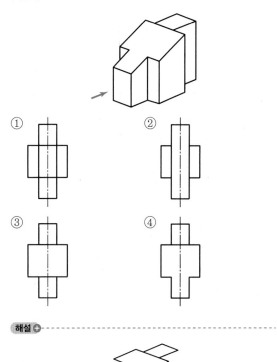

① ② ③ ④

해설 ➕

112 구름베어링의 안지름 번호에 대하여 베어링의 안지름 치수를 잘못 나타낸 것은?

① 안지름 번호 : 01 – 안지름 : 12mm
② 안지름 번호 : 02 – 안지름 : 15mm
③ 안지름 번호 : 03 – 안지름 : 18mm
④ 안지름 번호 : 04 – 안지름 : 20mm

해설 ➕

③ 안지름 번호 : 03 – 안지름 : 17mm

113 그림과 같이 용접기호가 도시되었을 경우 그 의미로 옳은 것은?

① 양면 V형 맞대기 용접으로 표면 모두 평면 마감 처리
② 이면 용접이 있으며 표면 모두 평면 마감 처리한 V형 맞대기 용접
③ 토우를 매끄럽게 처리한 V형 용접으로 제거 가능한 이면 판재 사용
④ 넓은 루트면이 있고 이면 용접된 필릿 용접이며 윗면을 평면 처리

해설 ⊕

주어진 그림은 이면 용접, 표면 모두 평면 마감 처리한 V형 맞대기 용접을 의미한다.

114 래핑 다듬질 면 등에 나타나는 줄무늬로서 가공에 의한 컷의 줄무늬가 여러 방향일 때 줄무늬 방향 기호는?

① R   ② C
③ X   ④ M

해설 ⊕

줄무늬가 여러 방향일 때 줄무늬 방향 기호 : M

115 지름이 같은 원기둥이 그림과 같이 직교할 때의 상관선의 표현으로 가장 적합한 것은?

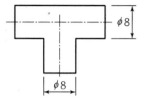

①   ②
③   ④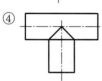

해설 ⊕

지름이 같은 원기둥이 그림과 같이 직교할 경우 상관선은 직선으로 나타난다.

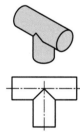

116 구멍 기준식 끼워 맞춤에서 구멍은 $\phi 50^{+0.025}_{0}$, 축은 $\phi 50^{+0.050}_{+0.034}$일 때 최소죔새 값은?

① 0.009
② 0.034
③ 0.050
④ 0.075

해설 ⊕

최소죔새는 축은 가장 작고, 구멍은 가장 클 때 발생하므로 "축의 최소허용치수−구멍의 최대허용치수"를 구하면 된다.
축의 최소허용치수＝50＋0.034＝50.034
구멍의 최대허용치수＝50＋0.025＝50.025
∴ 최소죔새＝50.034−50.025＝0.009이다.

117 기하 공차의 종류에서 위치 공차에 해당되지 않는 것은?

① 동축도 공차   ② 위치도 공차

③ 평면도 공차   ④ 대칭도 공차

해설 ⊕

위치공차의 종류

위치도	⊕
동심도	◎
대칭도	=

118 그림은 제3각 정투상도로 나타낸 정면도와 우측면도이다. 이에 대한 평면도로 가장 적합한 것은?

① 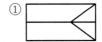   ②

③   ④

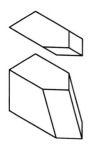

119 구멍의 최대치수가 축의 최소치수보다 작은 경우에 해당하는 끼워 맞춤 종류는?

① 헐거운 끼워 맞춤

② 억지 끼워 맞춤

③ 틈새 끼워 맞춤

④ 중간 끼워 맞춤

해설 ⊕

구멍의 최대치수가 축의 최소치수보다 작으면 죔새만 존재하므로 억지 끼워 맞춤이다.

120 다음 용접기호에 대한 설명으로 틀린 것은?

$$a4 \triangleright \quad 6 \times 30 \quad \diagdown \quad (20)$$
$$a4 \triangleright \quad 6 \times 30 \quad \diagdown \quad (20)$$

① 지그재그 필릿 용접이다.

② 목두께는 4mm이다.

③ 한쪽 면의 용접부 개소는 30개이다.

④ 인접한 용접부 간격은 20mm이다.

해설 ⊕

③ 한쪽 면의 용접부 개소는 6개이다.

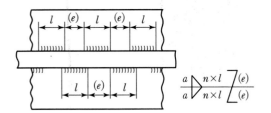

- a : 목 두께
- n : 용접부 수
- l : 용접 길이
- (e) : 인접한 용접부 간격(피치)
- △ : 필릿 용접기호

121 다음 중 H7 구멍과 가장 억지로 끼워지는 축의 공차는?

① f6

② h6

③ p6

④ g6

해설 ⊕

H7 구멍과 가장 억지 끼워 맞춤이 되려면 아래 표에서처럼 축의 공차는 p6이어야 한다.

기준 구멍	축의 공차역 클래스										
	헐거운 끼워 맞춤			중간 끼워 맞춤				억지 끼워 맞춤			
H7		f6	g6	h6	js6	k6	m6	n6	p6	r6	s6	t6
	e7	f7		h7	js7							

122 기계구조용 탄소강재의 KS 재료기호로 옳은 것은?

① SM40C

② SS235

③ ALDC1

④ GC100

해설 ⊕

① SM40C : 기계구조용 탄소강재

② SS235 : 일반구조용 압연강재

③ ALDC1 : 다이캐스팅용 알루미늄 합금

④ GC100 : 회주철

123 그림의 입체도에서 화살표 방향이 정면일 경우 정면도로 가장 적합한 것은?

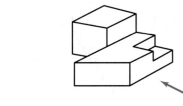

① 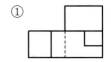 ②

③ 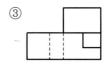 ④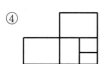

해설 ⊕

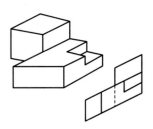

124 나사의 도시법을 설명한 것으로 틀린 것은?

① 수나사의 바깥지름과 암나사의 골지름은 굵은 실선으로 표시한다.

② 완전 나사부 및 불완전 나사부의 경계선은 굵은 실선으로 표시한다.

③ 보이지 않는 나사부분은 가는 파선으로 표시한다.

④ 수나사 및 암나사의 조립 부분은 수나사 기준으로 표시한다.

해설 ➕

① 수나사의 바깥지름은 굵은 실선으로, 암나사의 골지름은 가는 실선으로 표시한다.

완전 나사부의 경계는 굵은 실선
나사의 외경은 굵은 실선
축선에 대하여 30°로 긋는다.
나사의 골은 가는 실선
측면도의 골지름은 가는 실선으로 3/4을 그린다.
30°
30°
불완전 나사부　완전 나사부　모따기 부분
나사부 길이

| 수나사의 표시방법 |

125 다음은 제3각법으로 나타낸 정면도와 우측면도이다. 이에 대한 평면도를 가장 올바르게 나타낸 것은?

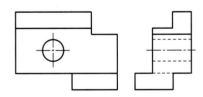

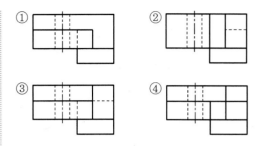

해설 ➕

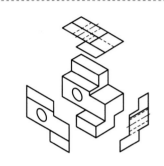

126 베어링의 호칭번호가 6026일 때 이 베어링의 안지름은 몇 mm인가?

① 6 　　② 60

③ 26 　　④ 130

해설 ➕

베어링 호칭번호의 세 번째 네 번째 숫자가 안지름 번호이다.
$26 \times 5 = 130$mm

127 축의 치수가 $\phi 20 \pm 0.1$이고 그 축의 기하공차가 다음과 같다면 최대실체 공차방식에서 실효치수는 얼마인가?

⊥ | $\phi 0.2$Ⓜ | A

① 19.6 　　② 19.7

③ 20.3 　　④ 20.4

해설⊕
최대실체 공차방식은 허용된 공차 안에서 축이 최대질량을
갖도록 한 공차로 축 지름이 최대일 때를 말한다.
∴ 실효치수＝최대허용치수＋기하공차
　　　　　＝20.1＋0.2＝20.3이다.

128 앵글 구조물을 그림과 같이 한쪽 각도가 30°인
직각삼각형으로 만들고자 한다. A의 길이가 1,500mm
일 때 B의 길이는 약 몇 mm인가?

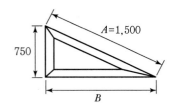

① 1,299　　　　② 1,100
③ 1,131　　　　④ 1,185

해설⊕
피타고라스 정리에 의하여
$1,500^2 = 750^2 + B^2$
$B = \sqrt{1,500^2 - 750^2} = 1,299\text{mm}$

129 끼워 맞춤 치수 φ20 H6/g6은 어떤 끼워 맞춤
인가?

① 중간 끼워 맞춤　　② 헐거운 끼워 맞춤
③ 억지 끼워 맞춤　　④ 중간 억지 끼워 맞춤

해설⊕
φ20 H6/g6 : 헐거운 끼워 맞춤

기준 구멍	축의 공차 등급				
	헐거운 끼워 맞춤		중간 끼워 맞춤		
H6		g5	h5	js5	k5	m5
	f6	g6	h6	js6	k6	m6

130 그림과 같은 입체도를 제3각법으로 나타낸 정
투상도로 가장 적합한 것은?

정면

① ②

③ ④

해설⊕

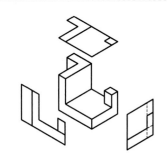

131 그림과 같이 도면에 기입된 기하공차에 관한
설명으로 옳지 않은 것은?

//	0.05	A
	0.011/200	

① 제한된 길이에 대한 공차값이 0.011이다.
② 전체 길이에 대한 공차값이 0.05이다.
③ 데이텀을 지시하는 문자기호는 A이다.
④ 공차의 종류는 평면도 공차이다.

④ 공차의 종류는 평행도 공차이다.

132 지름이 동일한 두 원통을 90°로 교차시킬 경우 상관선을 옳게 나타낸 것은?

① 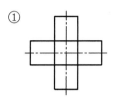 ②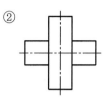

③ 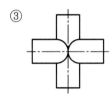 ④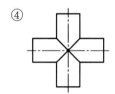

지름이 동일한 두 원통을 90°로 교차시킬 경우 상관선은 직선으로 나타난다.

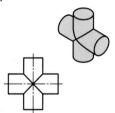

133 다음과 같은 입체도를 제3각법으로 투상한 투상도로 가장 적합한 것은?

정면

①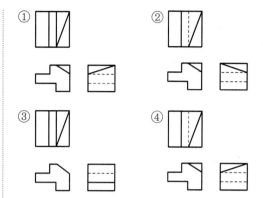

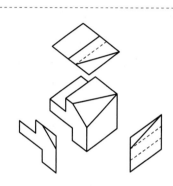

134 다음 그림과 같이 도시된 용접기호의 설명이 옳은 것은?

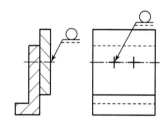

① 화살표 쪽의 점 용접
② 화살표 반대쪽의 점 용접
③ 화살표 쪽의 플러그 용접
④ 화살표 반대쪽의 플러그 용접

화살표 쪽의 점 용접을 나타내는 그림이다.

135 축에 센터구멍이 필요한 경우의 그림기호로 올바른 것은?

①

②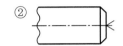

③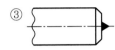

④

해설 ➕

센터구멍의 도시방법
축 가공 후 센터구멍을 남겨둘 것인지 남겨두지 않을 것인지 여부를 결정한다.

센터구멍의 필요 여부	도시방법
남겨둔다.	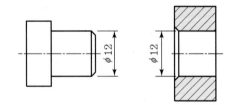
남아 있어도 된다.	
남겨두지 않는다.	

136 다음 나사기호 중 관용 평행 나사를 나타내는 것은?

① Tr   ② E
③ R   ④ G

해설 ➕

① Tr : 미터 사다리꼴 나사
② E : 전구 나사
③ R : 관용 테이퍼 수나사
④ G : 관용 평행 나사

137 가공방법에 따른 KS 가공방법 기호가 바르게 연결된 것은?

① 방전 가공 : SPED
② 전해 가공 : SPU
③ 전해 연삭 : SPEC
④ 초음파 가공 : SPLB

해설 ➕

SP(Special Processing)
특수 가공을 나타낸다.

가공방법	기호	의미
방전 가공	SPED	Electrical Discharge Machining
전해 가공	SPEC	Electro−chemical Machining
전해 연삭	SPEG	Electrolytic Grinding
초음파 가공	SPU	Ultrasonic Machining

138 그림은 축과 구멍의 끼워 맞춤을 나타낸 도면이다. 다음 중 중간 끼워 맞춤에 해당하는 것은?

$\phi 12$ $\phi 12$

① 축−$\phi 12$k6, 구멍−$\phi 12$H7
② 축−$\phi 12$h6, 구멍−$\phi 12$G7
③ 축−$\phi 12$e8, 구멍−$\phi 12$H8
④ 축−$\phi 12$h5, 구멍−$\phi 12$N6

해설 ➕

① 축−$\phi 12$k6, 구멍−$\phi 12$H7 : 중간 끼워 맞춤

정답   135 ②   136 ④   137 ①   138 ①

• 구멍 기준식 끼워 맞춤

기준구멍	축의 공차역 클래스								
	헐거운 끼워 맞춤			중간 끼워 맞춤					
H7			f6	g6	h6	js6	k6	m6	n6
		e7	f7		h7	js7			
H8				f7		h7			
		e8	f8		h8				
	d9	e9							

• 축 기준식 끼워 맞춤

기준축	구멍의 공차역 클래스												
	헐거운 끼워 맞춤		중간 끼워 맞춤				억지 끼워 맞춤						
h5			H6	JS6	K6	M6	N6	P6					
h6	F6	G6	H6	JS6	K6	M6	N6	P6					
	F7	G7	H7	JS7	K7	M7	N7	P7	R7	S7	T7	U7	X7

139 최대실체 공차방식으로 규제된 축의 도면이 다음과 같다. 실제 제품을 측정한 결과 축 지름이 49.8mm일 경우 최대로 허용할 수 있는 직각도 공차는 몇 mm인가?

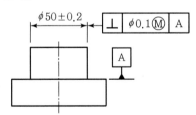

① ϕ0.3mm ② ϕ0.4mm
③ ϕ0.5mm ④ ϕ0.6mm

해설 ⊕

• 최대실체 공차방식은 허용된 공차 안에서 축이 최대질량을 갖도록 한 공차로 축 지름이 최대일 때를 말한다.
• 축의 최대치수는 50.2mm이고 실제 측정된 축 지름이 49.8mm이므로 공차범위가 0.4이고 여기에 직각도 공차 0.1을 더하여 최대로 허용할 수 있는 직각도 공차는 0.5mm이다.

140 다음 제3각법으로 그린 투상도 중 옳지 않은 것은?

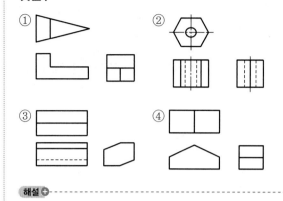

해설 ⊕

141 다음 그림에 대한 설명으로 가장 올바른 것은?

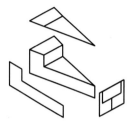

① 대상으로 하고 있는 면은 0.1mm만큼 떨어진 두 개의 동축 원통면 사이에 있어야 한다.
② 대상으로 하고 있는 원통의 축선은 ϕ0.1mm의 원통 안에 있어야 한다.
③ 대상으로 하고 있는 원통의 축선은 0.1mm만큼 떨어진 두 개의 평행한 평면 사이에 있어야 한다.
④ 대상으로 하고 있는 면은 0.1mm만큼 떨어진 두 개의 평행한 평면 사이에 있어야 한다.

해설⊕

원통도 공차를 나타내며 대상으로 하고 있는 면은 0.1mm 만큼 떨어진 두 개의 동심 원통 사이에 있어야 한다.

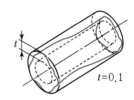

142 KS 나사에서 ISO 표준에 있는 관용 테이퍼 암나사에 해당하는 것은?

① R 3/4   ② Rc 3/4
③ PT 3/4   ④ Rp 3/4

해설⊕

① 관용 테이퍼 수나사 : R
② 관용 테이퍼 암나사 : Rc
③ 관용 테이퍼 나사 : PT(ISO 규격에 없는 것)
④ 관용 평행 암나사 : Rp

143 그림과 같은 도시기호에 대한 설명으로 틀린 것은?

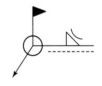

① 용접하는 곳이 화살표 쪽이다.
② 온 둘레 현장 용접이다.
③ 필릿 용접을 오목하게 작업한다.
④ 한쪽 플랜지형으로 필릿 용접 작업한다.

해설⊕

주어진 도시기호는 화살표 쪽 방향을 오목 필릿 용접으로 현장 온 둘레 용접을 하라는 의미이다.

144 다음 보기의 설명에 적합한 기하공차 기호는?

[보기]
구 형상의 중심은 데이텀 평면 A로부터 30mm, B로부터 25mm 떨어져 있고, 데이텀 C의 중심선 위에 있는 점의 위치를 기준으로 지름 0.3mm 구 안에 있어야 한다.

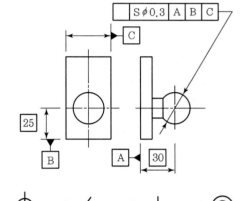

해설⊕

① ⊕ : 구의 위치를 나타내는 위치도 공차에 대한 내용이다.

145 암, 리브, 핸들 등의 전단면을 그림과 같이 나타내는 단면도를 무엇이라 하는가?

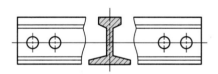

① 온 단면도
② 회전 도시 단면도
③ 부분 단면도
④ 한쪽 단면도

해설⊕

회전 도시 단면도

물체의 한 부분을 자른 다음, 자른 면만 90° 회전하여 형상을 나타내는 기법이다.

| 입체도 |

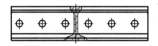

(a) 형강 내부에 도시할 경우

(b) 형강 외부에 도시할 경우

| 회전 단면도 |

146 나사의 제도방법을 설명한 것으로 틀린 것은?

① 수나사에서 골지름은 가는 실선으로 도시한다.

② 불완전 나사부를 나타내는 골지름 선은 축선에 대해서 평행하게 표시한다.

③ 암나사를 축 방향으로 본 측면도에서 호칭지름에 해당하는 선은 가는 실선이다.

④ 완전 나사부란 산봉우리와 골 밑 모양의 양쪽 모두 완전한 산형으로 이루어지는 나사부이다.

해설⊕

② 불완전 나사부를 나타내는 골지름 선은 축 중심선에 대하여 30°로 긋는다.

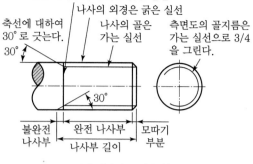

| 수나사의 표시방법 |

147 가공방법의 기호 중에서 다듬질 가공인 스크레이핑 가공기호는?

① FS

② FSU

③ CS

④ FSD

해설⊕

① FS(Finishing Scraping) : 스크레이핑 가공기호

148 도면에 나사의 표시가 "M50×2－6H"로 기입되어 있을 경우 이에 대한 올바른 설명은?

① 감김 방향은 왼나사이다.

② 나사의 피치는 알 수 없다.

③ M50×2의 2는 수량 2개를 의미한다.

④ 6H는 암나사의 등급 표시이다.

해설⊕

• M50×2 : 미터 가는 나사로 피치가 2mm이다.

• 6H : 알파벳 대문자이므로 암나사이며, 공차 등급은 6등급이다.

• 감긴 방향에 대한 표시가 없으므로 오른나사이다.

149 그림과 같이 스퍼기어의 주투상도를 부분 단면도로 나타낼 때, A가 지시하는 곳의 선의 모양은?

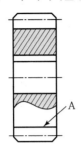

① 가는 실선　　② 굵은 파선

③ 굵은 실선　　④ 가는 파선

해설 ➕ ----------------------------

A는 이뿌리원이므로 가는 실선으로 그린다. 단, 정면도에서 단면을 했을 경우 굵은 실선으로 그린다.

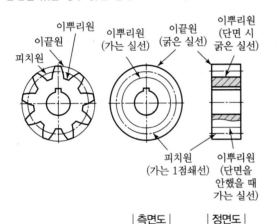

| 측면도 |　　　| 정면도 |

150 그림과 같은 3각법으로 정투상한 정면도와 평면도에 대한 우측면도로 가장 적합한 것은?

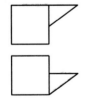

① 　　②

③ 　　④

해설 ➕ ----------------------------

주어진 정면도와 평면도를 가지고 아래와 같이 투상할 수 있다.

　　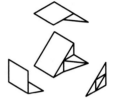

| 투상도 예시 1 |　　　| 투상도 예시 2 |

151 그림과 같은 용접기호의 명칭으로 맞는 것은?

① 개선각이 급격한 V형 맞대기 용접

② 개선각이 급격한 일면 개선형 맞대기 용접

③ 가장자리(Edge) 용접

④ 표면 육성

해설 ➕ ----------------------------

가장자리(Edge) 용접

152 다음과 같은 치수 120 숫자 위의 기호가 뜻하는 것은?

① 원호의 길이　　② 참고 치수
③ 현의 길이　　④ 각도 치수

> **해설** ⊕

현, 호, 각도 치수기입의 구분

| 호의 치수 | | 현의 치수 | | 각도의 치수 |

153 크롬몰리브덴강의 KS 재료기호는?

① SMn　　② SMnC
③ SCr　　④ SCM

> **해설** ⊕

① SMn : 망간강　　② SMnC : 망간크롬강
③ SCr : 크롬강　　④ SCM : 크롬몰리브덴강

154 아래 그림은 제3각법으로 투상한 정면도와 평면도를 나타낸 것이다. 여기에 가장 적합한 우측면도는?

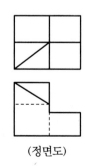

(정면도)

> **해설** ⊕

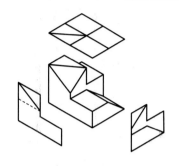

155 구름 베어링 기호 중 안지름이 10mm인 것은?

① 7000　　② 7001
③ 7002　　④ 7010

> **해설** ⊕

안지름 번호
호칭번호에서 세 번째, 네 번째 숫자이다.

- **00** : 10mm　　- **01** : 12mm
- **02** : 15mm　　- **03** : 17mm
- **04** : 04×5＝20mm
※ 04부터는 곱하기 5를 한다.

156 끼워 맞춤 관계에 있어서 헐거운 끼워 맞춤에 해당하는 것은?

① H7/g6　　② H7/n6
③ P6/h6　　④ N6/h6

정답 | 152 ① 153 ④ 154 ② 155 ① 156 ①

① H7/g6 : 헐거운 끼워 맞춤

• 구멍 기준식 끼워 맞춤(알파벳 대문자 H 기준)

기준 구멍	축의 공차역 클래스							
	헐거운 끼워 맞춤			중간 끼워 맞춤				
H7		f6	g6	h6	js6	k6	m6	n6
	e7	f7		h7	js7			

• 축 기준식 끼워 맞춤

기준 축	구멍의 공차역 클래스												
	헐거운 끼워 맞춤			중간 끼워 맞춤				억지 끼워 맞춤					
h6	F6	G6	H6	JS6	K6	M6	N6	P6					
	F7	G7	H7	JS7	K7	M7	N7	P7	R7	S7	T7	U7	X7

157 그림과 같은 제3각법 정투상도면의 입체도로 가장 적합한 것은?

①

②

③

④

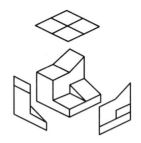

158 KS 나사의 표시기호에 대한 설명으로 잘못된 것은?

① 호칭 기호 M은 미터 나사이다.

② 호칭 기호 UNF는 유니파이 가는 나사이다.

③ 호칭 기호 PT는 관용 평행 나사이다.

④ 호칭 기호 TW는 29도 사다리꼴 나사이다.

③ PT : 관용 테이퍼 나사

159 그림과 같이 크기와 간격이 같은 여러 구멍의 치수기입에서 (A)에 들어갈 치수로 옳은 것은?

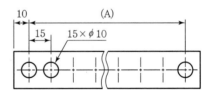

① 180

② 195

③ 210

④ 225

15×φ10은 지름이 10mm인 구멍이 15개 있다는 것이고, 피치는 15mm, 피치 개수는 14개이다.

∴ $A = 15 \times 14 = 210\text{mm}$

　여기서, 피치는 구멍과 구멍 사이의 간격을 뜻한다.

160 다음 기계재료 중 기계구조용 탄소강재에 해당하는 것은?

① SS235

② SCr410

③ SM40C

④ SCS55

해설 ➕

① SS235 : 일반구조용 압연강재
② SCr410 : 스프링강재
③ SM40C : 기계구조용 탄소강재
④ SCS55 : 스테인리스강 주강품

161 다음과 같이 3각법으로 나타낸 도면에서 정면도와 우측면도를 고려할 때 평면도로 가장 적합한 것은?

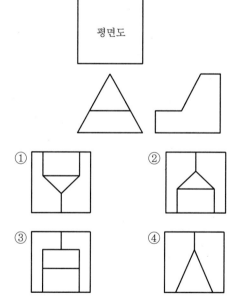

해설 ➕

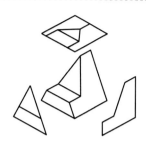

162 그림과 같은 부등변 ㄱ형강의 치수 표시방법은?(단, 형강의 길이는 L이고, 두께는 t로 동일하다.)

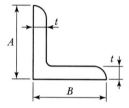

① L $A \times B \times t - L$ ② L $t \times A \times B \times L$

③ L $B \times A + 2t - L$ ④ L $A + B \times \dfrac{t}{2} - L$

해설 ➕

부등변 ㄱ형강의 치수 표시방법
모양(L) 세로×가로×두께−길이

163 보기와 같이 정면도와 평면도가 표시될 때 우측면도가 될 수 없는 것은?

①   ②   ③   ④

해설 ⊕

②번이 될 수 없다.

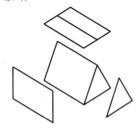

164 KS 재료기호 중 'SS235'에서 '235'의 의미는?

① 경도

② 종별 번호

③ 탄소 함유량

④ 최저항복강도

해설 ⊕

SS235의 의미

• SS : 일반구조용 압연강재

• 235 : 최저항복강도($235N/mm^2$)

165 표준 스퍼기어의 모듈이 2이고, 잇수가 35일 때, 이끝원(잇봉우리원)의 지름은 몇 mm로 도시하는가?

① 65 ② 70

③ 72 ④ 74

해설 ⊕

• 피치원 지름

$PCD = M \times Z = 2 \times 35 = 70mm$

• 이끝원 지름

$D = PCD + 2M = 70 + (2 \times 2) = 74mm$

166 가공방법의 기호 중 호닝(Honing) 가공 기호는?

① GB

② GH

③ HG

④ GSP

해설 ⊕

• GH : 호닝 가공

• GB : 벨트 샌딩 가공

167 다음 중 주어진 평면도와 우측면도를 보고 누락된 정면도로 가장 적합한 것은?

① ②

③ ④

해설 ⊕

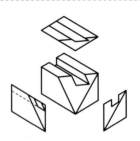

168 다음 그림과 같은 도형일 때 기하학적으로 정확한 도형을 기준으로 설정하고 여기에서 벗어나는 어긋남의 크기를 대상으로 하는 기하공차는?

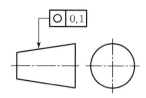

① 대칭도
② 윤곽도
③ 진원도
④ 평면도

해설 ⊕ -

· ◯ : 진원도　　　　· ═ : 대칭도
· ⌒ : 선의 윤곽도　· ⌓ : 면의 윤곽도
· ▱ : 평면도 공차

169 기하공차의 표현이 틀린 것은?

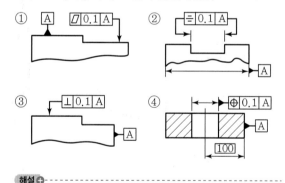

해설 ⊕ -

①의 기호(▱)는 평면도공차로 단독 형체에 적용하는 모양 공차다. 모양 공차는 데이텀이 필요 없다.

170 나사 제도에 대한 설명으로 틀린 것은?

① 나사부의 길이 경계가 보이는 경우는 그 경계를 굵은 실선으로 나타낸다.
② 숨겨진 암나사를 표시할 경우 나사산의 봉우리와 골 밑은 모두 가는 파선으로 나타낸다.
③ 수나사를 측면에서 볼 경우 나사산의 봉우리는 굵은 실선, 나사의 골 밑은 가는 실선으로 표시한다.
④ 나사의 끝면에서 본 그림에서 나사의 골 밑은 굵은 실선으로 그린 원주의 3/4에 거의 같은 원의 일부로 나타낸다.

해설 ⊕ -

④ 나사의 끝면에서 본 그림에서 나사의 골 밑은 가는 실선으로 그린 원주의 3/4에 거의 같은 원의 일부로 나타낸다.

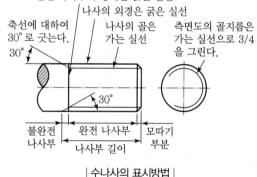

| 수나사의 표시방법 |

171 그림과 같은 용접기호의 의미는?

① 현장 용접 표시이다.
② 양쪽 용접 표시이다.
③ 용접 시작점 표시이다.
④ 전체 둘레 용접 표시이다.

해설 ⊕ -

현장 용접의 표시이다.

172 축의 중심에 센터구멍을 표현하는 방법으로 틀린 것은?

①   ②

③   ④

해설 ⊕

①은 없는 기호이다.

센터구멍의 도시방법

축 가공 후 센터구멍을 남겨둘 것인지 남겨두지 않을 것인지 여부를 결정한다.

센터구멍의 필요 여부	도시방법
남겨둔다.	
남아 있어도 된다.	
남겨두지 않는다.	

173 다음 중 온 흔들림 기하공차의 기하는?

① ⁄ ⁄ ② ↗↗

③ ↗ ④ ∠

해설 ⊕

② 온 흔들림 공차
③ 원주 흔들림 공차

174 치수가 $80^{+\,0.008}_{+\,0.002}$일 경우 위 치수 허용차는?

① 0.002

② 0.006

③ 0.008

④ 0.010

해설 ⊕

• 기준치수 : 80
• 위 치수 허용차 : +0.008
• 아래 치수 허용차 : +0.002

175 다음 기하공차 중에서 자세공차를 나타내는 것은?

① — ② ▱

③ ○ ④ ⊥

해설 ⊕

자세공차의 종류

평행도	⁄⁄
직각도	⊥
경사도	∠

176 다음 용접기호 중 필릿 용접기호는?

① ‖ ② ∨

③ ⋁ ④ ◺

정답 172 ① 173 ② 174 ③ 175 ④ 176 ④

해설 ⊕

용접 기본기호

평행(I형) 맞대기 용접		‖
V형 맞대기 용접		V
일면 개선형 맞대기 용접		V
필릿 용접		△

177 다음 중 "토우를 매끄럽게 하라"는 용접부 및 용접부 표면의 보조기호는?

① ── ② ⌢

③ ⏝ ④ ☐M☐

해설 ⊕

용접 보조기호
① 평면(동일한 면으로 마감처리)
② 볼록형
③ 토우를 매끄럽게 함
④ 영구적인 이면 판재(Backing Strip) 사용

178 구멍의 치수가 $\phi 50^{+0.005}_{-0.004}$이고, 축의 치수가 $\phi 50^{+0.005}_{-0.004}$일 때 최대틈새는?

① 0.004 ② 0.005 ③ 0.008 ④ 0.009

해설 ⊕

최대틈새는 구멍은 가장 크고, 축은 가장 작을 때 발생하므로 "구멍의 최대허용치수－축의 최소허용치수"를 구하면 된다.
• 구멍의 최대허용치수＝$50+0.005=50.005$
• 축의 최소허용치수＝$50+(-0.004)=49.996$
∴ 최대틈새＝$50.005-49.996=0.009$이다.

179 그림의 기호가 의미하는 표면의 무늬결의 지시에 대한 설명으로 옳은 것은?

① 표면의 무늬결이 여러 방향이다.
② 표면의 무늬결 방향이 기호가 사용된 투상면에 수직이다.
③ 기호가 적용되는 표면의 중심에 관해 대략적으로 원이다.
④ 기호가 사용되는 투상면에 관해 2개의 경사 방향에 교차한다.

해설 ⊕

가공에 의한 커터의 줄무늬가 여러 방향이거나 방향이 없을 때는 M으로 표시한다.

180 KS 재료기호 명칭 중에서 "SF340A"로 나타나는 재질의 명칭은?

① 냉간 압연 강재
② 탄소강 단강품
③ 보일러용 압연 강재
④ 일반구조용 탄소 강관

해설 ⊕

SF340A : 단조강(탄소강 단강품)
• S : 강(Steel)
• F : 단조품(Forging)
• 340 : 최저인장강도(340N/mm²)
• A : 열처리 종류(어닐링)

181

다음과 같은 기하공차에 대한 설명으로 틀린 것은?

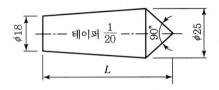

① 허용공차가 $\phi 0.01$ 이내이다.

② 문자 'A'는 데이텀을 나타낸다.

③ 기하공차는 원통도를 나타낸다.

④ 지름이 여러 개로 구성된 다단 축에 주로 적용하는 기하공차이다.

해설 ⊕ -

③ 기하공차는 동심도 공차를 나타낸다.

182

치수를 기입할 때 기준면을 설정하여 기점기호(○)를 사용한 후 기점기호를 기준으로 치수를 기입하는 방법은?

① 직렬 치수기입

② 병렬 치수기입

③ 누진 치수기입

④ 좌표 치수기입

해설 ⊕ -

누진 치수기입

기점기호를 기준으로 한 줄로 나란히 연결되게 기입하는 방법으로 치수는 기점기호로부터 누적된 치수(즉, 기점기호로부터 구멍까지의 치수)로써 병렬 치수기입법과 같이 개개의 치수공차는 다른 치수공차에 영향을 주지 않는다.

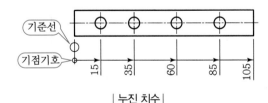

| 누진 치수 |

183

다음 그림에서 L로 표시된 부분의 길이(mm)는?

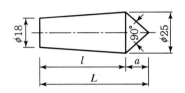

① 52.5

② 85.0

③ 140.0

④ 152.5

해설 ⊕ -

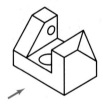

- 길이 l에 해당한 부분의 테이퍼 값이 $\dfrac{1}{20}$이므로

$$\frac{1}{20} = \frac{D-d}{l} = \frac{25-18}{l}$$ 에서

$$l = 20 \times (25-18) = 20 \times 7 = 140\,\text{mm}$$

- 길이 a에 해당한 부분의 길이는

$$25 \div 2 = 12.5\,\text{mm}$$

- $L = l + a = 140 + 12.5 = 152.5\,\text{mm}$

184

일반적으로 그림과 같은 입체도를 제1각법과 제3각법으로 도시할 때 배열위치가 동일한 것을 모두 고른 것은?

① 정면도, 배면도

② 정면도, 평면도

③ 우측면도, 배면도

④ 정면도, 우측면도

제1각법과 제3각법의 정면도와 배면도의 위치가 동일하다.

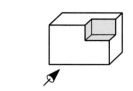

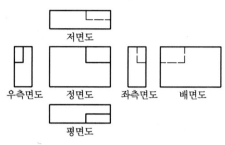

| 1각법의 배치 |

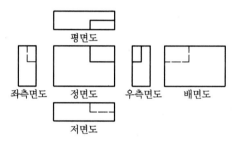

| 3각법의 배치 |

---

185 그림에서 도시한 KS A ISO 6411 – A4/8.5의 해석으로 틀린 것은?

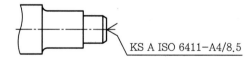

KS A ISO 6411–A4/8.5

① 센터구멍의 간략 표시를 나타낸 것이다.
② 종류는 A형으로 모따기가 있는 경우를 나타낸다.
③ 센터구멍이 필요한 경우를 나타내었다.
④ 드릴 구멍의 지름은 4mm, 카운터싱크 구멍지름은 8.5mm이다.

② 종류는 A형으로 모따기가 없는 경우이다.

• A형 센터 구멍의 형상

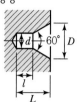

• 4/8.5 : $d = 4$, $D = 8.5$를 뜻한다.

---

186 베어링 호칭 번호가 6301인 구름 베어링의 안지름은 몇 mm인가?

① 10   ② 11
③ 12   ④ 15

호칭 번호에서 세 번째, 네 번째 숫자가 베어링 안지름 번호이다.

베어링 안지름 번호

• 00 : 10mm   • 01 : 12mm
• 02 : 15mm   • 03 : 17mm
• 04 : 4×5＝20mm
※ 04부터는 곱하기 5를 한다.

---

187 그림과 같은 KS 용접기호의 명칭은?

① 플러그 용접   ② 점 용접
③ 이면 용접   ④ 심 용접

해설 ➕

심(Seam) 용접을 나타낸다.

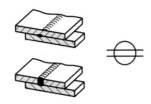

188 스퍼기어의 도시방법에 관한 설명으로 옳은 것은?

① 잇봉우리원은 가는 실선으로 표시한다.

② 피치원은 가는 2점쇄선으로 표시한다.

③ 이골원은 가는 1점쇄선으로 그린다.

④ 축에 직각인 방향에서 본 그림을 단면으로 도시할 때는 이골의 선은 굵은 실선으로 그린다.

해설 ➕

① 잇봉우리원은 굵은 실선으로 표시한다.

② 피치원은 가는 1점쇄선으로 표시한다.

③ 이골원(이뿌리원)은 가는 실선으로 그린다.

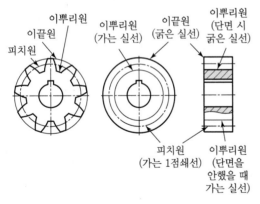

| 측면도 |　　　| 정면도 |

189 입체도의 화살표 방향이 정면일 경우 평면도로 가장 적합한 투상도는?

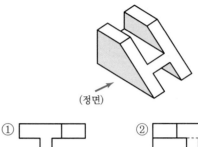

(정면)

① 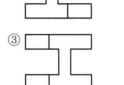　　②

③　　④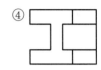

해설 ➕

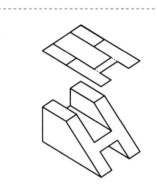

190 기하공차를 나타내는 데 있어서 대상면의 표면은 0.1mm만큼 떨어진 두 개의 평행한 평면 사이에 있어야 한다는 것을 나타내는 것은?

① ⎯ | 0.1 |　　② ⟋ | 0.1 |

③ ⟠ | 0.1 |　　④ ⊥ | 0.1 | A |

해설 ➕

평면도 공차를 나타내는 것으로 답은 ②번이다.

191 나사의 호칭방법 'L M20×2−6H'의 설명으로 옳은 것은?

① 리드가 3mm
② 암나사 등급 6H
③ 왼쪽 감김 방향 2줄 나사
④ 나사산의 수가 6개

해설⊕

L M20×2−6H
• L : 왼나사이다.
• M20×2 : 호칭지름 20mm이고, 피치가 2mm인 미터 가는 나사이다.
• 나사가 1줄 나사이므로 리드도 2mm이다.
• 6H : 알파벳 대문자이므로 암나사이며, 공차 등급은 6등급이다.

192 그림과 같은 도형에서 화살표 방향에서 본 투상을 정면으로 할 경우 우측면도로 옳은 것은?

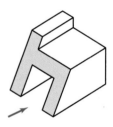

①   ②

③   ④

해설⊕

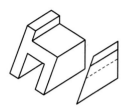

193 그림과 같은 제품을 굽힘 가공하기 위한 전개길이는 약 몇 mm인가?

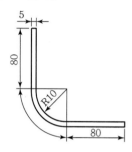

① 169.93   ② 179.63
③ 185.83   ④ 190.83

해설⊕

제품의 중심을 기준으로 전개길이가 나오므로 구부러진 곳의 중심에 대한 반지름은 12.5mm, 지름은 25mm

$$\frac{\pi D}{4} = \frac{\pi \times 25}{4} = 19.63\text{mm}$$

∴ 전개길이 = 80 + 19.63 + 80 = 179.63mm

194 전동용 기계요소 중 표준 스퍼기어와 헬리컬 기어 항목표에 모두 기입하는 것으로 옳은 것은?

① 리드
② 비틀림 방향
③ 비틀림 각
④ 기준 랙 압력각

해설 ⊕

④ 기준 랙 압력각은 두 기어 모두 요목표에 기입하여야 한다. 리드, 비틀림 방향, 비틀림 각은 헬리컬기어에만 기입하면 된다.

| 스퍼기어 |

| 헬리컬기어 |

195 압력 배관용 탄소강관을 나타내는 KS 재료기호는?

① SPP
② SPLT
③ SPPS
④ SPHT

해설 ⊕

① SPP(Steel Pipe Piping) : 배관용 탄소강관
② SPLT(Steel Pipe Low Temperature) : 저온 배관용 강관
③ SPPS(Steel Pipe Pressure Service) : 압력 배관용 탄소강관
④ SPHT(Steel Pipe High Temperature) : 고온 배관용 탄소강관

196 리벳의 일반적인 호칭방법 순서로 옳은 것은?

① 표준번호, 종류, 호칭지름(d)×길이(l), 재료
② 표준번호, 재료, 호칭지름(d)×길이(l), 종류
③ 재료, 종류, 호칭지름(d)×길이(l), 표준번호
④ 종류, 재료, 호칭지름(d)×길이(l), 표준번호

해설 ⊕

리벳의 호칭방법
표준번호, 리벳의 종류, 호칭지름×길이, 재료 순으로 기입한다.

197 설계해석 프로그램의 결과에 따라 응력, 온도 등의 분포도나 변형도를 작성하거나, CAD시스템으로 만들어진 형상 모델을 바탕으로 NC공작기계의 가공 Data를 생성하는 소프트웨어 프로그램이나 절차를 뜻하는 것은?

① Pre-processor
② Post-processor
③ Multi-processor
④ Co-processor

해설 ⊕

포스트 프로세서(Post-processor)에 대한 내용이다.

198 CAD시스템으로 구축한 형상 모델에서 설계 해석을 위한 각종 정보를 추출하거나, 추가로 필요로 하는 정보를 입력하고 편집하여 필요한 형식으로 재구성하는 소프트웨어 프로그램이나 처리절차를 뜻하는 용어는?

① Pre-processor
② Post-processor
③ Multi-processor
④ Multi-programming

해설 ⊕

전처리기(Pre-processor)에 대한 내용이다.

199 컴퓨터의 입력장치 중 압력 감지기가 달려 있는 작은 평판을 의미하며 손가락이나 펜 등을 이용해 접촉하면 그 위치정보를 컴퓨터가 인식할 수 있는 장치는?

① 트랙볼
② 디지타이저
③ 터치패드
④ 라이트펜

해설 ⊕

터치패드에 대한 내용이다.

200 10진수로 표시된 11을 2진수로 옳게 나타낸 것은?

① 1011 ② 1100
③ 1110 ④ 1101

해설 ⊕

11을 2진수로 변환하려면 아래 그림처럼 11을 2로 나누어 몫을 아래에 쓰고 나머지는 오른쪽에 기입한다. 몫이 0이 될 때까지 나누어서 나머지 부분을 아래에서 위 방향으로 읽으면 11을 2진수로 바꾼 1011이 된다.

```
2 | 11
2 |  5   … 1
2 |  2   … 1    ↑ (1011)
2 |  1   … 0
   |  0   … 1
```

201 이진법 1011을 십진법으로 계산하면 얼마 인가?

① 2 ② 4
③ 8 ④ 11

해설 ⊕

1011을 10진수로 바꾸려면 오른쪽부터 차례대로 아래의 식으로 계산하면 된다.
$1 \times 2^0 + 1 \times 2^1 + 0 \times 2^2 + 1 \times 2^3 = 1 + 2 + 0 + 8 = 11$

202 3차원 좌표계를 표현하는 데 있어서 $P(r, \theta, z_1)$로 표현되는 좌표계는 무엇인가?(단, r은 (x, y)평면에서의 직선거리, θ는 (x, y)평면에서의 각도, z_1은 z축 방향 거리이다.)

① 직교좌표계 ② 극좌표계
③ 원통좌표계 ④ 구면좌표계

해설 ⊕

(x, y)평면에서의 거리, (x, y)평면에서의 각도, z축 방향의 거리를 입력하는 방식은 원통좌표계이다.

203 2차원 평면에서 두 개의 점이 정의되었을 때 이 두 점을 포함하는 원은 몇 개로 정의할 수 있는가?

① 1개 ② 2개
③ 3개 ④ 무수히 많다.

해설 ⊕

두 점을 지나는 원은 무수히 많이 그릴 수 있다.

204 (x, y)좌표계에서 선의 방정식이 "$ax + by + c = 0$"으로 나타났을 때의 선은?(단, a, b, c는 상수 이다.)

① 직선(Line)
② 스플라인 곡선(Spline Curve)
③ 원(Circle)
④ 타원(Ellipse)

해설 ⊕

$ax + by + c = 0$는 직선의 방정식 일반형을 나타낸 것이다.

205 (x, y)좌표 기반의 2차원 평면에서 정의되는 직선의 방정식에서 기울기의 절댓값이 가장 큰 것은?

① 수평축에서 135° 기울어져 있는 직선
② x축 절편이 3, y축 절편이 15인 직선
③ 점 (10, 10), (25, 55)를 지나는 직선
④ 직선의 방정식이 $4y = 2x + 7$인 직선

해설 ➕

① 수평축에서 $135°$ 기울어져 있는 직선은 다음 그림과 같이 $(1, -1)$을 지나므로

$$기울기 = \frac{y값의\ 증가량}{x값의\ 증가량} = \frac{-1}{1} = -1이다.$$

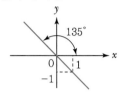

② x축 절편이 3, y축 절편이 15인 직선은 다음 그림과 같으므로

$$기울기 = \frac{y값의\ 증가량}{x값의\ 증가량} = \frac{-15}{3} = -5이다.$$

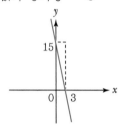

③ $기울기 = \dfrac{y값의\ 증가량}{x값의\ 증가량} = \dfrac{55-10}{25-10} = \dfrac{45}{15} = 3이다.$

④ $4y = 2x + 7$에서 양변을 4로 나누면 $y = \dfrac{1}{2}x + \dfrac{7}{4}$이므로 기울기는 $\dfrac{1}{2}$이다.

따라서, 기울기의 절댓값이 가장 큰 것은 ②번이 된다.

206 좌표값 (x, y)에서 x, y가 다음과 같은 식으로 주어질 때 그리는 궤적의 모양은?(단, r은 일정한 상수이다.)

$$x = r\cos\theta,\ y = r\sin\theta$$

① 원   ② 타원
③ 쌍곡선   ④ 포물선

해설 ➕

$\cos\theta = \dfrac{x}{r}$, $\sin\theta = \dfrac{y}{r}$에서

$x = r\cos\theta$, $y = r\sin\theta$로 정의된다.

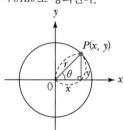

207 원점에 중심이 있는 타원이 있는데 이 타원 위에 2개의 점 $P(x, y)$가 각각 $P_1(2, 0)$, $P_2(0, 1)$ 있다고 할 때 이 점들을 지나는 타원의 식으로 옳은 것은?

① $(x-2)^2 + y^2 = 1$

② $x^2 + (y-1)^2 = 1$

③ $x^2 + \dfrac{y^2}{4} = 1$

④ $\dfrac{x^2}{4} + y^2 = 1$

해설 ➕

중심이 원점이고 두 점 $(a, 0)$, $(0, b)$를 지나는 타원의 방정식은 $\dfrac{x^2}{a^2} + \dfrac{y^2}{b^2} = 1$이므로 원점에 중심이 있고 두 점 $(2, 0)$, $(0, 1)$을 지나는 타원의 방정식은 $\dfrac{x^2}{2^2} + \dfrac{y^2}{1^2} = 1$이므로

$\therefore \dfrac{x^2}{4} + y^2 = 1이다.$

208 그림과 같이 $x^2 + y^2 - 2 = 0$인 원이 있다. 원 위의 점 $P(1, 1)$에서 접선의 방정식으로 옳은 것은?

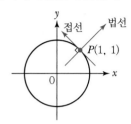

① $2(x-1) + 2(y-1) = 0$
② $(x-1) - (y-1) = 0$
③ $2(x+1) + 2(y-1) = 0$
④ $(x+1) + (y+1) = 0$

해설 ➕ -

원 $x^2 + y^2 = r^2$ 위의 점 (x_1, y_1)에서의 접선의 방정식
$x_1 x + y_1 y = r^2$이므로
원 위의 점 $(1, 1)$에서의 접선의 방정식은
$1 \times x + 1 \times y = 2$이므로 ∴ $x + y = 2$가 된다.
따라서 보기에서 위의 식과 같은 식을 찾으면
$2(x-1) + 2(y-1) = 0$이 답이다.

209 3차원 좌표계에서 물체의 크기를 각각 x축 방향으로 2배, y축 방향으로 3배, z축 방향으로 4배의 크기변환을 하고자 할 때, 사용되는 좌표변환 행렬식은?

① $\begin{bmatrix} 1 & 0 & 0 & 0 \\ 0 & 1 & 0 & 0 \\ 0 & 0 & 1 & 0 \\ 2 & 3 & 4 & 1 \end{bmatrix}$ ② $\begin{bmatrix} 1 & 1 & 2 & 1 \\ 1 & 3 & 1 & 1 \\ 4 & 1 & 1 & 1 \\ 1 & 1 & 1 & 1 \end{bmatrix}$

③ $\begin{bmatrix} 1 & 0 & 0 & 2 \\ 0 & 1 & 0 & 3 \\ 0 & 0 & 1 & 4 \\ 0 & 0 & 0 & 1 \end{bmatrix}$ ④ $\begin{bmatrix} 2 & 0 & 0 & 0 \\ 0 & 3 & 0 & 0 \\ 0 & 0 & 4 & 0 \\ 0 & 0 & 0 & 1 \end{bmatrix}$

해설 ➕ -

3차원 스케일 변환은 아래와 같으므로

$\begin{bmatrix} s_x & 0 & 0 & 0 \\ 0 & s_y & 0 & 0 \\ 0 & 0 & s_z & 0 \\ 0 & 0 & 0 & 1 \end{bmatrix}$ | s_x의 값만큼 x축으로 축소 또는 확대
s_y의 값만큼 y축으로 축소 또는 확대
s_z의 값만큼 z축으로 축소 또는 확대

$s_x = 2$, $s_y = 3$, $s_z = 4$를 입력하면 된다.

210 서피스 모델링(Surface Modeling)의 일반적인 특징으로 거리가 먼 것은?

① NC데이터를 생성할 수 있다.
② 은선 제거가 불가능하다.
③ 질량 등 물리적 성질 계산이 곤란하다.
④ 복잡한 형상표현이 가능하다.

해설 ➕ -

서피스 모델링은 면을 사용하여 물체를 모델링하는 방법으로 표면이 존재하므로 은선 제거가 가능하다.

211 솔리드 모델링에 있어서 사각블록, 정육면체, 구, 원통, 피라밋 등과 같은 기본 입체를 사용하여 이들 형상을 불연산에 따라 일정한 순서로 조합하는 방식은?

① CSG방식 ② B-Rep방식
③ NURBS방식 ④ Assembly방식

해설 ➕ -

CSG방식(Constructive Solid Geometry)
육면체(Box), 실린더(Cylinder), 원뿔(Cone), 구(Sphere) 등 기본적인 단순한 입체의 도형을 불러와서 Boolean연산 (합집합, 차집합, 교집합)으로 물체를 표현하는 방식이다.

정답 **208** ① **209** ④ **210** ② **211** ①

212 B-Rep 모델링방식의 특성이 아닌 것은?

① 화면 재생시간이 적게 소요된다.
② 3면도, 투시도, 전개도 작성이 용이하다.
③ 데이터의 상호 교환이 쉽다.
④ 입체의 표면적 계산이 어렵다.

해설 ⊕

B-Rep방식의 특징
- 복잡한 Topology 구조를 가지고 있다.
- 경계면 형상을 화면에 빠르게 나타낼 수 있다.
- 3면도, 투시도, 전개도의 작성이 용이하다.
- 화면 재생시간이 적게 소요된다.
- 데이터의 상호 교환이 쉽다.
- 입체의 표면적 계산이 쉽다.

213 다음 중 솔리드 모델링시스템에서 사용하는 일반적인 기본형상(Primitive)이 아닌 것은?

① 곡면   ② 실린더
③ 구   ④ 원추

해설 ⊕

솔리드 모델링시스템에서 사용하는 일반적인 기본형상(Primi-tive)은 육면체(Box), 실린더(Cylinder), 원뿔(Cone), 구(Sphere) 등이 있다.

214 미리 정해진 연속된 단면을 덮는 표면 곡면을 생성시켜 닫혀진 부피영역 혹은 솔리드 모델을 만드는 모델링 방법은?

① 트위킹(Tweaking)   ② 리프팅(Lifting)
③ 스위핑(Sweeping)   ④ 스키닝(Skinning)

해설 ⊕

스키닝(Skinning)에 대한 내용이다.

215 그림과 같이 곡면 모델링시스템에 의해 만들어진 곡면을 불러들여 기존 모델의 평면을 바꿀 수 있는 모델링 기능은?

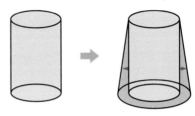

① 네스팅(Nesting)
② 트위킹(Tweaking)
③ 돌출하기(Extruding)
④ 스트레칭(Stretching)

해설 ⊕

트위킹(Tweaking)에 대한 내용이다.

216 CAD 용어 중 회전 특징 형상 모양으로 잘려 나간 부분에 해당하는 특징 형상은?

① 그루브(Groove)   ② 챔퍼(Chamfer)
③ 라운드(Round)   ④ 홀(Hole)

해설 ⊕

그루브(Groove)에 대한 내용이다.

217 공간상에 존재하는 2개의 곡면이 서로 교차하는 경우, 교차되는 부분에서 모서리(Edge)가 발생하는데, 이 모서리(Edge)를 주어진 반경으로 부드럽게 처리하는 기능을 무엇이라고 하는가?

① Intersecting   ② Projecting
③ Blending   ④ Stretching

해설 ⊕

블렌딩(Blending)에 대한 내용이다.

02

기계요소설계

Industrial Engineer Machinery Design

01 단위

단위(Unit)는 측정의 표준으로 사용하는 값이다.

1 기계공학에서 사용하는 단위

(1) MKS단위계와 CGS단위계

MKS단위계	대	m, kg, sec
CGS단위계	소	cm, g, sec

(2) SI(절대)단위와 공학(중력)단위

SI(절대)단위	질량(kg)	길이(m)	시간(sec)
공학(중력)단위	무게(kgf)	길이(m)	시간(sec)

① 질량(Mass) : 물질의 고유한 양(kg)으로 항상 일정하다.

(동일한 사과는 지구, 달, 목성에서 질량 일정)

② 무게(Weight) : 질량에 중력(Gravity)이 작용할 때의 물리량이다.

(다음의 그림에서 동일한 사람의 무게는 지구, 달, 목성에서 각각 다르다. → 중력이 각각 다르므로)

$$1\mathrm{kgf} = 1\mathrm{kg} \times 9.8\mathrm{m/s}^2 = 9.8\mathrm{kg \cdot m/s}^2 = 9.8\mathrm{N}$$

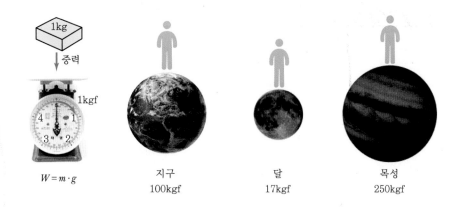

지구
100kgf

달
17kgf

목성
250kgf

(3) SI 유도단위(SI 기본단위에 물리식을 적용하여 유도된 단위)

$$F = ma(\text{뉴턴의 법칙})$$

① 힘 : $1\text{N}(\text{뉴턴}) = 1\text{kg} \cdot 1\text{m}/\text{s}^2(\text{Newton})$

　　$\boxed{1\text{kg}} \rightarrow 1\text{m}/\text{s}^2(\text{MKS단위계})$: 질량 1kg을 $1\text{m}/\text{s}^2$로 가속시키는 힘

　　$1\text{dyne}(\text{다인}) = 1\text{g} \cdot 1\text{cm}/\text{s}^2$

　　$\boxed{1\text{g}} \rightarrow 1\text{cm}/\text{s}^2(\text{CGS단위계})$: 질량 1g을 $1\text{cm}/\text{s}^2$로 가속시키는 힘

② 일 : $1\text{J} = 1\text{N} \cdot 1\text{m}(\text{Joule} : \text{줄})$

③ 동력 : $1\text{W} = 1\text{J}/\sec(\text{Watt} : \text{와트})$

02 차원(Dimension)

기본 차원이 같으면 물리량의 의미가 동일하다.

① 모든 물리식 → 좌변차원＝우변차원

② 질량(Mass) → M 차원(kg, slug)

③ 길이(Length) → L 차원(m, cm, km, inch, ft, yard, mile)

④ 시간(Time) → T 차원(sec, min, hour)

⑤ 힘(Force) → F 차원(N, kgf)

　　예 $1\text{N} = 1\text{kg} \cdot \text{m}/\text{s}^2 \rightarrow MLT^{-2}$ 차원

　　　$1\text{dyne} = 1\text{g} \cdot \text{cm}/\text{s}^2 \rightarrow MLT^{-2}$ 차원

　　　$1\text{inch} = 2.54\text{cm} \rightarrow$ 좌변 L 차원＝우변 L 차원

03 단위환산

분모와 분자가 동일한 1값으로 단위환산을 한다. 기본 1값을 적용하여 아래와 같이 환산해 보면 매우 쉽다는 것을 알 수 있다.

$$1 = \frac{1\text{m}}{100\text{cm}} = \frac{1\text{cm}}{10\text{mm}} = \frac{1\text{kgf}}{9.8\text{N}}$$

예 0.5m가 몇 cm인지 구하라고 하면, 1m＝100cm 사용

① $0.5\text{m} \times \left(\dfrac{100\text{cm}}{1\text{m}}\right) = 50\text{cm}$

② $0.5\text{m} \times \left(\dfrac{1\text{cm}}{\frac{1}{100}\text{m}}\right) = 50\text{cm}$

예 40kgf → SI 단위의 N으로 바꾸면

$40\text{kgf} \times \left(\dfrac{9.8\text{N}}{1\text{kgf}}\right) = 392\text{N}$

예 20kN → 공학단위의 kgf로 바꾸면

$20\text{kN} = 20 \times 10^3 \text{N} \times \left(\dfrac{1\text{kgf}}{9.8\text{N}}\right) = 2,040.82\text{kgf}$

예 2MPa(메가파스칼) → N/mm^2 로 바꾸면

$1\text{Pa}(\text{파스칼}) = 1\text{N}/\text{m}^2$

$2\text{MPa} = 2 \times 10^6 \text{Pa} = 2 \times 10^6 \text{N}/\text{m}^2$

$2 \times 10^6 \dfrac{\text{N}}{\text{m}^2 \times \left(\frac{1,000\text{mm}}{1\text{m}}\right)^2} = 2 \times 10^6 \dfrac{\text{N}}{\text{m}^2 \times \frac{10^6 \text{mm}^2}{\text{m}^2}}$

$$= 2\text{N}/\text{mm}^2$$

📁 $1\text{MPa} = 1\text{N}/\text{mm}^2$: 시험에 많이 나오니 암기하세요.

예 $1l = 10^3 \text{cm}^3 = 10^3 \text{cm}^3 \cdot \left(\dfrac{1\text{m}}{100\text{cm}}\right)^3 = 10^3 \times 10^{-6}\text{m}^3 = 10^{-3}\text{m}^3$

04 스칼라(Scalar)와 벡터(Vector)

- 스칼라 : 크기만 있는 양(길이, 온도, 밀도, 질량, 속력)
- 벡터 : 크기와 방향을 가지는 양(힘, 속도, 가속도, 전기장)
- 단위벡터(Unit Vector) : 주어진 방향에 크기가 1인 벡터

$$|i| = |j| = |k| = 1(x,\ y,\ z축)$$

1 힘의 벡터표시법

① 힘의 크기, 방향, 작용점으로 표시
② 벡터는 평행 이동 가능
③ 벡터는 합성 또는 분해 가능($\sin\theta$, $\cos\theta$, $\tan\theta$)

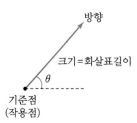

2 벡터의 합(두 힘의 합력)

두 벡터가 θ각을 이룰 때의 합 벡터(두 힘이 θ각을 이룰 때 합력과 동일)이다.

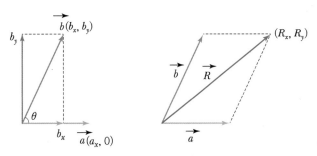

합(력) 벡터 R

$$\vec{R} = (R_x,\ R_y) = (a_x + b_x,\ b_y) = (a + b\cos\theta,\ b\sin\theta)$$

$$\therefore\ 합력의\ 크기 = \sqrt{R_x^{\,2} + R_y^{\,2}}$$

$$= \sqrt{(a + b\cos\theta)^2 + (b\sin\theta)^2}$$

$$= \sqrt{a^2 + 2ab\cos\theta + b^2\cos^2\theta + b^2\sin^2\theta}$$

$$= \sqrt{a^2 + b^2(\cos^2\theta + \sin^2\theta) + 2ab\cos\theta}$$

$$= \sqrt{a^2 + b^2 + 2ab\cos\theta}$$

피타고라스 정의

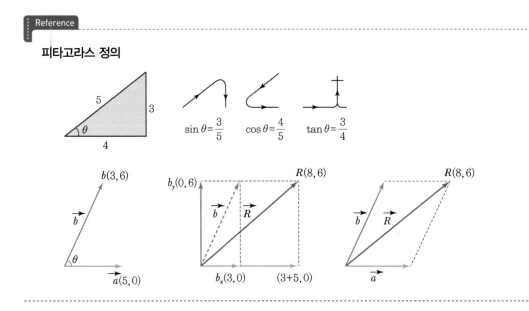

$$\sin\theta = \frac{3}{5} \qquad \cos\theta = \frac{4}{5} \qquad \tan\theta = \frac{3}{4}$$

---

05 응력과 변형률

■1 응력(Stress, 내력, 저항력)

(1) 수직응력(Normal Stress)

물체에 외부 하중이 가해지면 재료 내부의 단면에 내력(저항력)이 발생하여 외력과 평형을 이룬다. 즉, 단위면적당 발생하는 힘의 세기로 변형력이라고도 한다.

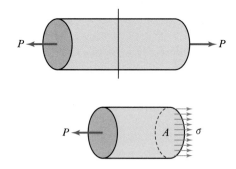

$$\Sigma F_x = 0 : -P + \sigma A = 0$$

$$\therefore \ \sigma = \frac{P}{A}(\text{N/m}^2)$$

여기서, A : 파괴면적[내력(저항력)이 작용하는 면적]

그림에서처럼 하중 P 와 면적 A 가 수직으로 작용할 때의 응력을 인장응력이라 한다.
응력이 단면에 균일하게 분포한다고 가정하면 그 합력은 봉의 단면적 A 와 응력 σ 를 곱한 것과 같음을
알 수 있다.
인장하중 P 는 자유물체의 좌단에 작용하고, 우단에는 제거된 부분에 남아 있는 반작용력(응력)이 작
용한다. 이 응력들은 마치 수압이 물에 잠긴 물체의 수평면에 연속적으로 분포하는 것과 같이 전체단면
에 걸쳐 연속적으로 분포한다.

① 인장응력 $\sigma(\text{N/cm}^2) \times \boxed{\text{인장파괴면적 } A(\text{cm}^2)} = $ 인장하중 $F(\text{N})$

$$\Sigma F_y = 0 : -F + \sigma A = 0$$

$$\therefore \ \sigma = \frac{F}{A}$$

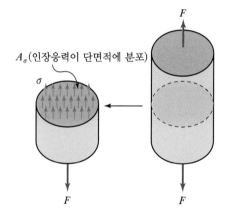

A_σ(인장응력이 단면적에 분포)

예 제

지름이 10mm인 원형 단면의 강재에 1,000N의 하중이 작용할 때 강재의 수직단면에 작용하는 인장응력
(N/mm^2)은?

해설 단면적 $A = \dfrac{\pi d^2}{4} = \dfrac{\pi \times 10^2}{4} = 78.5\text{mm}^2$

인장응력 $\sigma = \dfrac{F}{A} = \dfrac{1{,}000\text{N}}{78.5\text{mm}^2} = 12.7\text{N/mm}^2$

② 압축응력 $\sigma_c(\mathrm{N/cm^2}) \times$ $\boxed{\text{압축파괴면적 } A(\mathrm{cm^2})}$ $=$ 압축하중 $F(\mathrm{N})$

$\Sigma F_y = 0 : +F - \sigma_c \cdot A = 0$

$\therefore \sigma_c = \dfrac{F}{A}$

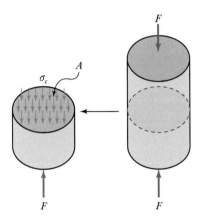

③ 압축면압 $\sigma_c(\mathrm{N/cm^2}) \times$ $\boxed{\text{압축면적 } A(\mathrm{cm^2})}$ $=$ 하중 $P(\mathrm{N})$

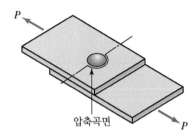

압축곡면

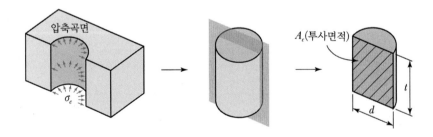

※ 반원통의 곡면에 압축이 가해진다. ⇒ 압축곡면을 투사하여 $A_c = d \times t$(투사면적)로 본다.

$\sigma_c = \dfrac{P}{A_c}$ $\qquad \therefore$ 압축력 $P = \sigma_c \times A_c$

(2) 전단(접선)응력(Shearing Stress)

다음의 그림에서처럼 하중 P와 면적 A_τ가 평행(수평)하게 작용할 때의 응력을 전단응력이라 한다.

전단응력 $\tau(\text{N/cm}^2) \times$ $\boxed{\text{전단파괴면적 } A(\text{cm}^2)}$ $=$ 전단하중 $P(\text{N})$

$$\Sigma F_x = P - \tau \cdot A_\tau = 0$$

$$\therefore \ \tau = \frac{P}{A_\tau}$$

$$\therefore \ \text{전단력 } P = \tau \times A_\tau$$

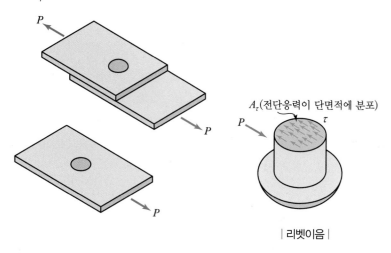

| 리벳이음 |

2 변형률(Strain)

(1) 인장과 압축부재의 변형률

변형 전의 원래 치수에 대한 변형량의 비(무차원량)로 단위길이당 변형량(늘음양, 줄음양)이 된다. 다음의 그림처럼 인장을 받는 봉에서 전체 늘음양은 재료가 봉의 전 길이에 걸쳐 늘어난 누적결과이다. 인장봉의 반쪽만 고려하면 늘음양은 $\dfrac{\lambda}{2}$ 이므로 봉의 단위길이에 대한 늘음양은 전체 늘음양 λ에 $\dfrac{1}{l}$ 을 곱한 값이 된다.

→ 변형률 × 길이 = 변형량

$$\varepsilon_x = \frac{\Delta x}{x}$$

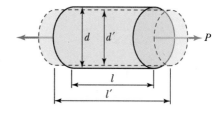

l(길이방향＝종방향), d(직경방향＝횡방향)

l'(인장 후의 재료의 전체 종방향길이＝$l + \lambda$)

d'(인장 후의 횡방향 전체 직경＝$d - \delta$)

(여기서, 재료가 인장되면 길이는 ＋, 직경은 －, 재료가 압축되면 길이는 －, 직경은 ＋가 된다)

① 종변형률 : $\varepsilon = \dfrac{\Delta l}{l} = \dfrac{l' - l}{l} = \dfrac{\lambda}{l}$

② 횡변형률 : $\varepsilon' = \dfrac{\Delta d}{d} = \dfrac{d - d'}{d} = \dfrac{\delta}{d}$

③ 단면변형률 : $\varepsilon_A = \dfrac{\Delta A}{A} = 2\mu\varepsilon$

④ 체적변형률 : $\varepsilon_V = \dfrac{\Delta V}{V} = \varepsilon(1 - 2\mu)$

| 예 제

변형률(Strain, ε)에 관한 식을 나타내면?(단, l : 재료의 원래길이, λ : 줄거나 늘어난 길이, A : 단면적, σ : 작용응력)

해설   변형률 $\varepsilon = \dfrac{\lambda}{l}$

❸ 훅의 법칙과 탄성계수

(1) 훅의 법칙

대부분 공업용 재료는 탄성영역 내에서 응력과 변형률이 선형적인 관계를 보이며 응력이 증가하면 변형률도 비례해서 증가한다.

$\dfrac{P}{A} \propto \dfrac{\lambda}{l} \Leftrightarrow \sigma \propto \varepsilon$

$\sigma = E \cdot \varepsilon$

여기서, E : 종탄성계수, 영계수, 비례계수

(2) 탄성계수의 종류

① 종탄성계수(E)

   $\sigma = E \cdot \varepsilon$

② 횡탄성계수(G)

   $\tau = G \cdot \gamma$

여기서, γ : 전단변형률

③ 체적탄성계수(K)

$$\sigma = K \cdot \varepsilon_V$$

여기서, ε_V : 체적변화율

(3) 응력과 변형률의 관계

$$\sigma = \frac{P}{A} = E \cdot \varepsilon \rightarrow E = \frac{\sigma}{\varepsilon} = \frac{\dfrac{P}{A}}{\dfrac{\lambda}{l}} = \frac{Pl}{A\lambda} \mathrm{N/cm^2}$$

길이 변화량 : $\lambda = \dfrac{P \cdot l}{A \cdot E} = \dfrac{\sigma \cdot l}{E} = \varepsilon \cdot l$

(4) 푸아송의 비(μ)

종변형률과 횡변형률의 비이며 푸아송의 수 m의 역수

$$\mu = \frac{1}{m} = \frac{\varepsilon'}{\varepsilon} = \frac{\dfrac{\delta}{d}}{\dfrac{\lambda}{l}} = \frac{\delta l}{d\lambda}$$

지름 변화량 $\delta = \dfrac{d\lambda}{lm} = \dfrac{d\sigma \cdot l}{lmE} = \dfrac{d\sigma}{mE}\left(\lambda = \dfrac{\sigma \cdot l}{E} \text{ 대입}\right)$

$(\delta = d - d')$

| 예 제

외경 10cm, 내경 5cm의 속빈 원통이 축 방향으로 100kN의 인장하중을 받고 있다. 이때 축 방향 변형률은?
(단, 이 원통의 세로 탄성 계수는 120GPa이다.)

해설 $\sigma = \dfrac{P}{A} = E \cdot \varepsilon$

$\therefore \varepsilon = \dfrac{P}{AE} = \dfrac{100 \times 10^3 (\mathrm{N})}{\dfrac{\pi}{4}(0.1^2 - 0.05^2)(\mathrm{m^2}) \times 120 \times 10^9 (\mathrm{N/m^2})}$

$= 0.0001415 = 1.415 \times 10^{-4}$

CHAPTER 02 기계요소설계의 개요

01 개요

기계설계는 기계공학의 전 영역에 걸친 넓은 분야의 모든 기계적 설계를 의미한다. 그중에 기계를 구성하고 있는 모든 부품, 즉 기계요소(Machine Element)에 대해 다루는 것이 기계요소설계이다. 기계요소설계는 강도설계와 강성설계로 이루어진다.

> 강도설계 : 허용응력에 기초를 둔 설계
> 강성설계 : 허용변형에 기초를 둔 설계
> ⎤ 두 가지 개념

허용응력은 안전상 허용할 수 있는 최대응력이므로 최대강도를 기준으로 설계하는 것이 강도설계임을 알 수 있으며, 탄성한도 영역 내에서 허용되는 변형을 기준으로 한 설계를 강성설계라 한다. Part 02에서 다루는 기계요소를 대략 분류하면 다음과 같다.

1 결합용 기계요소(체결용 기계요소)

① 나사(볼트, 너트)
② 키, 코터, 핀
⎤ 조립과 분해를 필요로 하는 일시적 결합에 사용

③ 리벳
④ 용접
⎤ 영구적 결합 시 사용

2 축계열 기계요소

① 축
② 축이음
③ 베어링

3 전동 기계요소(동력 전달 기계요소)

    ① 마찰차

    ② 벨트

    ③ 체인

    ④ 기어

4 제어용 기계요소

    ① 브레이크

    ② 스프링

    ③ 관성차

02 설계에서 필요한 기본사항

1 힘 해석

힘이란 물체의 운동상태를 변화시키는 원인이 되는 것으로 정의되며($F = ma$), 유체에서는 시간에 대한 운동량의 변화율로도 정의된다. 기계요소설계에서는 **힘을 해석하는 것이 기본**이므로 매우 중요하다.

(1) 힘을 두 가지의 관점으로 보면

    ① ┌ 표면력(접촉력) : 두 물체 사이의 직접적인 물리적 접촉에 의해 발생하는 힘

                예 응력, 압력, 표면장력

       └ 체적력(물체력) : 직접 접촉하지 않고 중력, 자력, 원심력과 같이 원격작용에 의해 발생하는 힘

    ② ┌ 집중력 : 한 점에 집중되는 힘

       └ 분포력 : 힘이 집중되지 않고 분포되는 힘

(2) 분포력에 대해 자세히 살펴보면

    ① 선분포 : 힘이 선(길이)에 따라 분포(N/m, kgf/m)

          예 재료역학에서 등분포하중, 유체의 표면장력, 설계에서 마찰차의 선압

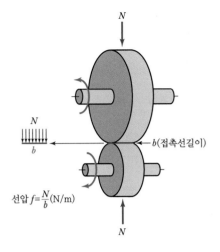

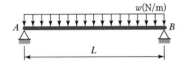

마찰차의 접촉선길이 b에서 수직력 N을 나누어 받고 있다.

∴ 수직력 $N = f \cdot b$

재료역학에서 균일분포하중 $w(\text{N/m})$로 선분포의 힘이다.

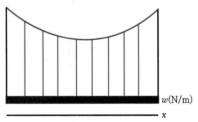

케이블은 수평선 x를 따라 균일하게 분포된 하중(단위수평길이당 하중 w)이 작용한다고 볼 수 있다.

② **면적분포** : 힘이 유한한 면적에 걸쳐 분포(N/m^2, kgf/cm^2) 예 응력, 압력

※ 특히 면적분포에서

㉠ 인장(압축)응력 σ $(\text{N/cm}^2) \times$ $\boxed{\text{인장파괴면적 } A_\sigma (\text{cm}^2)}$ = 하중 $F(\text{N})$

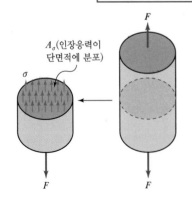

$$\sigma = \frac{F}{A_\sigma}$$

∴ 인장력 $F = \sigma \times A_\sigma$

ⓛ 전단응력 τ (N/cm²) × $\boxed{\text{전단파괴면적 } A_\tau\text{(cm²)}}$ = 전단하중 P (N)

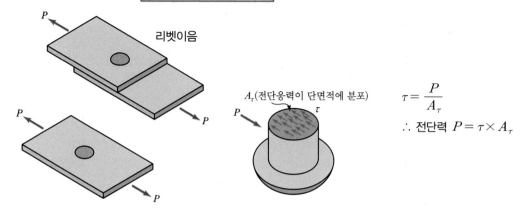

$$\tau = \frac{P}{A_\tau}$$

∴ 전단력 $P = \tau \times A_\tau$

ⓒ 면압 q (N/cm²) × $\boxed{\text{압축면적 } A_q\text{(cm²)}}$ = 하중 P (N)

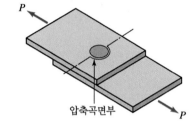

$$q = \frac{P}{A_q}$$

∴ 인장력 $P = q \times A_q$

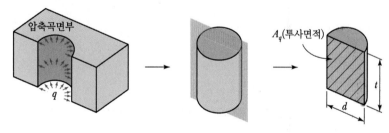

※ 반원통의 곡면에 압축이 가해진다. ⇒ 압축곡면을 투사하여 A_q(투사면적)로 본다.

$$q = \frac{P}{A_q}$$ ∴ 압축력 $P = q \times A_q$

③ **체적분포** : 힘이 물체의 체적 전체에 분포(N/m³, kgf/m³)

예 비중량 $\gamma = \rho \times g = \dfrac{\text{kg}}{\text{m}^3} \times \text{m}/\text{s}^2 = \dfrac{\text{N}}{\text{m}^3}$

④ 분포력을 가지고 힘을 구하려면

㉠	선분포	×	힘이 작용(분포)하는 길이	=	힘
	$\dfrac{N}{m}$	×	m	=	N
예	w (등분포하중)	×	l	=	wl (전하중)

㉡	면적분포	×	힘이 작용(분포)하는 면적	=	힘
	$\dfrac{N}{m^2}$	×	m^2	=	N
예	σ (응력)	×	A_σ	=	P (하중)
	τ (전단응력)	×	A_τ	=	P (하중)

㉢	체적분포	×	힘이 작용(분포)하는 체적	=	힘
	$\dfrac{N}{m^3}$	×	m^3	=	N
예	γ (비중량)	×	V	=	W (무게)

TIP 어떤 분포력이 주어졌을 때 분포영역(길이, 면적, 체적)을 찾는 데 초점을 맞추면 힘을 구하기가 편리하다.

② 자유물체도(Free Body Diagram)

① 힘이 작용하는 물체를 주위와 분리하여 그 물체에 작용하는 힘을 그려 넣은 그림을 말하며 정역학적 평형상태 방정식($\sum F = 0$, $\sum M = 0$)을 만족하는 상태로 그려야 한다.

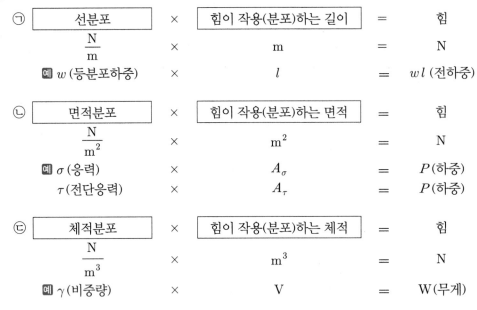

② 바닥에 작용하는 힘은 바닥을 제거했을 때 물체가 움직이고자 하는 방향과 반대 방향으로 그려준다.

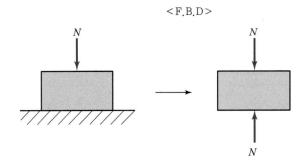

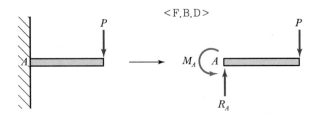

③ 지지단 A 를 제거하면 보가 아래로 떨어지므로 반력 R_A 는 위의 방향으로 향하게 되고 또 하중 P 는 지지단 A 를 중심으로 보를 오른쪽으로 돌리려 하므로 반대 방향의 모멘트 M_A 가 발생하게 된다.

❸ 일

(1) 일

힘의 공간적 이동(변위)효과를 나타낸다.

$$일 = 힘(F) \times 거리(S)$$
$$1J = 1N \times 1m$$

$$1kgf \cdot m = 1kgf \times 1m$$

(2) 모멘트(Moment)

물체를 회전시키려는 특성을 힘의 모멘트 M 이라 하며 그중에 **축을 회전시키려는 힘의 모멘트를 토크 (Torque)라** 한다.

$$모멘트(M) = 힘(F) \times 수직거리(d)$$
$$토크(T) = 회전력(P_e) \times 반경(r) = P_e \times \frac{d}{2}(지름)$$

(3) 일의 원리

① 기계설계에 적용된 일의 원리 예

$$일의 양 = 힘 \times 거리 = ⓐ = ⓑ = ⓒ$$
$$300N \times 1m = 150N \times 2m = 200N \times 1.5m = 300N \cdot m = 300J$$

일의 양은 300J로 모두 같지만 빗면의 길이가 가장 큰 ⓑ에서 가장 작은 힘 150N으로 올라감을 알 수 있으며 이런 빗면의 원리를 이용해 빗면을 돌아 올라가는 기계요소 나사를 설계할 수 있다.

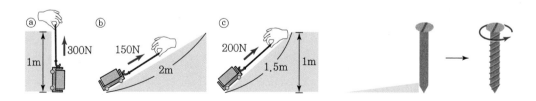

② 축에 작용하는 일의 원리

운전대를 작은 힘으로 돌리면 스티어링 축은 큰 힘으로 돌아간다.

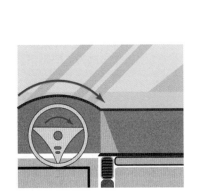

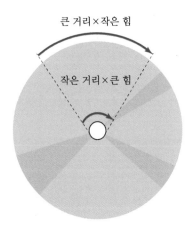

아래 그림에서 만약 손의 힘 $F_{조작력}$ = 20N, 볼트지름이 20mm라면, 스패너의 길이 L이 길수록 나사의 회전력 $F_{나사}$의 크기가 커져서 쉽게 볼트를 체결할 수 있다는 것을 알 수 있다.

$$T = F_{조작력} \times L = F_{나사} \times \frac{D}{2}$$

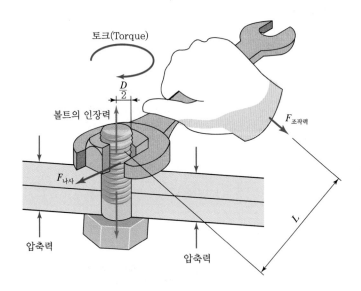

축 토크 T는 같다(일의 원리).

기어의 토크=키의 전단력에 의한 전달토크

$$F_1 \times \frac{D_{기어}}{2} = F_2 \times \frac{D_축}{2} \ (F_2 = \tau_k \cdot A_\tau)$$

여기서, $D_{기어}$: 기어의 피치원 지름

$D_축$: 축지름

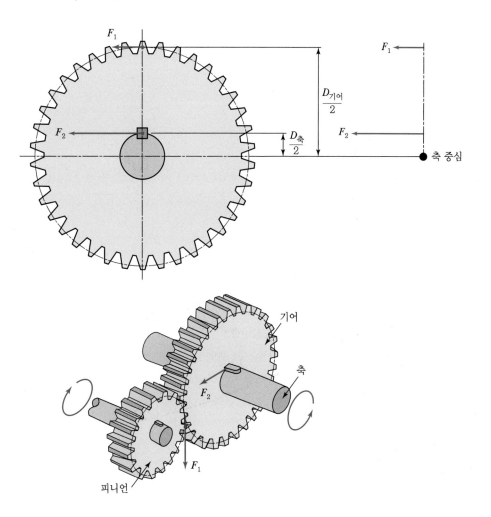

4 동력

(1) 동력(H)

시간당 발생시키는 일을 의미한다.

$$동력 = \frac{일}{시간}$$

$$= \frac{힘(F) \times 거리(S)}{시간(t)} (\because 속도 = \frac{거리}{시간})$$

$$H = F(힘) \times V(속도) = F \times r \times \omega = T \times \omega$$
$$1W = 1N \cdot m/s (SI단위의 동력)$$
$$= 1J/s = 1W(와트)$$

$$1PS = 75\,kgf \cdot m/s$$
$$1kW = 102\,kgf \cdot m/s (공학단위)$$

(2) PS동력을 구하는 식

$\dfrac{F \cdot V}{75}$ 로 쓰는데, 단위환산의 측면으로 설명해 보면

$$F \cdot V(kgf \cdot m/s) \times \frac{1ps}{75(kgf \cdot m/s)} = \frac{F \cdot V}{75} \Rightarrow PS \ 동력단위가 \ 나오게 \ 된다.$$

(실제 산업현장에서 많이 사용하므로 알아두는 것이 좋다)

5 마찰(Friction)

마찰력이란 운동을 방해하려는 성질의 힘을 말한다.
마찰력을 최대로 이용하는 기계요소에는 브레이크, 마찰차, 클러치, 전동벨트 등이 있으며 마찰력을 최소로 줄여야 하는 기계요소에는 베어링, 치차, 동력전달나사 등이 있다.

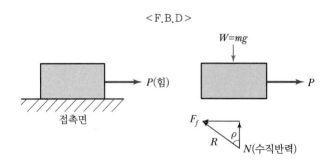

<F.B.D>

접촉면에 마찰력 F_f가 발생한다.

여기서, μ : 접촉면(정지) 마찰계수

ρ : 마찰각(마찰계수를 각으로 나타냄)

접촉면을 제거했을 때 물체가 움직이고자 하는 방향과 반대 방향으로 마찰력 F_f를 그린다.

$$F_f = \mu N \text{(최대정지마찰력)}$$　　　　　※ 마찰력은 수직력(N)만의 함수이다.

$\tan \rho = \dfrac{F_f}{N} = \dfrac{\mu N}{N} = \mu$ 에서 $\rho = \tan^{-1} \mu$ 로 구할 수 있다.

다음 그림에서 알 수 있듯이 물체가 움직이기 시작하면 접촉면의 마찰력(동마찰력)은 감소하게 된다. 그러므로 **기계요소설계에서는 항상 최대정지마찰력을 기준으로 설계한다.**

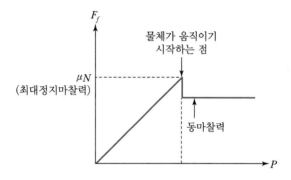

6 파손

(1) 파단의 형상

연강의 인장시험에서의 파단면은 옆의 그림과 같이 분리(인장) 파괴와 미끄럼 파괴를 혼합한 파단면들이 동시에 나타나는데, 분리 파괴에는 최대주응력이, 미끄럼 파괴에는 최대전단응력이 작용하고 있음을 보여준다. 재료가 취성일 때는 분리 파괴를, 연성일 때는 미끄럼 파괴를 일으킨다.

(2) 파손의 법칙

재료의 사용응력이 탄성한도를 넘으면 재료는 파손된다.

기계요소는 여러 하중이 가해지는 조합응력상태에서 자주 사용되는데, 이러한 경우의 파손은 최대주응력설, 최대전단응력설, 최대주스트레인설 등으로 설명된다. 일반적으로 주철과 같은 취성재료에는 최대주응력설을, 연강, 알루미늄 합금과 같은 연성재료에는 최대전단응력설을 파손에 적용한다.

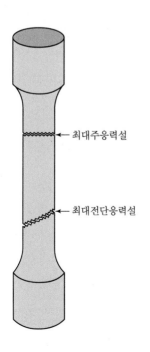

① **최대주응력설** : Rankine의 학설

취성재료의 분리 파손에 적용되며 최대주응력 σ_1 이 인장 · 압축 탄성한도응력 σ_s 이상으로 되면 재료는 파손된다는 설이다. 따라서 파손의 염려가 있는 부분의 주응력 σ_1 을 구해 허용응력을 넘지 않도록 설계해야 한다.

$$\sigma_1 \leqq \ 허용응력 \ \leqq \ \sigma_s$$

$$\sigma_1 = \sigma_{\max} = \frac{\sigma_x + \sigma_y}{2} + \sqrt{\left(\frac{\sigma_x - \sigma_y}{2}\right)^2 + \tau_{xy}^{\ 2}}$$

예를 들면, 축이 굽힘과 비틀림을 동시에 받는 경우의 주응력(σ_1) 계산 시 사용된다.

$$M_e = \frac{1}{2}(M + \sqrt{M^2 + T^2}\ )$$

상당굽힘모멘트(M_e)를 구한 다음 $M_e = \sigma_1 \cdot Z$에 의해 주응력(σ_1)을 구하게 된다.

② **최대전단응력설** : Coulomb Guest의 학설

연성재료의 미끄럼 파손에 적용되며 단순 인장에서 생기는 인장응력이 항복점 σ_s (또는 탄성한도)에 도달하였을 때의 최대전단응력을 τ_1 이라고 하면 τ_1 이 항복전단응력 τ_s 를 넘게 되면 재료는 파손한다는 설이다.

$$\tau_1 \leqq \ 허용전단응력 \ \leqq \ \tau_s$$

$$\tau_1 = \tau_{\max} = \sqrt{\left(\frac{\sigma_x - \sigma_y}{2}\right)^2 + \tau_{xy}^{\ 2}}$$

예를 들면, 축이 굽힘과 비틀림을 동시에 받을 경우, 최대전단응력(τ_1)을 계산할 경우 사용된다.

$$T_e = \sqrt{M^2 + T^2}$$

상당비틀림모멘트(T_e)를 구한 다음 $T_e = \tau_1 \cdot Z_p$ 에 의해 최대전단응력(τ_1)을 구할 수 있다.

③ **최대주스트레인설**

재료 내의 임의의 한 점에서 일어나는 주스트레인의 값이 항복점의 변형률 ε_s 를 넘어서면 파손이 발생한다는 설이다. **분리 파손을 하는 취성재료에만 적용**된다.

7 피로(Fatigue)

실제의 기계나 구조물들은 반복하중상태에 놓이는 경우가 많이 있는데, 이 경우 재료에 발생하는 응력이 탄성한도 영역 안에 있어도 하중의 반복작용에 의하여 재료가 점점 약해지며 파괴되는 현상을 피로파괴라 한다. 설계상 충분히 주의해야 하는 이유는 반복하중에 계속 노출될 경우 재료의 정적강도보다 훨씬 낮은 응력으로도 파괴될 수 있기 때문이다.

8 사용응력과 허용응력

기계나 구조물이 안전한 상태를 유지하며 제기능을 발휘하려면 설계할 때 실제의 사용상태를 정확히 파악하고 그 상태의 응력을 고려하여 절대적으로 안전한 상태에 놓이도록 사용재료와 그 치수를 결정해야 한다. 오랜 기간 동안 실제상태에서 안전하게 작용하고 있는 응력을 사용응력(Working Stress)이라 하며, 이 사용응력을 정확하게 선정한다는 것은 거의 불가능하다. 따라서 탄성한도 영역 내의 안전상 허용할 수 있는 최대응력인 허용응력(Allowable Stress)을 사용응력이 넘지 않도록 설계해야 한다.

$$\text{사용응력}(\sigma_w) \leq \text{허용응력}(\sigma_a) \leq \text{탄성한도}$$

9 안전율

하중의 종류와 사용조건에 따라 달라지는 기초강도 σ_s 와 허용응력 σ_a 와의 비를 안전율(Safety Factor)이라고 한다.

$$S = \frac{\text{기초강도}}{\text{허용응력}} = \frac{\sigma_s}{\sigma_a}$$

▌예제

재료의 인장강도(기초강도)가 500N/mm²이고 허용응력이 250N/mm²일 때 안전율은?

해설   안전율 $S = \dfrac{\sigma_u}{\sigma_a} = \dfrac{500}{250} = 2$

(1) 기초강도

사용재료의 종류, 형상, 사용조건에 의하여 주로 항복강도, 인장강도(극한강도) 값이며 크리프 한도, 피로 한도, 좌굴강도 값이 되기도 한다. 안전율은 항상 1보다 크게 나오는데, 설계 시 안전율을 크게 하면 기계나 구조물의 안정성은 증가하나 경제성은 떨어진다. 왜냐하면 어떤 부재에 작용하는 하중이 정해져 있을 경우 안전율을 높이면 사용할 부재의 치수가 커지기 때문이다. 그러므로 실제하중의 작용조건, 상태(부식, 마모, 진동, 마찰, 정밀도, 수명) 등을 고려해서 적절한 안전율을 고려해주는 최적화(Optimization)설계를 해야 한다.

> **Reference**
>
> $\sigma_a = \dfrac{\sigma_s}{s}$ → 재료의 극한강도(인장강도)는 재료마다 정해져 있다.
>
> → 안전율을 크게 하면
>
> ↓
>
> 허용응력이 줄어든다.
>
> ↓
>
> 허용응력(σ_a)을 사용응력(σ_w)과 같게 설계한다. $\sigma_w = \dfrac{P}{A}$ 이므로, 따라서 재료에 작용하는 하중이 일정하다고 보면 재료의 면적을 크게 해야 한다(물론 면적을 일정하게 설계하면 하중을 줄여야 할 것이다).

⑩ 표준화

공업제품들의 품질, 형상, 치수, 검사 등에 일정한 표준을 정하여 제품 상호 간의 교환성을 높여 생산성의 향상, 생산의 합리화를 이루는 것을 표준화라 한다. 우리나라에서는 표준화를 위해 한국산업규격(KS : Korean Industrial Standard)이 있다. KS규격집 안에서 기계부문은 KS B로 분류되어 있으며 기계를 설계할 때 사용되는 요소(Element)는 KS표준규격집 안의 표준부품을 채택하여 설계해야 한다.

규격집 안의 표준부품을 기준으로 설계하지 않으면 제품의 호환성이 없으며 상품으로서의 가치도 잃게 된다. 사용되고 있는 기계설계도표편람은 실제 산업현장에서 쓰이는 경험식, 설계를 위한 각종 데이터 값, 계산도표 등이 내재되어 있으며 실무자들이 활용하는 서적이다.

⑪ 기타

이 책에서는 다음과 같은 용어들을 될 수 있는 한 일관되게 사용할 것이다.

- q →   면압
- A_τ →   전단응력이 발생하는 면적(전단파괴면적)
- A_q →   면압을 받는 면적
- D_m →   평균지름
- d_e →   유효지름
- T →   토크
- M →   모멘트
- H →   동력
- σ_c →   압축응력
- F →   조작력
- μ →   마찰계수
- N →   수직력(법선력)
- P_t →   축방향 하중(트러스트 하중)
- V →   원주속도

(1) 라디안

라디안(Radian)은 각도의 단위로서 원주상에서 반지름과 같은 길이의 호를 잘라내는 두 개의 반지름 사이에 포함되는 평면각이다.

$$\mathrm{rad} = \frac{1\,\mathrm{m}\,(\text{호의 길이})}{1\,\mathrm{m}\,(\text{반지름})} = 1\mathrm{m/m} \ : \text{무차원이다.}$$

$$\pi\,\mathrm{rad} = 180°,\ 60° \times \frac{\pi\,\mathrm{rad}}{180°} = \frac{\pi}{3}\mathrm{rad}$$

예 축의 비틀림각 $\theta = \dfrac{T \cdot l}{G \cdot I_p}$, 장력비 $e^{\mu\theta}$ 등의 θ각은 라디안이다.

(2) 각속도(ω)

축이 $N\mathrm{rpm}$으로 회전할 때

$$\omega = 2\pi \times N(\mathrm{rpm}) = 2\pi N\,\mathrm{rad/min}$$

여기서, rpm : Revolutions Per Minute(분당 회전수)

$$\omega = \frac{2\pi N}{60}\ \mathrm{rad/s}$$

| 원주속도와 각속도 |

예 제

각속도가 80rad/sec인 원운동을 rpm 단위로 환산하면 얼마인가?

[해설] $\omega = \dfrac{2\pi N}{60} \rightarrow N = \dfrac{60\omega}{2\pi} = \dfrac{60 \times 80}{2\pi} = 763.9\text{rpm}$

(3) 원주속도(V)

$V = r \cdot \omega$

$\quad = \dfrac{d}{2} \times \dfrac{2\pi N}{60}$

$\quad = \dfrac{\pi \cdot d \cdot N}{60}\text{mm/s}$

여기서, d(지름)는 mm 단위

$V = \dfrac{\pi d N}{60 \times 1,000}\,\text{m/s}\,(단위환산)$

$V = \dfrac{\pi d N}{60,000}\,\text{m/s}$

여기서, d(지름)는 mm 단위

CHAPTER

03 나사

01 나사의 개요

나사는 기계부품을 죄거나 위치의 조정, 힘을 전달하는 용도로 쓰이며 둥근봉의 바깥에 나사산이 있는 것을 수나사, 원통 내면에 나사산을 만드는 것을 암나사라 한다.

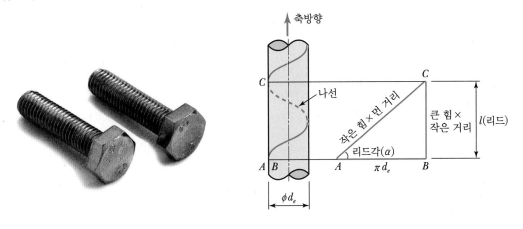

위 그림에서 지름이 d_e 인 둥근봉의 둘레에 밑변의 길이가 πd_e 가 되는 직각삼각형 ABC를 감으면 빗변 AC는 나선을 그리게 된다. 이 나선에 삼각형, 사각형, 사다리꼴 단면을 갖는 띠를 감으면 나사가 생긴다. 나사에는 일의 원리가 적용되는데, 빗변 $\overline{AC}$와 높이 $\overline{BC}$를 올라가는 일의 양은 같으므로 나사를 돌리게 되면 나사는 작은 힘으로 나선(빗면)을 따라 돌아 올라가며 작은 거리(높이)를 큰 힘으로 나아가게 된다. 즉, 나사는 축 방향으로 큰 힘을 가하는 기계요소이며 쐐기와 같은 역할을 한다. 삼각나사는 마찰면적을 크게 하여 축 방향으로 강한 체결력을 갖게 한다.

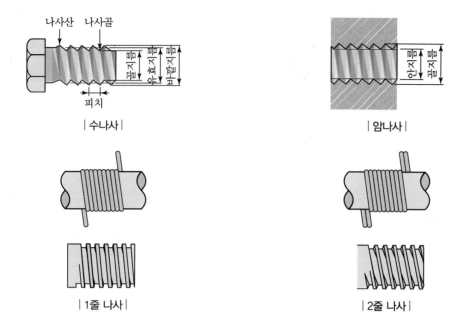

| 수나사 | | 암나사 |

| 1줄 나사 | | 2줄 나사 |

(1) 호칭지름

나사의 바깥지름(d_2)이다.

(2) 유효지름(d_e)

나사산의 형태가 사각나사일 때는 평균지름$\left(\dfrac{d_1 + d_2}{2}\right)$이지만 다른 나사에서는 그렇지 않다. 나사에 대한 하중계산, 토크계산, 리드각을 구할 때의 기초가 되는 지름으로 매우 중요하다.

(3) 1줄 나사 · 2줄 나사

한 줄의 나선으로 이루어진 나사를 1줄 나사, 두 줄의 나선을 감아올린 나사를 2줄 나사, n 개의 나선이면 n 줄 나사이다.

(4) 피치(p)

나사산과 나사산 사이의 거리(Pitch) 또는 골과 골 사이의 거리를 말한다.

(5) 리드(l)

나사를 1회전시켰을 때 축 방향으로 나아가는 거리(Lead)로 1줄 나사는 1피치(p)만큼 리드하며 n 줄 나사이면 리드 $l = np$ 이다.

| 예제 |

지름이 15mm, 피치가 1.2mm인 3줄 나사를 1회전했을 때 나사의 진행거리는 몇 mm인가?

해설   1회전(360° 회전)일 때 $l = np = 3 \times 1.2 = 3.6$mm

만약, $\frac{1}{2}$ 회전(180° 회전)일 때는 리드가 3.6mm의 $\frac{1}{2}$ 이므로 1.8mm만큼 나사가 움직이게 된다.

(6) 리드각(α)

나사 처음 그림에서 나사가 1회전 시 나아가는 리드에 의해 생성되는 각을 리드각(α)이라 한다.

$$\tan \alpha = \frac{l}{\pi d_e} = \frac{np}{\pi d_e}$$

(7) 나사산의 높이(h)

$$h = \frac{d_2 - d_1}{2}$$

> **Reference**
>
> 나사의 호칭지름에서 호칭이란 KS규격집에서 기계요소를 찾을 때 기준이 되는 기본값이며 기계요소(부품)를 구입할 때도 호칭을 사용하게 된다. 나사의 호칭을 찾으면 나사에 대한 자료값(d_1, d_e, d_2, 피치 등)을 볼 수 있다.

02 나사의 표시방법

1 피치를 mm로 표시하는 경우(미터계)

| 나사의 종류를 표시하는 기호 | 나사의 호칭지름 | × | 피치 |

예 M 5 × 0.8

    M : 미터 보통나사
    5 : 외경이 5mm(외경＝나사의 호칭지름)
    0.8 : 피치가 0.8mm(미터 보통나사에서는 생략 가능)

예 TM 10

    TM : 30° 사다리꼴나사
    10 : 외경 10mm

2 피치를 1inch에 대한 나사산 수로 표시하는 경우(인치계)

| 나사의 호칭지름 | – | 나사산 수 | 나사의 종류를 표시하는 기호 |

📖 1/2 − 13 UNC

1/2 : 인치계 나사이므로 나사의 외경 $\frac{1}{2}$ inch이다. mm로 환산하면

1inch $=25.4$mm이므로 $\frac{1}{2}$ inch $\times \frac{25.4\,\mathrm{mm}}{1\,\mathrm{inch}} = 12.7$mm이다.

13 : 1inch 안에 나사산 수가 13개이므로 피치 $p = \dfrac{25.4\,\mathrm{mm}}{13} = 1.9538$mm이다.

UNC : 유니파이 보통나사

위의 내용들은 KS규격집 KS B 0201과 KS B 0203에서 확인할 수 있다.

03 나사의 종류와 나사산의 각도

나사의 명칭	종류	나사의 기호	나사산의 각도(β)	호칭지름 단위	용도
미터나사	미터 보통나사	M	60°	미터계	체결용
	미터 가는나사				
유니파이나사	유니파이 보통나사	UNC	60°	인치계	
	유니파이 가는나사	UNF			
관용나사	관용 평행나사	PS	55°		
	관용 테이퍼나사	PT			
사각나사			0°		운동용
사다리꼴나사	29° 사다리꼴나사	TW	29°	인치계	
	30° 사다리꼴나사 (미터 사다리꼴나사)	TM	30°	미터계	

📂 표 이외에도 여러 가지 나사가 있다. 나사의 기호와 나사산의 각도는 암기해야 한다(상당마찰계수 계산에 쓰이므로).

TIP 둥근나사 : 전구나 소켓 등에 쓰이는 나사로 먼지나 모래 등이 나사산 사이에 들어가도 작동에 영향을 별로 받지 않는 나사이다.

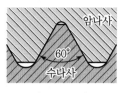

| 삼각나사 |

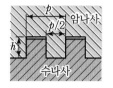

| 사각나사 |

| 사다리꼴나사 |

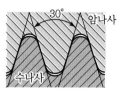

| 둥근나사 |

04 나사의 역학

1 사각나사

나사산의 단면이 직사각형일 때 사각나사라 하며, 이 나사는 기계부품에서 축 방향 하중을 크게 받는 운동용 나사로 적합하여 나사잭(Jack), 나사프레스 등에 사용된다. 트러스트 하중을 전달하는 전동효율은 좋으나 제작이 어려워 사다리꼴나사로 대체하는 수가 많다.

(1) 나사를 죌 때

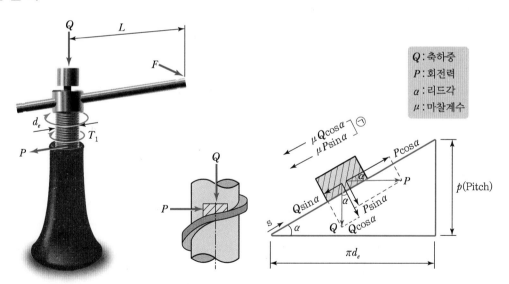

P라는 회전력이 작용하면 축하중 Q가 경사면을 따라 s 방향으로 이동한다.

s 방향의 힘의 합이 0일 때 움직이기 시작하므로 $\sum F_s = 0$이다. 마찰력은 앞에서 다루었듯이 경사면의 수직력과 연관되며 움직이려는 방향과 반대 방향으로 위 ㉠에 표시하였다.

$\sum F_s = 0$: s 방향 힘의 성분들의 합은 0이다. 이 방향(→)이 양(+)방향이다.

$P\cos\alpha - Q\sin\alpha - \mu Q\cos\alpha - \mu P\sin\alpha = 0$

$P(\cos\alpha - \mu\sin\alpha) = Q(\mu\cos\alpha + \sin\alpha)$

$P = Q\dfrac{\mu\cos\alpha + \sin\alpha}{\cos\alpha - \mu\sin\alpha}$ (분모, 분자를 $\cos\alpha$로 나눈다)

$\quad = Q\dfrac{\mu + \tan\alpha}{1 - \mu\tan\alpha}$ ($\mu = \tan\rho$를 대입, ρ : 마찰각)

$\quad = Q\dfrac{\tan\rho + \tan\alpha}{1 - \tan\rho\cdot\tan\alpha} \leftarrow \left(\tan(\alpha+\rho) = \dfrac{\tan\alpha + \tan\rho}{1 - \tan\alpha\cdot\tan\rho}\right)$ 공식을 적용

$\therefore$ 회전력 $\qquad P = Q\tan(\rho + \alpha)$

마찰각 $\tan\rho = \mu$, 리드각 $\tan\alpha = \dfrac{p}{\pi d_e}$를 대입

$P = Q\dfrac{\mu + \dfrac{p}{\pi d_e}}{1 - \mu\dfrac{p}{\pi d_e}}$

$\therefore P = Q\dfrac{\mu\pi d_e + p}{\pi d_e - \mu p}$

(2) 나사를 풀 때

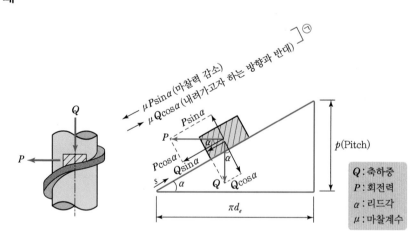

$\sum F_s = 0$

$-P\cos\alpha - Q\sin\alpha + \mu Q\cos\alpha - \mu P\sin\alpha = 0$

$P(\cos\alpha + \mu\sin\alpha) = Q(\mu\cos\alpha - \sin\alpha)$

$$P = Q\frac{\mu\cos\alpha - \sin\alpha}{\cos\alpha + \mu\sin\alpha}\,(\text{분모, 분자를 }\cos\alpha\text{로 나눈다})$$

$$= Q\frac{\mu - \tan\alpha}{1 + \mu\tan\alpha}\,(\mu = \tan\rho \text{ 대입})$$

$$= Q\frac{\tan\rho - \tan\alpha}{1 + \tan\rho \cdot \tan\alpha} \leftarrow \left(\tan(\alpha - \rho) = \frac{\tan\alpha - \tan\rho}{1 + \tan\alpha \cdot \tan\rho}\right)$$

$$\therefore\ P = Q\tan(\rho - \alpha)$$

(3) 나사의 자립조건

나사가 스스로 풀리지 않는 조건이므로 나사를 풀 때 힘이 들게 되면 나사의 자립조건을 만족하게 된다. 체결용 나사에만 적용된다.

나사를 풀 때 회전력 : $P = Q\tan(\rho - \alpha)$에서

$\rho > \alpha$일 때 P는 양의 값이 되므로 나사를 풀 때 힘이 든다.

$\rho = \alpha$일 때 $P = 0$이다.

$\rho < \alpha$일 때 P는 음의 값이 되므로 힘을 주지 않아도 스스로 풀리게 된다.

자립조건 $\rho \geqq \alpha$: 마찰각이 리드각보다 커야 한다.

> **Reference**
>
> 나사의 자립 한계는 $\rho = \alpha$일 때이므로 이것을 아래 (4)의 효율식에 대입하면 $\eta = \dfrac{\tan\alpha}{\tan(\rho + \alpha)} = \dfrac{\tan\alpha}{\tan(2\alpha)}$
>
> < 0.5이므로 나사가 자립 상태에 있기 위한 효율은 반드시 50%보다 작아야 한다.

(4) 사각나사의 효율(η)

$$\eta = \frac{\text{마찰이 없는 경우의 회전력}}{\text{마찰이 있는 경우의 회전력}} = \frac{Q\tan\alpha}{Q\tan(\rho + \alpha)} = \frac{\tan\alpha}{\tan(\rho + \alpha)}$$

(마찰이 없을 경우 마찰각이 존재하지 않는다)

$$= \frac{\text{나사의 출력일}}{\text{나사의 입력일(토크)}} = \frac{Qp}{2\pi T} \rightarrow$$ 나사에 토크 T를 가해 한 바퀴(2π) 돌리면 축하중 Q를 피치 p만큼 올릴 수 있다.

운동용 나사는 이송이 잘 되어야 하므로 효율이 좋은 편이 유리하고 삼각나사는 체결용이므로 효율을 낮게 하여 잘 풀리지 않는 것이 필요하다.

② 삼각나사

사각나사를 제외한 나사들은 나사산의 각(β)을 가지고 있는데, 이러한 나사들을 삼각나사라 한다. 체결용(결합용)으로 쓰인다.

| 삼각나사 | | 사각나사 |

위 그림에서 비교해보면 사각나사에서는 축 방향 하중 Q가 수직력이 되지만, 삼각나사에서는 축 방향 하중 Q와 나사면에 작용하는 수직력 N과의 관계가 그림과 같이 나타난다.

$$N\cos\frac{\beta}{2} = Q \rightarrow N = \frac{Q}{\cos\frac{\beta}{2}}$$

마찰력 $\mu N = \mu\dfrac{Q}{\cos\dfrac{\beta}{2}} = \dfrac{\mu}{\cos\dfrac{\beta}{2}}Q = \mu'Q$

여기서, μ' : 상당마찰계수
β : 나사산의 각도

$$\mu' = \frac{\mu}{\cos\frac{\beta}{2}}$$

$$\tan\rho' = \mu' = \frac{\mu}{\cos\frac{\beta}{2}}$$

삼각나사를 계산할 때는 사각나사의 계산식에서

ρ 대신 $\rightarrow \rho'$
μ 대신 $\rightarrow \mu'$ 를 대입하여 계산해야 한다.

삼각나사를 죌 때의 회전력

$$P = Q\tan(\rho' + \alpha)$$

$$= Q\frac{\mu'\pi d_e + p}{\pi d_e - \mu'p}$$

삼각나사를 풀 때의 회전력

$$P = Q\tan(\rho' - \alpha)$$

삼각나사의 효율 $\eta = \dfrac{\tan\alpha}{\tan(\rho' + \alpha)}$

예제

30° 미터 사다리꼴나사의 유효지름이 14mm이고, 피치는 2mm이며 나사접촉부 마찰계수가 0.2일 때 이 나사의 효율은 몇 %인가?(단, 1줄 나사이다.)

해설 $\tan\alpha = \dfrac{l}{\pi d_e} = \dfrac{p}{\pi d_e} = \dfrac{2}{\pi \times 14}$ 에서 $\alpha = \tan^{-1}\left(\dfrac{2}{\pi \times 14}\right) = 2.6°$

$\tan\rho' = \mu' = \dfrac{0.2}{\cos\dfrac{30°}{2}} = \dfrac{0.2}{\cos 15°}$ 에서 $\rho' = \tan^{-1}\left(\dfrac{0.2}{\cos 15°}\right) = 11.7°$

효율 $\eta = \dfrac{\tan\alpha}{\tan(\rho' + \alpha)} = \dfrac{\tan(2.6°)}{\tan(11.7° + 2.6°)} = 0.1781 = 17.81\%$

05 나사의 회전에 필요한 토크

1 나사의 토크

(1) 사각나사

$$T = P \cdot \frac{d_e}{2} = Q\tan(\rho + \alpha) \cdot \frac{d_e}{2} = Q \cdot \frac{\mu\pi d_e + p}{\pi d_e - \mu p} \cdot \frac{d_e}{2}$$

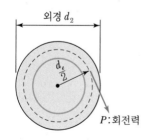

외경 d_2

$\dfrac{d_e}{2}$

P : 회전력

(2) 삼각나사

$$T = P \cdot \frac{d_e}{2} = Q \tan(\rho' + \alpha) \cdot \frac{d_e}{2} = Q \cdot \frac{\mu' \pi d_e + p}{\pi d_e - \mu' p} \cdot \frac{d_e}{2}$$

2 볼트와 너트의 풀림 방지법

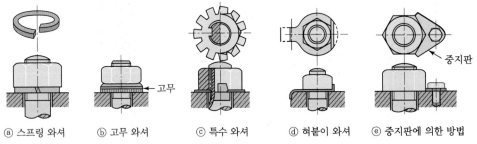

ⓐ 스프링 와셔　　　ⓑ 고무 와셔　　　ⓒ 특수 와셔　　　ⓓ 혀붙이 와셔　　　ⓔ 중지판에 의한 방법

| 와셔에 의한 방법 |

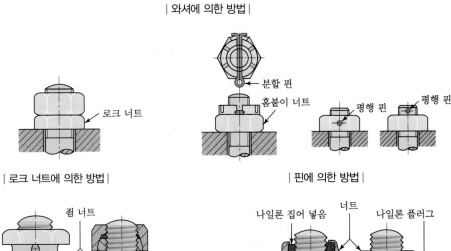

| 로크 너트에 의한 방법 |　　　　　　　　　| 핀에 의한 방법 |

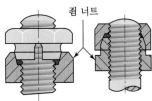

| 자동 죔 너트에 의한 방법 |

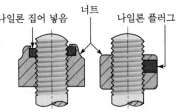

| 플라스틱 플러그에 의한 방법 |

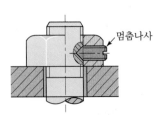

| 멈춤나사에 의한 방법 |

| 스프링 너트에 의한 방법 |

06 나사의 설계

1 축하중만 받을 경우(아이볼트)

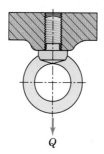

인장(압축)응력 $\sigma = \dfrac{Q(축하중)}{A(인장파괴면적)} = \dfrac{Q}{\dfrac{\pi}{4}{d_1}^2(골지름 \ 파괴)}$

골지름 $d_1 = \sqrt{\dfrac{4\,Q}{\pi\,\sigma}}$ $(d_1 = 0.8\,d_2$를 대입하면) 외경 $d_2 = \sqrt{\dfrac{2\,Q}{\sigma}}$

예제

5kN의 물체를 매달고 있는 아이볼트가 있다. 볼트의 허용인장응력이 20MPa일 때 아이볼트 나사부의 골지름은 약 몇 mm인가?

해설 $\sigma = \dfrac{Q}{A} = \dfrac{Q}{\dfrac{\pi}{4}{d_1}^2}$에서 $d_1 = \sqrt{\dfrac{4Q}{\pi\sigma}} = \sqrt{\dfrac{4 \times 5 \times 10^3}{\pi \times 20}} = 17.8\mathrm{mm}$

여기서, $\sigma = 20 \times 10^6\,\mathrm{Pa} = 20 \times 10^6\,\dfrac{\mathrm{N}}{\mathrm{m}^2} = 20 \times 10^6\,\dfrac{\mathrm{N}}{\mathrm{m}^2 \times \left(\dfrac{1{,}000\mathrm{mm}}{1\mathrm{m}}\right)^2} = 20\mathrm{N/mm}^2$

2 전단하중을 받을 경우(볼트의 전단응력)

$\tau = \dfrac{P(전단하중)}{A_\tau(전단파괴면적)} = \dfrac{P}{\dfrac{\pi}{4}{d_1}^2(골지름 \ 파괴)} \to$ 전단하중 $P = \tau \cdot A_\tau$ 로 계산

예제

그림과 같이 M10볼트(골지름 8.647mm)와 너트를 가지고 2장의 강판을 고정시켰다. 10kN의 하중 P가 작용할 때 전단응력은 몇 N/mm²인가?

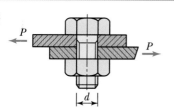

해설 $\tau = \dfrac{P}{A_\tau} = \dfrac{10 \times 10^3}{\dfrac{\pi}{4} \times 8.647^2}$

$= 170.3\mathrm{N/mm}^2$

3 비틀림전단견지의 설계

전단응력 $\tau = \dfrac{T}{Z_p} = \dfrac{T}{\dfrac{\pi d_1^{\,3}}{16}}$ ($T = \tau \cdot Z_p$ 에서)

4 축 방향 하중과 비틀림을 동시에 받을 때 조합응력

재료역학의 평면응력상태인 모어의 응력원

$\left(\sigma_{\max} = \dfrac{\sigma_x + \sigma_y}{2} + \sqrt{\left(\dfrac{\sigma_x - \sigma_y}{2}\right)^2 + \tau_{xy}^{\,2}}\right)$으로부터 최대주응력설에 의한 최대응력

($\sigma_x = \sigma$, $\sigma_y = 0$, $\tau_{xy} = \tau$를 대입)

$\sigma_{\max} = \dfrac{\sigma}{2} + \dfrac{1}{2}\sqrt{\sigma^2 + 4\tau^2}$

최대전단응력설에 의한 최대전단응력 $\tau_{\max} = \dfrac{1}{2}\sqrt{\sigma^2 + 4\tau^2}$

> **Reference**
>
> 축 방향 하중(W)과 비틀림이 동시에 작용할 때
>
> 나사의 바깥 지름 $d_2 = \sqrt{\dfrac{8W}{3\sigma}}$ (여기서, σ : 나사의 허용인장응력)

예제

축 방향으로 20MPa의 인장응력과 10MPa의 전단응력이 동시에 작용하는 볼트에서 발생하는 최대전단응력은 약 몇 MPa인가?

해설 $\tau_{\max} = \dfrac{1}{2}\sqrt{\sigma^2 + 4\tau^2}$

$\qquad = \dfrac{1}{2}\sqrt{20^2 + 4\times 10^2}$

$\qquad = 14.1\text{MPa}$

예제

40kN의 축 방향 하중과 비틀림이 동시에 작용하고 있을 때 체결용 미터나사의 바깥지름은 몇 mm인가?(단, 볼트의 허용인장응력은 30N/mm²이다.)

해설 $d_2 = \sqrt{\dfrac{8\,W}{3\sigma}} = \sqrt{\dfrac{8 \times 40 \times 10^3}{3 \times 30}} = 59.6\text{mm}$

나사의 바깥지름이 59.6mm 이상인 미터나사 M60을 선정하여 사용하면 된다.

예제

유효지름 34mm, 피치 4mm인 한 줄 4각나사의 연강제 나사봉을 갖는 나사잭으로 2kN의 하중을 올리려고 한다. 나사봉을 돌리는 레버 끝에 작용하는 힘을 20N, 나사산의 마찰계수를 0.1이라고 하면 레버의 유효길이는 얼마 이상이면 되는가?

해설 $\alpha = \tan^{-1}\dfrac{p}{\pi d_e} = \tan^{-1}\dfrac{4}{\pi \times 34} = 2.14°$

$\rho = \tan^{-1} 0.1 = 5.71°$

$T = F \cdot L = Q \tan(\rho + \alpha) \times \dfrac{d_e}{2}$

$\qquad = 2,000 \times \tan(5.71 + 2.14) \times \dfrac{34}{2}$

$\qquad = 4,687.65\ \text{N} \cdot \text{mm}$

$\therefore\ L = \dfrac{T}{F} = \dfrac{4,687.65}{20} = 234.38\text{mm}$

예제

그림처럼 압력 용기의 뚜껑을 6개의 볼트로 죌 때, 압력용기의 안지름은 200mm, 내압이 100N/cm²이다. 볼트 1개에 작용하는 하중 W는 약 몇 N인가?

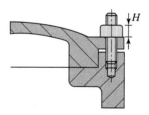

해설 $F = P \cdot A = 100\left(\dfrac{\text{N}}{\text{cm}^2}\right) \times \dfrac{\pi}{4}(20\text{cm})^2 = 31,415.9\text{N}$

6개의 볼트로 죄므로 볼트 한 개당 받는 하중 $W = \dfrac{31,415.9}{6} = 5,236\text{N}$

실전 문제

01 나사에서 피치와 리드 사이의 관계에 대한 설명으로 옳은 것은?

① 1줄 나사에서 피치와 리드는 같다.

② 2줄 나사에서 피치와 리드는 같다.

③ 3줄 나사에서 피치와 리드는 같다.

④ 4줄 나사에서 피치와 리드는 같다.

해설 ⊕

리드＝줄 수×피치 → $l = np$

02 다음 미터 삼각나사에 관한 설명으로 틀린 것은?

① 미터법을 사용하는 나사에서 사용한다.

② 나사산의 각도는 60°이다.

③ 미터 보통나사는 진동이 심한 곳의 이완 방지용으로 사용된다.

④ 호칭치수는 수나사의 바깥지름과 피치를 mm로 나타낸다.

해설 ⊕

미터 삼각나사는 체결용이며, 진동이 심한 곳의 이완 방지용에는 미터 가는 나사가 사용된다.

03 다음은 나사의 종류 표시기호이다. 관용 나사가 아닌 것은?

① R

② TW

③ PS

④ PF

해설 ⊕

- R : 관용 테이퍼 수나사
- TW : 29° 사다리꼴 나사
- PS : ISO 규격에 없는 관용 평행 암나사
- PF : ISO 규격에 없는 관용 평행 나사

04 먼지, 모래 등이 들어가기 쉬운 장소에 사용되는 나사는?

① 너클나사

② 사다리꼴나사

③ 톱니나사

④ 볼나사

해설 ⊕

너클나사(둥근나사)는 먼지, 모래 등이 들어가기 쉬운 장소나 전구, 소켓 등에 사용된다.

05 35kN 나사 프레스의 4각 나사의 바깥지름이 100mm, 골지름이 80mm, 피치가 16mm이다. 여기에 사용할 청동 너트의 적당한 높이는 몇 mm인가?(단, 청동의 허용면압력은 1.0N/mm²이다.)

① 200mm

② 240mm

③ 280mm

④ 320mm

해설 ⊕

$H = p \cdot Z$

여기서, 허용면압력 $q = \dfrac{W}{A_q \cdot Z}$ 에서

$Z = \dfrac{W}{\dfrac{\pi}{4}(d_2^2 - d_1^2) \cdot q}$ 를 대입한다.

$$= \frac{Wp}{\frac{\pi}{4}(d_2{}^2 - d_1{}^2)q}$$

$$= \frac{35,000 \times 16}{\frac{\pi}{4}(100^2 - 80^2) \times 1}$$

$$= 198.06\text{mm}$$

너트의 높이 H는 200mm가 적당하다.

06 4kN의 중량이 걸리는 아이볼트의 지름은 얼마인가?(단, 볼트의 허용응력은 4.8N/mm²이다.)

① 20.1mm   ② 31.2mm

③ 40.8mm   ④ 43.2mm

해설 ➕ -

$$d = \sqrt{\frac{2W}{\sigma}} = \sqrt{\frac{2 \times 4,000}{4.8}}$$

$$= 40.8\text{mm}$$

07 2,100N의 전단하중이 작용하는 볼트의 지름으로 맞는 것은?(단, 볼트의 허용전단응력은 10.2N/mm²이다.)

① 15mm   ② 17mm

③ 18mm   ④ 19mm

해설 ➕ -

$$\tau = \frac{W}{A} = \frac{4W}{\pi d^2} \text{에서}$$

$$d = \sqrt{\frac{4W}{\pi \tau}} = \sqrt{\frac{4 \times 2,100}{\pi \times 10.2}}$$

$$= 16.19\text{mm}$$

안전을 생각하여 계산보다 좀 더 큰 17mm를 선택한다.

08 나사의 효율에 관한 것 중 맞는 것은?

① $\eta \leq 50\%$

② $\eta < 50\%$

③ $\eta = \dfrac{\text{마찰이 있는 경우의 회전력}}{\text{마찰이 없는 경우의 회전력}}$

④ $\eta = \dfrac{\tan(\theta + \rho)}{\tan\theta}$

해설 ➕ -

나사의 효율

$$\eta = \frac{\text{마찰이 없는 경우의 회전력}}{\text{마찰이 있는 경우의 회전력}} = \frac{\tan\theta}{\tan(\theta + \rho)} < 0.5$$

09 사각나사 잭에서 나사의 경사각을 λ, 마찰각을 ρ라고 할 때 물건을 들어올릴 경우 나사의 축 방향에 수직한 수평력 F를 나타내는 식은?(단, W는 나사의 축 방향에 작용하는 하중이다.)

① $F = W \cdot \tan(\rho \cdot \lambda)$

② $F = W \cdot \tan(\rho + \lambda)$

③ $F = W \cdot \tan(\lambda - \rho)$

④ $F = W \cdot \tan(\rho - \lambda)$

해설 ➕ -

나사를 죌 때

$$F = Q \cdot \tan(\rho + \lambda)$$

나사를 풀 때

$$F = Q \cdot \tan(\rho - \lambda)$$

CHAPTER 04 키, 스플라인, 핀, 코터

01 키(Key)

키(Key)는 회전축에 끼워질 기어, 풀리 등의 기계부품을 고정하여 회전력을 전달하는 기계요소이다. 키의 종류에는 안장 키, 평 키, 묻힘 키, 접선 키, 미끄럼 키가 있으며 묻힘 키의 호칭치수는 폭 × 높이 × 길이= $b \times h \times l$ 로 나타낸다.

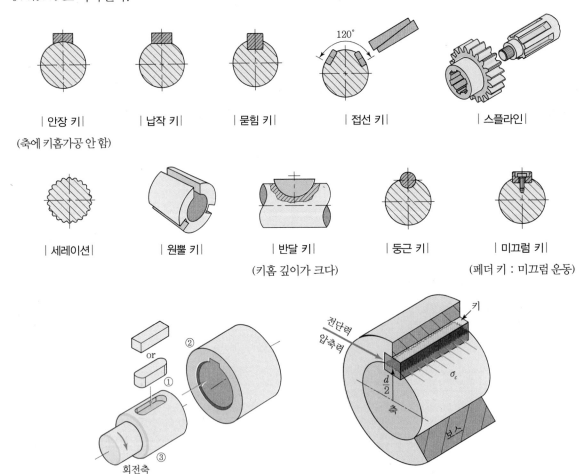

| 안장 키|
(축에 키홈가공 안 함)

| 납작 키|

| 묻힘 키|

| 접선 키|

| 스플라인|

120°

| 세레이션|

| 원뿔 키|

| 반달 키|
(키홈 깊이가 크다)

| 둥근 키|

| 미끄럼 키|
(페더 키 : 미끄럼 운동)

or

①

②

③

회전축

전단력
압축력

키

$\frac{d}{2}$

축

σ_c

보스

앞의 그림에서 키를 끼워 축을 돌리면 (①, ②, ③ 순서) 축과 보스가 회전하게 된다.

축이 회전할 때 키가 하중을 견디어 내지 못하면 A_τ(전단파괴면적)와 같이 파괴되며, 또 회전할 때 키가 받는 압축면적은 A_c이다.

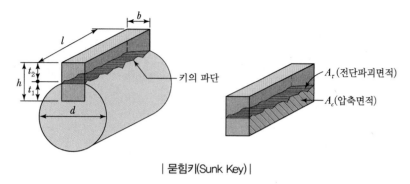

| 묻힘키(Sunk Key) |

1 축의 전달토크(Torque)

$$T = \frac{H}{\omega} = P(\text{회전력}) \times \frac{d}{2}(\text{반경})$$

$$= \tau_s \cdot Z_p = \tau_s \times \frac{\pi d^3}{16} \quad (\tau_s : \text{축의 전단응력})$$

$$= 716,200 \frac{H_{\text{PS}}}{N} \leftarrow (\text{동력이 PS 단위일 때})$$

$$= 974,000 \frac{H_{\text{kW}}}{N} \leftarrow (\text{동력이 kW 단위일 때})$$

축을 설계할 때도 전달토크식을 기준으로 풀게 되므로 매우 중요하다.

> **Reference**
>
> • SI단위
>
> $H(\text{동력}) = T(\text{토크}) \times \omega(\text{각속도})$
> $= \text{N} \cdot \text{m} \times \text{rad/s}$
> $= \text{N} \cdot \text{m/s}$
> $= \text{J/s}$
> $= \text{W}$
>
> 동력이 $H(\text{kW})$로 주어질 때 여기서
> $$T(\text{토크}) = \frac{H(\text{kW})}{\omega} = \frac{H \times 1,000\,W}{\dfrac{2\pi N}{60}} \Rightarrow \frac{\text{N} \cdot \text{m/s}}{\text{rad/s}} = \text{N} \cdot \text{m}$$

• **공학단위**

H(동력)$= T$(토크)$\times \omega$(각속도)

$\mathrm{kgf \cdot m/s = kgf \cdot m \times rad/s}$

$H_{\mathrm{PS}} \times \dfrac{75\,\mathrm{kgf \cdot m/s}}{1\mathrm{PS}} = T \cdot \dfrac{2\pi N}{60}\,\mathrm{rad/s}\,(\mathrm{rad : 무차원})$

(75 대신 102를 넣으면 H_{kW} 가 된다.)

$\therefore\ T = H_{\mathrm{PS}} \times \dfrac{60 \times 75}{2\pi} \cdot \dfrac{1}{N} = 716.2\,\dfrac{H}{N}\,\mathrm{kgf \cdot m}$

$T = 716{,}200\,\dfrac{H}{N}\,\mathrm{kgf \cdot mm}$(설계는 mm 단위를 사용)

$T = 974{,}000\,\dfrac{H}{N}\,\mathrm{kgf \cdot mm}$(102를 넣고 계산한 식)

2 키의 전단 토크(전단의 견지)

토크 = 키의 전단력 × 반경

= 키의 전단응력 × 전단파괴면적 × 반경

$$T = \tau_k \times A_\tau \times \dfrac{d}{2}$$
$$= \tau_k \times b \times l \times \dfrac{d}{2}$$

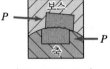

| 키의 전단 토크 |

$$\therefore\ \tau_k = \dfrac{2\,T}{b \cdot l \cdot d}$$

3 키의 면압토크(면압의 견지)

토크 = 압축력 × 반경

= 압축응력 × 압축면적 × 반경

$$T = \sigma_c \times A_c \times \dfrac{d}{2}$$
$$= \sigma_c \times \dfrac{h}{2} \times l \times \dfrac{d}{2}$$

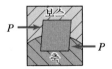

| 키의 면압토크 |

$$\therefore \ \sigma_c = \frac{4\,T}{h \cdot l \cdot d}$$

여기서, $\sigma_c = q$ (면압)

▌예제

묻힘 키에서 키에 생기는 전단응력을 τ, 압축응력을 σ_c라 할 때 $\dfrac{\tau}{\sigma_c} = \dfrac{1}{3}$이면, 키의 폭 b와 높이 h의 관계식은?(단, 키홈의 깊이는 키 높이의 $\dfrac{1}{2}$로 한다.)

[해설] $\sigma_c = 3\tau$ 에서 $\sigma_c = \dfrac{P}{A_\sigma} = \dfrac{P}{\dfrac{h}{2} \cdot l}$, $\tau = \dfrac{P}{A_\tau} = \dfrac{P}{bl}$

$\dfrac{P}{\dfrac{hl}{2}} = 3 \times \dfrac{P}{bl}$ (P와 l 약분)

$\dfrac{2}{h} = \dfrac{3}{b}$ $\quad \therefore \ 2b = 3h$에서 $b = \dfrac{3}{2}h$

4 축지름설계

$T = \tau_s \cdot Z_p$ 에서 $\tau_s = \dfrac{16\,T}{\pi\,d_1^3}$ $\quad \therefore \ d_1 = \sqrt[3]{\dfrac{16\,T}{\pi\,\tau_s}}$

키홈을 고려한 실제 축의 직경 $d = d_1 + t_1$ (KS규격표에서)으로 설계해야 하며 또 경험식에 의해 $d = \dfrac{d_1}{0.75}$ 으로도 설계할 수 있다.

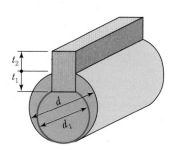

5 키의 길이 설계

(1) 전단의 견지

→ 앞페이지 **2**에서 $l = \dfrac{2\,T}{b \cdot d \cdot \tau_k}$

(2) 면압의 견지

→ 앞페이지 **3**에서 $l = \dfrac{4\,T}{h \cdot d \cdot \sigma_c}$

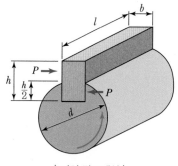

| 키의 강도계산 |

경험식에 의한 키의 길이 설계는 $l = 1.2 \sim 1.5d$로 설계하기도 한다.

📂 앞의 (1), (2)를 비교하여 둘 중 큰 키의 길이로 설계해야 안전하게 동력을 전달할 수 있다.

예제

100rpm으로 10kW를 전달하는 지름 65mm의 종동축에 사용할 성크 키가 폭 18mm, 높이 12mm일 때 필요한 길이는 몇 mm인가?(단, 키의 허용전단응력 $\tau_a = 3,000$N/cm²만을 고려하여 설계한다.)

해설   성크 키＝묻힘 키

$$T = \frac{H}{\omega} = \frac{H}{\frac{2\pi N}{60}} = \frac{10 \times 1,000}{\frac{2\pi \times 100}{60}} = 954.92966 \text{N} \cdot \text{m} = 954,929.66 \text{N} \cdot \text{mm}$$

$$= \tau_k \times A_\tau \times \frac{d}{2} = \tau_k \cdot b \cdot l \frac{d}{2} \, (\tau_k = \tau_a = 3,000 \text{N/cm}^2 = 30 \text{N/mm}^2)$$

전단견지 : $l = \dfrac{2T}{\tau_k b d} = \dfrac{2 \times 954,929.66}{30 \times 18 \times 65} = 54.41 \text{mm}$

예제

지름이 40mm인 축에 회전수 800rpm, 동력 20kW를 전달시키고자 할 때, 이 축에 작용하는 묻힘 키의 길이를 결정하시오.(단, 키의 $b \times h = 12 \times 80$이고, 묻힘깊이 $t = \dfrac{h}{2}$이며 키의 허용전단응력은 29.43N/mm², 허용압축응력은 78.48N/mm²이다.)

(1) 키의 허용전단응력을 이용하여 키의 길이를 mm로 구하시오.
(2) 키의 허용압축응력을 이용하여 키의 길이를 mm로 구하시오.
(3) 묻힘 키의 최대길이를 결정하시오.

해설   (1) $T = \dfrac{H}{\omega} = \dfrac{20 \times 10^3}{\dfrac{2\pi \times 800}{60}}$

$$= 238.73 \text{N} \cdot \text{m} = 238.73 \times 10^3 \text{N} \cdot \text{mm}$$

$$T = \tau_k \cdot A_\tau \cdot \frac{d}{2} = \tau_k \cdot b \cdot l \cdot \frac{d}{2} \text{에서}$$

$$\therefore l = \frac{2T}{\tau_k \cdot b \cdot d} = \frac{2 \times 238.73 \times 10^3}{29.43 \times 12 \times 40} = 33.8 \text{mm}$$

(2) $T = \sigma_c \cdot A_c \cdot \dfrac{d}{2} = \sigma_c \cdot \dfrac{h}{2} \times l \times \dfrac{d}{2}$

$$\therefore l = \frac{4T}{\sigma_c \cdot h \cdot d} = \frac{4 \times 238.73 \times 10^3}{78.48 \times 8 \times 40} = 38.02 \text{mm}$$

(3) 두 길이 중 큰 키의 길이로 설계해야 안전하게 동력을 전달할 수 있으므로 $l = 38.02$mm이다.

02 핀(Pin)

1 핀의 종류

① **테이퍼 핀** : 1/50 테이퍼가 있다. **호칭지름을 작은 쪽의 지름**으로 나타낸다. 끝이 갈라진 것을 **슬롯테이퍼 핀**이라 한다.

② **평행 핀** : 기계부품을 조립하거나 위치를 결정할 때 사용한다.

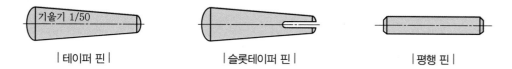

| 테이퍼 핀 |　　| 슬롯테이퍼 핀 |　　| 평행 핀 |

③ **분할 핀** : 끝이 갈라진 것으로 끝부분을 구부려 **너트의 풀림 방지용**으로 사용한다.

④ **스프링 핀** : 세로 방향으로 쪼개져 있어 탄성을 이용하여 고정한다.

| 분할 핀 |　　| 스프링 핀 |

2 핀의 설계

핀은 키의 대용, 부품 고정의 목적으로 사용한다. 상대적인 각운동을 할 수 있다.

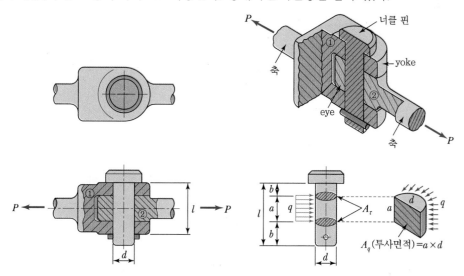

①, ②를 결합한 다음에 하중 P를 가하면 핀이 A_τ와 같이 전단되거나 A_q와 같이 면압을 받게 된다.

(1) 핀의 전단응력

$$P = \tau \cdot A_\tau = \tau \times \frac{\pi d^2}{4} \times 2 \quad \therefore \ \tau = \frac{2P}{\pi d^2} \, (A_\tau : \text{전단면 2개})$$

예제

너클핀 조인트에서 축 방향 하중 10kN을 받는 핀의 지름 d를 설계하여라.(단, 재료의 허용전단응력을 300N/cm²로 한다.)

해설 전단견지 : $P = \tau \cdot A_\tau = \tau \times \dfrac{\pi d^2}{4} \times 2$ $(\tau = 3\text{N/mm}^2)$

$$\therefore \ d = \sqrt{\frac{2P}{\pi\tau}} = \sqrt{\frac{2 \times 10{,}000}{\pi \times 3}} = 46.1\text{mm}$$

03 코터(Cotter)

키는 축의 회전력을 전달하는 곳에 사용되므로 주로 전단력을 받게 되나 코터는 축 방향으로 인장 또는 압축을 받는 봉을 연결하는 데 사용되므로 인장력 또는 압축력을 주로 받게 된다.

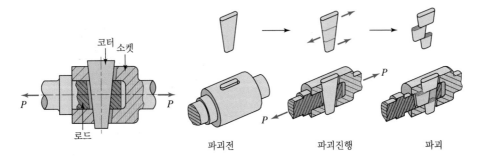

각 설계 시 파괴면적과 압축면적을 찾으면서 설계하는 것이 중요하다.

1 코터의 전단

$$P = \tau \cdot A_\tau = \tau \cdot b \cdot t \cdot 2$$

여기서, b : 코터의 폭, t : 두께

$$\therefore \ \tau = \frac{P}{2bt}$$

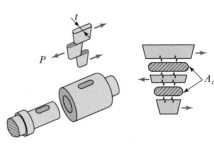

| 코터의 전단 |

2 소켓의 인장

$$P = \sigma \cdot A_s$$

여기서, A_s : 소켓의 인장파괴면적

$$= \sigma \cdot \left\{ \frac{\pi}{4} (d_2{}^2 - d_1{}^2) - (d_2 - d_1) t \right\}$$

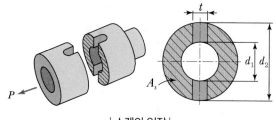

| 소켓의 인장 |

3 로드의 인장

$$P = \sigma \cdot A_r$$

여기서, A_r : 로드의 인장파괴면적

$$= \sigma \cdot \left(\frac{\pi}{4} d_1{}^2 - d_1 t \right)$$

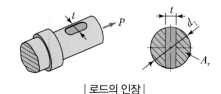

| 로드의 인장 |

4 소켓구멍의 압축

$$P = \sigma_c \cdot A_{sc}$$

여기서, A_{sc} : 소켓의 압축면적

$$= \sigma_c \cdot (d_2 - d_1) t$$

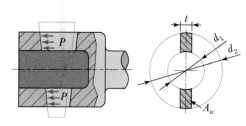

| 소켓 구멍의 압축 |

5 로드구멍의 압축

$$P = \sigma_c \cdot A_{rc}$$

여기서, A_{rc} : 로드의 압축면적

$$= \sigma_c \cdot d_1 \cdot t$$

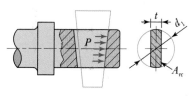

| 로드 구멍의 압축 |

예제

코터이음에서 축 방향으로 인장력이 4kN 작용할 때 코터의 전단응력, 소켓의 인장응력(MPa), 로드부의 압축응력(MPa)을 구하시오.(단, 로드의 지름 d_1 =80mm, 소켓의 지름 d_2 =110mm, 코터의 폭 b =100mm, 두께 t = 20mm이다.)

해설 (1) 코터의 전단응력

$$\tau = \frac{P}{2bt} = \frac{4,000}{2 \times 100 \times 20} = 1.0 \text{N/mm}^2$$

(2) 소켓의 인장응력

$$\sigma = \frac{P}{\left\{ \frac{\pi}{4} (d_2{}^2 - d_1{}^2) - (d_2 - d_1) t \right\}}$$

$$= \frac{4,000}{\left\{ \frac{\pi}{4} (110^2 - 80^2) - (110 - 80) 20 \right\}} = 1.03 \text{N/mm}^2$$

$$= 1.03 \times 10^6 \text{N/m}^2 = 1.03 \text{MPa}$$

(3) 로드부의 압축응력

$$\sigma_c = \frac{P}{d_1 \cdot t} = \frac{4,000}{80 \times 20} = 2.5 \text{N/mm}^2 = 2.5 \text{MPa}$$

CHAPTER

05 리벳

01 리벳이음 개요

리벳 조인트는 강판을 포개서 영구적으로 결합하는 것으로 구조가 간단하고 응용 범위가 넓어 철골구조, 교량 등에 사용되며 죄는 힘이 크므로 기밀을 요하는 압력용기, 보일러 등에 사용된다.

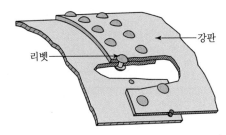

1 리벳의 종류

(1) 용도에 따른 분류

　① 일반용
　② 보일러용
　③ 선박용

(2) 머리 모양에 따른 분류

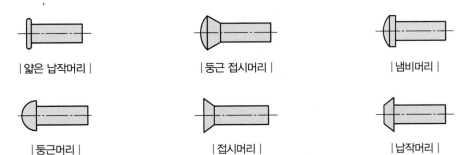

| 얇은 납작머리 |

| 둥근 접시머리 |

| 냄비머리 |

| 둥근머리 |

| 접시머리 |

| 납작머리 |

227

(3) 호칭길이

호칭길이는 머리 부분을 제외한 전체의 길이로 표시한다.

❷ 리벳이음

① 상온 가공 : 리벳지름 8mm 이하는 가열하지 않고 냉간에서 가공한다.

② 열간 가공 : 리벳지름 10mm 이상은 열을 가하여 가공한다.

③ 리벳구멍은 지름 20mm까지 펀칭 작업을 한다(리벳지름보다 1~1.5mm 크게 한다).

④ 리벳 조립 후 리벳 머리를 만들기 위한 길이로 리벳지름(d)의 1.3~1.6배 길이가 돌출되어야 한다.

⑤ 코킹, 플러링 : 판 끝을 75~85°로 깎아, 끝 부분을 때려서 유체의 누설을 막고 기밀을 유지하는 작업이다(단, 리벳지름 5mm 이하는 작업이 안 됨).

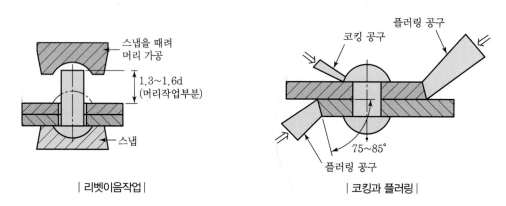

| 리벳이음작업 | | 코킹과 플러링 |

❸ 리벳이음의 특징

① 용접이음은 잔류응력에 의한 파괴가 일어나지만 리벳은 잔류응력이 없다.

② 구조물 등을 현장 조립할 때 용접이음보다 작업이 용이하다.

③ 용접이 곤란한 재료에 이음을 할 수 있다(경합금이음에 주로 사용).

④ 너무 얇거나 두꺼운 판은 리벳이음을 할 수 없다.

02 리벳이음 종류

종줄수(n) → 문제에서 주어지는 줄수는 종줄수이다.

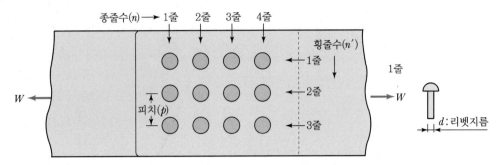

📁 리벳설계는 1피치에 대하여 해석해 나간다(1피치(p)에 대한 해석으로 리벳 전체를 해석할 수 있다).

1 겹치기이음

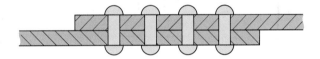

2 맞대기이음

(1) 한쪽 덮개판 맞대기이음

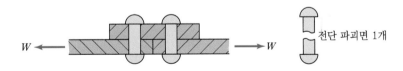

(2) 양쪽 덮개판 맞대기이음

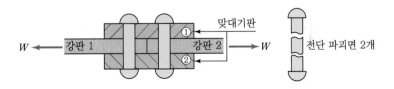

03 리벳이음의 강도계산

1 리벳의 전단

1피치 내에 걸리는 전단하중 W_1

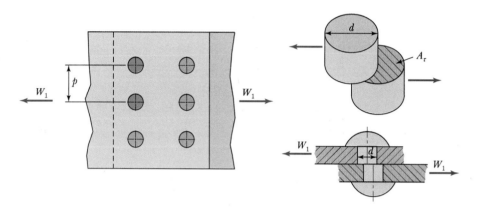

$$W_1 = \tau \cdot A_\tau$$

여기서, A_τ : 1피치 내에 리벳 전단면

$$W_1 = \tau \times \frac{\pi}{4} d^2 \times n \qquad (n줄\ 리벳일\ 경우)$$

여기서, n : 리벳의 종줄수=1피치 내의 리벳의 개수

양쪽 덮개판이음일 경우에는 전단 파괴면이 2개이므로 n 대신 $2n$ 을 대입해야 하는데 안전을 고려하여 n 에 $1.8n$ 을 대입하여 계산한다.

2 리벳구멍 사이에서 강판의 인장

1피치 내에 걸리는 강판의 인장하중 W_2

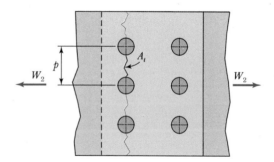

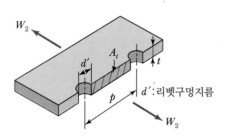

$$W_2 = \sigma_t \cdot A_t$$

여기서, A_t : 1피치 내의 강판의 인장파괴면적

$$W_2 = \sigma_t (p - d')t \quad (d'\text{가 주어지지 않으면 } d' = d \text{로 해석})$$

3 리벳구멍의 압축

1피치 내에 걸리는 리벳구멍의 압축하중 W_3

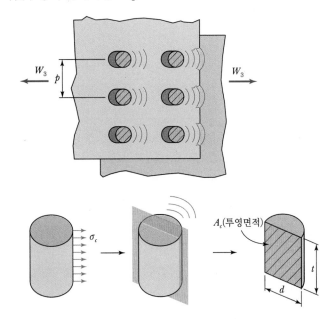

$$W_3 = \sigma_c \cdot A_c$$

$$W_3 = \sigma_c \cdot d \cdot t \cdot n$$

여기서, n : 줄수

위 1, 2, 3에서 구한 하중들이 모두 같은 값을 갖도록 각 부의 치수를 결정하는 설계가 가장 이상적이다.

4 리벳의 피치설계

앞 1과 2에서 구한 $\boxed{W_1 = W_2}$ 같게 설계하면

$$\tau \cdot \frac{\pi}{4} d^2 \times n = \sigma_t (p - d\,')t$$

여기서, n : n줄 리벳이음

$n = 1$일 때 : 1줄 리벳이음

$$(p - d\,') = \frac{\tau \pi d^2}{\sigma_t t \, 4} \times n$$

$$\therefore \; p = \frac{\tau \cdot \pi \cdot d^2}{4 \cdot \sigma_t \cdot t} n + d'(리벳구멍지름 \; d'가 \; 없으면 \; 리벳지름 \; d로 \; 한다)$$

▌예제

두께가 10mm인 강판에 지름 20mm의 리벳을 사용하여 1줄 겹치기이음을 할 때 피치는 몇 mm인가?(단, 리벳에서 발생하는 전단응력은 30MPa이고, 강판에 발생하는 인장응력은 40MPa이다.)

해설 주어진 하중은 1피치에 걸리는 하중으로 해석한다.

$$\tau \cdot \frac{\pi}{4} d^2 \times 1 = \sigma_t (p - d)t 에서$$

$$p = \frac{\tau \cdot \pi \cdot d^2}{4 \cdot \sigma_t \cdot t} + d = \frac{30 \times \pi \times 20^2}{4 \times 40 \times 10} + 20 = 43.6 \text{mm}$$

5 리벳의 지름설계

앞 1과 3에서 구한 $\boxed{W_1 = W_3}$ 같게 설계하면

$$\tau \cdot \frac{\pi}{4} d^2 \times n = \sigma_c \cdot d \cdot t \cdot n \, (n줄 \; 리벳이음)$$

$$\therefore \; d = \frac{4 \sigma_c \cdot t}{\tau \cdot \pi}$$

04 효율

1 강판의 효율(η_t)

리벳구멍이 전혀 없는 강판(Unriveted Plate)의 강도에 대한 리벳구멍이 있는 강판의 강도와의 비(Ratio)를 강판의 효율이라 한다.

$$\eta_t = \frac{1\text{피치 내의 구멍이 있는 강판의 인장력}}{1\text{피치 내의 구멍이 없는 강판의 인장력}} = \frac{\sigma_t \cdot (p - d')t}{\sigma_t \cdot p \cdot t}$$

여기서, 구멍 없는 강판의 파괴면적 $= p \cdot t$

$$\eta_t = 1 - \frac{d'}{p} = 1 - \frac{d}{p} \,(\text{리벳구멍지름}(d') = \text{리벳지름}(d)\text{일 경우})$$

TIP 피치가 주어지지 않으면 $\eta_t = \dfrac{\text{구멍이 있는 강판의 인장력(전체하중)}}{\text{구멍이 없는 강판의 인장력(전체하중)}}$ 으로 해석해도 된다.

2 리벳의 효율(η_R)

$$\eta_R = \frac{1\text{피치 내의 리벳의 전단력}}{1\text{피치 내의 구멍이 없는 강판의 인장력}} = \frac{\tau \cdot \frac{\pi}{4}d^2 \times n}{\sigma_t \cdot p \cdot t} \,(n \text{줄 리벳이음})$$

$$\eta_R = \frac{\tau \pi d^2 n}{4 \sigma_t \cdot p \cdot t}$$

η_t와 η_R 중에서 낮은 효율로서 리벳이음의 강도를 결정하며 실제에서는 리벳의 전단강도(τ)는 강판의 인장강도(σ)의 85%로 본다.

예 제

그림과 같은 1줄 겹치기 리벳이음에서 강판의 두께가 20mm, 리벳지름이 22mm, 리벳구멍지름이 22.1mm, 피치가 80mm, 1피치 내의 하중이 1.5kN일 때 다음을 구하라.

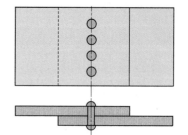

(1) 리벳의 전단응력(MPa)
(2) 강판의 인장응력(MPa)
(3) 강판효율

해설 (1) $\tau = \dfrac{W}{A_\tau} = \dfrac{W}{\dfrac{\pi}{4}d^2 \cdot n} = \dfrac{1,500 \times 4}{\pi \times 22^2 \times 1} = 3.95\,\text{N/mm}^2 = 3.95\text{MPa}$

($n = 1 : 1$줄 겹치기이음)

(2) $\sigma_t = \dfrac{W}{A_t} = \dfrac{W}{(p-d')t} = \dfrac{1,500}{(80-22.1) \times 20} = 1.30\text{N/mm}^2 = 1.30\text{MPa}$

(3) $\eta_t = 1 - \dfrac{d'}{p} = 1 - \dfrac{22.1}{80} = 0.7238 = 72.38\%$

예 제

판의 두께 10mm, 리벳의 지름 12mm, 피치가 50mm인 1줄 겹치기 리벳이음을 하고자 할 때, 강판의 인장응력(MPa)과 리벳이음판의 효율(%)을 구하라.(단, 11kN의 인장하중이 작용한다.)

해설 주어진 11kN 하중을 1피치에 걸리는 하중으로 해석한다.

인장응력 $\sigma_t = \dfrac{F}{A_t(\text{파괴면적})} = \dfrac{F}{(p-d)t} = \dfrac{11 \times 10^3}{(50-12) \times 10} = 28.9\text{N/mm}^2 = 28.9\text{MPa}$

강판효율 $\eta_t = 1 - \dfrac{d'}{p} = 1 - \dfrac{d}{p} = 1 - \dfrac{12}{50} = 0.76 = 76\%$

실전 문제

01 키 중 테이퍼가 없는 것은?

① 성크 키   ② 평 키

③ 페더 키   ④ 접선 키

해설 ⊕-------------------------------

일반적인 키의 테이퍼 값은 1/100이지만 페더 키(미끄럼 키)는 테이퍼가 없다.

02 축에 키 홈을 파지 않고 사용하는 키는?

① 성크 키   ② 새들 키

③ 반달 키   ④ 스플라인

해설 ⊕-------------------------------

새들 키(안장 키)

축에는 키 홈을 파지 않고 보스에만 구멍을 파서 마찰에 의해 회전력을 전달한다.

03 일반적으로 60mm 이하의 작은 축에 사용되고 특히 테이퍼 축에 사용이 용이하며 축의 강도가 약하게 되기는 하나 축에 키 홈 등의 가공이 쉬운 것은?

① 성크 키   ② 접선 키

③ 반달 키   ④ 원뿔 키

해설 ⊕-------------------------------

반달 키

60mm 이하의 작은 축 또는 테이퍼 축에 사용되며 키 홈 가공이 쉬우나 강도가 약하다.

04 1열 겹침 리벳이음에서 피치(Pitch)가 60mm이고 강판 두께가 15mm, 리벳지름이 13mm인 경우 강판의 효율은?

① 약 53%   ② 약 69%

③ 약 75%   ④ 약 78%

해설 ⊕-------------------------------

1열 겹침 리벳이음에서의 강판 효율

$$\eta = 1 - \frac{d'}{p} = 1 - \frac{d}{p}\,(d' = d \text{로 본다})$$

$$= 1 - \frac{13}{60} = 0.783 = 78.3\%$$

05 성크 키의 전달토크 T, 높이 h, 폭 b, 길이 L, 축지름이 d라 하면 이때 생기는 압축응력을 나타내는 식은?(단, 축에 묻히는 키의 깊이 $t = \dfrac{h}{2}$ 이다.)

① $\sigma = \dfrac{2T}{hld}$ ② $\sigma = \dfrac{4T}{bhd}$

③ $\sigma = \dfrac{4T}{bhl}$ ④ $\sigma = \dfrac{4T}{hdl}$

해설 ⊕-------------------------------

- 전달토크 $T = F \times \dfrac{d}{2}$

- 압축응력

$$\sigma_c = \frac{F(\text{하중})}{A_\sigma(\text{압축면적})} = \frac{F}{\dfrac{h}{2} \times l}$$

$$F = \frac{2T}{d} \text{를 넣으면}$$

$$\sigma_c = \frac{\dfrac{2T}{d}}{\dfrac{h}{2} \times l} = \frac{4T}{h \cdot d \cdot l}$$

정답   01 ③   02 ②   03 ③   04 ④   05 ④

06 2kW로 250rpm을 전달하는 지름 30mm의 축에 사용할 키의 폭은 몇 mm인가?(단, 보스길이는 40mm, 허용전단응력은 19.5N/mm²이다.)

① 6.5   ② 7.8

③ 13.0   ④ 16.5

해설 ➕

전달토크

- $T = \dfrac{H}{\omega} = \dfrac{H}{\dfrac{2\pi N}{60}} = \dfrac{2 \times 10^3}{\dfrac{2\pi \times 250}{60}}$

$$= 76.394 \text{N} \cdot \text{m}$$
$$= 76,394 \text{N} \cdot \text{mm}$$

- $T = F \times \dfrac{d}{2} = \tau \cdot A_\tau \times \dfrac{d}{2}$

$$= \tau \cdot b \times l \times \dfrac{d}{2}$$

$$\therefore b = \dfrac{2T}{\tau \cdot l \cdot d} = \dfrac{2 \times 76,394}{19.5 \times 40 \times 30}$$

$$= 6.5 \text{mm}$$

07 12kN의 인장하중을 받는 너클이음에서 이음핀의 크기는 몇 mm인가?(단, 인장응력 $\sigma = 3,500$ N/cm², 안전율은 7이다.)

① 5.53mm   ② 55.3mm

③ 3.55mm   ④ 35.5mm

해설 ➕

안전율

$$S = \dfrac{\text{극한강도(인장강도)}}{\text{허용응력}} \text{에서 허용응력}$$

$$\sigma_a = \dfrac{3,500}{7} = 500 \text{N/cm}^2$$

$$\sigma_a = \dfrac{4W}{\pi d^2} \text{에서}$$

$$d = \sqrt{\dfrac{4W}{\pi \sigma_a}} = \sqrt{\dfrac{4 \times 12 \times 10^3}{\pi \times 500}} = 5.53 \text{cm} = 55.3 \text{mm}$$

06 용접

용접은 두 개의 금속을 용융온도 이상으로 가열하여 접합시키는 영구적 결합법이며 다른 이음작업에 비해 작업공정이 간단하고 기밀유지가 가능해 보일러, 용기, 구조물, 선박, 기계부품의 결합에 널리 사용되고 있다.

01 용접부 형상에 따른 용접이음의 종류와 강도설계

1 맞대기용접

용접조인트의 강도는 용착금속의 볼록한 부분을 고려하지 않고, 안전측(h)으로 취하여 계산한다.

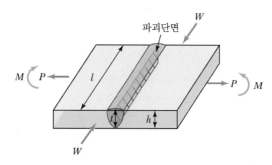

(1) 인장응력

$$\sigma_t = \frac{인장하중}{인장파괴면적} = \frac{P}{A_\sigma} = \boxed{\frac{P}{t \cdot l}} \quad (\because h = t)$$

(2) 전단응력

$$\tau = \frac{전단하중}{전단파괴면적} = \frac{W}{A_\tau} = \boxed{\frac{W}{t \cdot l}}$$

(3) 굽힘응력

$$\sigma_b = \frac{M}{Z} = \frac{M}{\dfrac{lt^2}{6}} = \frac{6M}{lt^2} \left(Z = \frac{I}{e} = \frac{\dfrac{lt^3}{12}}{\dfrac{t}{2}} = \frac{lt^2}{6} \right)$$

2 겹치기용접(필릿용접)

(1) 전면 필릿용접

파괴면적 : $t \cdot l$ (목두께를 기준으로 설계 : 목에서 파괴)

f : 필릿(Fillet)다리의 길이

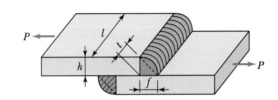

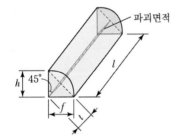

$$f = h$$
$$h \cos 45° = t$$
$$\therefore t = 0.707\,h = 0.707\,f$$

둘 중 하나 적용

인장응력 $\sigma = \dfrac{P}{2\,t\,l} = \dfrac{P}{2h\cos 45° \times l} = \dfrac{P}{2 \times 0.707 \times h \times l}$ (2 : 파괴단면 개수)

(2) 측면 필릿용접

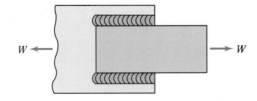

$$\tau = \frac{W}{2 \cdot t \cdot l} = \frac{W}{2 \times h \cos 45° \times l} = \frac{W}{2 \times 0.707 h \times l}$$

예 제

아래의 그림과 같이 두 개의 강판을 겹치기이음으로 필릿용접하였다. 허용응력이 4.5N/mm²일 때 용접조인트의 길이 l을 구하여라.(단, 강판두께 h = 10mm이다.)

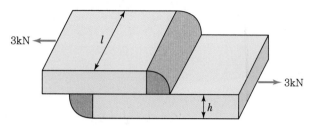

[해설] 인장하중 = 인장응력 × 인장파괴면적

$$W = \sigma \cdot A_\sigma = \sigma \cdot 2 \cdot t \cdot l = \sigma \cdot 2 \times 0.707 h \cdot l \, (t = 0.707 h)$$

$$\therefore \ l = \frac{W}{\sigma \times 2 \times 0.707 \times h} = \frac{3,000}{4.5 \times 2 \times 0.707 \times 10} = 47.15 \text{mm}$$

07 축

01 축의 개요

축(Shaft)은 주로 회전에 의하여 동력을 전달할 목적으로 사용하는 기계요소이다.

1 축의 분류

(1) 축의 용도에 따른 분류

① **차축(Axle)** : 주로 굽힘하중을 받는 축(차량의 차축)

② **전동축(Shaft)** : 주로 비틀림을 받는 축

③ **스핀들(Spindle)** : 지름에 비해 길이가 짧은 축으로, 하중은 굽힘, 비틀림을 받는다(공작기계의 주축).

④ **저널(Journal)** : 축 부분 중 베어링으로 지지되어 있는 부분이다.

⑤ **피벗(Pivot)** : 축의 끝부분으로서 트러스트 베어링으로 지지되는 부분이다.

(2) 축의 모양에 따른 분류

① **직선 축** : 보통 사용되는 축

② **크랭크 축(곡선 축)** : 직선 운동을 회전 운동으로 바꾸는 왕복 운동기관에 사용

③ **플렉시블 축** : 축의 굽힘이 비교적 자유로운 축으로 철사를 코일 모양으로 이중, 삼중으로 감아서 만든 것

| 직선 축 |

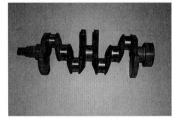

| 크랭크 축 |

| 유연성(Flexible) 축 |

❷ 축 설계 시 고려할 사항

(1) 강도

축에 작용하는 하중에 따라 축의 강도를 충분하게 설계해야 한다.

(2) 강성

축에 작용하는 하중에 의한 변형이 허용변형한도를 초과하지 않도록 설계해야 한다. 비틀림 각이 한도를 초과하면 비틀림 진동의 원인이 된다.

(3) 진동

회전하는 축의 굽힘이나 비틀림 진동이 축의 고유진동수와 일치하여 공진현상이 일어나면 축이 파괴되므로 공진현상을 일으키는 위험속도를 고려하여 설계해야 한다.

---

02 축의 설계

❶ 축의 강도설계

(1) 비틀림을 받는 축

토크식을 기준으로 해석한다.

$$T = P \cdot \frac{d}{2} = \tau \cdot Z_P = \frac{H}{\omega} \text{(SI단위)}$$

$$T = 716,200 \frac{H_{PS}}{N} = 974,000 \frac{H_{kW}}{N}$$

여기서, N : 회전수(rpm)

① 중실축에서 축지름설계

$$T = \tau \cdot Z_P = \tau \cdot \frac{\pi}{16} d^3$$

$$\therefore d = \sqrt[3]{\frac{16\,T}{\pi \tau}}$$

② 중공축에서 외경설계

$$T = \tau \cdot Z_P = \tau \cdot \frac{\pi}{16} d_2{}^3 (1 - x^4)$$

$$\left(내외경비 \ \ x = \frac{d_1}{d_2} \right)$$

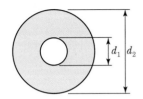

$$\therefore d_2 = \sqrt[3]{\frac{16\,T}{\pi\,\tau\,(1 - x^4)}}$$

중공축은 지름을 조금만 크게 하여도 강도가 중실축과 같아지고 중량은 상당히 가벼워진다.

예제

400rpm으로 2kW의 동력을 전달시키는 축에 발생하는 비틀림 모멘트(토크)는 몇 N · m인가?

해설 $T = \dfrac{H}{\omega} = \dfrac{2 \times 10^3\,(W)}{\dfrac{2\pi \times 400}{60}\,(\text{rad/s})} = 47.7\,\text{N} \cdot \text{m}$

예제

지름 3cm의 축이 200rpm으로 회전할 때, 최대로 전달할 수 있는 동력은 약 몇 kW인가?(단, 축의 허용 비틀림 응력은 25MPa이다.)

해설 $H = T \cdot \omega = \tau \cdot Z_p \cdot \omega = \tau \cdot \dfrac{\pi d^3}{16} \times \dfrac{2\pi N}{60}$

$$= 25 \times 10^6 \left(\frac{N}{m^2} \right) \times \frac{\pi \times (0.03)^3}{16}\,(\text{m}^3) \times \frac{2\pi \times 200}{60} \left(\frac{\text{rad}}{\text{s}} \right)$$

$$= 2{,}775.8\,\text{N} \cdot \text{m/s} \fallingdotseq 2.8\text{kW}$$

예제

2kN · m의 비틀림 모멘트를 받는 전동축의 지름은 약 몇 mm인가?(단, 축에 작용하는 전단응력은 40MPa 이다.)

해설 $T = \tau \cdot Z_p = \tau \cdot \dfrac{\pi d^3}{16}$ 에서 $d = \sqrt[3]{\dfrac{16\,T}{\pi\,\tau}} = \sqrt[3]{\dfrac{16 \times 2 \times 10^3 \times 10^3}{\pi \times 40}}$

$$= 63.4\text{mm}$$

예제

200rpm으로 2.5kW의 동력을 전달하고자 한다. 축 재료의 허용전단응력이 10MPa일 때 중실축의 지름은 몇 mm 이상이어야 하는가?

[해설]

$$T = \frac{H}{\omega} = \frac{2.5 \times 10^3}{\frac{2\pi \times 200}{60}} = 119.4 \text{N} \cdot \text{m}$$

$$= 119.4 \times 10^3 \text{N} \cdot \text{mm}$$

$$T = \tau \cdot Z_P = \tau \cdot \frac{\pi d^3}{16} \text{ 에서}$$

$$d = \sqrt[3]{\frac{16T}{\pi\tau}} = \sqrt[3]{\frac{16 \times 119.4 \times 10^3}{\pi \times 10}}$$

$$= 39.3 \text{mm}$$

Reference

중실축	단면 2차 모멘트	극단면 2차 모멘트
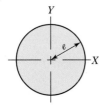 • X, Y : 도심축 • e : 도심으로부터 최외단까지의 거리	$I_x = I_y = \dfrac{\pi d^4}{64}$	$I_p = I_x + I_y = \dfrac{\pi d^4}{32}$
	단면계수	**극단면계수**
	$z = \dfrac{I_x}{e} = \dfrac{I_y}{e} = \dfrac{\dfrac{\pi d^4}{64}}{\dfrac{d}{2}} = \dfrac{\pi d^3}{32}$	$Z_p = \dfrac{I_p}{e} = \dfrac{\dfrac{\pi d^4}{32}}{\dfrac{d}{2}} = \dfrac{\pi d^3}{16}$

중공축	단면 2차 모멘트	극단면 2차 모멘트
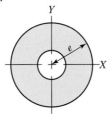 • d_1 : 내경 • d_2 : 외경 • $x = \dfrac{d_1}{d_2}$(내외경비), $e = \dfrac{d_2}{2}$	$I_x = I_y = \dfrac{\pi d_2{}^4}{64} - \dfrac{\pi d_1{}^4}{64}$ $= \dfrac{\pi d_2{}^4}{64}(1 - x^4)$	$I_p = \dfrac{\pi d_2{}^4}{32} - \dfrac{\pi d_1{}^4}{32}$ $= \dfrac{\pi d_2{}^4}{32}(1 - x^4)$
	단면계수	**극단면계수**
	$Z = \dfrac{I_x}{e} = \dfrac{I_y}{e} = \dfrac{\dfrac{\pi d_2{}^4}{64}(1 - x^4)}{\dfrac{d_2}{2}}$ $= \dfrac{\pi d_2{}^3}{32}(1 - x^4)$	$Z_p = \dfrac{I_p}{e} = \dfrac{\dfrac{\pi d_2{}^4}{32}(1 - x^4)}{\dfrac{d_2}{2}}$ $= \dfrac{\pi d_2{}^3}{16}(1 - x^4)$

사각단면에 하중 P가 ①의 방향에서 작용할 때 도심에 대한

$$I = \frac{bh^3}{12}, \ Z = \frac{I}{e_1} = \frac{\dfrac{bh^3}{12}}{\dfrac{h}{2}} = \frac{bh^2}{6}$$

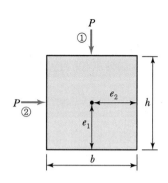

하중 P가 ②의 방향에서 작용할 때 도심에 대한

$$I = \frac{hb^3}{12}, \ Z = \frac{I}{e_2} = \frac{\dfrac{hb^3}{12}}{\dfrac{b}{2}} = \frac{hb^2}{6}$$

$\theta = \dfrac{T \cdot l}{G \cdot I_p}$, $T = \tau \cdot Z_p$, $M = \sigma_b \cdot Z$에서 사용하는 단면의 성질값은 도심축에 관한 값들이다. 그 이유는 단면에 대한 굽힘이나 비틀림은 도심을 중심으로 해서 작용하기 때문이다.

(2) 굽힘을 받는 축

축에 작용하는 굽힘모멘트를 M, 축에 발생하는 최대굽힘응력을 σ_b, 축단면계수를 Z라 하면

① 중실축에서 축지름설계

$$M = \sigma_b \cdot Z = \sigma_b \cdot \frac{\pi d^3}{32}$$

$$\therefore \ d = \sqrt[3]{\frac{32M}{\pi \sigma_b}} \ (M \text{은 } M_{\max} \text{를 구하여 대입해 주어야 한다})$$

② 중공축에서 외경설계

$$M = \sigma_b \cdot Z = \sigma_b \cdot \frac{\pi}{32} d_2^{\ 3} (1 - x^4) \left(x = \frac{d_1}{d_2} \right)$$

$$\therefore \ d_2 = \sqrt[3]{\frac{32M}{\pi \sigma_b (1 - x^4)}}$$

(3) 비틀림과 굽힘을 동시에 받는 축

주로 전동축에 풀리를 장착한 축에서 비틀림과 굽힘을 동시에 받으며, 이때 축 단면에는 σ_b와 τ의 조합응력이 발생하게 되는데, 이와 같은 효과를 나타내는 상당모멘트 M_e, T_e를 계산한 값들에서 응력 또는 지름을 산출한다.

① 평면응력상태에서 최대주응력설에 의한 (취성재료일 때)

$$\sigma_{\max} = \frac{1}{2}(\sigma_x + \sigma_y) + \sqrt{\left(\frac{\sigma_x - \sigma_y}{2}\right)^2 + \tau_{xy}^{~2}} \text{ 에서}$$

$\sigma_x = \sigma_b, \sigma_y = 0, \tau_{xy} = \tau$ 일 때

$$\sigma_{\max} = \frac{\sigma_b}{2} + \sqrt{\frac{\sigma_b^{~2}}{4} + \tau^2} \quad (M = \sigma_b \cdot Z, T = \tau \cdot Z_P)$$

$$= \frac{1}{2}\left(\frac{M}{Z} + \sqrt{\left(\frac{M}{Z}\right)^2 + 4\left(\frac{T}{Z_p}\right)^2}\right) \quad \left(Z = \frac{\pi d^3}{32}, Z_P = \frac{\pi d^3}{16} \text{에서 } Z_P = 2Z\right)$$

$$= \frac{1}{2}\left(\frac{M}{Z} + \sqrt{\left(\frac{M}{Z}\right)^2 + 4\left(\frac{T}{2Z}\right)^2}\right) = \frac{1}{2} \times \frac{1}{Z}\left(M + \sqrt{M^2 + T^2}\right)$$

$$= \frac{\frac{1}{2}\left(M + \sqrt{M^2 + T^2}\right)}{Z}$$

상당굽힘모멘트
$$M_e = \frac{1}{2}\left(M + \sqrt{M^2 + T^2}\right)$$

$$\therefore M_e = \sigma_{\max} \cdot Z$$

여기서, $\sigma_{\max} = \sigma_b$: 허용굽힘응력

② 최대전단응력설에 의한 (연성재료일 때)

$$\tau_{\max} = \sqrt{\left(\frac{\sigma_x - \sigma_y}{2}\right)^2 + \tau_{xy}^{~2}} \text{ 에서 } \sigma_x = \sigma_b, \sigma_y = 0, \tau_{xy} = \tau \text{ 일 때}$$

$$= \sqrt{\frac{\sigma_b^{~2}}{4} + \tau^2} = \frac{1}{2}\sqrt{\sigma_b^{~2} + 4\tau^2}$$

$$= \frac{1}{2}\sqrt{\left(\frac{M}{Z}\right)^2 + 4\left(\frac{T}{2Z}\right)^2} = \frac{1}{2Z}\sqrt{M^2 + T^2}$$

$$(M = \sigma_b \cdot Z, \ T = \tau \cdot Z_P, \ Z_P = 2Z)$$

$$\tau_{\max} = \frac{\sqrt{M^2 + T^2}}{Z_P}$$

상당비틀림모멘트
$$T_e = \sqrt{M^2 + T^2}$$

245

$$\therefore\ T_e = \tau_{\max} \cdot Z_P$$

여기서, $\tau_{\max} = \tau_a$: 허용전단응력

㉠ 중실축에서 지름설계

$$T_e = \tau_a \cdot Z_P = \tau_a \cdot \frac{\pi d^3}{16} \qquad \therefore\ d = \sqrt[3]{\frac{16\,T_e}{\pi\,\tau_a}}$$

$$M_e = \sigma_b \cdot Z = \sigma_b \cdot \frac{\pi d^3}{32} \qquad \therefore\ d = \sqrt[3]{\frac{32\,M_e}{\pi\,\sigma_b}}$$

위에서 두 식으로 계산된 지름의 큰 쪽을 취하여 설계하는 것이 안전하다.

㉡ 중공축에서 외경설계($Z,\ Z_P$ 값만 달라지므로)

$$d_2 = \sqrt[3]{\frac{16\,T_e}{\pi\,\tau_a(1 - x^4)}}\ ,\ d_2 = \sqrt[3]{\frac{32\,M_e}{\pi\,\sigma_b(1 - x^4)}}$$

예 비틀림과 굽힘을 동시에 받는 축

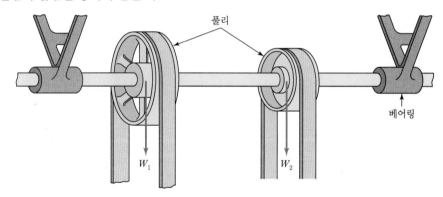

❷ 축의 강성설계

(1) 비틀림강성

전동축은 동력을 전달할 때 비틀림각이 과대하게 되면 전동기구의 작동 및 정밀도상에 여러 가지 좋지 못한 현상이 생기며, 또 강성이 부족하면 축계의 비틀림 진동의 원인이 되므로 적당한 강성을 확보할 필요가 있다. 바하의 축공식에 의하면 연강축의 비틀림각은 축길이 1 m에 대하여 1/4° 이내로 제한한다.

재료역학에서

$$\theta = \frac{T \cdot l}{G \cdot I_p}$$

축재료가 연강일 때 　　　$G = 81,340\text{N}/\text{mm}^2$

$$T = \frac{H}{\omega} \rightarrow \text{N} \cdot \text{mm 단위로 바꾼다.}$$

$$I_P = \frac{\pi d^4}{32} \text{(중실축)},\ I_P = \frac{\pi}{32}(d_2^{\ 4} - d_1^{\ 4}) \text{(중공축)}$$

$$\frac{1°}{4} \times \frac{\pi}{180°} \text{(라디안)으로}$$

축지름이나 중공축외경을 설계하면 된다.

┃예제

중실축 길이가 2m, 지름이 60mm인 축에 비틀림 모멘트가 2kN · m 작용할 때 축에 발생하는 비틀림각은 몇 도(°)인가?(단, 축 재료의 가로 탄성계수는 60GPa이다.)

해설 $\theta = \dfrac{T \cdot l}{G \cdot I_P} = \dfrac{2 \times 10^3 \times 2}{60 \times 10^9 \times \dfrac{\pi \times (0.06)^4}{32}} = 0.052(\text{rad}) \rightarrow 0.052(\text{rad}) \times \dfrac{180°}{\pi(\text{rad})} = 2.98° \fallingdotseq 3°$

┃예제

지름이 40mm인 축이 300rpm으로 회전할 때, 이 축에는 길이 1m에 대해 비틀림각이 $\dfrac{1°}{4}$ 발생한다. 이 축이 전달할 수 있는 동력은 몇 kW인가?(단, 축의 가로 탄성계수는 70GPa이다.)

해설 $H = T \cdot \omega$ 이므로 $\theta = \dfrac{T \cdot l}{G \cdot I_P}$ 에서

$$T = \frac{G \cdot I_P \cdot \theta}{l}\ \frac{= 70 \times 10^9 \times \dfrac{\pi}{32} \times (0.04)^4 \times \dfrac{1°}{4} \times \dfrac{\pi}{180°}}{1} = 76.8\text{N} \cdot \text{m}$$

$$\therefore H = 76.8 \times \frac{2\pi \times 300}{60} = 2,412.7\text{W} = 2.4\text{kW}$$

---

❸ 축의 위험속도

축의 비틀림 또는 휨의 변형이 급격하면 축은 탄성체이므로 이것을 회복하려는 에너지가 발생되고 이 에너지는 운동에너지가 되어 축의 원형을 중심으로 교대로 변형을 반복하는 결과가 된다. 특히, 이 변화의 주기가 축 자체의 비틀림 또는 휨의 고유진동과 일치할 때는 진폭이 점차로 증가하는 공진현상이 발생하게 되고 결국 축은 탄성한계를 넘어 파괴된다. 이와 같이 공진현상을 일으키는 축의 회전수를 위험속도라 하며 이 속도에서 축은 가장 심한 진동을 하게 된다. 진동을 고려한 설계로서 고속 회전하는 기계에서는 매우 중요하며 실제 기계의 사용 회전수는 축의 위험속도로부터 ±25% 이내에 들어오지 않게 설계하며, 이에 맞게 축지름과 질량을 설계해야 안전하다.

(1) 위험속도(N_{cr})

① 한 개의 회전체를 장착한 축

축의 고유진동수	=	축의 원(각) 진동수
$\omega_n = \sqrt{\dfrac{K}{m}}$	=	$\omega = \dfrac{2\pi N_{cr}}{60}$

여기서, $W = K\delta$
$W = mg$
K : 스프링 상수
δ : 처짐량
W : 하중

$$\omega = \sqrt{\frac{W}{\delta \cdot m}} = \sqrt{\frac{mg}{\delta \cdot m}} = \sqrt{\frac{g}{\delta}} = \frac{2\pi N_{cr}}{60}$$

$$\therefore\ N_{cr} = \frac{30}{\pi}\sqrt{\frac{g}{\delta}}\ (g = 980\text{cm/s}^2\text{를 대입하여 정리하면})$$

$$N_{cr} \fallingdotseq 300\sqrt{\frac{1}{\delta}}\quad (\text{처짐량 } \delta \text{ 단위는 cm 단위로 넣어서 계산해야 된다})$$

② 여러 개의 회전체를 장착한 축의 위험속도

여러 개의 회전체가 장착된 축에서 각 회전체에 걸리는 하중이 $P_1, P_2, P_3, \cdots\cdots$ 이고, 각 회전체들 중 하나씩만 축에 장착되었을 때 구한 위험속도를 각각 $N_1, N_2, N_3, \cdots\cdots$ 라 하며, 축의 자중에 의한 위험속도를 N_0 라 할 때, 축 전체의 위험속도는 아래와 같은 실험식으로 구한다.

[던커레이의 실험식]

$$\frac{1}{N_{cr}{}^2} = \frac{1}{N_0{}^2} + \frac{1}{N_1{}^2} + \frac{1}{N_2{}^2} + \cdots\cdots$$

Reference

보의 처짐량

보의 형태	처짐량
P, l_1, δ, l	$\delta = \dfrac{P l_1^2 l}{3EI}$
P, δ, $\dfrac{l}{2}$, $\dfrac{l}{2}$, l	$\delta = \dfrac{P l^3}{48EI}$
P, δ, a, b, l	$\delta = \dfrac{P a^2 b^2}{3EIl}$
$w(\text{N/m})$, δ, l	$\delta = \dfrac{5 w l^4}{384EI}$

📁 P : 집중하중, w : 등분포하중

TIP 처짐량 δ를 구할 때 쓰이는 모든 값들을 cm 단위로 넣어서 계산하면 cm 단위의 δ를 구할 수 있으므로

$N_{cr} = 300 \sqrt{\dfrac{1}{\delta}}$ 식을 바로 적용할 수 있다.

예 여러 개의 풀리를 장착하였을 때 축의 위험속도를 구하는 계산 예시

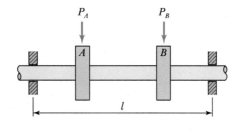

- $N_0 = 300 \sqrt{\dfrac{1}{\delta}} \leftarrow \delta \Rightarrow$ 축자중이므로 $\dfrac{5 w l^4}{384EI}$

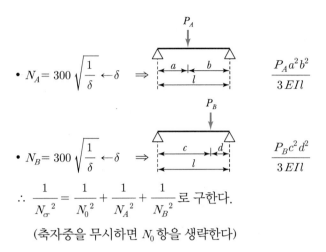

- $N_A = 300 \sqrt{\dfrac{1}{\delta}} \leftarrow \delta \implies \dfrac{P_A a^2 b^2}{3EIl}$

- $N_B = 300 \sqrt{\dfrac{1}{\delta}} \leftarrow \delta \implies \dfrac{P_B c^2 d^2}{3EIl}$

$\therefore \dfrac{1}{N_{cr}^{\,2}} = \dfrac{1}{N_0^{\,2}} + \dfrac{1}{N_A^{\,2}} + \dfrac{1}{N_B^{\,2}}$ 로 구한다.

(축자중을 무시하면 N_0 항을 생략한다)

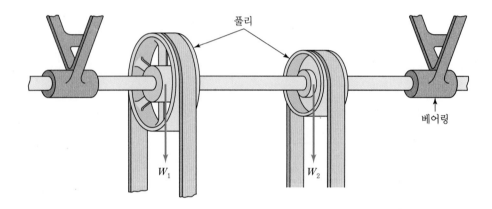

CHAPTER

08 축이음

축과 축을 연결하는 기계요소로 축이음이 사용된다. 반영구적으로 두 축을 고정하는 것을 커플링(Coupling)이라고 하며, 운전 중에 결합을 끊거나 연결할 수 있는 기계요소를 클러치(Clutch)라 한다.

01 커플링(Coupling)

1 두 축이 일직선상에 있을 경우

(1) 머프(슬리브) 커플링

고정 축이음으로 주철제 원통 안에 두 축을 맞추어 키(Key)로 고정한 것으로 축지름 30mm 이하에서 사용한다.

(2) 플랜지 커플링

가장 많이 사용하는 축이음으로 축은 키(Key)로 고정하고 양쪽을 볼트로 조인다. 축지름 50~200mm에서 사용되며 고속 정밀 회전 축이음이다.

(3) 플렉시블 커플링

두 축이 정확히 일치하지 않는 경우, 고속 회전으로 진동을 일으키는 경우에 진동을 완화시키기 위해 가죽, 고무, 연철, 금속 등을 중간에 끼워 넣는다.

(4) 셀러 커플링

양쪽이 테이퍼(경사진 원추)져 있는 외부 원통에 반대로 테이퍼진 내부 원통 2개를 넣어 볼트로 조인 커플링으로 머프 커플링을 셀러가 개량한 것이다.

(5) 클램프 커플링

두 축을 주철 또는 주강재로 이루어진 2개의 반원통에 넣고 두 반원통의 양쪽을 볼트로 충분히 죔으로써 축과 커플링 사이에 압력을 가해 축이 회전하면 마찰이 발생하여 이 마찰력에 의해 다른 축으로 동력을 전달할 수 있다.

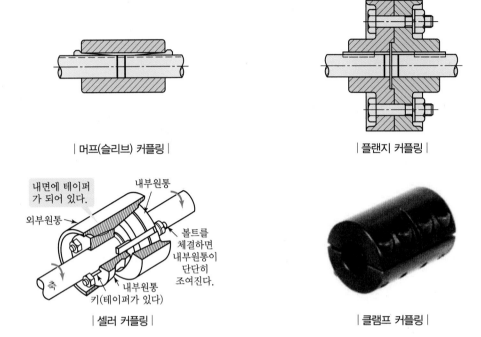

| 머프(슬리브) 커플링 |

| 플랜지 커플링 |

| 셀러 커플링 |

| 클램프 커플링 |

❷ 두 축이 평행하거나 교차하는 경우

(1) 올덤 커플링

두 축이 평행하며 거리가 매우 가까울 때 사용하는 커플링으로 윤활이 어렵고 진동과 마찰이 많아 고속 회전에는 부적합하다.

(2) 유니버셜 조인트

두 축의 중심선이 교차하는 각도가 30° 이하일 때 사용하는 축이음이다.

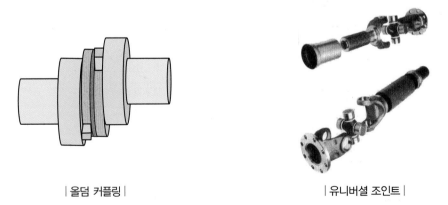

| 올덤 커플링 |

| 유니버셜 조인트 |

02 클러치(Clutch)

마찰면이 부착되어 있는 마찰 클러치와 조(Jaw) 또는 이로 맞물리는 맞물림 클러치가 있다.

1 원판 클러치

마찰 클러치로서 원동축과 종동축에 붙어 있는 마찰면을 서로 밀어붙여 발생하는 마찰력에 의하여 동력을 전달한다.

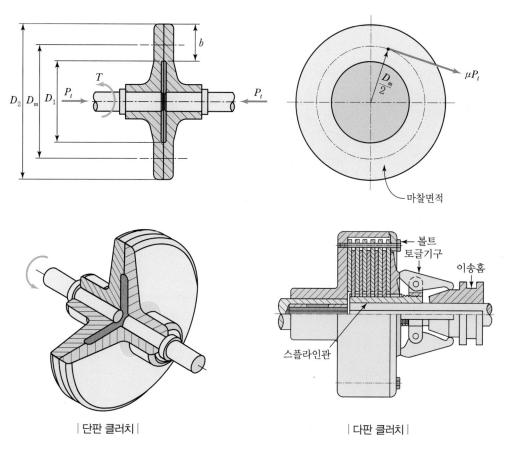

| 단판 클러치 | | 다판 클러치 |

2 원추 클러치

마찰력으로 동력을 전달한다.

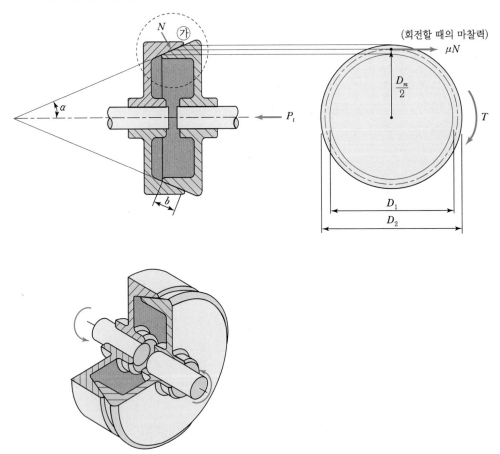

3 맞물림(클로우) 클러치

확동 클러치 중에서 가장 많이 사용되는 것으로서 한쪽 턱(Jaw)을 축에 고정하고 다른 쪽을 축 방향으로 이동시켜서 턱을 서로 맞물리게 하였다가 또 떨어지게 하여 동력의 단속을 행한다.

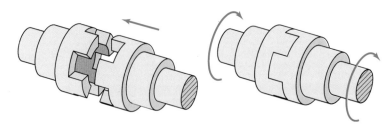

CHAPTER

09 베어링

---

01 베어링의 개요

회전축을 받쳐주는 기계요소를 베어링(Bearing)이라고 한다. 베어링의 종류는 다음과 같이 분류한다.

1 축과 작용하중의 방향에 따라

① 축 방향과 하중 방향이 직각일 때 : 레이디얼베어링(Radial Bearing)
② 축 방향과 하중 방향이 평행할 때 : 트러스트베어링(Thrust Bearing)
③ 축 방향과 축 직각 방향의 하중을 동시에 받을 때 : 원뿔 베어링(Taper Bearing)
   예 앵귤러 볼베어링, 앵귤러 롤러베어링

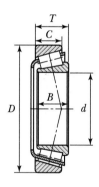

| 앵귤러 롤러베어링 |

2 축과 베어링의 접촉상태에 따라

① 미끄럼접촉을 할 때 : 미끄럼베어링(Sliding Bearing)
② 볼 또는 롤러가 구름접촉을 할 때 : 롤링베어링(Rolling Bearing)

02 미끄럼베어링

저널과 피벗의 설계는 강도, 베어링이 받는 평균압력, 마찰손실의 견지에서 설계한다.

1 레이디얼저널

(1) 끝저널(End Journal)

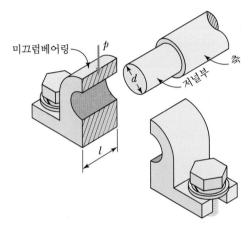

저널 : 축끼워맞춤 중 베어링으로 지지된 부분

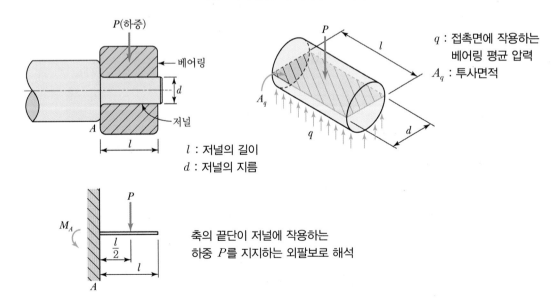

l : 저널의 길이
d : 저널의 지름

q : 접촉면에 작용하는
베어링 평균 압력
A_q : 투사면적

축의 끝단이 저널에 작용하는
하중 P를 지지하는 외팔보로 해석

① 저널의 지름설계

허용굽힘응력을 σ_b, $M_{\max} = M_A = P \times \dfrac{l}{2} = q \cdot dl \times \dfrac{l}{2}$

$$M = \sigma_b \cdot Z \text{에서 } \frac{Pl}{2} = \sigma_b \cdot \frac{\pi d^3}{32}$$

$$\therefore d = \sqrt[3]{\frac{16\,Pl}{\pi\,\sigma_b}} \ (P = q \cdot d \cdot l \text{로 구할 수 있다})$$

② 베어링 평균압력

$$q = \frac{P}{A_q} = \frac{P}{dl} \leqq P_a \ (\text{허용베어링압력})$$

③ 저널의 원주속도(저널과 베어링의 미끄럼속도)

$$V = \frac{\pi d N}{60,000} (\text{m/s})$$

④ 압력속도계수(발열계수)

$$q \cdot V = \frac{P}{dl} \cdot \frac{\pi d N}{60,000} (\text{N/mm}^2 \cdot \text{m/s})$$

$$l = \frac{P\pi \cdot N}{60,000\,q \cdot V} (q \cdot V \text{값이 주어지면 과열방지를 위한 저널 길이를 설계할 수 있다})$$

⑤ 폭경비 $\left(\dfrac{l}{d} \right)$

$$M = P \cdot \frac{l}{2} = q \cdot dl \frac{l}{2} = \sigma_b \cdot \frac{\pi d^3}{32} \text{에서}$$

$$\therefore \frac{l}{d} = \sqrt{\frac{\pi\,\sigma_b}{16 \cdot q}}$$

예제

40kN의 하중을 받는 엔드저널의 지름은 약 몇 mm인가?(단, 저널의 지름과 길이의 비인 $\dfrac{l}{d} = 2$이고, 저널의 평균압력은 10MPa이다.)

해설 $\quad q = \dfrac{P}{d \cdot l} \ (\dfrac{l}{d} = 2 \text{에서 } l = 2d \text{ 적용})$

$\qquad = \dfrac{P}{d \times 2d} \text{이므로}$

$\qquad \therefore d^2 = \dfrac{P}{2 \times q} \rightarrow \text{저널 지름 } d = \sqrt{\dfrac{P}{2 \times q}} = \sqrt{\dfrac{40 \times 10^3}{2 \times 10}}$

$\qquad\qquad\qquad = 44.7\text{mm}$

시험에서 압력속도계수는 $p \cdot V$ 또는 $p_a \cdot V$로 주어지나 여기서는 하중과 구별하기 위해 q를 사용하였다. $q \cdot V$ 값을 제한하여 저널의 길이를 설계하는 이유는 마찰열 때문에 베어링의 온도가 너무 올라가 고장의 원인이 되는 것을 방지하기 위하여 단위면적당 마찰손실동력 $\mu q \cdot V$가 허용치를 넘지 않도록 설계한다. μ를 상수로 보면 $q \cdot V$값을 제한해야 한다.

(2) 중간저널(Neck Journal)

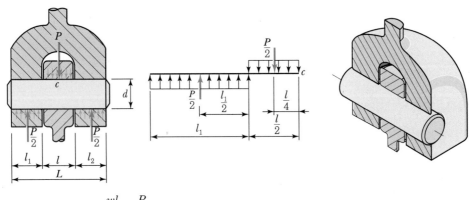

등분포반력(중앙에 $\dfrac{wl}{2} = \dfrac{P}{2}$가 적용)

2 트러스트저널

(1) 중실피벗

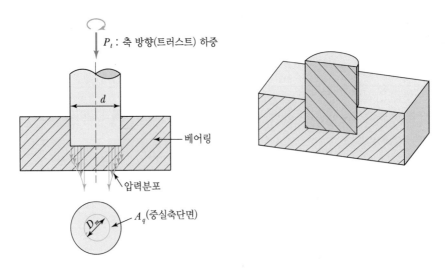

(2) 중공피벗

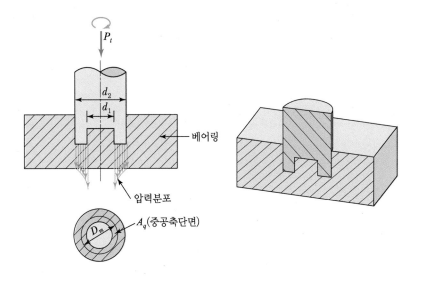

베어링

압력분포

A_q(중공축단면)

❸ 칼라저널

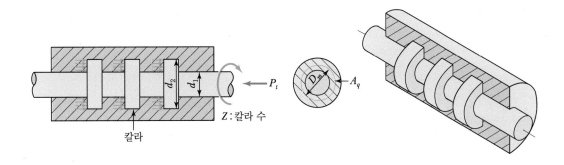

Z : 칼라 수

칼라

A_q

03 구름베어링

1 구름베어링 개요

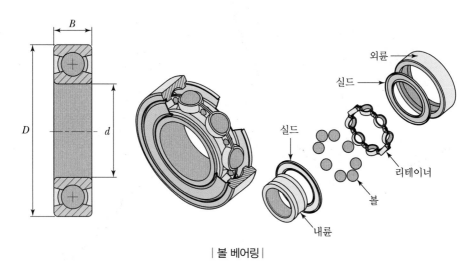

| 볼 베어링 |

구름베어링의 호칭번호는 아래와 같이 베어링의 형식, 주요 치수를 표시하는 기본번호와 그 밖의 보조기호로 이루어져 있다. 구성요소 중 실드는 베어링 윤활유의 유출을 방지하고 유해물질의 유입을 막는다.

기본 번호			보조 기호					
베어링 계열기호	안지름 번호	접촉각 기호	리테이너 기호	밀봉기호 또는 실드기호	궤도륜 모양기호	조합 기호	틈새 기호	등급 기호

주로 사용하는 깊은 홈 볼베어링 호칭을 알아보면 규격집 KS B 2023에 있으며 베어링계열 60

호칭번호	내경(mm)
6000	10
6001	12
6002	15
6003	17
6004	20(4 × 5)
6005	25(5 × 5)
6006	30(6 × 5)

60, 62, 63, 70 등 베어링계열 기호와 상관없이 내경은 표의 값이 된다.

안지름번호 × 5 = 내경

📁 내경은 기억해 두자.

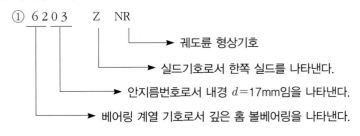

예 베어링 표시

① 6 2 0 3   Z   NR

➜ 궤도륜 형상기호

➜ 실드기호로서 한쪽 실드를 나타낸다.

➜ 안지름번호로서 내경 d＝17mm임을 나타낸다.

➜ 베어링 계열 기호로서 깊은 홈 볼베어링을 나타낸다.

| 니들 롤러 베어링 |

② 6 3 0 4

➜ 베어링 내경은 4×5＝20mm이다.

➜ 깊은 홈 볼베어링

② 구름베어링의 기본설계

(1) 기본부하용량(c)

베어링 회전 수명을 나타내는 데 500시간을 기준으로 하여 $33.3 \times 60 \times 500 = 10^6\,\mathrm{rev}$ 수명을 나타내며 기본부하용량 c는 33.3rpm으로 500시간의 회전을 지탱하는 것이다.

(2) 베어링 수명 계산식

① 회전수명

$$L_n = \left(\frac{c}{P}\right)^r \times 10^6 \mathrm{rev}$$

여기서, P : 베어링 하중(N, kgf)
c : 기본부하용량
r : 베어링 지수 → $\begin{cases} \text{볼베어링일 때} \quad r = 3 \\ \text{롤러베어링일 때} \quad r = \dfrac{10}{3} \end{cases}$

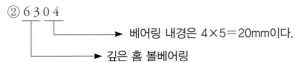 예 제

볼베어링의 수명은 작용하는 하중의 몇 승에 반비례하는가?

해설 볼베어링 수명은 $\left(\dfrac{c}{P}\right)^3$ 이므로 $\dfrac{c^3}{P^3} \rightarrow \dfrac{1}{P^3}$ 하중(P)의 3승에 반비례한다.

② 시간수명

회전수명을 시간으로 바꾸면 N_{rpm}

$$\left(\frac{c}{P}\right)^r \times \frac{10^6 \text{ rev}}{N \frac{\text{rev}}{\text{min}}} = \left(\frac{c}{P}\right)^r \times \frac{10^6}{N} \text{min} \cdot \frac{1 \text{ hour}}{60 \text{ min}}$$

$$\therefore L_h = \left(\frac{c}{P}\right)^r \times \frac{10^6}{60\,N} \text{시간}$$

예제

500rpm으로 회전하고 기본 동정격하중이 40kN인 볼베어링에서 4kN의 레이디얼하중이 작용할 때 이 베어링의 수명은 약 몇 시간인가?

해설
$$L_h = \left(\frac{c}{P}\right)^r \times \frac{10^6}{60\text{N}} = \left(\frac{40 \times 10^3}{4 \times 10^3}\right)^3 \times \frac{10^6}{60 \times 500}$$
$$= 33{,}333.3\text{h}$$

(3) 베어링하중 계산식

실제 베어링하중 P는 축이 받는 중량 외에도 진동, 변형에 의한 영향 등을 받는 동적 하중이 가해지므로 이론적으로 계산하기 곤란하다. 따라서 베어링 선정에 있어서 실제 베어링하중의 계산은 이론하중에 실제 경험으로부터 구한 보정계수인 하중계수를 곱하여 계산한다.

$$P = f_w P_{th}$$

여기서, f_w : 하중계수
기어에서는 f_w 대신에 $f_w \cdot f_g$를 $\Big\}$ 사용
벨트풀리에서는 f_w 대신에 $f_m \cdot f_b$를
P_{th} : 이론하중
f_m : 기계계수
f_g : 기어계수
f_b : 벨트계수

Reference

레이디얼하중과 트러스트하중을 동시에 받을 수 있는 레이디얼베어링에 두 가지 하중이 모두 작용할 경우에는 등가하중으로 실제 베어링하중을 구한다.

$$P = XF_r + YF_t$$

여기서, P : 등가레이디얼하중

F_r : 레이디얼하중

F_t : 트러스트하중

X : 레이디얼계수

Y : 트러스트계수(회전계수 V가 주어지면 XF_r 대신 XVF_r, 회전계수 V는 내륜회전일 때 1, 외륜회전일 때 1.2이다)

(4) 한계속도지수

롤링베어링은 순굴림마찰 외에 여러 가지 미끄럼마찰이 존재하므로, 고속 회전 시 가장 문제가 되는 부분은 롤러(볼)와 베어링 본체(외륜, 내륜, 리테이너 등) 사이의 마찰이다. 따라서 고속 회전의 한계는 이 부분의 마찰속도의 한계에 의해 제한되는 것이 한계속도지수이며 베어링의 종류, 치수, 윤활법 등에 의해 달라진다.

$$N_{\max} = \frac{dN}{d}$$

여기서, dN : 한계속도지수

d : 베어링 내경

한계속도지수에 의한 베어링 허용 회전수 $N_{\max}$를 초과할 때는 베어링에 열붙음이 일어나기 쉬우므로 설계상 주의해야 한다.

예제

레이디얼 볼 베어링 '6205'에서 한계속도계수(dN) 값이 150,000일 때 베어링의 최대허용회전수는 몇 rpm 인가?

해설 '6205'에서 베어링 내경은 $5 \times 5 \text{mm} = 25 \text{mm}$

$$N_{\max} = \frac{dN}{d} = \frac{150,000}{25} = 6,000 \text{rpm}$$

실전 문제

01 축의 종류이다. 모양에 의한 분류가 아닌 것은?

① 전동축   ② 직선 축

③ 크랭크 축   ④ 플렉시블 축

> **해설 ➕**
>
> | 모양에 의한 축의 분류 | 작용하중에 의한 분류 |
> |---|---|
> | • 직선 축 | • 차축 |
> | • 크랭크 축 | • 스핀들 축 |
> | • 플렉시블 축 | • 전동축 |

02 두 축의 만나는 각이 수시로 변화하는 경우에 사용되는 커플링으로 공작기계, 자동차 등의 축이음에 쓰이는 것은?

① 올덤 커플링   ② 유니버셜 조인트

③ 셀러 커플링   ④ 플렉시블 커플링

> **해설 ➕**
>
> **유니버셜 조인트**
> 두 축의 중심선이 교차할 때 사용하는 축이음이다.

03 큰 축과 고속도 정밀 회전축에 적당하고, 공장 전동축 또는 일반기계의 커플링으로서 가장 널리 사용되는 것은?

① 플랜지 커플링   ② 올덤 커플링

③ 유니버셜 조인트   ④ 슬리브 커플링

> **해설 ➕**
>
> **플랜지 커플링**
> 지름 200mm 이상의 축과 고속정밀 회전축의 축이음에 사용한다.

04 내연기관과 같이 전달 토크의 변동이 많은 원동기에서 다른 기계로 동력을 전달하는 경우, 또는 고속 회전으로 진동을 일으키는 경우에 베어링이나 축에 무리를 적게 하고 진동이나 충격을 완화시키기 위한 축이음은?

① 고정 커플링

② 플렉시블 커플링

③ 올덤 커플링

④ 자재이음

> **해설 ➕**
>
> **플렉시블 커플링**
> 고속회전으로 진동을 일으키는 경우 고무, 강선 등을 이용하여 충격과 진동을 완화시킨다.

05 실제 축에서 휨만이 작용하는 경우에 축의 지름을 구하는 식은 어느 것인가?(단, M : 축에 작용하는 휨 모멘트(N · mm), σ_b : 축에 생기는 휨응력(N/mm²))

① $d = \sqrt[3]{\dfrac{10M}{\sigma_b}}$ ② $d = \sqrt{\dfrac{10M}{\sigma_b}}$

③ $d = \dfrac{\sqrt{10M}}{\sigma_b}$ ④ $d = 4\dfrac{\sqrt{10M}}{\sigma_b}$

> **해설 ➕**
>
> 굽힘모멘트 $M = \sigma_b Z = \sigma_b \dfrac{\pi d^3}{32}$ 에서
>
> 축지름 $d = \sqrt[3]{\dfrac{32M}{\pi\sigma_b}} = \sqrt[3]{\dfrac{10M}{\sigma_b}}$

정답   01 ①   02 ②   03 ①   04 ②   05 ①

06 30,772N · mm의 비틀림 모멘트를 받는 실제 축의 지름으로 다음 중에서 적당한 것은?(단, $\tau_a =$ 19.6N/mm²이다.)

① 8mm ② 10mm

③ 15.7mm ④ 20mm

해설 ❸

축의 지름

$$d = \sqrt[3]{\frac{16\,T}{\pi\tau_a}} = \sqrt[3]{\frac{16 \times 30,772}{\pi \times 19.6}}$$
$$= 20\text{mm}$$

07 길이 4m인 연강재 중심축에 4,900N · m의 비틀림 모멘트가 작용할 때 비틀림각을 전 길이에 대하여 2° 이내로 유지하려면 지름을 얼마로 하면 되겠는가? (단, $G = 78.4 \times 10^3$N/mm²이다.)

① 62mm ② 78mm

③ 87mm ④ 93mm

해설 ❸

비틀림각

$$2° \times \frac{\pi}{180°} = 0.035\text{rad}$$

$$\theta = \frac{T \cdot l}{GI_P} = \frac{T \cdot l}{G \times \dfrac{\pi d^4}{32}} \text{에서}$$

$$\therefore d = \sqrt[4]{\frac{32\,T \cdot l}{G \cdot \pi \cdot \theta}}$$

$$= \sqrt[4]{\frac{32 \times 4,900 \times 10^3 \times 4,000}{78.4 \times 10^3 \times \pi \times 0.035}}$$

$$= 92.4\text{mm}$$
$$\fallingdotseq 93\text{mm}$$

08 420rpm으로 15,876N의 하중을 받고 있는 슬라이딩 베어링의 지름과 폭은 얼마인가?(단, 베어링 허용압력 0.98N/mm², 폭 지름비 $\dfrac{l}{d} = 2$)

① $d = 90$mm, $l = 180$mm

② $d = 85$mm, $l = 170$mm

③ $d = 80$mm, $l = 160$mm

④ $d = 75$mm, $l = 150$mm

해설 ❸

베어링 허용압력

$$q = \frac{P}{d \cdot l}\ (l = 2d \text{이므로})$$

$$q = \frac{P}{2d^2} \text{에서} \quad d = \sqrt{\frac{P}{2q}}$$

$$= \sqrt{\frac{15,876}{2 \times 0.98}}$$

$$= 90\text{mm}$$

$$\therefore l = 2 \times 90 = 180\text{mm}$$

09 강재 엔드저널에 14,700N의 하중이 가해진다고 하면 저널의 가장 적당한 길이는 얼마인가?(단, 너비 지름비 $\dfrac{l}{d} = 1.8$, 허용굽힘응력 $\sigma = 44.1$N/mm²이다.)

① 70mm ② 80mm

③ 90mm ④ 100mm

해설 ❸

$$M = \frac{P \cdot l}{2} = \sigma_b \cdot Z = \sigma_b \cdot \frac{\pi d^3}{32} \text{과}\ d = \frac{l}{1.8} \text{에서}$$

$$\frac{P \cdot l}{2} = \sigma_b \cdot \frac{\pi \times \left(\dfrac{l}{1.8}\right)^3}{32} = \frac{\pi\sigma_b \cdot l^3}{32 \times 1.8^3}$$

$$\therefore l = \sqrt{\frac{32 \times 1.8^3 \times P}{2 \times \pi \times \sigma_b}} = \sqrt{\frac{32 \times 1.8^3 \times 14,700}{2 \times \pi \times 44.1}}$$

$$= 99.5 \fallingdotseq 100\text{m}$$

10 마찰차

2개 이상의 마찰차에 압력을 가하여 두 접촉면 사이의 미끄럼 마찰저항, 즉 마찰력으로 동력을 전달하는 기계요소이다. 동력전달이 매우 정숙하나 동력전달용량이 적다. 마찰력 F_f를 기준으로 설계해 나간다.

01 원통마찰차(평마찰차)

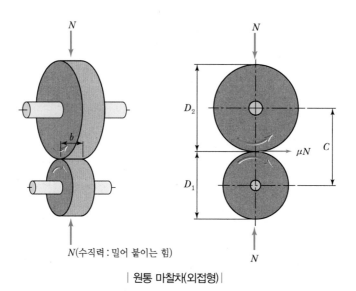

N(수직력 : 밀어 붙이는 힘)

| 원통 마찰차(외접형) |

1 속도비 i

두 마찰차가 회전할 때 원주속도는 같다. ⇒ $V_1 = V_2$

$$\frac{\pi D_1 N_1}{60,000} = \frac{\pi D_2 N_2}{60,000} \rightarrow D_1 N_1 = D_2 N_2$$

속도비 $i = \dfrac{N_2}{N_1} = \dfrac{D_1}{D_2}$

여기서, N_1 : 원동차의 회전수, D_1 : 원동차의 지름
N_2 : 종동차의 회전수, D_2 : 종동차의 지름

2 축간거리

위와 아래 그림에서 축간거리를 구해보면

$C = \dfrac{D_1 + D_2}{2}$ (마찰차가 외접일 때)

$C = \dfrac{D_2 - D_1}{2}$ (내접일 때)

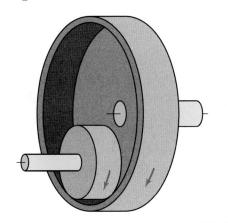
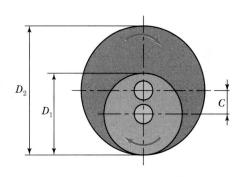

| 원통 마찰차(내접형) |

3 마찰차 지름설계

축간거리 C에 $D_1 = i D_2$ 대입, $C = \dfrac{i D_2 + D_2}{2} = \dfrac{D_2 (i+1)}{2}$

$D_2 = \dfrac{2C}{1+i}$

$D_1 = \dfrac{2C}{1+\dfrac{1}{i}}$

외접

$D_2 = \dfrac{2C}{1-i}$

$D_1 = \dfrac{2C}{\dfrac{1}{i}-1}$

내접

4 접촉면의 압력(선압 : 선분포의 힘)

$$f = \frac{N(\text{수직력})}{b(\text{접촉길이})}(\text{N/mm, kgf/mm})$$

5 마찰력에 의한 전달토크

$$T_1 = \mu N \frac{D_1}{2} = \mu \cdot f \cdot b \frac{D_1}{2} (\text{지름이 } D_1 \text{인 마찰차의 전달토크})$$

$$T_2 = \mu N \frac{D_2}{2} = \mu \cdot f \cdot b \frac{D_2}{2} (\text{지름이 } D_2 \text{인 마찰차의 전달토크})$$

6 전달동력

$$H = \mu N V (\text{N} \cdot \text{m/s} = \text{J/s} = \text{W} : \text{SI단위} : \text{마찰력(N)일 때})$$

$$H_{\text{PS}} = \frac{\mu N \cdot V}{75} = \frac{\mu \cdot f \cdot b \cdot V}{75}, \ H_{\text{kW}} = \frac{\mu N \cdot V}{102} = \frac{\mu \cdot f \cdot b \cdot V}{102}$$

(공학단위 : 마찰력(kgf)일 때)

$$\left(V = \frac{\pi D_1 N_1}{60,000} = \frac{\pi D_2 N_2}{60,000} \right)$$

02 원추마찰차

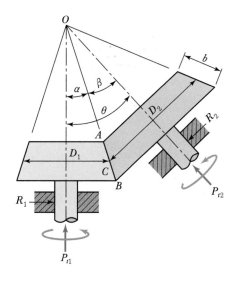

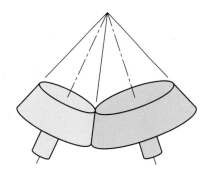

θ : 축각
α, β : 원추반각
P_{t1}, P_{t2} : 축(트러스트하중)
R_1, R_2 : 베어링 반력

03 홈마찰차

Q(밀어붙이는 힘)

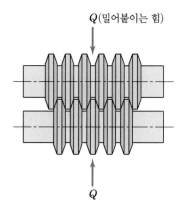

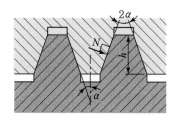

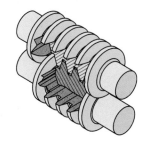

Q

04 무단변속마찰차

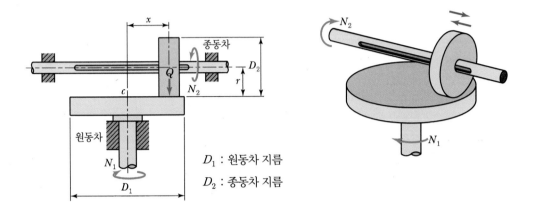

D_1 : 원동차 지름

D_2 : 종동차 지름

1 속도비

$$i = \frac{N_2}{N_1} = \frac{x}{r}$$

속도비는 중심으로부터의 거리 x 에 비례하고 r 에 반비례한다. 왜냐하면 x 가 중심 c 에 가까울수록 종동차는 서서히 돌고 멀어질수록 빨리 돌게 되며, 또 종동차의 반경이 클수록 천천히 돌기 때문이다.

예제

매분 1,500rpm으로 회전하는 평마찰차를 가지고 20kW를 전달하려고 150N으로 밀어붙인다면 이 평마찰차의 지름은 얼마 이상으로 설계하여야 하는가?(단, 마찰계수 $\mu = 0.35$로 한다.)

(해설)

$$T = \frac{H}{\omega} = \frac{20 \times 1,000}{\dfrac{2\pi \times 1,500}{60}} = 127.32395 \text{N} \cdot \text{m} = 127,323.95 \text{N} \cdot \text{mm}$$

$$= F_f \cdot \frac{d}{2} = \mu N \cdot \frac{d}{2} \, (N : 수직력)$$

$$\therefore d = \frac{2T}{\mu N} = \frac{2 \times 127,323.95}{0.35 \times 150} = 4,850.44 \text{mm}$$

| 예제

매분 600회 회전하여 10kW를 전달시키는 외접 평마찰차가 지름이 450mm이면 그 나비는 몇 mm로 하여야 하는가?(단, 단위길이당 허용선압 $f = 15$N/mm, 마찰계수 $\mu = 0.25$이다.)

[해설] $V = \dfrac{\pi DN}{60{,}000} = \dfrac{\pi \times 450 \times 600}{60{,}000} = 14.14\text{m/s}$, $H = F_f \cdot V = \mu N \cdot V$

∴ 수직력 $N = \dfrac{H}{\mu V} = \dfrac{10 \times 1{,}000}{0.25 \times 14.14} = 2{,}828.85\text{N}$

선압 $f = \dfrac{N}{b}$ 에서 $b = \dfrac{N}{f} = \dfrac{2{,}828.85}{15} = 188.59\text{mm}$

11 기어

한 쌍의 마찰차의 접촉면에 치형을 만들고 이 치형(이)의 접촉에 의해 동력을 전달하는 기계요소이다.

01 표준기어[스퍼기어(Spur Gear)]

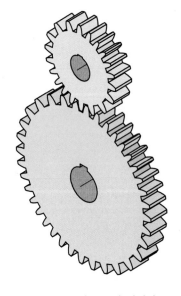

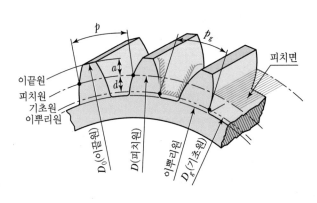

a : 이끝 높이(어덴덤)

d : 이뿌리 높이(디덴덤)

p : 원주 피치

p_g : 기초원 피치

α : 압력각(14.5°, 20° KS규격)

　(한 쌍의 이가 맞물렸을 때 접점이 이동하는 궤적을 작용선이라 하며 이 작용선과 피치원의 공통접선이 이루는 각을 압력각이라 한다)

1 이의 크기

기어의 이 크기를 표시하는 방법은 다음과 같다.

(1) 원주 피치(p)

$$p = \frac{\text{피치원의 원주}}{\text{잇수}} = \frac{\pi D}{z} \, (\text{mm 또는 inch}) = \pi m$$

(2) 모듈(m)

미터계에서 사용

$$m = \frac{\text{피치원지름}}{\text{잇수}} = \frac{D}{z} \, (\text{mm}) \rightarrow D = m \cdot z$$

(3) 지름 피치(p_d)

인치계에서 사용

$$p_d = \frac{\text{잇수}}{\text{피치원지름}} = \frac{z}{D} \, (\text{inch}) \rightarrow \frac{25.4 \cdot z}{D} \, (\text{mm}) = \frac{25.4}{m} \, (\text{mm})$$

$(1 \, \text{inch} = 25.4 \, \text{mm})$

2 기어의 각치수

(1) 기초원지름

$D_g = D \cos \alpha \, (\alpha \, : \text{압력각})$

(2) 기초원피치(법선피치 : p_n)

$p_g = p \cos \alpha \, (\pi D_g = p_g \cdot z, \, \pi D = p z \text{에서} \, p_g z = p \cdot z \cos \alpha)$

$\quad = \pi m \cos \alpha$

(3) 이끝원지름

$D_0 = D + 2a \, (a \, : \text{어덴덤})$

$\quad = m z + 2a \, (\text{표준치형은} \, a = m \text{으로 설계})$

$\quad = m(z + 2)$

예제

표준 스퍼기어의 잇수가 58, 바깥지름(이끝원지름)이 300mm일 때 원주피치는 몇 mm인가?

해설

$$D_0 = mz + 2m$$

$$= m(z+2) \text{에서 } m = \frac{D_0}{z+2} = \frac{300}{58+2} = 5\,\text{mm}$$

피치원지름 $D = mz = 5 \times 58 = 290\,\text{mm}$

$$\therefore \pi D = p \cdot z \text{에서 } p = \frac{\pi D}{z} = \frac{\pi \times 290}{58} = 15.7\,\text{mm}$$

예제

표준 스퍼기어에서 모듈 6, 잇수 30개, 압력각이 20°일 때 법선피치 p_n은 몇 mm인가?

해설

$$p_n = p\cos\alpha = \pi m \cos\alpha$$

$$= \pi \times 6 \times \cos 20°$$

$$= 17.7\,\text{mm}$$

3 치차의 전동

(1) 속도비

$$i = \frac{N_2}{N_1} = \frac{D_1}{D_2} = \frac{mz_1}{mz_2} = \frac{z_1}{z_2}$$

여기서, N_1, N_2 : 원동차, 종동차의 회전수

D_1, D_2 : 원동차, 종동차의 피치원지름

z_1, z_2 : 원동차, 종동차의 잇수

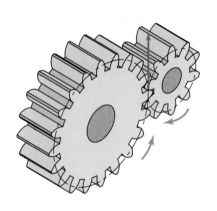

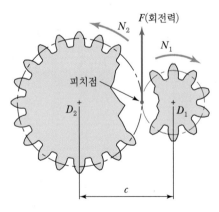

기어(Gear)　　　피니언(Pinion) : 작은 기어

(2) 회전력(F)

$$전달토크 \ T = \frac{H}{\omega}, \quad T = F \times \frac{D}{2} \qquad 여기서, \ D : 피치원지름, \ D = mz$$

예제

3kW의 동력을 1,500rpm으로 전달하는 스퍼기어가 있다. 이 기어에 작용하는 회전력(N)은?(단, 스퍼기어 모듈은 5이고, 잇수는 40이다.)

해설

$$T = \frac{H}{\omega} = \frac{3 \times 10^3}{\frac{2\pi \times 1,500}{60}} = 19.1 \mathrm{N \cdot m} = 19.1 \times 10^3 \mathrm{N \cdot mm}$$

$$T = F \times \frac{D}{2} = F \times \frac{mz}{2} 에서 \ F = \frac{2T}{mz} = \frac{2 \times 19.1 \times 10^3}{5 \times 40} = 191\mathrm{N}$$

---

02 기어이의 간섭과 언더컷

- 이의 간섭 : 한쪽 기어의 이끝이 상대쪽 기어의 이뿌리와 맞부딪혀서 정상적으로 회전하지 못하는 경우
- 언더컷 : 랙(Rack) 공구 또는 호브(Hob)로 기어절삭을 할 때 이의 수가 적으면 이의 간섭이 생겨 이뿌리가 깎이는 현상

1 이의 간섭 원인과 방지책

이의 간섭 원인	이의 간섭 방지책
잇수가 적을 경우	치형의 이끝면을 깎아낸다.
압력각이 적을 경우	압력각을 크게 한다.
유효 이 높이가 클 경우	이의 높이를 줄인다.
잇수비가 너무 클 경우	피니언의 반경 방향 이뿌리면을 파낸다.

2 언더컷 방지법

① 이의 높이를 낮춘다.
② 전위기어를 만든다.
③ 한계잇수 이상으로 한다.
④ 압력각을 크게 한다(20° 또는 그 이상으로 한다).

03 전위기어

전위기어는 언더컷을 방지할 수 있을 뿐만 아니라 인벌류트기어의 결점으로 들 수 있는 여러 사항을 개량한 기어이며 래크공구의 기준 피치선을 기어의 기준 피치원에서 반지름 방향으로 $x \cdot m$ 만큼 떨어지게 이동하고 기어의 이를 절삭하여 만든 기어이다.

❶ 언더컷을 일으키지 않는 한계잇수

$$z_g = \frac{2a}{m\sin^2\alpha} = \frac{2}{\sin^2\alpha}\,(\text{표준치형}\ a = m)$$

❷ 전위계수

$$x = 1 - \frac{z}{z_g}$$

❸ 전위량

$$x \cdot m = \left(1 - \frac{z}{z_g}\right) \cdot m$$

> **예제**
>
> 래크공구로 모듈 4, 압력각은 20°, 잇수가 12인 인벌류트 치형의 전위기어를 가공할 때 언더컷을 방지하기 위한 전위량은 몇 mm인가?
>
> **해설** $z_g = \dfrac{2}{\sin^2\alpha} = 17.1$
>
> 전위량 $x \cdot m = \left(1 - \dfrac{z}{z_g}\right) \cdot m = \left(1 - \dfrac{12}{17.1}\right) \times 4 = 1.2\text{mm}$

04 헬리컬기어

헬리컬기어는 위상이 연속적으로 변화한 이가 동시에 맞물림을 하는 것이 되므로 진동이나 소음이 적고 고속운전에 적합하며 원활한 동력을 전달할 수 있다. 또 스퍼기어보다 치수비를 크게 할 수 있으나 축 방향의 트러스트하중이 발생하는 결점이 있다.

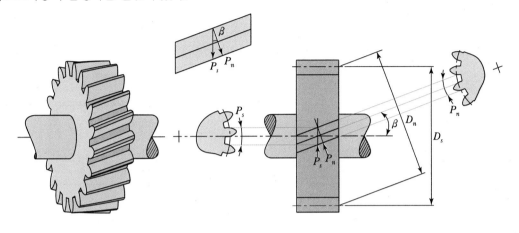

$$p_s \times \cos\beta = p_n \quad , \quad m_s \times \cos\beta = m_n$$

여기서, p_s : 축직각피치 　　p_n : 치직각피치

　　　　D_s : 축직각지름 　　D_n : 치직각지름

　　　　m_s : 축직각모듈 　　m_n : 치직각모듈

　　　　α : 압력각 　　　　β : 비틀림각

1 헬리컬기어의 각치수

다음의 값들은 축직각에 관한 값들로 전개된다.

(1) 피치원지름

$$D_s = m_s \cdot z$$

(2) 치직각 기준피치(법선피치)

$$p_n = p_s \cos\beta$$

(3) 상당스퍼기어 잇수

$$z_e = \frac{z}{\cos^3 \beta}$$

여기서, z : 헬리컬기어 잇수

$$z_{e_1} = \frac{z_1}{\cos^3 \beta} \;,\; z_{e_2} = \frac{z_2}{\cos^3 \beta}$$

여기서, $z_1 (z_2)$: 헬리컬기어의 원동차(종동차) 잇수

예제

헬리컬기어에서 잇수가 40, 비틀림각이 20°일 때 상당평기어 잇수는 몇 개인가?

해설 $z_e = \dfrac{z}{\cos^3 \beta} = \dfrac{40}{\cos^3 20°} = 48.2 ≒ 48개$

---

05 베벨기어

두 축이 한 점에서 서로 교차할 때 동력을 구름접촉에 의해 전달하는 기어이다.

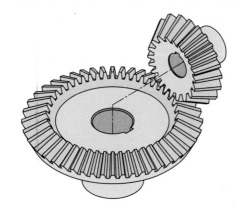
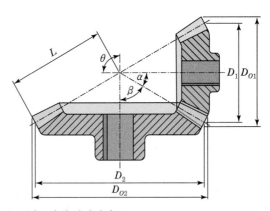

L : 원추모선의 길이 D_1 : 원동차의 피치원지름
D_2 : 종동차의 피치원지름 D_{O1} : 원동차의 이끝원지름
D_{O2} : 종동차의 이끝원지름 α, β : 원추반각
θ : 축각($\alpha + \beta$)

06 웜기어

나사기어의 일종으로 축각은 90°의 경우가 많고 작은 용적으로 큰 감속비를 쉽게 얻을 수 있다.

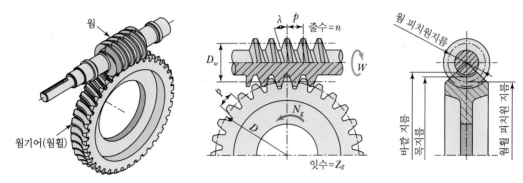

07 각종 기어의 종류

축의 위치에 따라 기어의 종류를 다음과 같이 나눈다.

1 두 축이 평행한 경우

스퍼기어	헬리컬기어	더블 헬리컬기어	내접기어	래크
이끝이 직선이며 평기어라 한다.	• 이끝이 나선형인 원통기어 • 이의 변형과 진동 소음 작음 • 고속의 큰 동력 전달 • 단점 : 축방향 추력이 생김	• 이 방향이 반대인 두 개의 헬리컬기어를 맞붙여 놓은 기어 • 축방향 추력을 상쇄시킨 기어	원통 안쪽에 기어 이를 만들어 회전 방향이 같으며 축간 거리를 줄일 수 있다.	• 스퍼기어의 피치원 반지름이 무한대인 기어 • 회전운동을 직선운동으로 또는 그 반대 운동으로 바꾸는 데 사용하는 기어

② 두 축이 교차하는 경우

스퍼 베벨기어	스파이럴 베벨기어	크라운기어
원뿔면에 기어 이를 직선으로 만든 것	이끝이 곡선으로 된 기어로 소음이 작다.	피치면이 평면인 기어

③ 두 축이 평행하지도 만나지도 않는 경우

나사기어	하이포드기어	웜기어
비틀림이 서로 다른 헬리컬기어를 엇갈리는 축에 조합시킨 것	편심된 축 안에 운동을 전달하는 한쌍의 원뿔형 기어	• 나사 모양의 기어를 웜이라 한다. • 감속비가 매우 크다(8∼140). • 소음과 진동이 적고 역회전 방지 기능이 있다.

08 기어열

1 기어열

순서대로 옆의 축에 회전운동을 전달하는 기구로 구성된 일군의 기어를 기어열이라 한다.

(1) 기어열의 속도비 : 직렬형

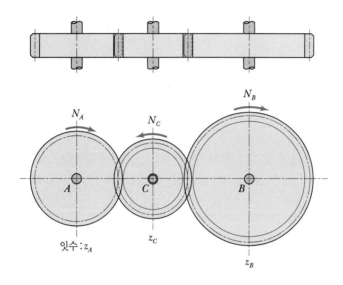

① A와 C 사이의 속도비 i_{AC}

$$i_{AC} = \frac{N_C}{N_A} = \frac{z_A}{z_C} \qquad \therefore \ N_A = N_C \cdot \frac{z_C}{z_A}$$

② C와 B 사이의 속도비 i_{CB}

$$i_{CB} = \frac{N_B}{N_C} = \frac{z_C}{z_B} \qquad \therefore \ N_B = N_C \times \frac{z_C}{z_B}$$

③ AB 사이의 속도비 $i_{AC} \times i_{CB}$이므로

$$i_{AB} = \frac{N_B}{N_A} = \frac{z_A}{z_C} \times \frac{z_C}{z_B} = \frac{z_A}{z_B} \quad \text{(중간기어 } C\text{의 잇수와는 관계없다)}$$

(2) 기어열의 속도비 : 조합형

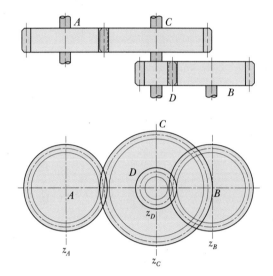

그림과 같이 A의 회전을 B에 전달할 때 중간에 있는 기어 C와 D는 동일축에 고정되어 있고 잇수는 서로 다르다.

① A와 C 사이의 속도비

$$i_{AC} = \frac{N_C}{N_A} = \frac{z_A}{z_C}$$

② D와 B 사이의 속도비

$$i_{DB} = \frac{N_B}{N_D} = \frac{z_D}{z_B}$$

③ A와 B 사이의 속도비 $i_{AB} = i_{AC} \times i_{DB}$

$$i_{AB} = \frac{z_A \times z_D}{z_C \times z_B} = \frac{\text{원동차들의 잇수 곱}}{\text{종동차들의 잇수 곱}}$$

예제

그림과 같은 기어열에서 각 기어의 잇수 $z_A = 20$, $z_B = 40$, $z_C = 40$, $z_D = 60$이고, A기어가 있는 기어모터 축이 2,100rpm으로 회전하면 기어 D가 있는 축의 회전수는 몇 rpm인가?

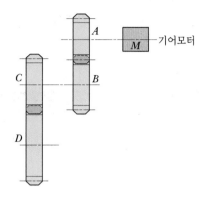

해설   기어 A와 D의 속도비는 기어열이므로

$$i = \frac{원동차의\ 잇수곱}{종동차의\ 잇수곱} = \frac{z_A \times z_C}{z_B \times z_D}$$

$$i = \frac{N_D}{N_A} = \frac{20 \times 40}{40 \times 60} = \frac{1}{3} \ 에서 \ N_D = \frac{N_A}{3} = \frac{2,100}{3} = 700\text{rpm}$$

CHAPTER

12 벨트, 로프, 체인

01 평벨트

감아걸기 전동장치의 일종으로 정확한 속도비는 얻을 수 없으나 축간거리를 크게 취할 수 있는 장점이 있다.

1 평벨트의 길이와 접촉각

(1) 바로걸기(Open Belting)

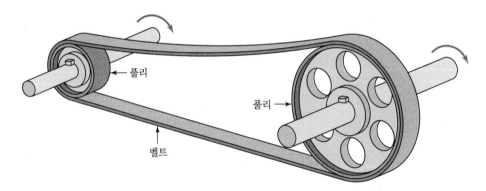

① 벨트길이

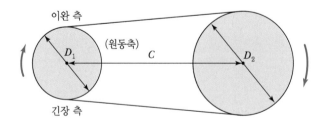

$$L_O = 2\,C + \frac{\pi\,(D_2 + D_1)}{2} + \frac{(D_2 - D_1)^2}{4\,C}$$

② 접촉각

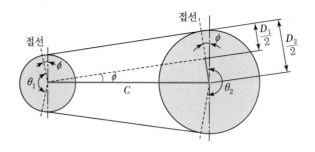

작은 풀리의 접촉각 $\theta_1 = 180° - 2\phi$
큰 풀리의 접촉각 $\theta_2 = 180° + 2\phi$

$$C\sin\phi = \frac{D_2 - D_1}{2} \rightarrow \phi = \sin^{-1}\left(\frac{D_2 - D_1}{2C}\right)$$

(2) 엇걸기(Crossed Belting)

① 벨트길이

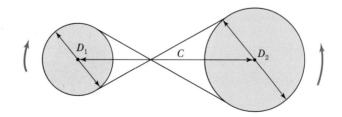

$$L_C = 2C + \frac{\pi(D_2 + D_1)}{2} + \frac{(D_2 + D_1)^2}{4C}$$

② 접촉각

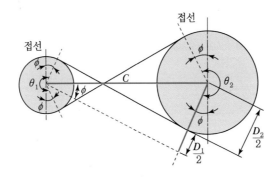

$$\theta_1 = \theta_2 = 180° + 2\phi$$

$$C\sin\phi = \frac{D_1 + D_2}{2}$$

$$\therefore \ \sin\phi = \frac{D_2 + D_1}{2C} \rightarrow \phi = \sin^{-1}\left(\frac{D_2 + D_1}{2C}\right)$$

❷ 벨트의 장력과 전달동력

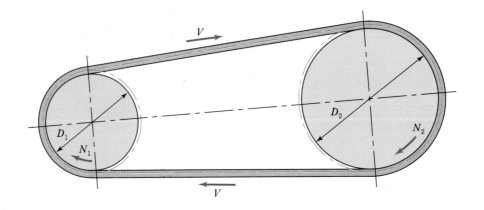

(1) 속도비(i)

$$i = \frac{N_2}{N_1} = \frac{D_1}{D_2}$$

여기서, N_1, N_2 : 원동풀리, 종동풀리의 회전수

D_1, D_2 : 원동풀리, 종동풀리의 지름

(2) 벨트의 회전속도

$$V = \frac{\pi D_1 N_1}{60,000} = \frac{\pi D_2 N_2}{60,000} \text{m/s}$$

(3) 벨트의 장력

벨트의 전동은 마찰전동이므로 초장력을 줄 필요가 있다.

① 벨트가 회전할 때 팽팽히 당겨지는 쪽의 장력 : T_t(긴장 측 장력 : Tight Side Tension)

② 벨트가 회전할 때 느슨해지는 쪽의 장력 : T_s(이완 측 장력 : Slack Side Tension)

③ 벨트풀리를 실제로 돌리는 힘 : T_e(유효장력 : Effective Tension)

$$T_e = T_t - T_s$$

(긴장 측 장력과 이완 측 장력의 차이만큼 풀리를 돌리게 된다)

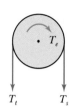

(4) 벨트의 장력비($e^{\mu\theta}$) (2~5 범위의 값)

① 벨트의 회전속도 V가 10m/s 이하여서 원심력을 무시할 때

$$e^{\mu\theta} = \frac{T_t}{T_s}$$

여기서, μ : 벨트와 풀리의 마찰계수
θ : 접촉각(바로걸기에서는 θ_1 적용)

② 벨트의 회전속도 V가 10m/s 이상되어 원심력을 고려할 때

$$e^{\mu\theta} = \frac{T_t - C}{T_s - C}$$ (원심력에 의한 부가장력 C는 벨트와 풀리의 마찰을 감소시킴)

원심력 $C = m \cdot \dfrac{V^2}{r} = \dfrac{m}{r} \cdot V^2 = m' \cdot V^2$

(SI단위에서 m'=벨트단위길이당 질량($\dfrac{m}{r}$: kg/m)이 주어질 때)

원심력 $C = m \cdot \dfrac{V^2}{r} = \dfrac{W}{g}\dfrac{V^2}{r} = \dfrac{w\,V^2}{g}$

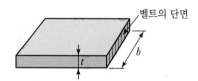

벨트의 단면

$w = \dfrac{W}{r}$ kgf/m : 벨트의 단위길이당 무게(공학단위)

$w = \gamma \cdot A = \gamma \cdot b \cdot t$ (N/m, kgf/m)

(5) 장력 간의 관계

① $\boxed{T_e = T_t - T_s}$ ...... ㉠, $\boxed{e^{\mu\theta} = \dfrac{T_t}{T_s}}$ 에서 $T_s = \dfrac{T_t}{e^{\mu\theta}}$ 를 ㉠에 대입

$$T_e = T_t - \frac{T_t}{e^{\mu\theta}} = T_t \cdot \frac{e^{\mu\theta} - 1}{e^{\mu\theta}} \quad \Rightarrow T_t = T_e \frac{e^{\mu\theta}}{e^{\mu\theta} - 1}$$

(㉠에 $T_t = T_s e^{\mu\theta}$ 를 대입하면, $T_e = T_s(e^{\mu\theta} - 1)$ 이 된다)

② $e^{\mu\theta} = \dfrac{T_t - C}{T_s - C}$ 에서 $T_s = \dfrac{T_t - C + Ce^{\mu\theta}}{e^{\mu\theta}}$ 를 ㉠에 대입

$$T_e = T_t - \frac{T_t - C + Ce^{\mu\theta}}{e^{\mu\theta}} = \frac{e^{\mu\theta}T_t - T_t + C - Ce^{\mu\theta}}{e^{\mu\theta}}$$

$$= \frac{(T_t - C)e^{\mu\theta} - (T_t - C)}{e^{\mu\theta}}$$

$$\therefore T_e = \frac{(T_t - C)(e^{\mu\theta} - 1)}{e^{\mu\theta}}$$

(또 T_e 를 T_s 에 대한 식으로 나타내면 $T_e = (T_s - C)(e^{\mu\theta} - 1)$)

(6) 벨트의 전달동력

유효장력에 의해 풀리를 돌리므로 회전력은 유효장력이 된다.

$T_e(\text{N})$, $V(\text{m/s})$

$$\boxed{\begin{aligned} H &= T_e \cdot V\,(\text{W : SI단위}) \\ &= T_t \cdot \left(\frac{e^{\mu\theta} - 1}{e^{\mu\theta}} \right) \cdot V \end{aligned}}$$

$$H_{\text{PS}} = \frac{F \cdot V}{75} = \frac{T_e \cdot V}{75} = \frac{T_t \cdot V}{75}\left(\frac{e^{\mu\theta} - 1}{e^{\mu\theta}} \right)$$

$$= \frac{T_s\,V}{75}(e^{\mu\theta} - 1) \qquad (V < 10\text{m/s})$$

$$H_{\text{PS}} = \frac{T_e \cdot V}{75} = \frac{(T_t - C)\,V}{75}\left(\frac{e^{\mu\theta} - 1}{e^{\mu\theta}} \right)$$

$$= \frac{(T_s - C)\,V}{75}(e^{\mu\theta} - 1) \qquad (V > 10\text{m/s})$$

예 제

긴장 측 장력이 4,000N, 이완 측 장력이 1,500N일 때 전달동력은 약 몇 kW인가?(단, 벨트의 속도는 3m/s이다.)

해설 $H = T_e \cdot V$ 에서 $T_e = T_t - T_s = 4{,}000 - 1{,}500 = 2{,}500\text{N}$ 이므로

$H = 2{,}500 \times 3 = 7{,}500\text{W} = 7.5\text{kW}$

예 제

5m/s의 속도로 10kW의 동력을 전달하는 평벨트의 이완 측 장력(N)은?(단, 긴장 측 장력은 이완 측 장력의 3배이고, 원심력은 무시한다.)

해설 $H = T_e \cdot V$ 에서 $T_e = \dfrac{H}{V} = \dfrac{10 \times 10^3}{5} = 2{,}000\text{N}$

$T_e = T_t - T_s$ 와 장력비 $e^{\mu\theta} = \dfrac{T_t}{T_s} = 3 \rightarrow T_t = 3T_s)$

$T_e = 3T_s - T_s = 2T_s$

$\therefore$ 이완 측 장력 $T_s = \dfrac{T_e}{2} = \dfrac{2{,}000}{2} = 1{,}000\text{N}$

3 벨트의 응력

(1) 인장응력

$$\sigma_t = \frac{T_t(\text{가장 큰 인장력})}{A(\text{파괴면적})} = \frac{T_t}{b \cdot t} = \boxed{\frac{T_t}{b \cdot t \cdot \eta}}$$

여기서, η : 벨트이음효율

02 V벨트

직물을 고무로 고형한 것으로 $40°$의 사다리꼴을 갖는 앤드리스(Endless)벨트이다.

자유물체도에서 $\sum F_y = -Q + \dfrac{N}{2}\sin\alpha \times 2(\text{양쪽}) + \mu \cdot \dfrac{N}{2}\cos\alpha \times 2(\text{양쪽}) = 0$

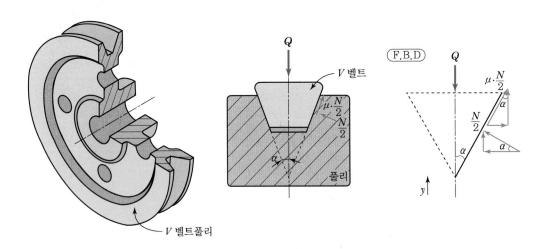

1 상당마찰계수(힘이 홈의 반각 α의 각도로 가해지므로)

$$\mu' = \frac{\mu}{\sin\alpha + \mu\cos\alpha}$$

2 수직력

$$N = \frac{Q}{\sin\alpha + \mu\cos\alpha}$$

3 마찰력

$$F_f = 2 \cdot \mu \cdot \frac{N}{2} = \mu N = \mu' Q$$

4 장력비와 유효장력

$$e^{\mu'\theta} = \frac{T_t}{T_s} \ , \ T_e = T_t - T_s, \ e^{\mu'\theta} = \frac{(T_t - C)}{(T_s - C)} \, (\text{원심력에 의한 부가장력을 고려})$$

5 V벨트 한 가닥의 전달동력(원심력에 의한 부가장력 고려)

$$H_0 = T_e \cdot V = (T_t - C) \cdot \left(\frac{e^{\mu'\theta} - 1}{e^{\mu'\theta}} \right) \cdot V$$

여기서, 원심력을 무시할 경우는 C 만 제외

03 타이밍 벨트

벨트의 형상을 치형으로 하며 미끄럼이 거의 없어 정확한 속도비가 요구되는 자동차 엔진과 소형자동기계에 사용하는 벨트이다.

| 타이밍 벨트 |

04 로프

로프전동은 벨트 대신에 로프를 홈바퀴(시브폴리)에 걸어 감고 로프와 홈면 사이의 마찰력에 의하여 축에 운동과 동력을 전달하는 장치이며, V벨트 장치와 비슷하다. 와이어 로프는 2축 사이의 거리가 멀고, 큰 동력을 전달할 경우에 사용되며, 최근에는 엘리베이터, 하역기계(크레인), 광산, 선박 등에 많이 사용된다.

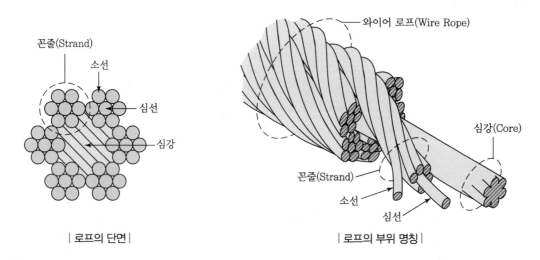

| 로프의 단면 | | 로프의 부위 명칭 |

1 로프의 응력

접촉면의 마찰력에 의해 로프에 발생하는 인장응력(σ_t)(주로 발생하는 응력)

$$\sigma_t = \frac{P}{\frac{\pi d^2}{4} n}$$

여기서, P : 로프에 걸리는 인장력(긴장 측 장력 T_t로 해석)

　　　　d : 소선의 지름

　　　　n : 소선 가닥 수

05 체인

벨트나 로프와 같은 마찰 전동은 어느 정도의 슬립을 피할 수 없지만 체인전동은 체인을 스프로킷 휠의 이
에 걸어서 전동하기 때문에 비교적 큰 속도비라도 확실하게 동력을 전달할 수 있는 기계요소이다.
특히, 정숙하고 원활하면서 고속 회전이 필요한 곳에는 사일런트 체인을 사용한다.

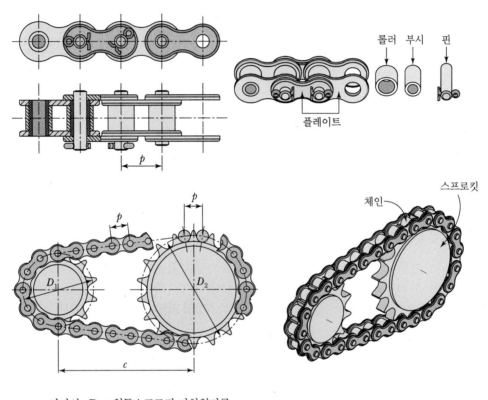

여기서, D_1 : 원동스프로킷 피치원지름
D_2 : 종동스프로킷 피치원지름
z_1 : 원동스프로킷 잇수
z_2 : 종동스프로킷 잇수
p : 피치

$$\pi D = p \cdot z$$

1 체인길이

$$L = L_n \cdot p$$

$$L_n = \frac{2\,C}{p} + \frac{z_1 + z_2}{2} + \frac{0.0257\,p\,(z_2 - z_1)^2}{C}$$

여기서, L_n : 링크 수

C : 축간거리

2 속도비

$$i = \frac{N_2}{N_1} = \frac{D_1}{D_2} = \frac{z_1}{z_2}$$

3 체인의 속도

$$V = \frac{\pi D N}{60,000} = \frac{N p z}{60,000} \quad \frac{N_1 p z_1}{60,000} = \frac{N_2 p z_2}{60,000} \ (\pi D = p z)$$

┃예제

체인 피치가 12.25mm, 잇수 34, 회전수가 400rpm일 때, 체인의 평균속도는 몇 m/s인가?

[해설] $V = \dfrac{\pi DN}{60,000} = \dfrac{pzN}{60,000} = \dfrac{12.25 \times 34 \times 400}{60,000} = 2.8\,\mathrm{m/s}$

4 스프로킷 피치원지름과 외경

피치원지름 $D = \dfrac{p}{\sin\left(\dfrac{180°}{z}\right)}$ 외경 $D_o = p\left(0.6 + \cot\left(\dfrac{180°}{z}\right)\right)$

5 전달동력

체인의 허용장력 $F_a(\mathrm{N})$, 체인속도$(\mathrm{m/s})$

$$H = F_a \cdot V (\mathrm{N \cdot m/s = J/s = W : SI단위})$$

$$H_{\mathrm{PS}} = \frac{F_a \cdot V}{75}, \; H_{\mathrm{kW}} = \frac{F_a \cdot V}{102} (\text{공학단위})$$

체인의 허용장력 $F_a = \dfrac{F_f(\text{파단하중})}{S(\text{안전율})}$

예제

잇수 26, 피치 10.5mm, 회전수 500rpm의 스프로킷 휠에 40번 롤러 체인을 사용하였을 경우, 전달동력은 몇 kW인가?(단, 40번 롤러 체인의 파단하중은 30kN, 안전율은 10이다.)

해설 허용하중 $F_a = \dfrac{F_f}{S} = \dfrac{30 \times 10^3}{10} = 3{,}000\mathrm{N}$

전달동력 $H = F_a \cdot V = F_a \cdot \dfrac{\pi DN}{60{,}000} = F_a \times \dfrac{pzN}{60{,}000}$

$$= 3{,}000 \times \frac{10.5 \times 26 \times 500}{60{,}000}$$

$$= 6{,}825\mathrm{W}$$

$$\fallingdotseq 6.8\mathrm{kW}$$

13 브레이크와 래칫휠

브레이크는 동력전달을 제어하기 위한 기계요소로서 운동체의 속도를 감속 또는 정지시키는 데 사용된다.
일반적으로 운동에너지를 고체마찰에 의하여 열에너지로 바꾸는 마찰 브레이크가 가장 많이 사용된다.

01 블록 브레이크

❶ 드럼이 우회전할 때와 좌회전할 때의 힘 분석

(1) 우회전과 좌회전

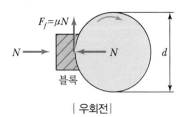

| 우회전 |

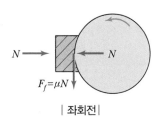

| 좌회전 |

여기서, N : 블록 브레이크를 미는 힘(수직력)
μ : 블록 브레이크와 드럼 사이의 마찰계수
F_f : 마찰력(제동력)
T : 브레이크토크
※ 마찰력의 방향은 드럼이 돌아가는 방향과 같다.

2 브레이크 설계

(1) 접촉면의 압력

$$q = \frac{N}{A_q} = \frac{N}{b \cdot e}$$

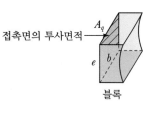

접촉면의 투사면적

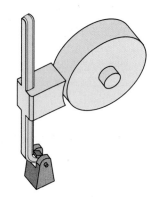

블록

(2) 마찰력(브레이크의 제동력)

$$F_f = \mu N = \mu q A_q = \mu q b e$$

(3) 제동토크(브레이크토크)

$$T = F_f \cdot \frac{d}{2} = \mu N \frac{d}{2} = \mu q A_q \cdot \frac{d}{2}$$

(4) 브레이크의 제동동력

$$H = F_f \cdot V = \mu N V (\text{W : SI단위})$$

(5) 브레이크의 용량(단위면적당 제동동력 ; 단위면적당 마찰동력)

$$\frac{H}{A_q} = \frac{F_f \cdot V}{A_q} = \frac{\mu N V}{A_q} = \boxed{\mu q \cdot V} \, \text{N/mm}^2 \cdot \text{m/s} \qquad \text{여기서, } q = \frac{N}{A_q}$$

브레이크를 걸었을 때 마찰재료의 온도가 상승하게 되는데, 이것은 일반적으로 마찰계수를 저하시키고 브레이크토크를 감소시키게 된다. 특히, 자동차 브레이크와 같은 경우는 매우 위험하므로 마찰재료의 표면온도는 허용온도 이하로 유지할 필요가 있다. 그래서 경험적으로 주어진 $\mu q \cdot V$의 허용치를 넘지 않게 설계해야 한다. 그렇지 않으면 주위로 열을 방열하지 못해 브레이크가 눌어붙게 된다(압력 q 대신 p로 주어지기도 한다).

예제

브레이크 시스템에서 제동동력이 4kW이고 브레이크 용량이 5(N/mm² · m/s)일 때, 브레이크의 마찰면적(mm²)은?

해설 $\dfrac{H}{A_q} = \mu \cdot q \cdot V = 5$에서

마찰면적 $A_q = \dfrac{H}{5} = \dfrac{4 \times 10^3}{5} = 800 \, \text{mm}^2$

| 예 제 |

드럼 지름이 400mm인 브레이크에서 100N · m의 제동토크를 발생시키고자 할 때 블록을 드럼에 밀어붙이는 힘(N)은?(단, 접촉부 마찰계수 $\mu = 0.3$이다.)

해설　$T = F_f \cdot \dfrac{d}{2} = \mu \cdot N \cdot \dfrac{d}{2}$에서 $N = \dfrac{2T}{\mu d} = \dfrac{2 \times 100 \times 10^3}{0.3 \times 400} = 1,666.7 \text{N}$

| 예 제 |

블록 브레이크의 드럼이 10m/s의 속도로 회전할 때, 블록을 420N의 힘으로 밀어붙인다면 이 브레이크의 제동동력은 몇 kW인가?(단, 접촉부 마찰계수는 0.25이다.)

해설　$H = F_f \cdot V = \mu \cdot NV = 0.25 \times 420 \times 10 = 1,050 \text{W} = 1.05 \text{kW}$

(6) 형식에 따른 조작력(F)

회전(핀)지점 O에 대한 모멘트 평형방정식으로부터 조작력을 구한다.

① I 형식($c > 0$: 내작용선형)

　ⓙ 우회전 시　　　　　　　　　ⓛ 좌회전 시

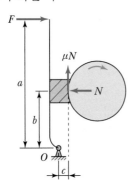　　　　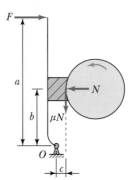

$\sum M_O = 0$, ⊕　　　　　　　$\sum M_O = 0$
　　　　　　　　　　　　　　　(드럼의 회전 방향에 따라 마찰력의 방향도 달라진다)
$Fa - Nb - \mu Nc = 0$　　　　　$Fa - Nb + \mu Nc = 0$
$\therefore F = \dfrac{N(b + \mu c)}{a}$　　　　$\therefore F = \dfrac{N(b - \mu c)}{a}$

② II 형식($c < 0$: 외작용선형)

   ⊙ 우회전   ⓛ 좌회전

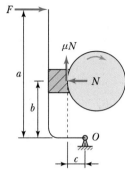 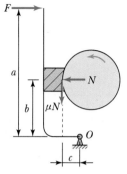

$\sum M_O = 0$, $\overset{+}{\circlearrowright}$ $\sum M_O = 0$

$Fa - Nb + \mu Nc = 0$ $Fa - Nb - \mu Nc = 0$

$\therefore \ F = \dfrac{N(b - \mu c)}{a}$ $\therefore \ F = \dfrac{N(b + \mu c)}{a}$

③ III 형식($c = 0$: 중작용선형)

우회전과 좌회전은 같다(마찰력에 대한 모멘트가 없으므로).

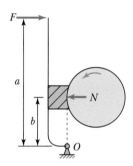

$$\sum M_O = 0$$
$$Fa - Nb = 0$$
$$\therefore \ F = \frac{Nb}{a}$$

Reference

  I 형식 ⓛ과 II 형식 ⊙에서 조작력 F는 $(b - \mu C)$값의 함수가 되는데, $b - \mu C \leqq 0$일 때는 조작력 F가 필요하지 않게 되며, 또 브레이크에 제동이 자동적으로 걸리게 되므로 브레이크로 쓸 수 없게 된다.

│ 예 제

그림과 같은 브레이크에서 조작력 F를 구하시오.(단, 드럼은 좌회전하며 마찰계수는 μ이다.)

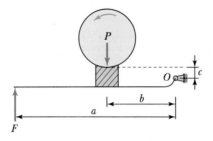

해설 회전(핀)지점을 O라 하면 O점에 대한 모멘트 평형방정식

$\sum M_O = 0$, $\overset{+}{\curvearrowright}$ $Fa - Pb + \mu Pc = 0$

$$\therefore F = \frac{P(b - \mu c)}{a}$$

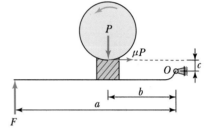

│ 예 제

그림과 같은 블록 브레이크에서 $a = 800\text{mm}$, $b = 80\text{mm}$, $c = 30\text{mm}$, $\mu = 0.25$, $F = 15\text{N}$일 때 N과 Q를 구하시오.

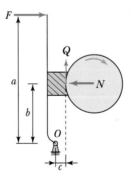

해설 (1) $\sum M_O = 0$에서 $\quad Fa - Nb - \mu Nc = 0$

$$\therefore N = \frac{F \cdot a}{(b + \mu c)} = \frac{15 \times 800}{(80 + 0.25 \times 30)} = 137.14\text{N}$$

(2) 제동력 $Q = F_f$(마찰력) $= \mu N = 0.25 \times 137.14 = 34.29\text{N}$

02 축압 브레이크

1 원판 브레이크

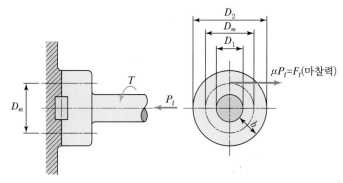

| 단판 브레이크 |

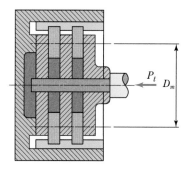

| 다판 브레이크 |

(1) 압력(면압)

$$q = \frac{P_t}{A_q} = \frac{P_t}{\frac{\pi}{4}\,(D_2{}^2 - D_1{}^2)\,z} = \frac{P_t}{\pi D_m b z}$$

여기서, z : 마찰면의 수, 단판브레이크 $z = 1$

(2) 축하중(트러스트하중)

$$P_t = q \cdot A_q = q \cdot \pi D_m b z$$

(3) 제동력(마찰력)

$$F_f = \mu P_t$$

(4) 제동토크

$$T = \mu \cdot P_t \cdot \frac{D_m}{2} = \mu q \pi D_m b z \cdot \frac{D_m}{2}$$

(5) 제동동력

$$H = \mu P_t \cdot V\,(\mathrm{W} : \mathrm{SI}단위)$$

301

03 밴드 브레이크

브레이크륜의 바깥원주에 강재의 밴드를 감고 밴드에 장력을 주어서 밴드와 브레이크륜 사이의 마찰에 의하여 제동작용을 하는 브레이크이다. 벨트는 유효장력으로 동력을 전달하지만 이와 반대로 밴드 브레이크는 유효장력으로 제동을 하게 된다.

1 밴드 브레이크 설계

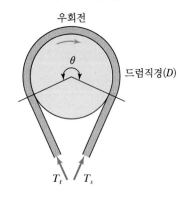
우회전
θ
드럼직경(D)
T_t T_s

밴드 브레이크 설계 시 밴드에 작용하는 두 장력은 왼쪽 그림과 같이 모두 인장되어 표시된다.

📂 회전 방향에 따라 긴장 측과 이완 측만 바뀐다.

(1) 제동력(유효장력)

$$T_e = T_t - T_s$$

(2) 장력비

$$e^{\mu\theta} = \frac{T_t}{T_s}$$

(3) 긴장 측 장력

$$T_t = T_e \cdot \frac{e^{\mu\theta}}{e^{\mu\theta} - 1}$$

(4) 이완 측 장력

$$T_s = T_e \cdot \frac{1}{e^{\mu\theta} - 1}$$

(5) 브레이크 토크(제동 토크)

$$T = T_e \cdot \frac{D}{2} = (T_t - T_s) \cdot \frac{D}{2}$$

(6) 밴드의 인장응력

$$\sigma_t = \frac{최대장력}{파괴단면적} = \frac{T_t}{b \cdot t \cdot \eta}$$

여기서, b : 밴드의 폭
t : 밴드의 두께
η : 이음효율(주어지지 않으면 $\mu = 1$로 간주)

| 예 제

드럼 지름이 500mm인 밴드 브레이크에서 2kN · m의 토크를 제동하려고 한다. 이때 필요한 제동력은 몇 N
인가?

[해설] $T = F_f \cdot \dfrac{D}{2}$ 에서

$$F_f = \frac{2T}{D} = \frac{2 \times 2 \times 10^3 \text{N} \cdot \text{m}}{0.5\text{m}} = 8,000\text{N}$$

② 형식에 따른 조작력(F)

(1) 단동식

① 우회전

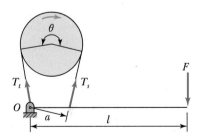

② 좌회전

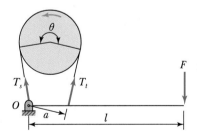

$\sum M_O = 0$

$Fl - T_s a = 0$

$\therefore F = \dfrac{T_s \cdot a}{l} = \dfrac{T_e \cdot a}{l} \dfrac{1}{e^{\mu\theta} - 1}$

$\sum M_O = 0$

$Fl - T_t a = 0$

$\therefore F = \dfrac{T_t \cdot a}{l} = \dfrac{T_e \cdot a}{l} \dfrac{e^{\mu\theta}}{e^{\mu\theta} - 1}$

(2) 차동식

① 우회전

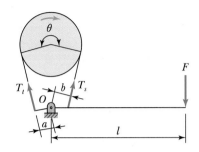

$$\sum M_O = 0$$

$$F \cdot l + T_t \cdot a - T_s b = 0$$

$$\therefore F = \frac{T_s b - T_t a}{l} = \frac{T_e}{l} \frac{(b - a e^{\mu\theta})}{e^{\mu\theta} - 1}$$

② 좌회전

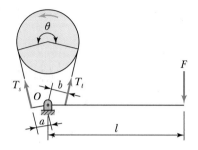

$$\sum M_O = 0$$

$$F \cdot l + T_s a - T_t b = 0$$

$$\therefore F = \frac{T_t b - T_s a}{l} = \frac{T_e}{l} \frac{(b e^{\mu\theta} - a)}{e^{\mu\theta} - 1}$$

(3) 합동식

① 우회전

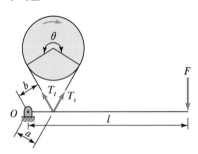

$$\sum M_O = 0$$

$$Fl - T_t b - T_s a = 0$$

$$\therefore F = \frac{T_t b + T_s a}{l} = \frac{T_e}{l} \frac{(b e^{\mu\theta} + a)}{e^{\mu\theta} - 1}$$

② 좌회전

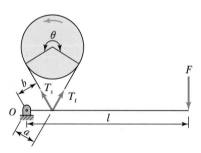

$$\sum M_O = 0$$

$$F \cdot l - T_s b - T_t a = 0$$

$$\therefore F = \frac{T_s b + T_t a}{l} = \frac{T_e}{l} \frac{(b + a e^{\mu\theta})}{e^{\mu\theta} - 1}$$

❸ 밴드상의 압력과 제동동력

밴드가 브레이크드럼에 미치는 평균압력 qN/mm², 밴드 나비를 $b$mm, 드럼의 반지름을 $\dfrac{D}{2}$mm, 밴드의 접촉 호의 길이 $l$mm, 접촉각 θrad, 드럼을 누르는 하중 P_fN

(1) 접촉 호의 길이

$$l = \frac{D}{2}\theta$$

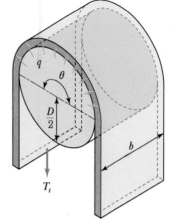

(2) 접촉면적

$$A = b \cdot l = b \cdot \frac{D}{2}\theta$$

(3) 드럼을 누르는 하중

$$P_f = q \cdot A = q \cdot b\frac{D}{2}\theta$$

(4) 마찰력

$$F_f = \mu P_f = \mu \cdot qb\frac{D}{2}\theta$$

(5) 브레이크의 제동동력

$$H = F_f \cdot V = \mu \cdot q \cdot b \cdot \frac{D}{2} \cdot \theta \cdot V \, (\text{W : SI단위})$$

여기서, V : 드럼의 회전속도 m/s

(6) 브레이크의 용량

$$\frac{H}{A} = \mu q V (\text{N/mm}^2 \cdot \text{m/s})$$

04 래칫휠(폴 브레이크)

그림처럼 폴(Pawl)과 결합하여 사용되며, 래칫휠이 좌회전은 가능하지만 반대 방향으로의 회전, 즉 우회전을 방지하는 브레이크 장치이다.

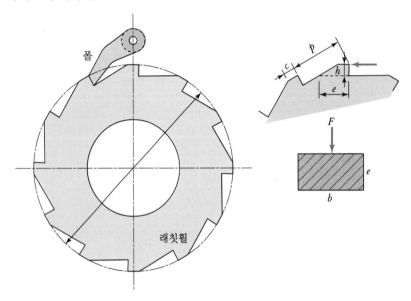

05 자동하중 브레이크

운전 중인 기계 등이 돌발사고 등으로 위험한 상태를 초래할 염려가 있을 경우, 자동적으로 작동하여 그 운전을 급히 정지시키는 브레이크 장치로 웜 브레이크, 나사 브레이크, 캠 브레이크, 원심력 브레이크, 코일 브레이크 등이 있다.

실전 문제

01 두 축이 나란하지도 교차하지도 않는 기어는?

① 베벨기어 ② 헬리컬기어

③ 스퍼기어 ④ 하이포이드기어

해설 ⊕ --------------------------------

두 축이 나란하지도 교차하지도 않는 기어

나사기어, 하이포이드기어, 웜기어

02 벨트 전동장치에 관한 설명으로 옳지 않은 것은?

① 정확한 속도비를 필요로 하는 경우에는 사용할 수 있다.

② 효율은 70~75%로 낮은 편이다.

③ 하중이 갑자기 증가하는 경우에는 안전장치의 역할을 한다.

④ 구조가 간단하고, 값이 싸다.

해설 ⊕ --------------------------------

효율은 90~98%로 비교적 좋다.

03 벨트 전동장치에서 동력전달에 필요한 마찰력을 주기 위하여 정지하고 있을 때, 벨트에 장력을 준 상태에서 벨트 풀리에 끼워 접촉면에 알맞은 합력이 작용하게 하는데, 이 장력을 무엇이라 하는가?

① 말기장력 ② 유효장력

③ 피치장력 ④ 초기장력

해설 ⊕ --------------------------------

• 초기장력 : 벨트와 풀리 사이에 마찰력을 주기 위해 정지

하고 있을 때 벨트에 장력을 준 상태 $T_0 = \dfrac{T_t + T_s}{2}$

• 유효장력 : 회전하기 시작하면 인장 쪽의 장력(T_t)은 커지고 이완 쪽의 장력(T_s)은 작아지는데, 이 차를 말한다.

$$T_e = T_t - T_s$$

04 모듈이 3이고 잇수가 20인 기어의 피치원 지름은 몇 mm인가?

① 10 ② 20

③ 40 ④ 60

해설 ⊕ --------------------------------

피치원지름

$$D = mz = 3 \times 20 = 60\text{mm}$$

05 속도비가 1/3이고 원동차의 잇수가 25개, 모듈이 4인 표준스퍼기어의 외접 연결에서 중심거리는?

① 75 ② 100

③ 150 ④ 200

해설 ⊕ --------------------------------

• 속도비 $i = \dfrac{z_1}{z_2} = \dfrac{1}{3}$ 에서

$$z_2 = 25 \times 3 = 75$$

• 외접기어의 중심거리 $C = \dfrac{m(z_1 + z_2)}{2}$

$$= \dfrac{4(25 + 75)}{2}$$

$$= 200\text{mm}$$

06 스퍼기어의 피치원 위의 원주속도가 3m/sec, 기어를 돌리는 힘이 686N일 때 전달동력은 몇 kW 인가?

① 약 1kW　　　　② 약 2kW

③ 약 3kW　　　　④ 약 4kW

해설⊕

전달동력 $H = F \cdot V = 686 \times 3 = 2,058\text{W} \fallingdotseq 2\text{kW}$

07 어느 기계의 회전수를 전동기 회전수의 1/4로 감속하려면 기계의 벨트 풀리 지름을 약 얼마로 해야 하는가?(단, 전동기는 매분 1,700회전하고 이 벨트 풀리 지름은 100mm이다.)

① 400　　　　② 350

③ 100　　　　④ 25

해설⊕

속도비 $i = \dfrac{N_2}{N_1} = \dfrac{D_1}{D_2} = \dfrac{1}{4} = \dfrac{100}{D_2}$ 에서 $D_2 = 400\text{mm}$이다.

08 지름이 각각 80mm, 300mm인 주철제 평벨트 풀리에 한겹 가죽벨트를 바로걸기로 사용하여 1.84kW 를 전달하려 한다. 축간 거리는 2m이고 작은 풀리의 회전수는 900rpm일 때 유효장력(N)은?(단, 원심력의 영향은 무시한다.)

① 420　　　　② 488

③ 530　　　　④ 550

해설⊕

$D_1 = 80\text{mm}, \; D_2 = 300\text{mm}, \; N_1 = 900\text{rpm}$에서

벨트의 속도 $V = \dfrac{\pi D_1 N_1}{60 \times 1,000} = \dfrac{\pi \times 80 \times 900}{60 \times 1,000}$
$= 3.77\text{m/sec}$

전달동력 $H = T_e \cdot V$에서

$T_e = \dfrac{H}{V} = \dfrac{1.84 \times 10^3}{3.77} = 488\text{N}$

09 속도 4m/sec, 인장 측 장력이 1,120N, 이완 측 장력이 670N일 때 전달할 수 있는 동력(kW)은?

① 1.2　　　　② 1.8

③ 2.2　　　　④ 2.8

해설⊕

$T_e = T_t - T_s = 1,120 - 670 = 450\text{N}$
$H = T_e \cdot V = 450 \times 4 = 1,800\text{W} = 1.8\text{kW}$

CHAPTER
14 스프링

스프링은 탄성변형이 큰 재료의 탄성을 이용하여 외력을 흡수하고, 탄성에너지로서 축적하는 특성이 있으며, 동적으로 고유진동을 가지고 충격을 완화하거나 진동을 방지하는 기능을 가진다. 또 축적한 에너지를 운동에너지로 바꾸는 스프링도 있다. 스프링은 강도 외에 강성도 고려하여야 한다.

01 스프링의 종류

1 모양에 따른 종류

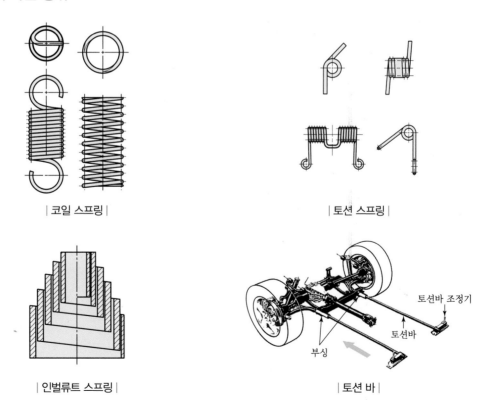

| 코일 스프링 |

| 토션 스프링 |

| 인벌류트 스프링 |

| 토션 바 |

토션바 조정기
토션바
부싱

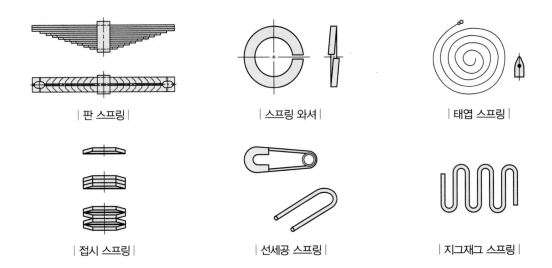

| 판 스프링 | | 스프링 와셔 | | 태엽 스프링 |

| 접시 스프링 | | 선세공 스프링 | | 지그재그 스프링 |

예제

원형봉을 비틀 때 생기는 비틀림 변형을 이용한 스프링은?

해설 토션 바(Torsion Bar) : 원형봉의 한 끝을 고정하고 다른 쪽 끝을 비틀어, 그때의 비틀림 변형을 이용하는 스프링이다.

② 재료에 따른 분류

① 금속 스프링 : 강철, 비철, 합금강, 구리 합금, 인청동, 황동 스프링 등
② 비금속 스프링 : 고무, 나무, 합성수지 스프링
③ 유체 스프링 : 공기, 물, 기름 스프링

③ 용도에 따른 분류

① 완충 스프링
② 가압 스프링
③ 측정 스프링
④ 동력 스프링

④ 하중에 따른 분류

① 인장 스프링
② 압축 스프링
③ 토션 스프링

02 스프링상수

$$k = \frac{W}{\delta} \text{N/mm, kgf/mm}$$

여기서, W : 스프링에 작용하는 하중
δ : W에 의한 스프링 처짐량

$$W = k\delta$$

03 스프링조합

1 직렬조합

서로 다른 스프링이 직렬로 배열되어 하중 W를 받는다.

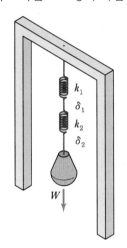

k : 조합된 스프링의 전체 스프링상수
δ : 조합된 스프링의 전체 처짐량
k_1, k_2 : 각각의 스프링상수
δ_1, δ_2 : 각각의 스프링처짐량

$$\delta = \delta_1 + \delta_2$$

$$\frac{W}{k} = \frac{W}{k_1} + \frac{W}{k_2}$$

$$\therefore \frac{1}{k} = \frac{1}{k_1} + \frac{1}{k_2}$$

② 병렬조합

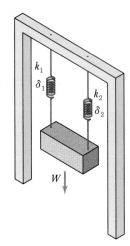

$$W = W_1 + W_2$$
$$k\delta = k_1\delta_1 + k_2\delta_2 \ (\delta = \delta_1 = \delta_2 \ \text{늘음량이 일정하므로})$$

$$\therefore \ k = k_1 + k_2$$

예제

그림과 같이 두 개의 인장스프링이 직렬로 연결되어서 하중을 지지하고 있다. 스프링상수 k_1 =8N/mm, k_2 = 18N/mm이고, 처짐이 30mm일 때 작용하는 하중 W 는 몇 N인가?

해설 직렬조합에서 전체 스프링상수 k

$$\frac{1}{k} = \frac{1}{k_1} + \frac{1}{k_2} \ \text{에서} \ k = \frac{k_1 k_2}{k_1 + k_2} = \frac{8 \times 18}{8 + 18} = 5.54\text{N/mm}$$

$$\begin{aligned} W &= k\delta \\ &= 5.54 \times 30 \\ &= 166.2\text{N} \end{aligned}$$

04 인장(압축)코일 스프링

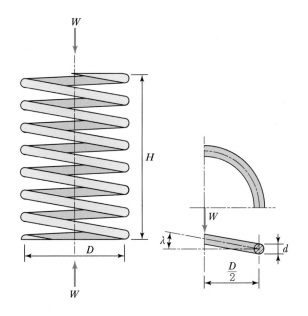

W : 스프링에 작용하는 하중(N)
D : 코일의 평균지름(mm)
δ : 스프링의 처짐량(mm)
n : 스프링의 유효감김수
τ : 비틀림에 의한 최대전단응력(N/mm²)
G : 스프링의 횡탄성계수(N/mm²)
H : 하중이 작용하지 않는 상태의 자유 높이

$$K = \frac{D}{H} : \text{스프링 종횡비}$$

1 비틀림모멘트

$$T = W \cdot \frac{D}{2}$$

2 소선에 발생하는 전단응력

$$T = \tau \cdot Z_P = \tau \cdot \frac{\pi d^3}{16} = W \cdot \frac{D}{2} \quad \text{에서} \quad \therefore \ \tau = \frac{8WD}{\pi d^3}$$

소선의 휨과 하중 W에 의한 직접전단응력을 고려한

비틀림전단응력 $\tau = \dfrac{K8WD}{\pi d^3}$

┌─ 왈의 응력수정계수 $K = \dfrac{4c-1}{4c-4} + \dfrac{0.615}{c}$

└─ 스프링지수 $c = \dfrac{D}{d}$

313

3 스프링의 처짐량

$$\delta = \frac{8\,WD^3\,n}{Gd^4}$$

| 예 제

하중이 18.41N 작용하는 원통코일 스프링의 평균지름 $D = 40$mm, 코일 단면지름 $d = 5$mm, 코일의 가로탄성계수 $G = 8{,}000$N/mm²이다. 코일 단면에 생기는 전단응력은 비틀림모멘트에 의한 전단응력만 고려하고, 그 최댓값이 15N/mm²일 때 스프링의 처짐량 $\delta = 11.31$mm이다. 스프링의 유효감김수 n은 얼마인가?(단, 정수로 답하시오.)

해설 $\delta = \dfrac{8\,WD^3\,n}{Gd^4}$ 에서 $n = \dfrac{Gd^4\delta}{8\,WD^3} = \dfrac{8{,}000 \times 5^4 \times 11.31}{8 \times 18.41 \times 40^3} = 6$

| 예 제

재료가 강인 그림과 같은 원통코일 스프링이 압축하중을 받고 있다. 하중 $W = 15$N, 처짐 $\delta = 8$mm, 소선의 지름 $d = 6$mm, 코일의 지름 $D = 48$mm이며, 가로탄성계수 $G = 8.2 \times 10^3$N/mm²이다. 다음을 구하시오.(단, 응력수정계수 $K = \dfrac{4\,C - 1}{4\,C - 4} + \dfrac{0.615}{C}$ 로 한다.)

(1) 유효감김수 n은?
(2) 최대전단응력(MPa)은?

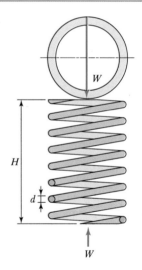

해설 (1) $\delta = \dfrac{8\,WD^3\,n}{Gd^4}$ 에서 $n = \dfrac{Gd^4\delta}{8\,WD^3} = \dfrac{8.2 \times 10^3 \times 6^4 \times 8}{8 \times 15 \times 48^3} = 6.41 \fallingdotseq 7$

(2) 스프링지수 $C = \dfrac{D}{d} = \dfrac{48}{6} = 8$

$K = \dfrac{4\,C - 1}{4\,C - 4} + \dfrac{0.615}{C} = \dfrac{4 \times 8 - 1}{4 \times 8 - 4} + \dfrac{0.615}{8} = 1.18$

$\tau = K \cdot \dfrac{8\,WD}{\pi d^3} = \dfrac{1.18 \times 8 \times 15 \times 48}{\pi \times 6^3} = 10.02\text{N/mm}^2 = 10.02\text{MPa}$

05 판스프링

판스프링은 보통 좌우 대칭으로 사용하므로 강도설계 시 반쪽만을 고려하여 외팔보로 해석한다.

1 단일 판스프링

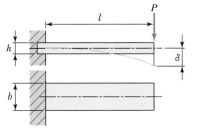

그림과 같은 외팔보에서(재료역학 참고)

처짐량 $\delta = \dfrac{Pl^3}{3EI}\left(I = \dfrac{bh^3}{12}\text{ 대입}\right) \rightarrow \delta = \dfrac{4Pl^3}{Ebh^3}$

스프링상수 $k = \dfrac{P}{\delta} = \dfrac{3EI}{l^3}$

여기서, E : 종탄성계수

최대굽힘응력 $\sigma_b = \dfrac{M_{\max}}{Z} = \dfrac{P \cdot l}{\dfrac{bh^2}{6}} = \dfrac{6Pl}{bh^2}$

2 외팔보형 삼각 판스프링

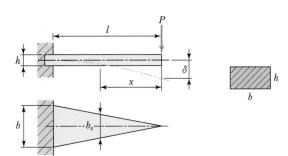

판이 균일한 강도를 유지하기 위해 외팔보의 고정단으로 갈수록 폭(b_x)이 증가하도록 판의 단면을 만든다.

$\sigma = \dfrac{6Pl}{b_x h^2},\ \delta = \dfrac{6Pl^3}{Ebh^3}$

3 겹판스프링

(1) 외팔보형 겹판스프링

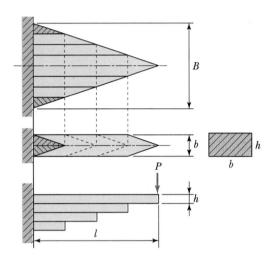

n : 겹판스프링의 판수
B : 폭(nb)
h : 판두께

삼각 판스프링은 고정단의 폭이 매우 넓어지므로 그림과 같이 삼각형판을 분할하여 폭 b로 겹쳐 놓아 균일강도를 유지하는 보형태의 스프링이다.

$$\sigma = \frac{6\,Pl}{n\,b\,h^2} \qquad \delta = \frac{6Pl^3}{Enbh^3}$$

(단일 판스프링식에서 b 대신 nb를 대입한다)

(2) 양단지지 단순보형 겹판스프링

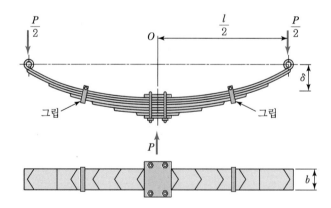

판과 판 사이의 마찰에 의해 진동을 감쇠시키고 내구성이 좋으며, 유지보수가 편리해 대형 트럭이나 철도차량의 현가장치로 주로 사용된다.

실전 문제

01 계기용 스프링, 시계용 스프링, 완구용 스프링 등을 스프링 용도의 기능 면에서 볼 때 다음 중 어느 것에 해당하는가?

① 충격에너지를 흡수하여 완충, 방진 작용을 목적으로 하는 것
② 탄성변형에 의한 축적에너지를 이용하는 것
③ 스프링에 가해지는 하중과 신장의 관계로부터 하중을 측정하는 것
④ 하중을 조정하는 것

해설 + ----------------------------------

- 탄성변형에 의한 축적에너지를 이용하는 스프링 : 계기용 스프링, 시계용 스프링, 완구용 스프링 등
- 충격에너지를 흡수하여 완충 및 방지에 이용하는 스프링 : 차량용 현가 스프링, 완충 스프링, 스프링 와셔 등

02 비금속 스프링에 해당하지 않는 것은?

① 고무 스프링
② 합성수지 스프링
③ 코일 스프링
④ 유체 스프링

해설 + ----------------------------------

비금속 스프링
고무 스프링, 나무 스프링, 합성수지 스프링 등

03 다음 그림과 같이 스프링을 연결하는 경우 직렬 조합은 어느 것인가?(단, W는 하중이고, k_1, k_2, k_3는 스프링 상수이다.)

①
②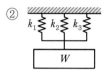
③
④

해설 + ----------------------------------

①, ②, ③은 병렬조합이다.

04 그림과 같은 스프링 장치에서 30mm의 처짐이 생겼다. 스프링상수 $k_1 = 3$N/cm, $k_2 = 2$N/cm일 때, 작용 하중 W는 몇 N인가?

① 1.2
② 3.6
③ 9
④ 15

해설 + ----------------------------------

그림은 병렬조합이므로 전체 스프링상수값
$k = k_1 + k_2 = 3 + 2 = 5$N/cm

스프링 상수를 구하는 공식
$k = \dfrac{하중(W)}{처짐량(\delta)}$ 에서
하중$(W) = k \times \delta = 5 \times 3 = 15$N

※ 처짐량 30mm는 cm 단위로 고쳐 3cm로 계산한다.

05 자유 높이가 60mm인, 압축코일 스프링에 152.9N의 하중을 작용시켰을 때 높이가 70mm였다. 스프링상수는?

① 8.5N/mm ② 15.3N/mm

③ 20.5N/mm ④ 24.3N/mm

해설 ⊕ -

• 변형량$(\delta) = 70 - 60 = 10$mm

• 스프링상수$(k) = \dfrac{W}{\delta} = \dfrac{152.9}{10} = 15.3$N/mm

06 코일의 평균지름 $D = 50$mm의 압축 코일 스프링에 200N의 하중을 가하여 $\delta = 25$mm의 변위를 생기게 하려면, 재료의 지름을 얼마로 하면 좋은가?(단, 스프링 지수 $C = 5.40$이다.)

① 약 5.4mm ② 약 4.63mm

③ 약 5mm ④ 약 9.26mm

해설 ⊕ -

스프링지수 $C = \dfrac{D}{d}$에서

$\therefore d = \dfrac{D}{C} = \dfrac{50}{5.40} = 9.26$mm

15 재료역학

① 재료역학 개요

(1) 재료역학의 정의

여러 가지 형태의 하중을 받고 있는 고체의 거동을 취급하는 응용역학의 한 분야로 하중을 받는 부재의 강도(Strength), 강성도(Rigidity), 안전성(Safety)을 해석학적인 수법으로 구하는 학문

(2) 재료역학의 기본 가정

① 재료는 완전탄성체(탄성한도 이내), 재료의 균질성(동일한 밀도), 등방성(동일한 저항력)
② 탄성한도 영역 내에서 하중을 받고 있는 물체에 대해 해석(변형된 물체나 파괴된 물체를 해석하지 않음)
③ 뉴턴역학의 정역학적 평형조건 만족
$$\sum F = 0, \ \sum M = 0$$

(3) 재료해석의 목적

하중에 의해서 생기는 응력, 변형률 및 변위를 구하는 것이며, 파괴하중에 도달할 때까지의 모든 하중에 대하여 이 값들을 구할 수 있다면 그 고체의 역학적 거동에 대한 완전한 모습을 얻을 수 있다.

② 하중(Load)

(1) 하중의 개요

부하가 걸리는 원인이 되는 모든 외적 작용력을 하중이라고 하며 하중을 받을 때 발생하는 부하에 해당하는 반력요소에 의해 재료 내부의 저항하는 응력(Stress)이 존재하게 된다.

(2) 하중 변화상태에 따른 분류

① 정하중 : 항상 일정한 하중으로 하중의 크기 및 방향이 변하지 않는다.
② 동하중 : 물체에 작용하는 하중의 크기 및 방향이 시간에 따라 바뀐다.
　　㉠ 반복하중 : 힘이 반복적으로 작용하는 하중으로 방향은 변하지 않는다.
　　　　예 차축의 압축 스프링

ⓛ 교번하중 : 하중의 크기와 방향이 동시에 주기적으로 바뀌는 하중이다.

　　예 인장과 압축이 교대로 반복되는 피스톤로드

ⓒ 충격하중 : 순간적으로 짧은 시간에 작용하는 하중(안전율을 가장 크게 고려하는 하중)이다.

　　예 망치로 때리는 하중

ⓔ 이동하중 : 이동하면서 작용하는 하중

　　예 기차가 지나다니는 철교와 같은 경우

(3) 물체에 작용하는 상태에 따른 분류

하중 종류	하중 상태	재료역학의 해석
인장하중 (하중과 파괴면적 수직)		
압축하중 (하중과 파괴면적 수직)		
전단하중 (하중과 파괴면적 평형)		그림에 표시한 하중 종류에 따라 재료 내부에 발생하는 각각의 사용응력과 변형에 대해 강도와 강성, 안전성을 구함 • 강도설계 : 허용응력에 기초를 둔 설계 (허용응력 : 안전상 허용할 수 있는 재료의 최대 응력) • 강성설계 : 허용변형에 기초를 둔 설계 • 안전성 검토
굽힘하중 (중립축을 기준으로 인장, 압축)		
비틀림하중 (비틀림 발생하중)		
좌굴하중 (재료의 휨 발생)		

❸ 응력 – 변형률 선도

다음의 그림과 같은 연강 인장시험편에 하중 P를 점점 증가시켜주면서 시편을 신장시킨다. 인장시험 중에 측정된 하중과 변형데이터를 이용하여 시편 내의 응력과 변형률 값을 계산하고 그 값들을 그래프로 그리면 응력(σ) – 변형률(ε) 선도가 된다.

응력과 변형률에서 다음의 조건에 만족할 때 단축응력과 변형률(Uniaxial Stress and Strain)이라 한다.

• 봉의 변형이 균일하게 일어남

• 봉의 균일단면(d_0)에 대해 인장시험

• 하중이 단면의 도심에 작용

• 재료가 균질(Homogeneous) : 봉의 전 부분에 대해서 동질

| 인장시험편 |

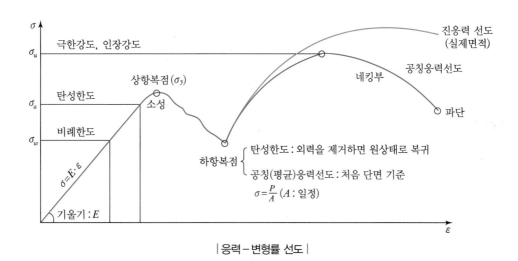

| 응력 – 변형률 선도 |

(1) 응력 – 변형률 선도의 기초내용

① 네킹(Necking) : 힘을 받은 재료가 극한강도에 이르면 국부축소가 일어나면서 변형이 급증한다(엿가락을 늘일 때 힘을 주지 않아도 늘어나는 부분).

② E(Young계수 : 종탄성계수) : 응력과 변형률 선도의 직선부분 기울기 → $\sigma = E\varepsilon$

③ 공칭응력 : 하중을 변형 전 단면적(d_0)을 기준으로 해석한 응력

④ 극한강도(인장강도) : 재료가 저항할(견딜) 수 있는 최대응력

실전 문제

01 하중의 크기와 방향이 동시에 변화하면서 작용하는 하중은?

① 반복하중   ② 교번하중

③ 충격하중   ④ 정하중

02 순간적인 짧은 시간에 갑자기 격렬하게 작용하는 하중은?

① 충격하중   ② 반복하중

③ 교번하중   ④ 집중하중

03 기계재료에 반복하중을 무한한 횟수를 연속적으로 가할 때 재료가 파괴되지 않고 견딜 수 있는 최대응력의 한계를 무엇이라 하는가?

① 탄성한계   ② 크리프 한계

③ 피로한도   ④ 내구한계

해설 ⊕

피로한도
작은 힘의 하중을 무한한 횟수로 연속적으로 가할 때 재료가 파괴되지 않고 견딜 수 있는 최대응력

04 기계재료의 극한강도를 허용응력으로 나눈 값을 무엇이라고 하는가?

① 안전율   ② 강도율

③ 변형률   ④ 재료율

해설 ⊕

$$\text{안전율} = \frac{\text{극한강도}}{\text{허용응력}}$$

05 지름 4mm의 연강봉에 5,000N의 인장력이 걸려 있을 때 재료에 생기는 응력은 얼마인가?

① 410N/mm²   ② 498N/mm²

③ 300N/mm²   ④ 398N/mm²

해설 ⊕

$d = 4, \ P = 5,000\text{N}$

인장응력 공식
$$\sigma = \frac{P(\text{하중})}{A(\text{단면적})} = \frac{4P}{\pi d^2}$$
$$= \frac{4 \times 5,000}{\pi \times 4^2} = 398\,\text{N/mm}^2$$

06 두께 4mm인 연강판에 지름 20mm의 원판을 타출할 때 소요되는 힘은 몇 kN인가?(단, 전단저항은 40N/mm²)

① 약 10.49   ② 약 9.60

③ 약 9.85   ④ 약 10.05

해설 ⊕

$t = 4, \ d = 20, \ \tau = 40$일 때

공식 $\tau = \dfrac{P(\text{하중})}{A(\text{단면적})}$ 에서

이때 단면적은 원판의 표면적을 구하여 계산한다.

$$\text{하중 } P = \tau A = \tau \times (\pi d t)$$
$$= 40 \times (\pi \times 20 \times 4)$$
$$= 10,053\text{N}$$
$$= 10.05\text{kN}$$

정답   01 ②   02 ①   03 ③   04 ①   05 ④   06 ④

07 극한강도를 σ_u, 허용응력을 σ_a, 사용응력을 σ_w 이라 하면, 다음 중 올바른 관계식은?

① $\sigma_u > \sigma_a \geqq \sigma_w$ ② $\sigma_u > \sigma_w \geqq \sigma_a$

③ $\sigma_a > \sigma_w \geqq \sigma_u$ ④ $\sigma_a > \sigma_u \geqq \sigma_w$

해설 ✚ -

극한강도 > 허용응력 ≧ 사용응력

08 그림과 같은 용접의 강도 계산식은?

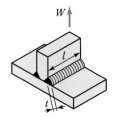

① $\sigma = \dfrac{6W}{t^2 l}$ ② $\sigma = \dfrac{W}{2tl}$

③ $\sigma = \dfrac{Wl}{t}$ ④ $\sigma = \dfrac{W}{t^2 l}$

해설 ✚ -

용접강도 $\sigma = \dfrac{하중}{단면적}$

16 치공구 요소 설계

01 치공구 개요 및 종류

1 치공구(Jig & Fixture) 개요

(1) 치공구의 의미

치공구는 지그(Jig)와 고정구(Fixture)로 분류되며 각종 공작물의 가공 및 검사, 조립 등의 작업을 정밀하고, 신속하게 처리하기 위해 사용되는 보조장치를 말한다.

(2) 지그(Jig)와 고정구(Fixture)의 차이

① 지그 : 기계가공에서 공작물을 고정, 지지하거나 공작물 부착에 사용하는 특수장치를 말하며, 공구를 공작물에 안내하는 장치인 부싱(Bushing)을 포함한다.

② 고정구 : 고정구는 공작물의 위치결정 및 공작물 고정은 지그와 같으나 공구를 공작물에 안내하는 부싱 기능이 없는 대신 세트 블록(Set Block)과 틈새 게이지(Feeler Gage)로 공구의 정확한 위치를 안내하는 장치가 있다.

제조 현장에서는 지그와 고정구를 구분하지 않고 일반적으로 치공구를 지그라 칭하기도 한다.

(3) 치공구의 3요소

① 위치결정면 : 공작물의 이동(직선이동)을 방지하기 위하여 공작물의 위치결정을 하는 면을 위치결정면이라 한다. 일반적으로 밑면이 기준이 된다.

② 위치결정구(Locator) : 공작물의 회전을 방지하기 위한 위치 및 자세이며 일반적으로 측면 및 구멍에 위치결정 핀을 설치하는데 이를 위치결정구라 한다.

③ 클램프(Clamp) : 공작물의 변형 없이 초기상태 그대로 고정되어야 하고 일반적으로 위치결정면 반대쪽에 클램프가 설치되어야 한다.

| 치공구의 구조 |

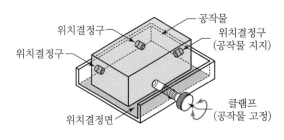

| 치공구의 3요소 |

(4) 치공구의 사용 목적

① 공작물 장착과 탈착 시간 단축

② 작업시간 단축

③ 정밀도 향상에 따라 제품의 균일화

④ 공정의 단순화

⑤ 숙련시간 단축, 사고 감소

⑥ 기계 가동률 증가

⑦ 공정의 개선

⑧ 원가 절감

2 지그의 종류

(1) 형판 지그(Template Jig)

① 공작물의 수량이 적거나 정밀도가 요구되지 않는 경우에 사용된다.

② 가장 경제적이고 단순하게 제작되는 지그이다.

③ 일반적으로 부시나 클램프 없이 핀이나 네스트에 의해 가공 위치를 잡는다.

| 형판지그와 사용예시 |

(2) 플레이트 지그(Plate Jig)

① 제한된 생산에 적합하고, 주요부품은 플레이트이다.

② 간단한 위치결정구(드릴부싱과 위치결정용 핀)와 클램핑 기구를 가지고 있다.

③ 많은 수량의 드릴작업 시 드릴부싱을 사용하여 가공한다.

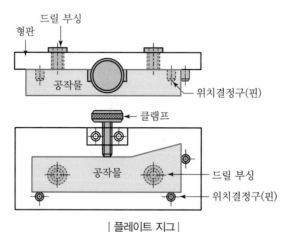

| 플레이트 지그 |

출처 : 「Jig and Fixture Design」, Edward G. Hoffman.

(3) 바이스형 지그(Vise Jig)

① 다품종 소량생산 제품에 경제적이다.

② 공작물의 체결이 간편하다.

③ 대칭형 공작물의 체결이 용이하다.

④ 제작비가 저렴하나 정밀도가 떨어진다.

| 바이스형 지그 |

(4) 박스형 지그(Box or Tumble Jig)

① 지그의 형태가 상자형으로 구성되었으며, 공작물이 한 번 장착되면 지그를 회전시켜 가며 여러 면에서 가공할 수 있다.

② 공작물의 위치결정이 정밀하고, 견고하게 클램핑할 수 있는 장점이 있다.

③ 지그를 제작하는 데 많은 시간과 비용이 필요하다.

④ 칩의 배출이 곤란하다.

⑤ 지그다리를 사용하는 것이 원칙이나 지그 본체 중앙에 홈을 파내고 양쪽 끝단을 이용하여 지그다리로 사용하기도 한다.

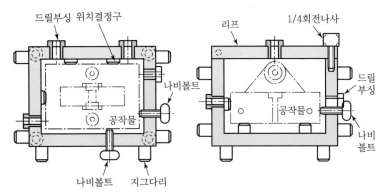

| 박스형 지그 |

출처 : 「Jig and Fixture Design」, Edward G. Hoffman.

(5) 트러니언형 지그(Trunnion Jig)

① 일종의 샌드위치 또는 상자형의 지그를 트러니언에 올린 후 공작물을 분할(각도)하면서 가공하는 지그이다.

② 주로 대형의 공작물이나 불규칙한 형상 가공 시 사용한다.

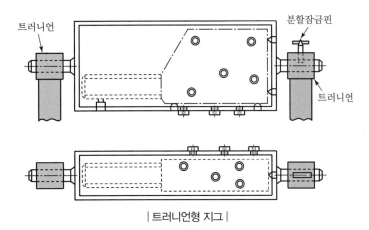

| 트러니언형 지그 |

출처 : 「Jig and Fixture Design」 Edward G. Hoffman.

(5) 모듈러 지그(Modular Flexible Jig)

① 공작물의 품종이 다양하고 소량생산에 적합하다.

② 치공구부품이 조립될 수 있도록 가공되어 있는 본체와 각종 치공구부품, 볼트 등으로 구성되어 있다.

③ 치공구는 부품의 조합에 의해서 완성되며 또한 쉽게 분해가 가능하다.

④ 규격화, 표준화되어 생산의 자동화가 가능하고, 정밀도가 높다.

⑤ 조절용 고정구의 활용범위는 자동화 생산용, 밀링 고정구, 선반 고정구, 보링 고정구, 검사(3차원측정 등) 지그 등에 사용되며 복합용 머시닝센터에서 가장 많이 사용된다.

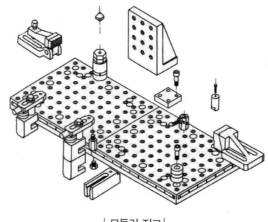

| 모듈러 지그 |

02 공작물 관리

1 공작물 관리의 개요

가공 시 공작물이 도면에서 요구하는 치수를 얻을 수 있도록 하기 위한 관리이다.

(1) 공작물 관리 목적

① 절삭력, 클램핑력 등의 모든 외부의 힘에 관계없이 공작물이 위치를 유지한다.

② 공구 및 고정력 또는 공작물의 취성에 의해서 과도한 휨이 일어나지 않도록 공작물의 변형을 방지한다.

③ 작업자의 숙련도에 관계없이 공작물의 위치를 유지한다.

(2) 공작물 위치 변경의 원인

① 공작물의 고정력과 절삭력 ② 공작물의 위치편차

③ 공작물의 치수 변화 ④ 칩 또는 먼지

⑤ 공구 마모와 작업자의 숙련도 ⑥ 공작물의 중량, 온도, 습도 등

❷ 공작물 관리이론

(1) 위치결정의 개념

가공하기 위한 일정한 위치에 공작물을 정확히 위치시키는 것이다. 즉, 공작물의 움직임을 제한하여 평형상태로 만드는 것으로, 그림처럼 6방향의 움직임이 제한되며 나머지는 클램프로 제한한다.

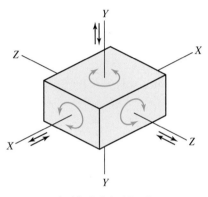

| 직육면체의 자유도 |

(2) 형상(기하학적)관리

형상이 다양한 공작물의 위치 및 형상을 안정되게 유지할 수 있도록 공작물을 관리하는 방법

① 위치결정

　㉠ 위치결정구에 따른 형상관리 방법

　　• 공작물은 항상 결정된 위치에 놓여지도록 한다.

　　• 고정력 및 절삭력에 의한 공작물의 이탈이 없도록 한다.

　　• 이물질과 위치결정구 마모로 인한 오차의 영향이 적도록 위치한다.

　　• 결정구는 원거리 및 넓은 간격으로 배치한다.

　㉡ 오차발생 원인

　　• 공작물 및 클램핑 장치의 부정확에서 발생

　　• 위치결정구 근거리 배치 및 고정력 배치 부정확

　　• 위치결정구의 수량 부족 및 공작물의 중량이 무거울 때

② 공작물의 모형에 따른 형상관리

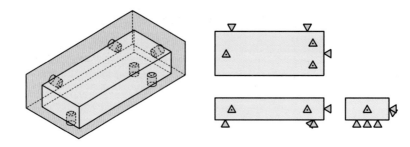

위치결정구 : 6개 배치
(밑면 : 3개, 뒷면 : 2개, 우측면 : 1개)

| 직육면체 형상 |

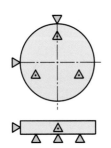

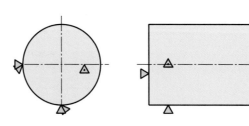

위치결정구 : 5개 배치
(밑면 : 3개, 원주 : 2개)

| 짧은 원통 |

위치결정구 : 5개 배치
(원주 표면의 양쪽 끝부분에 직각이 되게 2개씩 4개, 한쪽 옆면에 1개)

| 긴 원통 |

(3) 치수관리

① 공작물의 치수관리

㉠ 제품도에 요구하는 치수가 정확히 가공될 수 있도록 위치결정구의 위치를 관리하는 것을 말한다.

㉡ 치수관리와 형상관리가 동일한 조건일 때는 치수관리가 형상관리보다 우선적으로 고려되어야 한다.

㉢ 허용공차 내에서 치수관리 및 형상관리가 불가능할 때는 제품의 도면을 변경하여야 한다.

② 위치결정면의 선택

㉠ 정확한 위치결정면의 선정은 공정상의 공차 누적을 제거할 수 있다.

㉡ 치수가 나타나 있는 두 표면 중 하나에 위치결정면이 배치되어야 한다.

③ 중심선 관리

원통형 공작물의 외경 가공 시 중심선의 변화를 최소화하기 위하여 관리하는 것이다.

(4) 기계적 관리

절삭력에 의한 공작물과 공구와의 위치를 유지하기 위한 관리이다.

① 기계적 관리를 위한 기본 조건
　　㉠ 절삭력으로 인해 공작물이 위치결정구로부터 이탈되지 않게 할 것
　　㉡ 절삭력으로 인해서 휨이 발생하지 않을 것
　　㉢ 고정력으로 인한 공작물의 휨이 발생하지 않을 것
　　㉣ 자중으로 인한 공작물의 휨이 발생하지 않을 것
　　㉤ 클램핑력(고정력)이 가해질 때 공작물이 모든 위치결정구에 닿도록 할 것
　　㉥ 지지구는 위치결정구보다 약간 낮게 설치하거나 같게 설치할 것

② 절삭력에 대한 기계적 관리 기준
　　㉠ 우선적으로 공작물의 휨을 관리하기 위하여 절삭력의 반대쪽에 위치결정구를 배치한다.
　　㉡ 절삭력에 의한 휨이 발생할 경우 고정식 지지구를 사용한다.
　　㉢ 경제성보다 품질이 우선할 때는 조정식 지지구를 사용한다.
　　㉣ 절삭력은 고정력과 동일한 방향으로 하여 공구력이 클램핑력(고정력)을 보조하도록 적용한다.
　　　(절삭력의 반대편에 고정력을 배치하지 말아야 한다.)

③ 클램핑력(고정력) 사용 시 제한사항
　　㉠ 공작물에 휨 또는 비틀림이 발생하지 않도록 할 것
　　㉡ 고정력에 의한 휨이 발생할 경우 지지구를 사용할 것
　　㉢ 절삭력의 반대편에 고정력을 배치하지 말 것
　　㉣ 강성이 작은 공작물에 대한 손상, 변형, 뒤틀림을 방지하기 위하여 여러 개의 작은 힘으로 분산하여 고정할 것

03 치공구 구성 요소

■ 치공구 설계 시 고려사항

① 가공물의 모양에 따른 지그의 형상을 고려해야 한다.
② 지그에서 기준이 되는 위치결정구는 정밀도를 높여야 한다.
③ 가공 시 하중이 가장 많이 걸리는 부분의 강도를 검토해야 한다.
④ 장착과 탈착(장탈)이 신속해야 한다.
⑤ 무게가 경량이어야 하고, 제작이 용이해야 한다.

❷ 치공구 본체

(1) 치공구 본체 설계 시 고려사항

① 위치결정구, 지지구, 클램핑 등의 요소들이 설치될 수 있는 충분한 크기로 한다.

② 절삭력, 클램핑력 등의 외력에 변형이 발생되지 않고 공작물을 유지할 수 있는 견고한 구조로 만들어져야 한다.

③ 지그의 밑면과 테이블의 접촉면적은 되도록 작게 한다.

④ 공작물의 장·탈착이 쉬워야 하고 치공구를 공작기계에 설치 및 운반이 자유로워야 한다.

⑤ 칩의 배출 및 제거가 용이한 구조이어야 한다.

⑥ 공작물의 위치결정 및 지지부분이 가능한 한 외부에서 보이도록 설계한다.

(2) 치공구 본체의 종류와 특징

① 주조형 치공구 본체의 특징

ㄱ 주조형은 요구되는 크기와 모양으로 주조해 만들 수 있다.

ㄴ 무게가 가볍다.

ㄷ 가공성이 양호하며, 진동을 흡수할 수 있고, 견고하다.

ㄹ 주로 소형과 중형의 공작물에 적합하다.

ㅁ 제작시간이 길고, 충격에 약하며, 용접성이 불량하다.

② 용접형 치공구 본체의 특징

ㄱ 강철, 알루미늄, 마그네슘 등으로 만든다.

ㄴ 몸체의 형태 변경이 용이하며, 고강도이다.

ㄷ 제작시간이 짧아 비용이 절감된다.

ㄹ 무게가 가볍고, 중형이나 대형에 적합하다.

ㅁ 용접 후 잔류응력을 제거하기 위한 풀림 열처리가 필요하다.

③ 조립형 치공구 본체의 특징

ㄱ 강판, 주조품, 알루미늄, 목재 등의 재료를 맞춤핀과 나사를 이용하여 조립한다.

ㄴ 설계 및 제작, 수리가 용이하다.

ㄷ 리드타임이 짧으며, 외관이 깨끗하다.

ㄹ 표준화 부품의 재사용이 가능하다.

ㅁ 전체 부품이 가공 및 끼워 맞춤에 의하여 조립되므로 제작시간이 길다.

ㅂ 여러 부품이 조립된 관계로 주조형이나 용접형에 비하여 강도(강성)가 약하다.

ㅅ 장시간 사용으로 인하여 변형의 가능성이 있다.

ㅇ 비교적 작거나 중형에 적합하다.

ㅈ 가장 많이 사용되는 형태이다.

(3) 맞춤핀(Dowel, Knock Pin)

① 테이퍼핀과 평행핀이 있다.

② 맞춤핀은 두 부품의 조립 시 위치 유지를 위하여 사용한다.

③ 안내부 끝에 약 5~15° 정도의 테이퍼를 부여함으로써 쉽게 삽입할 수 있다.

④ 맞춤핀의 길이는 맞춤핀 직경의 1.5~2배 정도가 적당하며 원통형과 테이퍼형이 있다.

⑤ 통상 맞춤핀은 견고하게 압입되도록 억지끼워맞춤하므로 치수보다 0.005mm 더 크게 제작한다.

⑥ 테이퍼핀은 표준형 테이퍼가 1/48(약 1/50)이고, 작은 압력에도 쉽게 분리되므로 자주 분해할 곳에 사용한다.

⑦ 핀이 전단하중을 받을 경우에는 하중을 받는 부분을 열처리하여 사용하는 경우도 있다.

❸ 위치결정구

(1) 위치결정구의 설계

① 위치결정구의 일반적인 요구사항

㉠ 마모에 잘 견디어야 한다.

㉡ 교환이 가능해야 한다.

㉢ 공작물과의 접촉부위가 보일 수 있게 설계되어야 한다.

㉣ 청소가 용이해야 하며 절삭칩에 대한 보호를 고려해야 한다.

② 위치결정구에 대한 주의사항

㉠ 위치결정구의 윗면은 칩이나 먼지에 대한 영향이 없도록 공작물로 덮도록 한다.

㉡ 주물 등의 검은 표면을 위치결정하는 경우에는 조절이 가능한 위치결정구를 선택하는 것이 좋다.

㉢ 위치결정구의 설치는 가능한 멀리 설치하고 절삭력이나 클램핑력은 위치결정구의 위에 작용하도록 한다.

㉣ 위치결정구는 마모가 있을 수 있으므로 교환이 가능한 구조를 선택한다.

㉤ 위치결정구의 설치는 공작물의 변형(끝 휨, 부딪친 홈)에 대한 여유를 고려하여 설치한다.

㉥ 서로 교차하는 두 면으로 위치결정을 할 경우에는 교선부분에 칩홈을 만든다.

㉦ 위치결정구의 윗면에 칩이나 먼지 등이 누적될 수 있는 경우(볼트구멍, 맞춤핀구멍)에는 위치결정구의 윗면에 빠짐홈을 만들어 배출을 유도한다.

(2) 위치결정구의 종류

① 고정형 위치결정구

ㄱ 고정위치결정면 : 안정감이 있는 넓은 평면, 밑면과 가공정밀도가 높은 측면을 기준면으로 정한다.

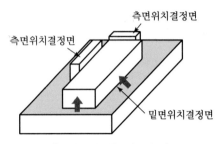

| 고정면에 의한 위치결정 |

출처 : 「치공구 설계」, 한국산업인력공단

ㄴ 고정핀에 의한 위치결정 : 공작물의 위치결정에 측면만 이용한다.

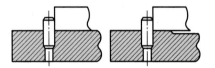

| 고정핀에 의한 위치결정 |

출처 : 「치공구 설계」, 한국산업인력공단

ㄷ 버튼에 의한 위치결정 : 버튼 사용의 예로 윗면 및 옆면 모두 위치결정에 사용

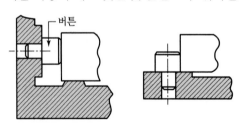

| 버튼에 의한 위치결정 |

출처 : 「치공구 설계」, 한국산업인력공단

ㄹ 옆면이 평면으로 가공된 핀과 버튼은 위치결정면에 억지끼움으로 설치되며 핀과 버튼은 곡면이나 기계가공된 공작물을 정확하게 위치결정시킨다.

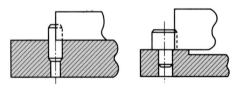

| 옆면이 평면으로 가공된 핀과 버튼 |

출처 : 「치공구 설계」, 한국산업인력공단

ⓜ 네스팅(Nesting)

- 한 공작물이 일직선상에서 적어도 2개의 반대방향 운동이 억제되는 경우, 둘 또는 그 이상의 표면 사이에서 억제되며 위치결정되는 방법이다.
- 네스트와 공작물 간의 최소틈새는 공작물의 공차에 의해 결정된다.
- 네스팅에 의한 위치결정은 항상 어느 정도의 변위가 따르게 된다.

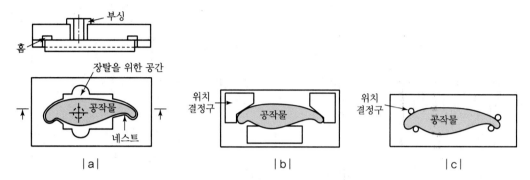

출처 : 「치공구 설계」, 한국산업인력공단

ⓗ 재밍현상

- 공작물 구멍에 원형 축을 끼울 때 턱에 걸려 들어가지 않는 현상을 말하는데 재밍의 주요 원인은 마찰에 의해 발생되며 틈새, 맞물림 길이, 작업자의 손 흔들림도 원인이다.
- 축 끝부분을 모따기하여 재밍현상을 방지한다.

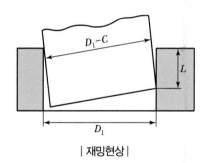

| 재밍현상 |

출처 : 「치공구 설계」, 한국산업인력공단

② 조절형 위치결정구

공작물의 모양이 비교적 간단한 것은 고정형으로 위치결정을 하고, 복잡한 것은 조절형으로 위치결정을 한다.

ⓐ 나사를 사용한 잭에 의한 지지 : 나사를 직접 사용하는 것과 캠을 중간에 넣은 것이 있다.

ⓑ 스프링을 이용한 지지방법

- 가장 일반적인 조절 위치결정 기구이다.
- 드릴링으로 구멍을 가공할 경우에 뚫은 부분의 휨을 방지한다.
- 가공물의 자중에 의한 휨을 보정하는 역할도 한다.
- 조절 위치결정에는 되도록 면을 사용하지 않는 것이 좋다.

③ 센터내기 기구

기준선이 가공물의 내부를 지나고 있을 때 가상선에 대한 위치결정을 말한다. 일반적으로는 가공물의 안지름을 기준으로 하여 센터내기를 하는 경우가 많다. 센터내기 장치에 필요한 사항은 다음과 같다.

㉠ 안지름을 기준으로 하는 센터에는 가공물의 착탈을 쉽게 하기 위하여 센터내기 부분에 빠짐홈을 마련한다.

㉡ 바깥 지름을 기준으로 할 경우에는 V형 센터내기 구조가 좋다. 또 가공물이 중공이거나 링 모양이면 체결할 때 변형되지 않도록 주의하여야 한다.

㉢ 치공구의 중요한 요소인 센터내기 기구는 치공구의 정밀도와 밀접한 관계가 있다.

④ 분할기구

공작물을 일정한 간격으로 등분하고자 할 때 활용되며, 공작물의 형태에 따라 크게 직선 분할, 각도 분할 두 가지가 있다.

(3) 장착과 장탈

① 공작물의 장착과 장탈

㉠ 장착(Loading) : 공작물을 치공구에 위치결정하고 클램핑하는 것

㉡ 장탈(Unloading) : 가공이 끝난 공작물을 치공구에서 클램프를 풀고 꺼내는 것

㉢ 치공구 3단계 작업 : 장착 → 기계가공 → 장탈

② 방오법(Fool Proofing)

㉠ 공작물의 장착 위치를 틀리지 않도록 하기 위하여 사용되는 것

㉡ 공작물의 가공홈, 구멍, 돌출부 등을 이용하여 치공구를 설계, 제작하여야 한다.

㉢ 최소한 1개 이상의 비대칭면을 가진 공작물을 쉽게 장착하기 위해 치공구에 부착된 보조장치이다.

| 방오법 예시-1 | | 방오법 예시-2 |

출처 : 「치공구 설계」, 한국산업인력공단

③ 공작물 장탈을 위한 이젝터

㉠ 장착의 경우는 정해진 절차에 의하여 하나, 장탈의 경우는 절차보다는 짧은 시간에 쉽게 제거하는 것이 중요하다.

㉡ 공작물 제거에 도움을 주기 위하여 활용되는 기구가 이젝터(Ejector)로서, 구성요소는 주로 핀, 스프링, 레버, 유공압 등이 이용된다.

ⓒ 이젝터를 사용할 경우 작업능률의 향상과 원가절감, 생산시간 단축, 치공구의 중량 감소, 안전사고 예방 등의 장점이 있다.

④ 클램핑(Clamping)

공작물을 주어진 위치에 고정(Clamping), 처킹(Chucking), 홀딩(Holding), 구속(Gripping) 등을 하는 것이다.

(1) 클램핑 방법

① 공작물의 클램핑 과정에서 공작물의 위치 및 변형이 발생되지 않아야 한다.(가능하면 절삭력보다 너무 크지 않도록 최소화하는 것이 좋다.)

② 공작물의 손상 우려 시 클램프에 연질재료의 보호대를 부착하여 사용한다.

③ 공작물의 가공 중 변위가 발생되지 않도록 확실한 클램핑을 하여야 한다.

④ 비강성의 공작물에 대한 손상, 변형, 뒤틀림을 방지하기 위하여 여러 개의 작은 힘으로 분산하여 클램핑하며, 클램핑력이 균일하게 작용하도록 한다.

⑤ 절삭력은 클램프에 작용하지 않도록 한다.

⑥ 절삭면은 가능하면 위치고정면에 가깝게 설치하여야 절삭 시 진동을 방지할 수 있다.

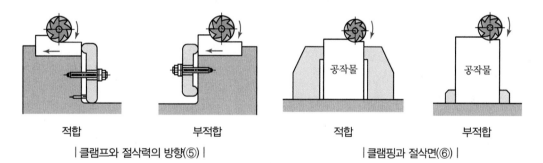

| 적합 | 부적합 | 적합 | 부적합 |

| 클램프와 절삭력의 방향(⑤) | | 클램핑과 절삭면(⑥) |

출처 : 「치공구 설계」, 한국산업인력공단

⑦ 클램핑 위치는 가공 시 절삭력을 가장 잘 견디는 곳에 고정한다.

⑧ 클램핑 기구는 조작이 간편하고 신속한 동작이 이루어져야 한다.

⑨ 클램프는 공작물을 장·탈착할 때 간섭이 없도록 한다.

⑩ 클램핑으로 인한 휨이나 비틀림이 발생하지 않도록 공작물의 견고한 부위를 가압한다.

⑪ 가능한 한 복잡한 구조의 클램프보다는 간단한 구조의 클램프를 사용한다.

⑫ 가능한 한 클램핑은 앞쪽에서 뒤쪽으로, 바깥쪽에서 안쪽으로, 위에서 아래로 작동되도록 설계하며, 나사 클램프에서는 왼손 조작일 경우는 왼나사를 사용한다.

⑬ 클램프의 심한 마모가 우려될 경우 열처리된 보호대를 부착시켜 사용한다.

⑭ 절삭력, 추력은 치공구에서 흡수하도록 한다.

⑮ 가능하면 표준부품을 사용한다.

(2) 칩의 대책

① 위치결정면은 작은 면적으로 한다.

② 클램핑면은 수직면으로 하는 것이 바람직하다.

③ 클램핑 면이 넓을 경우에는 칩홈을 만든다.

④ 구석, 가동 부분은 칩이 들어가지 못하도록 커버를 달아 둔다.

⑤ 볼트, 스프링, 락와셔 등을 이용하여 항상 밀착되도록 한다.

⑥ 칩의 비산 방향에 클램프 부분이 위치하지 않도록 만든다.

(3) 클램프의 종류

① 스트랩 클램프

지렛대의 원리를 이용하여 레버 및 나사를 사용하여 고정하는 클램프이다.

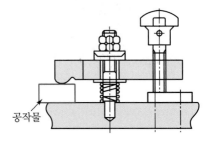

공작물

| 나사를 이용한 스트랩 클램프 |

출처 : 「치공구 설계」, 한국산업인력공단

② 나사 클램프(Screw Clamp)

㉠ 설계가 간단하고 제작비가 저렴하다.

㉡ 클램핑 속도가 느리다.

㉢ 클램핑 기구로서 광범위하게 사용된다.

㉣ 리드각이 큰 나사를 사용하면 클램핑 속도가 빠르지만, 작업 중에 나사가 풀리기 쉬운 단점이 있다.

㉤ 나사가 직접 공작물에 압력을 가하는 방식과 스트랩을 이용하여 간접적으로 압력을 전달하는 방식이 있다.

③ 기타

캠 클램프, 쐐기형 클램프, 토글 클램프, 동력에 의한 클램핑이 있다.

04 드릴지그

드릴지그에서 드릴부싱은 드릴의 흔들림을 방지하고, 부싱 자리가 십자선(+)으로 표시되어 있으며 가공물의 정확한 위치에 구멍을 뚫기 위해 사용한다.

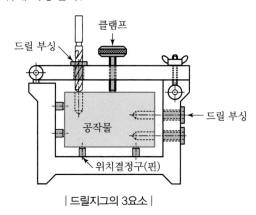

| 드릴지그의 3요소 |

1 드릴지그의 3요소

위치결정 장치, 클램프 장치, 공구 안내장치(부싱)

2 드릴지그부싱

(1) 부싱의 사용목적

① 드릴지그로 공작물을 가공할 때 지그 본체에 부싱을 사용하지 않고 공구를 안내하면 공구와 칩의 마찰로 인해 본체의 수명이 단축된다.

② 내마모성이 강한 재료를 열처리 강화하여 부싱으로 사용해 공구와 칩의 마찰을 줄인다.

③ 부싱을 사용함으로써 정확한 공구의 안내와 특수한 작업을 쉽게 할 수 있다.

(2) 부싱의 종류

① **고정부싱(Pressfit Bushing)** : 드릴지그에서 일반적으로 많이 사용되는 부싱으로서, 플랜지가 부착되어 있는 것과 없는 것이 있으며, 부싱의 고정은 억지끼워맞춤으로 압입하여 사용한다.

② **삽입부싱(Renewable Bushing)** : 압입된 고정부싱(라이너부싱) 위에 삽입되는 부싱을 말하며, 동일한 가공 위치에 여러 가지 다른 종류의 작업이 수행될 경우나 부싱의 마모 시 교환을 쉽게 하기 위하여 사용한다.

㉠ 라이너부싱(Liner Bushing) : 삽입 또는 고정부싱을 설치하기 위하여 지그 몸체에 압입되어 고정되는 부싱을 말하며, 삽입부싱으로 인한 지그 몸체의 마모와 변위를 방지하기 위하여 지그 몸체보다 강도가 높은 라이너부싱을 조립하여 사용한다.

㉡ 고정형 삽입부싱(Fixed Renewable Bushing) : 고정부싱과 유사하며, 직경이 동일한 한 종류의 드릴 가공을 장시간하여 부싱의 교환이 요구될 경우 부싱의 교체를 쉽게 할 수 있으며, 부싱을 교환하면 다른 작업도 가능하다. 부싱 머리부에 고정홈이 있어서 잠금 클램프를 설치하면 고정이 된다.

㉢ 회전형 삽입부싱(Slip Renewable Bushing) : 같은 위치에 여러 가지의 드릴 작업이 이루어질 경우, 내경의 크기가 서로 다른 부싱을 교대로 삽입하여 작업을 하게 된다. 예를 들면, 드릴링이 이루어진 후 리밍, 태핑, 카운트 보링 등의 연속작업이 요구되는 경우에 적합하며, 부싱의 머리부는 장착과 탈착이 용이하도록 널링이 되어 있고 고정을 위한 홈을 가지고 있다.

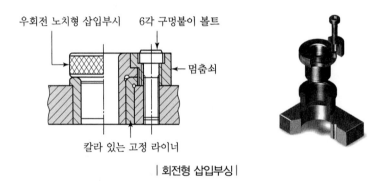

| 회전형 삽입부싱 |

(3) 드릴부싱의 설계 순서

① 드릴 직경을 결정

② 부싱의 내경과 외경 결정

③ 부싱의 길이와 부싱 고정판 두께 결정

④ 부싱의 위치 결정

실전 문제

01 대형공작물이나 불규칙한 형상의 공작물을 캐리어(Carrier)상자에 넣어서 사용하는 지그는?

① 멀티스테이션 지그(Multistation Jig)

② 트러니언 지그(Trunnion Jig)

③ 펌프 지그(Pump Jig)

④ 분할 지그(Indexing Jig)

해설 ⊕ -

트러니언 지그

• 일종의 샌드위치 또는 상자형의 지그를 트러니언에 올려서 공작물을 분할(각도)하여 가며 가공하는 지그

• 주로 대형의 공작물이나 불규칙한 형상을 가공 시 사용하며 로터리 지그라고도 말한다.

02 바이스(Vise)를 고정구로 사용하는 이점에 속하지 않는 것은?

① 정밀도를 필요로 하는 제품가공에 유리하다.

② 공작물의 체결이 간편하다.

③ 대칭형 공작물의 체결이 용이하다.

④ 다품종 소량생산 제품에 경제적이다.

해설 ⊕ -

① 제작비가 염가이나 정밀도가 떨어진다.

03 다품종 소량생산에서 생산성 향상을 높이기 위해서 개발된 고정구(Fixture)는?

① Vise−jaw Fixture

② Multistation Fixture

③ Modular Flexible Jig & Fixture

④ Profiling Fixture

해설 ⊕ -

모듈러 지그(Modular Flexible Jig)

• 공작물의 품종이 다양하고 소량생산에 적합하다.

• 치공구 부품이 조립될 수 있도록 가공되어 있는 본체와 각종 치공구부품, 볼트 등으로 구성되어 있다.

• 치공구는 부품의 조합에 의해서 완성되며 또한 쉽게 분해가 가능하다.

• 규격화, 표준화되어 생산의 자동화가 가능하고, 정밀도가 높다.

04 공작물 관리의 목적에서 공작물의 변위가 발생하는 원인이 아닌 것은?

① 고정력

② 절삭력

③ 작업자의 숙련도

④ 기계의 강성

해설 ⊕ -

공작물 위치 변경의 원인

• 공작물의 고정력과 절삭력

• 공작물의 위치편차

• 재질의 치수 변화

• 칩 또는 먼지

• 공구 마모와 작업자의 숙련도

• 공작물의 중량, 온도, 습도 등

정답 01 ② 02 ① 03 ③ 04 ④

05 공작물의 기계적 관리 시 고려해야 할 사항으로 틀린 것은?

① 공작물의 휨방지를 위해 되도록 위치결정구를 절삭력 쪽에 두는 것이 기계적 관리뿐만 아니라 형상관리에도 유리하다.

② 고정력은 절삭력의 바로 맞은편에 오지 않도록 한다.

③ 주조품 가공 시 절삭력에 의한 휨 방지를 위해 조절식 지지구를 사용한다.

④ 절삭력은 공작물이 위치결정구에 고정되기 쉬운 방향으로 조정한다.

해설 +

① 공작물의 휨방지를 위해 되도록 위치결정구를 절삭력 반대쪽에 배치해야 한다.

06 공작물을 고정구에 설치할 경우 풀프루핑(Fool Proofing)이 필요한 공작물은?

① 부품의 한 부분이 비대칭

② 부품의 모든 형체가 원통형상

③ 부품이 3개 대칭면을 가짐

④ 어떤 형상의 부품이라도 풀프루핑(Fool Proofing) 하여야 한다.

해설 +

방오법(Fool Proofing)
최소한 1개 이상의 비대칭면을 가진 공작물을 쉽게 장착하기 위해 치공구에 부착된 보조장치이다.

07 위치결정구를 가깝게 위치시켜 공작물이 불완전하게 설치되어 있다. 공작물 관리 중 어떤 관리가 잘못된 것인가?

① 평형의 원리　　② 기하학적 관리

③ 치수관리　　④ 기계적 관리

해설 +

기하학적 관리의 오차발생 원인
• 공작물 및 클램핑 장치의 부정확에서 발생
• 위치결정구 근거리 배치 및 고정력 배치 부정확
• 위치결정구의 수량 부족 및 공작물의 중량이 무거울 때

08 위치결정구에 대한 일반적인 주의사항으로 틀린 것은?

① 위치결정구의 윗면은 칩이나 먼지에 의한 영향이 없도록 공작물로 덮도록 한다.

② 위치결정구의 설치는 가능한 가깝게 설치하고 절삭력이나 클램핑력은 위치결정구에서 되도록 떨어진 곳에 작용하도록 한다.

③ 위치결정구는 마모가 있을 수 있으므로 교환이 가능한 구조로 한다.

④ 서로 교차하는 2면으로 위치결정을 할 경우 교선 부분에 칩홈을 만든다.

해설 +

② 각 위치결정구의 간격은 가능한 멀리 설치하고 절삭력이나 클램핑력은 위치결정구의 위에 작용해야 한다.

09 지그의 클램핑 장치를 선정할 때 고려해야 할 사항으로 틀린 것은?

① 공작물을 충분히 강하게 잡아 주는 장치여야 한다.

② 작업자가 공작물을 장치하고 제거할 때 작동이 빨리 이루어지도록 한다.

③ 계획된 작업방법 이외에는 작동이 이루어지지 않도록 한다.

④ 가능한 경우 작업부위에서 먼 곳에 위치하도록 한다.

해설 +

④ 클램핑 위치는 가공 시 절삭력을 가장 잘 견디는 곳에 위치시킨다.

정답　05 ①　06 ①　07 ②　08 ②　09 ④

10 다음 그림과 같은 체결장치에서 체결력(P)은 몇 kN인가?(단, 공작물을 고정하는 힘(Q)은 1.50kN, $L_1 = 100$mm, $L_2 = 50$mm이다.)

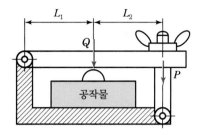

① 0.5kN   ② 0.75kN
③ 1kN   ④ 1.5kN

해설 ⊕

$Q \times L_1 = P \times (L_2 + L_1)$

$1.5 \times 100 = P \times (100 + 50)$

$\therefore P = \dfrac{1.5 \times 100}{(100 + 50)} = 1$kN

11 나사 클램프(Screw Clamp)의 설명으로 틀린 것은?

① 클램핑 기구로서 광범위하게 많이 사용된다.
② 설계가 간단하고 제작비가 싸다.
③ 리드각이 큰 나사를 사용하면 급속 클램핑이 되어 잘 풀리지 않는다.
④ 클램핑(Clamping) 동작이 느리다.

해설 ⊕

③ 리드각이 큰 나사를 사용하면 급속 클램핑이 되나, 풀리기가 쉽다.

12 클램핑할 때 일반적인 주의사항으로 적당하지 않은 것은?

① 절삭력은 클램프가 위치한 방향으로 작용하지 않도록 한다.
② 클램핑 기구는 조작이 간단하고 급속클램핑형식을 취한다.
③ 클램프는 공작물을 장착과 장탈할 때 간섭이 없도록 한다.
④ 절삭 시 안전을 위하여 고정력이 작용하는 위치로부터 되도록 멀리 클램핑을 한다.

해설 ⊕

④ 클램핑 위치는 가공 시 절삭력을 가장 잘 견디는 곳에 위치시킨다.

13 치공구 본체에 대한 설명 중 잘못된 것은?

① 용접형은 열에 의한 변형이 없다.
② 조립형은 현재 가장 많이 사용한다.
③ 용접형은 설계 변경 시 쉽게 수정 가능하다.
④ 조립형은 수리 및 보수가 간단하다.

해설 ⊕

① 용접형은 용접에 의하여 발생되는 열변형을 제거하기 위하여, 풀림, 불림 등의 내부 응력를 제거하는 제2차 작업이 필요하게 된다.

14 조립 지그 설계상의 고려사항이 아닌 것은?

① 조립 정밀도
② 위치결정의 적정여부
③ 공작물의 장착과 착탈
④ 가공할 부품의 수량

해설➕ -

조립 지그 설계상의 고려사항
• 조립 정밀도
• 위치결정의 적정 여부
• 공작물의 장착과 장탈
• 작업자세
• 조작장치(각종 핸들, 밸브, 스위치 등)의 위치
• 조작력, 양손 동시 사용의 가능성 여부

15 다음은 치공구 조립 시에 사용되는 맞춤핀(Dowel Pin)에 대한 설명이다. 잘못된 것은?

① 맞춤핀은 두 부품의 조립 시 위치 유지를 위하여 사용한다.
② 맞춤핀은 테이퍼형과 분할형이 있다.
③ 테이퍼핀은 분해조립이 필요한 곳에 사용한다.
④ 맞춤핀의 박힘길이는 핀지름의 1.5~2배가 적합하다.

해설➕ -

② 맞춤핀은 평행핀과 테이퍼핀이 있다.

16 다음 중 드릴 지그를 구성하는 주요 3요소로 거리가 먼 것은?

① 드릴지그 본체 ② 위치결정장치
③ 클램프 ④ 공구안내장치

해설➕ -

드릴 지그의 3요소
위치결정장치, 클램프장치, 공구안내장치(부싱)

17 다음 드릴부싱(Drill Bushing)의 설계 시 치수 결정 방법 중 틀린 것은?

① 드릴의 길이와 종류를 결정한다.
② 부싱의 내경과 외경을 결정한다.
③ 부싱의 길이와 지그 본체의 두께를 결정한다.
④ 드릴의 직경과 부싱의 위치를 결정한다.

해설➕ -

드릴부싱의 설계 순서
• 드릴 직경을 결정
• 부싱의 내경과 외경 결정
• 부싱의 길이와 부싱 고정판 두께 결정
• 부싱의 위치 결정

18 하나의 가공위치에 여러 작업이 요구되거나 드릴링, 리밍, 탭핑 등의 연속작업이 요구되는 지그에서 다음 중 어떤 형태의 부싱을 사용하는 것이 가장 좋은가?

① 고정부싱 ② 라이너부싱
③ 회전형 삽입부싱 ④ 고정형 삽입부싱

해설➕ -

회전형 삽입부싱(Slip Renewable Bushing)
같은 위치에 여러 가지의 드릴 작업이 이루어질 경우, 내경의 크기가 서로 다른 부싱을 교대로 삽입하여 작업을 하게 된다. 예를 들면 드릴링이 이루어진 후 리밍, 태핑, 카운트 보링 등의 연속작업이 요구되는 경우에 적합하며, 부싱의 머리부는 장착과 탈착이 용이하도록 널링이 되어 있고 고정을 위한 홈을 가지고 있다.

정답   15 ② 16 ① 17 ① 18 ③

핵심 기출 문제

01 지름 20mm, 피치 2mm인 3줄 나사를 1/2 회전 하였을 때 이 나사의 진행거리는 몇 mm인가?

① 1   ② 3

③ 4   ④ 6

해설⊕

나사를 한 바퀴 회전시킬 때 이동한 거리인 리드

$L = np = 3 \times 2 = 6mm$

∴ 1/2만 회전시키면 3mm 나아감

02 942N · m의 토크를 전달하는 지름 50mm인 축에 사용할 묻힘 키(폭×높이 = 12mm×8mm)의 길이는 최소 몇 mm 이상이어야 하는가?(단, 키의 허용전단응력은 78.48N/mm²이다.)

① 30   ② 40

③ 50   ④ 60

해설⊕

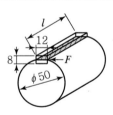

전달토크 $T = F \times \dfrac{D}{2}$에서

전단력 $F = \dfrac{2T}{D} = \dfrac{2 \times 942 \times 10^3}{50} = 37,680N$

전단응력 $\tau = \dfrac{F}{A_\tau} = \dfrac{F}{b \times l}$에서

키 길이 $l = \dfrac{F}{b \times \tau} = \dfrac{37,680}{12 \times 78.48} = 40mm$

03 원통롤러 베어링 N206(기본 동정격하중 14.2kN)이 600rpm으로 1.96kN의 베어링 하중을 받치고 있다. 이 베어링의 수명은 약 몇 시간인가?(단, 베어링 하중계수(f_w)는 1.5를 적용한다.)

① 4,200

② 4,800

③ 5,300

④ 5,900

해설⊕

• 베어링에 작용하는 실제하중 $P = f_w \times P_{th} = 1.5 \times 1.96$
  $\qquad\qquad = 2.94kN$

• 시간수명 $L_h = \left(\dfrac{c}{P}\right)^r \times \dfrac{10^6}{60N} = \left(\dfrac{14.2}{2.94}\right)^{\frac{10}{3}} \times \dfrac{10^6}{60 \times 600}$
  $\qquad\qquad = 5,290.6hr ≒ 5,300hr$

  여기서, 베어링지수 r : 볼베어링일 때 3

  $\qquad\qquad\qquad$ 롤러베어링일 때 $\dfrac{10}{3}$

04 크기 및 방향이 주기적으로 변화하는 하중으로서 양진하중을 의미하는 것은?

① 변동하중(Variable Load)

② 반복하중(Repeated Load)

③ 교번하중(Alternate Load)

④ 충격하중(Impact Load)

해설⊕

교번하중

하중의 크기와 방향이 동시에 주기적으로 바뀌는 하중으로 인장과 압축이 교대로 반복되는 피스톤 로드가 교번하중에 해당한다.

정답   **01** ② **02** ② **03** ③ **04** ③

05 다음 중 정숙하고 원활한 운전을 하고, 특히 고속 회전이 필요할 때 적합한 체인은?

① 사일런트 체인(Silent Chain)
② 코일 체인(Coil Chain)
③ 롤러 체인(Roller Chain)
④ 블록 체인(Block Chain)

해설 ⊕

사일런트 체인(Silent Chain)
링크가 스프로킷에 비스듬히 미끄러져 들어가 맞물려 있어 롤러 체인보다 소음과 진동이 적고 고속회전에 적합

06 2.2kW의 동력을 1,800rpm으로 전달시키는 표준 스퍼기어가 있다. 이 기어에 작용하는 회전력은 약 몇 N인가?(단, 스퍼기어 모듈은 4이고, 잇수는 25이다.)

① 163   ② 195
③ 233   ④ 289

해설 ⊕

원주속도 $V = \dfrac{\pi DN}{60{,}000} = \dfrac{\pi m Z N}{60{,}000}$

$\qquad = \dfrac{\pi \times 4 \times 25 \times 1{,}800}{60{,}000} = 9.42\,\text{m/s}$

여기서, 기어의 피치원지름 $D = mZ$

$H = F \cdot V$에서 회전력 $F = \dfrac{H}{V} = \dfrac{2.2 \times 10^3}{9.42} = 233.5\text{N}$

07 맞대기 용접이음에서 압축하중을 W, 용접부의 길이를 l, 판 두께를 t라 할 때 용접부의 압축응력을 계산하는 식으로 옳은 것은?

① $\sigma = \dfrac{Wl}{t}$ ② $\sigma = \dfrac{W}{tl}$

③ $\sigma = Wtl$ ④ $\sigma = \dfrac{tl}{W}$

해설 ⊕

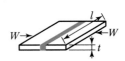

압축응력 $\sigma_c = \dfrac{\text{하중}}{\text{압축파괴단면적}} = \dfrac{W}{t \times l}$

08 밴드 브레이크에서 밴드에 생기는 인장응력과 관련하여 다음 중 옳은 관계식은?(단, σ : 밴드에 생기는 인장응력, F_1 : 밴드의 인장 측 장력, t : 밴드 두께, b : 밴드의 너비이다.)

① $\sigma = \dfrac{b}{F_1 \times t}$ ② $b = \dfrac{t \times \sigma}{F_1}$

③ $b = \dfrac{F_1}{t \times \sigma}$ ④ $\sigma = \dfrac{F_1 \times t}{b}$

해설 ⊕

인장응력 $\sigma = \dfrac{F_1(\text{하중})}{A_\sigma(\text{인장파괴단면적})} = \dfrac{F_1}{b \times t}$

09 300rpm으로 2.5kW의 동력을 전달시키는 축에 발생하는 비틀림 모멘트는 약 몇 N·m인가?

① 80
② 60
③ 45
④ 35

해설 ⊕

비틀림모멘트(토크)

$T = \dfrac{H}{\omega} = \dfrac{H}{\dfrac{2\pi N}{60}} = \dfrac{2.5 \times 10^3}{\dfrac{2\pi \times 300}{60}} = 79.6\text{N} \cdot \text{m}$

정답   05 ①   06 ③   07 ②   08 ③   09 ①

10 판 스프링(Leaf Spring)의 특징에 관한 설명으로 거리가 먼 것은?

① 판 사이의 마찰에 의해 진동을 감쇠시킨다.
② 내구성이 좋고, 유지보수가 용이하다.
③ 트럭 및 철도차량의 현가장치로 주로 이용된다.
④ 판 사이의 마찰작용으로 인해 미소진동의 흡수에 유리하다.

해설 ⊕

판스프링
길이가 각각 다른 몇 개의 철판을 겹쳐서 만든 스프링으로, 판스프링은 구조가 간단하고 링크의 구실도 하여 리어 서스펜션에 많이 사용된다. 진동에 대한 억제 작용은 크지만, 작은 진동은 흡수하지 못하여 무겁고 소음이 많아 점차 코일스프링으로 대체되고 있다. 주로 화물 차량과 버스 등에 많이 장착 사용된다.

11 $30°$ 미터 사다리꼴나사(1줄 나사)의 유효지름이 18mm이고, 피치는 4mm이며 나사 접촉부의 마찰계수는 0.15일 때 이 나사의 효율은 약 몇 %인가?

① 24%
② 27%
③ 31%
④ 35%

해설 ⊕

나사의 효율 $\eta = \dfrac{\tan\alpha}{\tan(\rho'+\alpha)} = \dfrac{\tan(4.05)}{\tan(8.83+4.05)}$
$= 0.3096 = 30.96\%$

여기서, 미터사다리꼴나사에서 나사산의 각도 $\beta = 30°$

상당마찰계수 $\mu' = \dfrac{\mu}{\cos\dfrac{\beta}{2}} = \dfrac{0.15}{\cos 15°} = 0.1553$

$\tan\rho' = \mu'$에서

상당마찰각 $\rho' = \tan^{-1}\mu' = \tan^{-1}0.1553 = 8.83°$

$\tan\alpha = \dfrac{p}{\pi d_e}$

$\therefore$ 리드각 $\alpha = \tan^{-1}\dfrac{p}{\pi d_e} = \tan^{-1}\left(\dfrac{4}{\pi \times 18}\right) = 4.05°$

12 두께 10mm의 강판을 지름 20mm의 리벳으로 한 줄 겹치기 리벳이음을 할 때 리벳에 발생하는 전단력과 판에 작용하는 인장력이 같도록 할 수 있는 피치는 약 몇 mm인가?(단, 리벳에 작용하는 전단응력과 판에 작용하는 인장응력은 동일하다고 본다.)

① 51.4
② 73.6
③ 163.6
④ 205.6

해설 ⊕

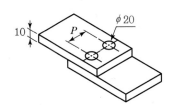

- 리벳의 전단력
  $W_1 = \tau \cdot A_\tau$ (1피치에 걸리는 전단하중)
  $= \tau \cdot \dfrac{\pi d^2}{4}$ (1피치에서 리벳전단면 1개)
- 강판에 작용하는 인장력(1피치에 걸리는 인장하중)
  $W_2 = \sigma_t A_\sigma = \sigma_t(p-d)t$에서
- $W_1 = W_2$이므로
  $\tau \cdot \dfrac{\pi d^2}{4} = \sigma_t(p-d)t$

  $\therefore p = d + \dfrac{\tau\pi d^2}{4\sigma_t \cdot t}$

  $= 20 + \dfrac{\pi \times 20^2}{4 \times 10}$ ($\because \tau = \sigma_t$이므로)

  $= 51.4\text{mm}$

정답   **10** ④ **11** ③ **12** ①

13 벨트의 접촉각을 변화시키고 벨트의 장력을 증가시키는 역할을 하는 풀리는?

① 원동풀리 　　② 인장풀리
③ 종동풀리 　　④ 원추풀리

해설⊕

인장풀리(Tension Pulley)

벨트 전동 또는 체인 전동에 있어서 적당한 장력을 유지하기 위하여 원동차와 종동차 중간에 다른 풀리를 설치하고 스프링이나 추로 벨트나 체인의 일부를 누른다.

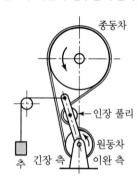

14 블록 브레이크의 드럼이 20m/s의 속도로 회전하는데 블록을 500N의 힘으로 가압할 경우 제동 동력은 약 몇 kW인가?(단, 접촉부 마찰계수는 0.3이다.)

① 1.0 　　② 1.7
③ 2.3 　　④ 3.0

해설⊕

마찰력에 의한 제동 동력이므로
$$H = F_f \cdot V = \mu N \cdot V$$
$$= 0.3 \times 500 \times 20 = 3,000\mathrm{W} = 3\mathrm{kW}$$

15 피치원 지름이 무한대인 기어는?

① 랙(Rack)기어
② 헬리컬(Helical)기어

③ 하이포이드(Hypoid)기어
④ 나사(Screw)기어

해설⊕

랙(Rack)기어

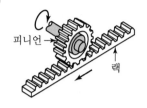

피니언 → 　　← 랙

16 구름 베어링에서 실링(Sealing)의 주목적으로 가장 적합한 것은?

① 구름 베어링에 주유를 주입하는 것을 돕는다.
② 구름 베어링의 발열을 방지한다.
③ 윤활유의 유출과 유해물의 침입을 방지한다.
④ 축에 구름 베어링을 끼울 때 삽입을 돕는다.

해설⊕

베어링의 실링

베어링 안쪽에 채워진 윤활유의 유출방지와 외부의 이물질이 베어링 안으로 들어가는 것을 방지한다.

← 실링

17 300rpm으로 3.1kW의 동력을 전달하고, 축 재료의 허용전단응력은 20.6MPa일 때 중실축의 지름은 약 몇 mm 이상이어야 하는가?

① 20 　　② 29
③ 36 　　④ 45

정답　13 ② 14 ④ 15 ① 16 ③ 17 ②

해설⊕

전달토크 $T = \dfrac{H}{\omega} = \dfrac{H}{\dfrac{2\pi N}{60}} = \dfrac{3.1 \times 10^3}{\dfrac{2\pi \times 300}{60}}$

$\qquad\qquad = 98.7 \text{N} \cdot \text{m} = 98.7 \times 10^3 \text{N} \cdot \text{mm}$

$T = \tau \cdot Z_P = \tau \dfrac{\pi d^3}{16}$ 에서

축지름 $d = \sqrt[3]{\dfrac{16\,T}{\pi\tau}}$

$\qquad\quad = \sqrt[3]{\dfrac{16 \times 98.7 \times 10^3}{\pi \times 20.6}} = 29 \text{mm}$

여기서, $\tau = 20.6 \times 10^6 \text{Pa}$

$\qquad\qquad = 20.6 \times 10^6 \text{N/m}^2 = 20.6 \text{N/mm}^2$

18 다음 중 제동용 기계요소에 해당하는 것은?

① 웜   ② 코터

③ 래칫휠   ④ 스플라인

해설⊕

래칫휠

브레이크(제동)용 기계요소

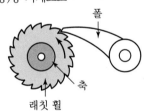

폴

축

래칫 휠

19 다음 중 축에는 가공을 하지 않고 보스 쪽에만 홈을 가공하여 조립하는 키는?

① 안장키(Saddle Key)

② 납작키(Flat Key)

③ 묻힘키(Sunk Key)

④ 둥근키(Round Key)

해설⊕

안장키(Saddle Key)

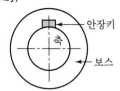

안장키

축

보스

20 하중이 2.5kN 작용하였을 때 처짐이 100mm 발생하는 코일 스프링의 소선 지름은 10mm이다. 이 스프링의 유효 감김 수는 약 몇 권인가?(단, 스프링 지수(C)는 10이고, 스프링 선재의 전단탄성계수는 80GPa이다.)

① 3   ② 4

③ 5   ④ 6

해설⊕

스프링의 처짐량 $\delta = \dfrac{8WD^3 \cdot n}{Gd^4}$ 에서

유효권수 $n = \dfrac{G \cdot d^4 \cdot \delta}{8WD^3} = \dfrac{80 \times 10^3 \times 10^4 \times 100}{8 \times 2.5 \times 10^3 \times 100^3} = 4$권

여기서, $G = 80\text{GPa} = 80 \times 10^9 \text{N/m}^2$

$\qquad\qquad = 80 \times 10^3 \text{N/mm}^2$

$\qquad d = 10\text{mm}$

스프링지수 $c = \dfrac{D}{d} = 10$ 에서 $D = 10d$

$\qquad\qquad\qquad\qquad = 10 \times 10 = 100\text{mm}$

$\qquad \delta = 100\text{mm}$

21 벨트의 형상을 치형으로 하여 미끄럼이 거의 없고 정확한 회전비를 얻을 수 있는 벨트는?

① 직물 벨트

② 강 벨트

③ 가죽 벨트

④ 타이밍 벨트

정답   18 ③   19 ①   20 ②   21 ④

해설 ⊕

타이밍 벨트

기어처럼 일정 간격의 홈을 가진 벨트 풀리와 풀리 홈에 정확히 맞물리도록 내측에 같은 간격의 홈을 가진 벨트로 구성되어 회전을 정확하게 전달할 수 있다.

22 잇수는 54, 바깥지름은 280mm인 표준 스퍼기어에서 원주피치는 약 몇 mm인가?

① 15.7

② 31.4

③ 62.8

④ 125.6

해설 ⊕

바깥지름 $D_o = D$(피치원지름)$+2m$ $(D = mZ$ 적용)

$$= mZ + 2m = m(Z+2)$$에서

모듈 $m = \dfrac{D_o}{Z+2} = \dfrac{280}{54+2} = 5\,\text{mm}$

$\pi D = pZ$에서

원주피치 $p = \dfrac{\pi D}{Z} = \pi m = \pi \times 5 = 15.7\,\text{mm}$

23 둥근 봉을 비틀 때 생기는 비틀림 변형을 이용하여 스프링으로 만든 것은?

① 코일 스프링

② 토션 바

③ 판 스프링

④ 접시 스프링

해설 ⊕

자동차의 토션 바(Torsion Bar)

원형봉의 한 끝을 고정하고 다른 쪽 끝을 비틀 때 발생하는 비틀림변형을 이용한 스프링이다.

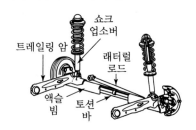

24 미끄럼 베어링의 재질로서 구비해야 할 성질이 아닌 것은?

① 눌러 붙지 않아야 한다.

② 마찰에 의한 마멸이 적어야 한다.

③ 마찰계수가 커야 한다.

④ 내식성이 커야 한다.

해설 ⊕

베어링은 움직이는 기계요소를 지지하는 부품이므로 운동을 방해하는 마찰계수는 작아야 한다.

25 피치가 2mm인 3줄 나사에서 90° 회전시키면 나사가 움직인 거리는 몇 mm인가?

① 0.5

② 1

③ 1.5

④ 2

해설 ⊕

나사를 한 바퀴 회전시킬 때 이동한 거리인 리드

$L = np = 3 \times 2 = 6\,\text{mm}$

∴ 90° 회전시키면 $\dfrac{1}{4}$만큼 나아가므로

$$6\,\text{mm} \times \dfrac{1}{4} = 1.5\,\text{mm}$$

26 1줄 겹치기 리벳이음에서 리벳구멍의 지름은 12mm이고, 리벳의 피치는 45mm일 때 판의 효율은 약 몇 %인가?

① 80   ② 73

③ 55   ④ 42

해설 ⊕

리벳이음에서 강판의 효율 $\eta_t = 1 - \dfrac{d'}{p}$

$$= 1 - \frac{12}{45} = 0.733 = 73.3\%$$

27 폴(Pawl)과 결합하여 사용되며, 한쪽 방향으로는 간헐적인 회전운동을 주고 반대쪽으로는 회전을 방지하는 역할을 하는 장치는?

① 플라이 휠(Fly Wheel)

② 드럼 브레이크(Drum Brake)

③ 블록 브레이크(Block Brake)

④ 래칫휠(Rachet Wheel)

해설 ⊕

래칫휠

시계 반대 방향으로 회전하는 것을 방지한다.

28 400rpm으로 4kW의 동력을 전달하는 중실축의 최소지름은 약 몇 mm인가?(단, 축의 허용전단응력은 20.60MPa이다.)

① 22   ② 13

③ 29   ④ 36

해설 ⊕

전달토크 $T = \dfrac{H}{\omega} = \dfrac{H}{\dfrac{2\pi N}{60}} = \dfrac{4 \times 10^3}{\dfrac{2\pi \times 400}{60}}$

$$= 95.5 \text{N} \cdot \text{m} = 95.5 \times 10^3 \text{N} \cdot \text{mm}$$

$T = \tau \cdot Z_P = \tau \dfrac{\pi d^3}{16}$ 에서

축지름 $d = \sqrt[3]{\dfrac{16 T}{\pi \tau}}$

$$= \sqrt[3]{\frac{16 \times 95.5 \times 10^3}{\pi \times 20.6}} = 28.7 \text{mm}$$

여기서, $\tau = 20.6 \times 10^6 \text{Pa}$
$$= 20.6 \times 10^6 \text{N/m}^2 = 20.6 \text{N/mm}^2$$

29 지름이 4cm인 봉재에 인장하중이 1,000N 작용할 때 발생하는 인장응력은 약 얼마인가?

① 127.3N/cm^2 ② 127.3N/mm^2

③ 80N/cm^2 ④ 80N/mm^2

해설 ⊕

인장응력 $\sigma = \dfrac{F(\text{하중})}{A_\sigma(\text{인장파괴단면적})}$

$$= \frac{F}{\dfrac{\pi d^2}{4}} = \frac{1,000}{\dfrac{\pi \times 4^2}{4}} = 79.6 \text{N/cm}^2$$

30 묻힘 키에서 키에 생기는 전단응력을 τ, 압축응력을 σ_c 라 할 때, $\tau / \sigma_c = 1/4$이면, 키의 폭 b와 높이 h의 관계식은?(단, 키 홈의 높이는 키 높이의 1/2이라고 한다.)

① $b = h$ ② $b = 2h$

③ $b = \dfrac{h}{2}$ ④ $b = \dfrac{h}{4}$

해설 ⊕

• 키 전단 견지의 전달토크 $T = \tau \cdot A_\tau \times \dfrac{d}{2}$

$$= \tau \times b \times l \times \dfrac{d}{2} \text{에서}$$

전단응력 $\tau = \dfrac{2T}{b \cdot l \cdot d}$

• 키 면압 견지의 전달토크 $T = \sigma_c \times A_\sigma \times \dfrac{d}{2}$

$$= \sigma_c \times \dfrac{h}{2} \times l \times \dfrac{d}{2} \text{에서}$$

압축응력 $\sigma_c = \dfrac{4T}{h \cdot l \cdot d}$

• $\dfrac{\tau}{\sigma_c} = \dfrac{1}{4}$ 에서 $\sigma_c = 4\tau$ 이므로

$$\dfrac{4T}{h \cdot l \cdot d} = 4 \times \dfrac{2T}{b \cdot l \cdot d}$$

$$\therefore \ b = 2h$$

31 잇수 32, 피치 12.7mm, 회전수 500rpm의 스프로킷휠에 50번 롤러 체인을 사용하였을 경우 전달동력은 약 몇 kW인가?(단, 50번 롤러 체인의 파단하중은 22.10kN, 안전율은 15이다.)

① 7.8　　　　② 6.4
③ 5.6　　　　④ 5.0

해설 ⊕

• 원주속도 $V = \dfrac{\pi DN}{60,000} = \dfrac{pZN}{60,000}$

$$= \dfrac{12.7 \times 32 \times 500}{60,000} = 3.39 \text{m/s}$$

• 허용하중 $F_a = \dfrac{F_f(파단하중)}{S(안전율)}$

$$= \dfrac{22.1 \times 10^3}{15} = 1,473.3 \text{N}$$

• 전달동력 $H = F_a \cdot V = 1,473.3 \times 3.39 = 4,994.5 \text{W}$

$$\fallingdotseq 5 \text{kW}$$

32 0.45t의 물체를 지지하는 아이 볼트에서 볼트의 허용인장응력이 48MPa이라 할 때, 다음 미터 나사 중 가장 적합한 것은?(단, 나사 바깥지름은 골지름의 1.25배로 가정하고, 적합한 사양 중 가장 작은 크기를 선정한다.)

① M14　　　　② M16
③ M18　　　　④ M20

해설 ⊕

하중 : $0.45\text{t} = 0.45 \times 1,000\text{kg}_f$

$$= 450\text{kg}_f \times \dfrac{9.8\text{N}}{1\text{kg}_f} = 4,410\text{N}$$

$F = \sigma_a A_\sigma = \sigma_a \cdot \dfrac{\pi}{4} d_1^{\,2}$ 에서

골지름 $d_1 = \sqrt{\dfrac{4F}{\pi \sigma_a}} = \sqrt{\dfrac{4 \times 4,410}{\pi \times 48}} = 10.82\text{mm}$

$\therefore$ 바깥지름 $d_2 = 1.25 \times 10.82 = 13.53\text{mm}$ 이므로
　　바깥지름 13.53mm보다 큰 14mm로 선정한다.

33 원형 봉에 비틀림 모멘트를 가할 때 비틀림 변형이 생기는데, 이때 나타나는 탄성을 이용한 스프링은?

① 토션 바　　　　② 벌류트 스프링
③ 와이어 스프링　　④ 비틀림 코일스프링

해설 ⊕

자동차의 토션 바(Torsion Bar)
원형봉의 한 끝을 고정하고 다른 쪽 끝을 비틀 때 발생하는 비틀림 탄성변형을 이용한 스프링이다.

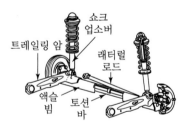

34 용접이음의 단점에 속하지 않는 것은?

① 내부 결함이 생기기 쉽고 정확한 검사가 어렵다.
② 용접공의 기능에 따라 용접부의 강도가 좌우된다.
③ 다른 이음작업과 비교하여 작업 공정이 많은 편이다.
④ 잔류응력이 발생하기 쉬워서 이를 제거하는 작업이 필요하다.

해설 ⊕

용접이음은 다른 이음작업에 비하여 작업공정이 간단하다.

35 볼베어링에서 수명에 대한 설명으로 옳은 것은?

① 베어링에 작용하는 하중의 3승에 비례한다.
② 베어링에 작용하는 하중의 3승에 반비례한다.
③ 베어링에 작용하는 하중의 10/3승에 비례한다.
④ 베어링에 작용하는 하중의 10/3승에 반비례한다.

해설 ⊕

회전수명(Ln)
하중(P)이 커질수록 베어링의 회전수명은 짧아지므로 3승에 반비례한다.

$$L_n = \left(\frac{c}{P}\right)^r \times 10^6 = \left(\frac{c}{P}\right)^3 \times 10^6 \text{rev}$$

여기서, P : 하중
c : 기본 동정격하중
∴ 볼베어링이므로 베어링지수 $r = 3$

36 전달동력 2.4kW, 회전수 1,800rpm을 전달하는 축의 지름은 약 몇 mm 이상으로 해야 하는가?(단, 축의 허용전단응력은 20MPa이다.)

① 20
② 12
③ 15
④ 17

해설 ⊕

전달토크 $T = \dfrac{H}{\omega} = \dfrac{H}{\dfrac{2\pi N}{60}} = \dfrac{2.4 \times 10^3}{\dfrac{2\pi \times 1,800}{60}}$

$$= 12.73\text{N} \cdot \text{m} = 12.73 \times 10^3 \text{N} \cdot \text{mm}$$

$T = \tau \cdot Z_P = \tau \dfrac{\pi d^3}{16}$ 에서

축지름 $d = \sqrt[3]{\dfrac{16\,T}{\pi\tau}}$

$$= \sqrt[3]{\frac{16 \times 12.73 \times 10^3}{\pi \times 20}} = 14.8\text{mm}$$

여기서, $\tau = 20 \times 10^6 \text{Pa} = 20 \times 10^6 \text{N/m}^2$
$$= 20\text{N/mm}^2$$

37 묻힘 키(Sunk Key)에 생기는 전단응력을 τ, 압축응력을 σ_c라고 할 때, $\dfrac{\tau}{\sigma_c} = \dfrac{1}{2}$ 이면 키 폭 b와 높이 h의 관계식으로 옳은 것은?(단, 키 홈의 높이는 키 높이의 1/2이다.)

① $b = h$
② $h = \dfrac{b}{4}$
③ $b = \dfrac{h}{2}$
④ $b = 2h$

해설 ⊕

$\tau = \dfrac{2T}{bld}$, $\sigma_c = \dfrac{4T}{hld}$ 인데 주어진 조건 $\sigma_c = 2\tau$이므로,

$\dfrac{4T}{hld} = 2 \times \dfrac{2T}{bld}$ 에서 ∴ $b = h$

38 기어의 피치원 지름이 무한대로 회전운동을 직선운동으로 바꿀 때 사용하는 기어는?

① 베벨기어
② 헬리컬기어
③ 랙과 피니언
④ 웜기어

해설 ➕

랙과 피니언

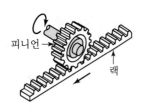

피니언 · 랙

---

39 주로 회전운동을 왕복운동으로 변환시키는 데 사용하는 기계요소로서 내연기관의 밸브 개폐기구 등에 사용되는 것은?

① 마찰차(Friction Wheel)
② 클러치(Clutch)
③ 기어(Gear)
④ 캠(Cam)

해설 ➕

캠(Cam)
캠축이 회전운동을 하면 밸브는 왕복 운동하게 된다.

---

40 드럼의 지름이 600mm인 브레이크 시스템에서 98.1N · m의 제동 토크를 발생시키고자 할 때 블록을 드럼에 밀어붙이는 힘은 약 몇 kN인가?(단, 접촉부 마찰계수는 0.3이다.)

① 0.54   ② 1.09
③ 1.51   ④ 1.96

해설 ➕

마찰에 의한 제동 토크 $T = F_f \cdot \dfrac{D}{2} = \mu N \cdot \dfrac{D}{2}$ 에서

밀어붙이는 힘 $N = \dfrac{2T}{\mu D} = \dfrac{2 \times 98.1}{0.3 \times 0.6}$

$\qquad\qquad\qquad = 1{,}090\text{N} = 1.09\text{kN}$

여기서, $D = 600\text{mm} = 0.6\text{m}$

---

41 지름 45mm의 축이 200rpm으로 회전하고 있다. 이 축은 길이 1m에 대하여 1/4°의 비틀림 각이 발생한다고 할 때 약 몇 kW의 동력을 전달하고 있는가?(단, 축 재료의 가로탄성계수는 84GPa이다.)

① 2.1   ② 2.6
③ 3.1   ④ 3.6

해설 ➕

• 축의 비틀림각 $\theta = \dfrac{T \cdot l}{G \cdot I_P}$ 에서

$T = \dfrac{G \cdot I_P \cdot \theta}{l} = G \cdot I_P \dfrac{\theta}{l}$,

$\left[\left(\dfrac{\theta}{l}\right) = \dfrac{\frac{1}{4}°}{1m} \times \dfrac{\pi(\text{rad})}{180°} = 0.0044\text{rad/m 적용} \right]$

$\quad = 84 \times 10^9 \times \dfrac{\pi}{32} \times 0.045^4 \times 0.0044$

$\quad = 148.8\text{N} \cdot \text{m}$

• $H = T\omega = T \times \dfrac{2\pi \times N}{60} = 148.8 \times \dfrac{2\pi \times 200}{60}$

$\quad = 3116.5\text{W} = 3.1\text{kW}$

---

42 어느 브레이크에서 제동동력이 3kW이고, 브레이크 용량(Brake Capacity)을 0.8N/mm² · m/s라고 할 때, 브레이크 마찰면적의 크기는 약 몇 mm²인가?

① 3,200   ② 2,250
③ 5,500   ④ 3,750

해설 ⊕

브레이크 용량은 단위면적당 제동 동력이므로

$$\frac{H}{A_q} = \frac{F_f V}{A_q} = \frac{\mu N \cdot V}{A_q}$$

$$= \mu \cdot q \cdot V = 0.8\text{N/mm}^2 \cdot \text{m/s}$$

$$\therefore A_q = \frac{H}{\mu \cdot q \cdot V} = \frac{3 \times 10^3 \text{N} \cdot \text{m/s}}{0.8\text{N/mm}^2 \cdot \text{m/s}} = 3,750\text{mm}^2$$

43 스프링에 150N의 하중을 가했을 때 발생하는 최대전단응력이 400MPa이었다. 스프링 지수(C)는 10이라고 할 때 스프링 소선의 지름은 약 몇 mm인가?(단, 응력수정계수 $K = \frac{4C-1}{4C-4} + \frac{0.615}{C}$ 를 적용한다.)

① 3.3   ② 4.8

③ 7.5   ④ 12.6

해설 ⊕

$$C = \frac{D}{d} = 10$$

$$K = \frac{4C-1}{4C-4} + \frac{0.615}{C} = \frac{4 \times 10 - 1}{4 \times 10 - 4} + \frac{0.615}{10} = 1.145$$

$$T = \tau \cdot Z_P = \tau \cdot \frac{\pi}{16} d^3 = W \cdot \frac{D}{2} \text{에서}$$

응력수정계수를 고려한 전단응력 $\tau = \frac{K \cdot 8WD}{\pi d^3}$

$$\rightarrow d^2 = \frac{8KWD}{\pi \tau d} = \frac{8KWC}{\pi \tau} (\because C = \frac{D}{d} \text{ 적용})$$

$\therefore$ 소선의 지름 $d = \sqrt{\dfrac{8 \cdot K \cdot W \cdot C}{\pi \cdot \tau}}$

$$= \sqrt{\frac{8 \times 1.145 \times 150 \times 10}{\pi \times 400}} = 3.3\text{mm}$$

44 420rpm으로 16.20kN의 하중을 받고 있는 엔드저널의 지름(d)과 길이(l)는?(단, 베어링 작용압력은 1N/mm², 폭 지름비 $l/d = 2$이다.)

① $d = 90\text{mm}$, $l = 180\text{mm}$

② $d = 85\text{mm}$, $l = 170\text{mm}$

③ $d = 80\text{mm}$, $l = 160\text{mm}$

④ $d = 75\text{mm}$, $l = 150\text{mm}$

해설 ⊕

$$l = 2d, \quad q = 1\text{N/mm}^2$$

베어링 압력 $q = \dfrac{P}{A_q} = \dfrac{P}{dl} = \dfrac{P}{d \times 2d}$ 에서

$$\therefore d = \sqrt{\frac{P}{2 \times q}} = \sqrt{\frac{16.2 \times 10^3}{2 \times 1}} = 90\text{mm}$$

$\therefore$ 저널 길이 $l = 2d = 2 \times 90 = 180\text{mm}$

45 지름이 10mm인 시험편에 600N의 인장력이 작용한다고 할 때 이 시험편에 발생하는 인장응력은 약 몇 MPa인가?

① 95.2

② 76.4

③ 7.64

④ 9.52

해설 ⊕

인장응력 $\sigma = \dfrac{F(\text{하중})}{A_\sigma (\text{인장파괴단면적})}$

$$= \frac{F}{\frac{\pi d^2}{4}} = \frac{600}{\frac{\pi \times 0.01^2}{4}} = 7.64 \times 10^6 \text{N/m}^2$$

$$= 7.64\text{MPa}$$

46 정(Chisel) 등의 공구를 사용하여 리벳머리의 주위와 강판의 가장자리를 두드리는 작업을 코킹(Caulking)이라 하는데, 이러한 작업을 실시하는 목적으로 적절한 것은?

① 리베팅 작업에 있어서 강판의 강도를 크게 하기 위하여

② 리베팅 작업에 있어서 기밀을 유지하기 위하여

③ 리베팅 작업 중 파손된 부분을 수정하기 위하여

④ 리벳이 들어갈 구멍을 뚫기 위하여

해설 ➕

리벳이음에서 코킹과 풀러링은 기밀을 유지하기 위한 작업이다.

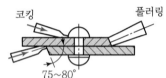

47 축 방향으로 보스를 미끄럼 운동시킬 필요가 있을 때 사용하는 키는?

① 페더(Feather) 키

② 반달(Woodruff) 키

③ 성크(Sunk) 키

④ 안장(Saddle) 키

해설 ➕

페더 키(미끄럼 키)

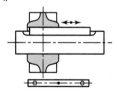

48 맞물린 한 쌍의 인벌류트 기어에서 피치원의 공통접선과 맞물리는 부위에 힘이 작용하는 작용선이 이루는 각도를 무엇이라고 하는가?

① 중심각　　　　② 접선각

③ 전위각　　　　④ 압력각

해설 ➕

기어 압력각

기어 중심에서 치형과 피치원이 만나는 점을 잇는 직선과 치형과 피치원이 만나는 점의 접선이 이루는 각을 압력각이라 하며, 원동기어가 종동기어에 힘을 전달하는 각이다.

49 M22볼트(골지름 19.294mm)가 그림과 같이 2장의 강판을 고정하고 있다. 체결 볼트의 허용전단응력이 36.15MPa이라 하면 최대 몇 kN까지의 하중(P)을 견딜 수 있는가?

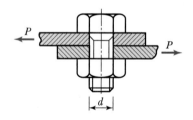

① 3.21　　② 7.54　　③ 10.57　　④ 11.48

해설 ➕

볼트의 전단응력 $\tau = \dfrac{P}{A_\tau}$ 에서

하중 $P = \tau A_\tau = \tau \times \dfrac{\pi d_1^2}{4} = 36.15 \times \dfrac{\pi \times 19.294^2}{4}$

$\qquad = 10,569.2\text{N} = 10.57\text{kN}$

50 평벨트 전동장치와 비교하여 V−벨트 전동 장치에 대한 설명으로 옳지 않은 것은?

① 접촉 면적이 넓으므로 비교적 큰 동력을 전달한다.

② 장력이 커서 베어링에 걸리는 하중이 큰 편이다.

③ 미끄럼이 작고 속도비가 크다.

④ 바로걸기로만 사용이 가능하다.

해설 ➕ -

V−벨트 전동의 장점

- 홈의 양면에 V 형태로 밀착되므로 마찰력이 평벨트보다 크고 미끄럼이 적어 비교적 작은 장력으로도 큰 회전력을 전달할 수 있다.
- V−벨트 홈을 가지고 회전하므로 평벨트처럼 벨트가 벗겨지는 일이 없다.
- 벨트의 이음매가 없는 엔드리스 벨트이므로 운전이 정숙하다.
- 지름이 작은 풀리에도 사용이 가능하다.
- 바로걸기만 가능하다(V−벨트는 엇걸기가 불가능하다).

51 폭(b)×높이(h)=10mm×8mm인 묻힘 키가 전동축에 고정되어 0.25kN · m의 토크를 전달할 때, 축지름은 약 몇 mm 이상이어야 하는가?(단, 키의 허용 전단응력은 36MPa이며, 키의 길이는 47mm이다.)

① 29.6

② 35.3

③ 41.7

④ 50.2

해설 ➕ -

$T = 0.25\text{kN} \cdot \text{m}$

$\quad = 0.25 \times 10^3 \text{N} \cdot \text{m} = 250 \times 10^3 \text{N} \cdot \text{mm}$

전달토크 $T = F \times \dfrac{d}{2} = \tau \cdot A_\tau \times \dfrac{d}{2} = \tau \times b \times l \times \dfrac{d}{2}$ 에서

축지름 $d = \dfrac{2T}{\tau \cdot b \cdot l} = \dfrac{2 \times 250 \times 10^3}{36 \times 10 \times 47} = 29.6\text{mm}$

52 래크 공구로 모듈 5, 압력각은 20°, 잇수는 15인 인벌류트 치형의 전위기어를 가공하려 한다. 이때 언더컷을 방지하기 위하여 필요한 이론 전위량은 약 몇 mm 인가?

① 0.124

② 0.252

③ 0.510

④ 0.613

해설 ➕ -

$$\text{전위량} = x \times m = \left(1 - \frac{Z}{Z_g}\right) \times m = \left(1 - \frac{Z}{\left(\dfrac{2}{\sin^2 \alpha}\right)}\right) \times m$$

$$= \left(1 - \frac{15}{\left(\dfrac{2}{\sin^2 20°}\right)}\right) \times 5$$

$$= 0.613\text{mm}$$

53 베어링 설치 시 고려해야 하는 예압(Preload)에 관한 설명으로 옳지 않은 것은?

① 예압은 축의 흔들림을 적게 하고, 회전정밀도를 향상시킨다.

② 베어링 내부 틈새를 줄이는 효과가 있다.

③ 예압량이 높을수록 예압 효과가 커지고, 베어링 수명에 유리하다.

④ 적절한 예압을 적용할 경우 베어링의 강성을 높일 수 있다.

해설 ➕ -

베어링 예압의 목적

- 축이 레이디얼 방향 및 액셜 방향의 위치결정을 정확하게 함과 동시에 축의 진동을 억제
- 베어링의 강성을 높이기 위하여
- 축 방향의 진동 및 공진에 의한 이음을 방지
- 전동체의 선회미끄럼, 공전미끄럼 및 자전미끄럼을 억제
- 궤도륜에 대해서, 전동체를 바른 위치로 유지

예압량을 필요 이상으로 크게 취하면, 이상발열, 마찰모멘트의 증대, 피로수명의 저하 등으로 베어링 수명이 줄어든다.

정답 50 ② 51 ① 52 ④ 53 ③

54 평벨트 전동에서 유효장력이란 무엇인가?

① 벨트 긴장 측 장력과 이완 측 장력과의 차를 말한다.
② 벨트 긴장 측 장력과 이완 측 장력과의 비를 말한다.
③ 벨트 긴장 측 장력과 이완 측 장력과의 평균값을 말한다.
④ 벨트 긴장 측 장력과 이완 측 장력과의 합을 말한다.

해설 ⊕

그림처럼 원동차 풀리가 우회전할 때 왼쪽은 긴장 측 장력 (T_t)이 오른쪽은 이완 측 장력(T_s)이 작용하게 되는데, 이 두 장력의 차이인 유효장력($T_e = T_t - T_s$)으로 벨트풀리를 돌려 동력을 전달하게 된다.

55 두 축의 중심선이 어느 각도로 교차되고 그 사이의 각도가 운전 중 다소 변하여도 자유로이 운동을 전달할 수 있는 축이음은?

① 플랜지이음
② 셀러이음
③ 올덤이음
④ 유니버셜이음

해설 ⊕

유니버셜이음

56 공업제품에 대한 표준화 시행 시 여러 장점이 있다. 다음 중 공업제품 표준화와 관련한 장점으로 거리가 먼 것은?

① 부품의 호환성이 유지된다.
② 능률적인 부품생산을 할 수 있다.
③ 부품의 품질 향상이 용이하다.
④ 표준화 규격 제정 시에 소요되는 시간과 비용이 적다.

해설 ⊕

표준화 규격을 제정하려면 시간과 비용이 많이 소요된다.

57 두께 10mm의 강판에 지름 24mm의 리벳을 사용하여 1줄 겹치기이음할 때 피치는 약 몇 mm인가? (단, 리벳에서 발생하는 전단응력은 35.3MPa이고, 강판에 발생하는 인장응력은 42.2MPa이다.)

① 43   ② 62   ③ 55   ④ 74

해설 ⊕

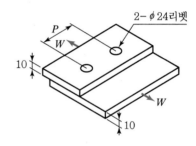

- 리벳의 전단력(1 피치에 걸리는 전단하중)

$$W_1 = \tau \cdot A_\tau$$

$$= \tau \cdot \frac{\pi d^2}{4} \text{(1피치에서 리벳전단면 1개)}$$

$$= 35.3 \times \frac{\pi \times 24^2}{4} = 15,969.3\text{N}$$

- 강판에 작용하는 인장력(1피치에 걸리는 인장하중)

$$W_2 = \sigma_t A_\sigma = \sigma_t (p-d)t$$

- $W_1 = W_2$에서 $W_1 = \sigma_t (p-d)t$

$$\therefore \text{피치 } p = d + \frac{W_1}{\sigma_t \cdot t} = 24 + \frac{15,969.3}{42.2 \times 10} = 61.8\text{mm}$$

정답   54 ①   55 ④   56 ④   57 ②

58 10kN의 물체를 수직방향으로 들어올리기 위해서 아이볼트를 사용하려 할 때, 아이볼트 나사부의 최소 골지름은 약 몇 mm인가?(단, 볼트의 허용인장응력은 50MPa이다.)

① 14
② 16
③ 20
④ 22

해설 ⊕

$W = \sigma_t A_\sigma = \sigma_t \cdot \dfrac{\pi}{4} d_1^{\,2}$ 에서

골지름 $d_1 = \sqrt{\dfrac{4W}{\pi \sigma_t}} = \sqrt{\dfrac{4 \times 10 \times 10^3}{\pi \times 50}} = 15.96\text{mm}$

여기서, $\sigma_t = 50\text{MPa} = 50\text{N/mm}^2$

59 드럼지름이 300mm인 밴드 브레이크에서 1kN·m의 토크를 제동하려고 한다. 이때 필요한 제동력은 약 몇 N인가?

① 667
② 5,500
③ 6,667
④ 795

해설 ⊕

제동토크 $T = T_e \times \dfrac{D}{2}$ 에서

제동력 $T_e = \dfrac{2T}{D} = \dfrac{2 \times 1 \times 10^3}{0.3} = 6,666.67\text{N}$

60 그림과 같은 스프링 장치에서 전체 스프링 상수 K는?

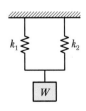

61 4kN·m의 비틀림 모멘트를 받는 전동축의 지름은 약 몇 mm인가?(단, 축에 작용하는 전단응력은 60MPa이다.)

① 70
② 80
③ 90
④ 100

① $K = k_1 + k_2$
② $K = \dfrac{1}{k_1} + \dfrac{1}{k_2}$
③ $K = \dfrac{k_1 \times k_2}{k_1 + k_2}$
④ $K = k_1 \times k_2$

해설 ⊕

병렬조합이므로
$W = W_1 + W_2$
$K\delta = k_1 \delta_1 + k_2 \delta_2 \ (\delta = \delta_1 = \delta_2 \text{이므로})$
전체스프링상수(등가스프링상수)
$\therefore \ K = k_1 + k_2$

해설 ⊕

비틀림 모멘트(토크) $T = \tau \cdot Z_p = \tau \dfrac{\pi d^3}{16}$ 에서

축지름 $d = \sqrt[3]{\dfrac{16T}{\pi\tau}}$

$\qquad = \sqrt[3]{\dfrac{16 \times 4 \times 10^3 \times 10^3}{\pi \times 60}} = 69.8 \text{ mm} \fallingdotseq 70\text{mm}$

여기서, $\tau = 60 \times 10^6 \text{Pa} = 60 \times 10^6 \text{N/m}^2$
$\qquad\qquad = 60\text{N/mm}^2$

62 양쪽 기울기를 가진 코터에서 저절로 빠지지 않기 위한 자립조건으로 옳은 것은?(단, α는 코터 중심에 대한 기울기 각도이고, ρ는 코터와 로드엔드와의 접촉부 마찰계수에 대응하는 마찰각이다.)

① $\alpha \leq \rho$
② $\alpha \geq \rho$
③ $\alpha \leq 2\rho$
④ $\alpha \geq 2\rho$

해설✚

코터의 자립상태
외력을 가해 뽑지 않으면 체결상태를 유지

- 양쪽 테이퍼의 경우 : $\alpha \leq \rho$

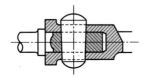

63 용접 가공에 대한 일반적인 특징 설명으로 틀린 것은?

① 공정수를 줄일 수 있어서 제작비가 저렴하다.
② 기밀 및 수밀성이 양호하다.
③ 열 영향에 의한 재료의 변질이 거의 없다.
④ 잔류응력이 발생하기 쉽다.

해설✚

용접은 재료의 열변형이 발생할 우려가 있다.

64 그림과 같은 스프링장치에서 각 스프링 상수 k_1 = 40N/cm, k_2 = 50N/cm, k_3 = 60N/cm이다. 하중 방향의 처짐이 150mm일 때 작용하는 하중 P는 약 몇 N인가?

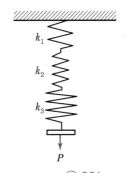

① 2,250
② 964
③ 389
④ 243

해설✚

직렬조합된 스프링의 전체(등가) 스프링 상수를 구하면

$$k = \frac{1}{\frac{1}{k_1} + \frac{1}{k_2} + \frac{1}{k_3}} = \frac{1}{\frac{1}{40} + \frac{1}{50} + \frac{1}{60}} = 16.22\text{N/cm}$$

하중 $P = k\delta = 16.22 \times 15 = 243.3\text{N}$
   여기서, 처짐량 $\delta = 150\text{mm} = 15\text{cm}$

65 작용하중의 방향에 따른 베어링 분류 중에서 축 선에 직각으로 작용하는 하중과 축선 방향으로 작용하 는 하중이 동시에 작용하는 데 사용하는 베어링은?

① 레이디얼 베어링(Radial Bearing)
② 스러스트 베어링(Thrust Bearing)
③ 테이퍼 베어링(Taper Bearing)
④ 칼라 베어링(Collar Bearing)

해설✚

테이퍼 베어링
축 방향과 축 직각 방향의 조합된 하중을 견딘다.

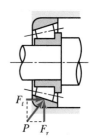

66 회전속도가 8m/s로 전동되는 평벨트 전동장치 에서 가죽 벨트의 폭(b)×두께(t) = 116mm×8mm인 경우, 최대전달동력은 약 몇 kW인가?(단, 벨트의 허용 인장응력은 2.35MPa, 장력비($e^{\mu\theta}$)는 2.50이며, 원심력 은 무시하고 벨트의 이음효율은 100%이다.)

① 7.45
② 10.47
③ 12.08
④ 14.46

정답 63 ③ 64 ④ 65 ③ 66 ②

해설⊕ ----------

벨트의 전달동력 $H = T_e \cdot V$이므로

유효장력 $T_e = T_t - T_s$, 장력비 $e^{\mu\theta} = \dfrac{T_t}{T_s}$

$$T_e = T_t - \frac{T_t}{e^{\mu\theta}} = T_t \left(\frac{e^{\mu\theta} - 1}{e^{\mu\theta}} \right)$$

$$= 2,180.8 \times \left(\frac{2.5 - 1}{2.5} \right) = 1,308.48\,\text{N}$$

여기서, 긴장측장력 $T_t = \sigma_t \cdot A_\sigma = \sigma_t \cdot b \cdot t$

$$= 2.35 \times 116 \times 8 = 2,180.8\,\text{N}$$

$$(\sigma_t = 2.35 \times 10^6\,\text{Pa} = 2.35\,\text{N/mm}^2)$$

$$\therefore H = T_e \times V$$

$$= 1,308.48 \times 8 = 10,467.84\,\text{W} = 10.47\,\text{kW}$$

67 그림과 같은 블록 브레이크에서 막대 끝에 작용하는 조작력 F와 브레이크의 제동력 Q와의 관계식은?(단, 드럼은 반시계 방향 회전을 하고 마찰계수는 μ이다.)

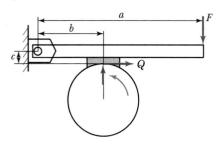

① $F = \dfrac{Q}{a}(b - \mu c)$

② $F = \dfrac{Q}{\mu a}(b - \mu c)$

③ $F = \dfrac{Q}{\mu a}(b + \mu c)$

④ $F = \dfrac{Q}{a}(b + \mu c)$

해설⊕ ----------

자유물체도

마찰력(μN)의 방향은 드럼이 돌아가는 방향과 같다. 문제의 그림에서 제동력 Q의 방향이 잘못 표시되었으므로 자유물체도와 같이 마찰력(μN)의 방향을 정하고 해석해야 한다.

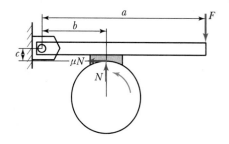

$$\Sigma M_{\text{힌지}} = 0 : F \cdot a + \mu Nc - Nb = 0$$

$$\therefore F = \frac{N(b - \mu c)}{a} = \frac{\mu N(b - \mu c)}{\mu a}$$

$$= \frac{Q(b - \mu c)}{\mu a}$$

여기서, 제동력=마찰력$(F_f = \mu N = Q)$

68 안지름 300mm, 내압 100N/cm²가 작용하고 있는 실린더 커버를 12개의 볼트로 체결하려고 한다. 볼트 1개에 작용하는 하중 W는 약 몇 N인가?

① 3,257　　　　② 5,890

③ 8,976　　　　④ 11,245

해설⊕ ----------

전체하중 $W_t = PA$(투사면적)

$$= P \times \frac{\pi d^2}{4}\,(d = 30\,\text{cm})$$

$$= 100 \times \frac{\pi \times 30^2}{4}$$

$$= 70,685.8\,\text{N}$$

볼트 12개로 체결했으므로 볼트 1개에 작용하는 하중

$$W = \frac{W_t}{12} = \frac{70,685.8}{12} = 5,890.5\,\text{N}$$

69 응력 – 변형률 선도에서 재료가 저항할 수 있는 최대의 응력을 무엇이라 하는가?(단, 공칭응력을 기준으로 한다.)

① 비례한도(Proportional Limit)
② 탄성한도(Elastic Limit)
③ 항복점(Yield Point)
④ 극한강도(Ultimate Strength)

해설 ➕

① 비례한도 : 물체의 하중을 가하면 응력과 변형이 정비례하는 범위
② 탄성한도 : 물체에 가해진 하중을 제거하면 변형이 원래대로 돌아오는 범위
③ 항복점 : 물체의 탄성한계를 넘어서 외력을 증가시켰을 때 급격히 영구(소성) 변형이 증가하는 점
④ 극한강도 : 인장강도라고도 하며 재료가 파괴에 도달하기 전까지 저항할 수 있는 최대응력

70 다음 중 기어에서 이의 크기를 나타내는 방법이 아닌 것은?

① 피치원지름
② 원주피치
③ 모듈
④ 지름피치

해설 ➕

피치원지름(D)
기어 이의 크기가 아니고 기어의 크기를 나타낸다.

- 원주피치 : $p = \dfrac{\pi D}{Z} = \pi m$

- 모듈 : $m = \dfrac{D}{Z}$

- 지름피치 : $p_d = \dfrac{Z}{D}$ inch

$\qquad = \dfrac{25.4 Z}{D}$ mm

$\qquad = \dfrac{25.4}{m}$ mm

71 유체 클러치의 일종인 유체 토크 컨버터(Fluid Torque Converter)의 특징을 설명한 것 중 틀린 것은?

① 부하에 의한 원동기의 정지가 없다.
② 장치 내에 스테이터가 있을 경우 작동 효율을 97% 수준까지 올릴 수 있다.
③ 무단변속이 가능하다.
④ 진동 및 충격을 완충하기 때문에 기계에 무리가 없다.

해설 ➕

- 토크 컨버터 : 유체를 사용하여 토크를 변환하여 동력을 전달하는 장치로 변속기가 필요 없으며(무단변속기), 동력전달에 유체를 사용하므로 진동이나 충격이 작다.
- 스테이터 : 장치 내의 스테이터는 유체의 유동 방향을 바꾸는 역할을 한다(작동효율을 높이는 게 아님).

72 헬리컬기어에서 잇수가 50, 비틀림각이 20°일 경우 상당 평기어 잇수는 약 몇 개인가?

① 40
② 50
③ 60
④ 70

해설 ➕

헬리컬기어의 상당 스퍼기어 잇수

$Z_e = \dfrac{Z}{\cos^3 \beta} = \dfrac{50}{\cos^3 20°} = 60.3 ≒ 60$ 개

73 브레이크 드럼축에 754N · m의 토크가 작용하면 축을 정지하는 데 필요한 제동력은 약 몇 N인가?(단, 브레이크 드럼의 지름은 400mm이다.)

① 1,920
② 2,770
③ 3,310
④ 3,770

해설 ➕

마찰력에 의해 제동하므로 $T = F_f \cdot \dfrac{d}{2}$

∴ 제동력 $F_f = \dfrac{2T}{d} = \dfrac{2 \times 754}{0.4} = 3,770$N

여기서, $d = 400$mm $= 0.4$m

정답   69 ④   70 ①   71 ②   72 ③   73 ④

74 긴장 측의 장력이 3,800N, 이완 측의 장력이 1,850N일 때 전달동력은 약 몇 kW인가?(단, 벨트의 속도는 3.4m/s이다.)

① 2.3

② 4.2

③ 5.5

④ 6.6

해설 ➕

- 벨트의 유효장력

$$T_e = T_t - T_s = 3,800 - 1,850 = 1,950\,\mathrm{N}$$

- 전달동력

$$H = T_e V = 1,950 \times 3.4 = 6,630\,\mathrm{W} = 6.6\,\mathrm{kW}$$

75 연강제 볼트가 축방향으로 8kN의 인장하중을 받고 있을 때, 이 볼트의 골지름은 약 몇 mm 이상이어야 하는가?(단, 볼트의 허용인장응력은 100MPa이다.)

① 7.4

② 8.3

③ 9.2

④ 10.1

해설 ➕

허용인장응력 $\sigma_t = \dfrac{F}{A} = \dfrac{F}{\dfrac{\pi d_1{}^2}{4}}$ 에서

볼트의 골지름 $d_1 = \sqrt{\dfrac{4F}{\pi \sigma_t}}$

$\qquad\qquad\quad = \sqrt{\dfrac{4 \times 8,000}{\pi \times 100}} = 10.1\,\mathrm{mm}$

여기서, $\sigma_t = 100\,\mathrm{Mpa}$

$\qquad\quad = 100 \times 10^6\,\mathrm{N/m^2} = 100\,\mathrm{N/mm^2}$

76 리벳이음의 특징에 대한 설명으로 옳은 것은?

① 용접이음에 비해서 응력에 의한 잔류변형이 많이 생긴다.

② 리벳 길이 방향으로의 인장하중을 지지하는 데 유리하다.

③ 경합금에서는 용접이음보다 신뢰성이 높다.

④ 철골 구조물, 항공기 동체 등에는 적용하기 어렵다.

해설 ➕

리벳이음의 특징

경합금과 같이 용접이 곤란한 재료에는 리벳이음의 신뢰성이 높다.

77 압축 코일 스프링의 소선지름이 5mm, 코일의 평균지름이 25mm이고, 200N의 하중이 작용할 때 스프링에 발생하는 최대전단응력은 약 몇 MPa인가?(단, 스프링 소재의 가로 탄성계수(G)는 80GPa이고, Wahl의 응력수정계수 식($K = \dfrac{4C-1}{4C-4} + \dfrac{0.615}{C}$, C는 스프링지수)을 적용한다.)

① 82   ② 98

③ 133   ④ 152

해설 ➕

스프링에 발생하는 최대전단응력

$$\tau = K\frac{8DW}{\pi d^3} = 1.3105 \times \frac{8 \times 25 \times 200}{\pi \times 5^3}$$

$$= 133.5\,\mathrm{N/mm^2} = 133.5\,\mathrm{MPa}$$

여기서, 스프링지수 $C = \dfrac{D}{d} = \dfrac{25}{5} = 5$

왈의 응력수정계수 $K = \dfrac{4C-1}{4C-4} + \dfrac{0.615}{C}$

$$= \frac{(4 \times 5) - 1}{(4 \times 5) - 4} + \frac{0.615}{5})$$

$$= 1.3105$$

정답   74 ④   75 ④   76 ③   77 ③

78 축의 홈 속에서 자유로이 기울어질 수 있어 키가 자동적으로 축과 보스에 조정되는 장점이 있지만, 키 홈의 깊이가 커서 축의 강도가 약해지는 단점이 있는 키는?

① 반달 키   ② 원뿔 키
③ 묻힘 키   ④ 평행 키

해설➕ - - - - - - - - - - - - - - - - - - -

반달 키

79 볼 베어링에서 작용하중은 5kN, 회전수가 4,000rpm이며, 이 베어링의 기본 동정격하중이 63kN이라면 수명은 약 몇 시간인가?

① 6,300시간   ② 8,300시간
③ 9,500시간   ④ 10,200시간

해설➕ - - - - - - - - - - - - - - - - - - -

베어링지수 r은 볼베어링일 때 3

$$시간수명 \ L_h = \left(\frac{c}{P}\right)^r \times \frac{10^6}{60\,N}$$

$$= \left(\frac{63 \times 10^3}{5 \times 10^3}\right)^3 \times \frac{10^6}{60 \times 4,000}$$

$$= 8,334.9hr \fallingdotseq 8,300시간$$

80 다음 중 일반적으로 안전율을 가장 크게 잡는 하중은?(단, 동일 재질에서 극한강도 기준의 안전율을 대상으로 한다.)

① 충격하중   ② 편진 반복하중
③ 정하중   ④ 양진 반복하중

해설➕ - - - - - - - - - - - - - - - - - - -

허용응력은 $\sigma_a = \dfrac{\sigma_u}{S}$ 이므로

충격하중일 때 안전율을 크게 하면 안전상 허용할 수 있는 최대응력인 허용응력을 줄여 실제 사용응력을 낮춤으로써 안전성을 확보할 수 있게 된다.

81 다음 중 스프링의 용도로 거리가 먼 것은?

① 하중과 변형을 이용하여 스프링 저울에 사용
② 에너지를 축적하고 이것을 동력으로 이용
③ 진동이나 충격을 완화하는 데 사용
④ 운전 중인 회전축의 속도 조절이나 정지에 이용

해설➕ - - - - - - - - - - - - - - - - - - -

운전 중인 회전축의 속도 조절이나 정지에 사용되는 기계요소는 브레이크이다.

82 리베팅 후 코킹(Caulking)과 풀러링(Fullering)을 하는 이유는 무엇인가?

① 기밀을 좋게 하기 위해
② 강도를 높이기 위해
③ 작업을 편리하게 하기 위해
④ 재료를 절약하기 위해

해설➕ - - - - - - - - - - - - - - - - - - -

• 코킹(Caulking) : 강판들의 리벳이음에서 기밀을 필요로 할 때 리베팅 후 리벳머리의 주위와 강판의 가장자리를 정과 같은 공구로 때리는 작업
• 풀러링(Fullering) : 기밀을 더욱 정교하게 하기 위하여 강판과 같은 너비를 갖는 넓은 공구로 때리는 작업

정답   78 ①   79 ②   80 ①   81 ④   82 ①

83 다음 중 두 축이 평행하거나 교차하지 않으며 자동차 차동기어장치의 감속기어로 주로 사용되는 것은?

① 스퍼기어
② 래크와 피니언
③ 스파이럴 베벨기어
④ 하이포이드기어

해설➕ -

축의 중심이 교차하지 않는 하이포이드기어

84 그림과 같이 외접하는 A, B, C, 3개의 기어에 잇수는 각각 20, 10, 40이다. 기어 A가 매분 10회전하면, C는 매분 몇 회전하는가?

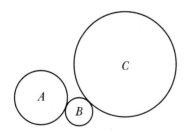

① 2.5 　　　　　② 5
③ 10 　　　　　④ 12.5

해설➕ -

기어열에서

속도비 $i = \dfrac{N_C}{N_A} = \dfrac{Z_A}{Z_C} = \dfrac{20}{40} = 0.5$

$N_C = i \times N_A = 0.5 \times 10 = 5\,\text{rpm}$

85 다음 중 체결용 기계요소로 거리가 먼 것은?

① 볼트, 너트
② 키, 핀, 코터
③ 클러치
④ 리벳

해설➕ -

클러치(Clutch)
동력을 전달하거나 차단하는 기계요소이다.

| 원뿔클러치|

86 다음 중 체인 전동장치의 일반적인 특징이 아닌 것은?

① 미끄럼이 없는 일정한 속도비를 얻을 수 있다.
② 진동과 소음이 없고 회전각의 전달정확도가 높다.
③ 초기 장력이 필요 없으므로 베어링 마멸이 적다.
④ 전동 효율이 대략 95% 이상으로 좋은 편이다.

해설➕ -

체인 전동장치의 특징
• 초기 장력 없이 스프로킷에 체인링크를 걸어 동력을 전달한다.
• 체인으로 동력을 전달하므로 미끄럼 없이 정확한 속도비를 얻을 수 있다.
• 전동효율이 좋아 큰 동력을 전달할 수 있으나 스프로킷과 링크 접촉 시 소음과 진동이 발생한다.

87 2,405N · m의 토크를 전달시키는 지름 85mm의 전동축이 있다. 이 축에 사용되는 묻힘 키(Sunk Key)의 길이는 전단과 압축을 고려하여 최소 몇 mm 이상이어야 하는가?(단, 키의 폭은 24mm, 높이는 16mm이고, 키 재료의 허용전단응력은 68.7MPa, 허용압축응력은 147.2MPa이며, 키 홈의 깊이는 키 높이의 1/2로 한다.)

① 12.4 ② 20.1

③ 28.1 ④ 48.1

 해설 ➕

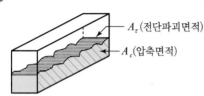

A_τ(전단파괴면적)

A_c(압축면적)

• 전단 견지에 의한 키의 길이(l_1)

전달토크 $T = \tau \cdot A_\tau \times \dfrac{d}{2} = \tau \times b \times l_1 \times \dfrac{d}{2}$ 에서

키의 길이 $l_1 = \dfrac{2T}{\tau \cdot b \cdot d} = \dfrac{2 \times 2,405 \times 10^3}{68.7 \times 24 \times 85} = 34.3\mathrm{mm}$

• 면압(압축) 견지에 의한 키의 길이(l_2)

전달토크 $T = \sigma_c \times A_c \times \dfrac{d}{2} = \sigma_c \times \dfrac{h}{2} \times l_2 \times \dfrac{d}{2}$ 에서

압축응력 $l_2 = \dfrac{4T}{\sigma_c \times h \times d} = \dfrac{4 \times 2,405 \times 10^3}{147.2 \times 16 \times 85}$

$= 48.1\mathrm{mm}$

• 키의 길이 l_1과 l_2 중 더 큰 값이 안전하므로 48.1mm로 설계한다.

88 4,000rpm으로 회전하고 기본 동정격하중이 32kN인 볼베어링에서 2kN의 레이디얼 하중이 작용할 때 이 베어링의 수명은 약 몇 시간인가?

① 9,048 ② 17,066

③ 34,652 ④ 54,828

해설 ➕

베어링지수 r은 볼베어링일 때 3

시간수명 $L_h = \left(\dfrac{c}{P}\right)^r \times \dfrac{10^6}{60N}$

$= \left(\dfrac{32 \times 10^3}{2 \times 10^3}\right)^3 \times \dfrac{10^6}{60 \times 4,000}$

$= 17,066.7\mathrm{hr}$

89 사각나사의 유효지름이 63mm, 피치가 3mm인 나사잭으로 5t의 하중을 들어 올리려면 레버의 유효길이는 약 몇 mm 이상이어야 하는가?(단, 레버의 끝에 작용시키는 힘은 200N이며 나사 접촉부 마찰계수는 0.1이다.)

① 891

② 958

③ 1,024

④ 1,168

해설 ➕

나사부의 회전력($F_{나사}$)에 의한 토크값과 레버에 200N이 작용할 때의 토크값이 같다(일의 원리).

• 리드각 $\alpha = \tan^{-1}\left(\dfrac{p}{\pi d_e}\right) = \tan^{-1}\left(\dfrac{3}{\pi \times 63}\right) = 0.87°$

  마찰각 $\rho = \tan^{-1}\mu = \tan^{-1}0.1 = 5.71°$

  축하중 $Q = 5\mathrm{t} = 5,000\mathrm{kg_f} = 5,000\mathrm{kg_f} \times \dfrac{9.8\mathrm{N}}{1\mathrm{kg_f}}$

  $= 49,000\mathrm{N}$

  $T = F_{나사} \times \dfrac{d_e}{2} = Q\tan(\rho + \alpha) \cdot \dfrac{d_e}{2}$

  $= 49,000 \times \tan(5.71° + 0.87°) \times \dfrac{63}{2}$

  $= 178,043.1\mathrm{N \cdot mm}$

• $T = F \cdot l$ 에서 $l = \dfrac{T}{F} = \dfrac{178,043.1}{200} = 890.2\mathrm{mm}$

90 그림과 같은 단식 블록 브레이크에서 드럼을 제동하기 위해 레버(Lever) 끝에 가할 힘(F)을 비교하고자 한다. 드럼이 좌회전할 경우 필요한 힘을 F_1, 우회전할 경우 필요한 힘을 F_2라고 할 때 이 두 힘의 차이($F_1 - F_2$)는?(단, P는 블록과 드럼 사이에서 블록의 접촉면에 수직 방향으로 작용하는 힘이며, μ는 접촉부 마찰계수이다.)

① $F_1 - F_2 = -\dfrac{\mu Pc}{a}$

② $F_1 - F_2 = \dfrac{\mu Pc}{a}$

③ $F_1 - F_2 = -\dfrac{2\mu Pc}{a}$

④ $F_1 - F_2 = \dfrac{2\mu Pc}{a}$

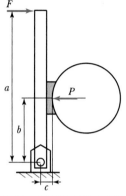

해설 ⊕

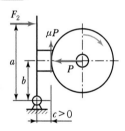
| 드럼 우회전 |

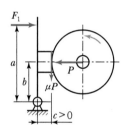
| 드럼 좌회전 |

- 드럼이 우회전할 때 레버조작력 F_2
  힌지에 대한 모멘트의 합이 "0"이므로
  $\Sigma M_{\text{힌지}} = 0 : F_2 \cdot a - P \cdot b - \mu P \cdot c = 0$
  $\therefore F_2 = \dfrac{Pb + \mu Pc}{a}$
- 드럼이 좌회전할 때 레버조작력 F_1
  $\Sigma M_{\text{힌지}} = 0 : F_1 \cdot a - P \cdot b + \mu P \cdot c = 0$
  $\therefore F_1 = \dfrac{Pb - \mu Pc}{a}$
- $F_1 - F_2 = \dfrac{Pb - \mu Pc}{a} - \dfrac{Pb + \mu Pc}{a} = -\dfrac{2\mu Pc}{a}$

91 체인 피치가 15.875mm, 잇수가 40, 회전수가 500rpm이면 체인의 평균속도는 약 몇 m/s인가?

① 4.3 ② 5.3

③ 6.3 ④ 7.3

해설 ⊕

체인 스프로킷의 평균원주속도

$V = \dfrac{\pi DN}{60,000} = \dfrac{PZN}{60,000} (\because \pi D = PZ$이므로$)$

$\quad = \dfrac{15.875 \times 40 \times 500}{60,000}$

$\quad = 5.29 \text{m/s}$

92 10kN의 인장하중을 받는 1줄 겹치기이음이 있다. 리벳의 지름이 16mm라고 하면 몇 개 이상의 리벳을 사용해야 되는가?(단, 리벳의 허용전단응력은 6.5MPa이다.)

① 5 ② 6

③ 7 ④ 8

해설 ⊕

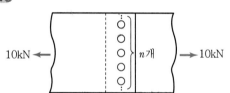

- 리벳이음 전체하중 10kN = 10,000N
- 전체하중 = 리벳 1개의 전단하중 × n개 리벳
  $\quad = \tau \cdot A_\tau \times n = \tau \cdot \dfrac{\pi d^2}{4} \times n$에서
  $\therefore n = \dfrac{4 \times \text{전체하중}}{\tau \pi d^2} = \dfrac{4 \times 10,000}{6.5 \times \pi \times 16^2} = 7.65$개
  7.65개 이상인 8개의 리벳을 사용해 겹치기이음해야 한다.

93 응력 – 변형률 선도에서 재료가 파괴되지 않고 견딜 수 있는 최대응력은?(단, 공칭응력을 기준으로 한다.)

① 탄성한도
② 비례한도
③ 극한강도
④ 상항복점

해설 +--------------------------------

극한강도
인장강도라고도 하며 재료가 파괴에 도달하기 전까지 저항할 수 있는 최대응력이다.

94 950N · m의 토크를 전달하는 지름 50mm인 축에 안전하게 사용할 키의 최소길이는 약 몇 mm인가? (단, 묻힘 키의 폭과 높이는 모두 8mm이고, 키의 허용전단응력은 80N/mm²이다.)

① 45
② 50
③ 65
④ 60

해설 +--------------------------------

전단 견지에 의한 키의 길이(l)

전달토크 $T = \tau \cdot A_\tau \times \dfrac{d}{2} = \tau \times b \times l \times \dfrac{d}{2}$ 에서

키의 길이 $l = \dfrac{2T}{\tau \cdot b \cdot d} = \dfrac{2 \times 950 \times 10^3}{80 \times 8 \times 50} = 59.4\,\mathrm{mm}$

$\qquad \fallingdotseq 60\,\mathrm{mm}$

95 다음 커플링의 종류 중 원통 커플링에 속하지 않는 것은?

① 머프 커플링
② 올덤 커플링
③ 클램프 커플링
④ 셀러 커플링

해설 +--------------------------------

보기 중 원통을 사용하지 않는 커플링은 ② 올덤 커플링이다.

| 올덤 커플링 |

96 길이에 비하여 지름이 5mm 이하로 아주 작은 롤러를 사용하는 베어링으로, 일반적으로 리테이너가 없으며 단위면적당 부하용량이 큰 베어링은?

① 니들 롤러 베어링
② 원통 롤러 베어링
③ 구면 롤러 베어링
④ 플렉시블 롤러 베어링

해설 +--------------------------------

니들 롤러 베어링

97 기어 감속기에서 소음이 심하여 분해해보니 이뿌리 부분이 깎여 나가 있음을 발견하였다. 이것을 방지하기 위한 대책으로 틀린 것은?

① 압력각이 작은 기어로 교체한다.
② 깎이는 부분의 치형을 수정한다.
③ 이끝을 깎아 이의 높이를 줄인다.
④ 전위기어를 만들어 교체한다.

해설 ➕

이의 언더컷 방지법

- 압력각이 큰 기어를 사용한다.
- 치형의 이끝면을 깎아낸다.
- 이의 높이를 줄인다.
- 전위기어를 사용한다.

전위기어

기준 래크형의 커터를 전위시켜 기어 이를 절삭하여 만든다.

98 다음 중 마찰력을 이용하는 브레이크가 아닌 것은?

① 블록 브레이크
② 밴드 브레이크
③ 폴 브레이크
④ 내부확장식 브레이크

해설 ➕

폴 브레이크

99 코일 스프링에서 코일의 평균지름은 32mm, 소선의 지름은 4mm이다. 스프링 소재의 허용전단응력이 340MPa일 때 지지할 수 있는 최대하중은 약 몇 N인가?[단, Wahl의 응력수정계수(K)는 $K = \dfrac{4C-1}{4C-4} + \dfrac{0.615}{C}$ (C : 스프링지수)이다.]

① 174
② 198
③ 225
④ 246

해설 ➕

스프링이 지지할 수 있는 최대하중 W

$\tau = K\dfrac{8DW}{\pi d^3}$ 에서

$\therefore W = \dfrac{\tau \pi d^3}{8KD} = \dfrac{340 \times \pi \times 4^3}{8 \times 1.18 \times 32} = 226.3\text{N}$

여기서, 스프링지수 $C = \dfrac{D}{d} = \dfrac{32}{4} = 8$

$\tau = 340\text{MPa} = 340\text{N/mm}^2$

왈의 응력수정계수 $K = \dfrac{4C-1}{4C-4} + \dfrac{0.615}{C}$

$= \dfrac{(4 \times 8) - 1}{(4 \times 8) - 4} + \dfrac{0.615}{8}$

$= 1.18$

100 축 방향으로 32MPa의 인장응력과 21MPa의 전단응력이 동시에 작용하는 볼트에서 발생하는 최대 전단응력은 약 몇 MPa인가?

① 23.8
② 26.4
③ 29.2
④ 31.4

해설 ➕

최대전단응력설에 의한 최대전단응력 τ_{max}

$\tau_{max} = \dfrac{1}{2}\sqrt{\sigma^2 + 4\tau^2} = \dfrac{1}{2}\sqrt{32^2 + 4 \times 21^2} = 26.4\text{MPa}$

101 재료의 파손이론 중 취성재료에 잘 일치하는 것은?

① 최대주응력설
② 최대전단응력설
③ 최대주변형률설
④ 변형률 에너지설

해설 ➕

최대주응력설

분리파손되는 취성재료에 적합한 파손이론이다.

102 그림과 같은 기어열에서 각각의 잇수가 Z_A는 16, Z_B는 60, Z_C는 12, Z_D는 64인 경우 A기어가 있는 I축이 1,500rpm으로 회전할 때, D기어가 있는 III축의 회전수는 얼마인가?

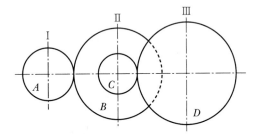

① 56rpm　　　　　② 60rpm

③ 75rpm　　　　　④ 85rpm

해설 ⊕ ----------------------------------

기어열에서

$$\text{속도비 } i = \frac{N_3}{N_1} = \frac{\text{원동차 잇수곱}}{\text{종동차 잇수곱}} = \frac{Z_A \times Z_C}{Z_B \times Z_D}$$

$$= \frac{16 \times 12}{60 \times 64} = 0.05$$

III축의 회전수 $N_3 = i \times N_1 = 0.05 \times 1,500 = 75\text{rpm}$

103 레이디얼 볼베어링 '6304'에서 한계속도계수 (dN, mm · rpm)값을 120,000이라 하면, 이 베어링의 최고사용회전수는 몇 rpm인가?

① 4,500　　　　　② 6,000

③ 6,500　　　　　④ 8,000

해설 ⊕ ----------------------------------

$$\text{최고사용회전수 } N_{\max} = \frac{dN(\text{한계속도계수})}{d(\text{베어링내경})}$$

$$= \frac{120,000}{20} = 6,000\text{rpm}$$

여기서, 볼베어링 호칭 6304에서 안지름 번호 04는 베어링내경 $4 \times 5\text{mm} = 20\text{mm}$

104 다음 중 스프링의 용도와 거리가 먼 것은?

① 하중의 측정

② 진동 흡수

③ 동력 전달

④ 에너지 축적

해설 ⊕ ----------------------------------

스프링의 용도
- 충격과 진동 흡수
- 하중에 의한 일을 스프링의 변형에너지로 저장, 즉 에너지가 축적된다(하중의 측정, 시계의 태엽 등).

105 원주속도 5m/s로 2.2kW의 동력을 전달하는 평벨트 전동장치에서 긴장 측 장력은 몇 N인가?(단, 벨트의 장력비($e^{\mu\theta}$)는 2이다.)

① 450　　　　　② 660

③ 750　　　　　④ 880

해설 ⊕ ----------------------------------

벨트의 전달동력 $H = T_e \cdot V$에서

$$\text{유효장력 } T_e = \frac{H}{V} = \frac{2.2 \times 10^3}{5} = 440\text{N}$$

$$\text{장력비 } e^{\mu\theta} = \frac{T_t}{T_s} = 2 \to T_s = \frac{T_t}{2} \text{ (아래 식에 대입)}$$

$$\text{유효장력 } T_e = T_t - T_s \text{이므로 } T_e = T_t - \frac{T_t}{2} = \frac{T_t}{2}$$

$\therefore$ 긴장 측 장력 $T_t = 2 \cdot T_e = 2 \times 440 = 880\,\text{N}$

106 기계의 운동에너지를 마찰에 따른 열에너지 등으로 변환 · 흡수하여 속도를 감속시키는 장치는?

① 기어　　　　　② 브레이크

③ 베어링　　　　④ V − 벨트

107 두 축은 주철 또는 주강제로 이루어진 2개의 반원통에 넣고 두 반원통의 양쪽을 볼트로 체결하며 조립이 용이한 커플링은?

① 클램프 커플링　　② 셀러 커플링
③ 머프 커플링　　　④ 플랜지 커플링

해설 ⊕ -

클램프(죔틀) 커플링

108 축 방향으로 10,000N의 인장하중이 작용하는 볼트에서 골지름은 약 몇 mm 이상이어야 하는가? (단, 볼트의 허용인장응력은 48N/mm²이다.)

① 13.2　　　　　　② 14.6
③ 15.4　　　　　　④ 16.3

해설 ⊕ -

허용인장응력 $\sigma_t = \dfrac{F}{A} = \dfrac{F}{\dfrac{\pi d_1^2}{4}}$ 에서

볼트의 골지름 $d_1 = \sqrt{\dfrac{4F}{\pi \sigma_t}} = \sqrt{\dfrac{4 \times 10,000}{\pi \times 48}}$

$\qquad\qquad\quad = 16.3\text{mm}$

109 접합할 모재의 한쪽에 구멍을 뚫고, 판재의 표면까지 용접하여 다른 쪽 모재와 접합하는 용접방법은?

① 그루브 용접　　　② 필릿 용접
③ 비드 용접　　　　④ 플러그 용접

해설 ⊕ -

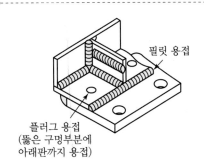

필릿 용접

플러그 용접
(뚫은 구멍부분에
아래판까지 용접)

110 너클 핀이음에서 인장하중(P) 20kN을 지지하기 위한 핀의 지름(d_1)은 약 몇 mm 이상이어야 하는가?(단, 핀의 전단응력은 50N/mm²이며, 전단응력만 고려한다.)

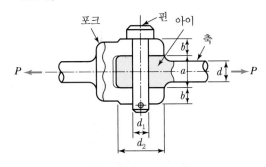

① 10　　　　　　　② 16
③ 20　　　　　　　④ 28

해설 ⊕ -

전단응력

$\tau = \dfrac{P}{A_\tau} = \dfrac{P}{\left(\dfrac{\pi d^2}{4}\right) \times 2(\text{단면 2개})}$

$d = \sqrt{\dfrac{4P}{2\pi\tau}} = \sqrt{\dfrac{4 \times 20,000}{2 \times \pi \times 50}} = 15.96\text{mm} = 16\text{mm}$

111 회전수 600rpm, 베어링하중 18kN의 하중을 받는 레이디얼 저널 베어링의 지름은 약 몇 mm인가? (단, 이때 작용하는 베어링 압력은 1N/mm², 저널의 폭(l)과 지름(d)의 비 $l/d = 2.0$으로 한다.)

① 80   ② 85
③ 90   ④ 95

해설 ➕

$l = 2d$, 베어링 압력 $q = \dfrac{P}{A_q} = \dfrac{P}{dl} = \dfrac{P}{d \times 2d}$ 에서

$\therefore d = \sqrt{\dfrac{P}{2 \times q}} = \sqrt{\dfrac{18 \times 10^3}{2 \times 1}} = 94.9\text{mm}$

112 다음 중 용접법을 분류할 경우 용접부의 형상에 따라 구분한 것은?

① 가스 용접   ② 필릿 용접
③ 아크 용접   ④ 플라스마 용접

해설 ➕

용접부의 형상에 따라 구분한 용접법은 필릿 용접이며 다른 보기들은 가압 여부에 따른 용접의 분류다.

필릿 용접부

113 스퍼기어에서 이의 크기를 나타내는 방법이 아닌 것은?

① 모듈로서 나타낸다.
② 전위량으로 나타낸다.
③ 지름 피치로 나타낸다.
④ 원주 피치로 나타낸다.

해설 ➕

• 원주피치 : $p = \dfrac{\pi D}{Z} = \pi m$

• 모듈 : $m = \dfrac{D}{Z}$

• 지름피치 : $p_d = \dfrac{Z}{D}$ inch

$\qquad = \dfrac{25.4Z}{D}\text{mm}$

$\qquad = \dfrac{25.4}{m}\text{mm}$

※ 전위량은 기어 이의 언더컷을 방지하기 위해 주로 사용되는 값이다.

114 하중이 W[N]일 때 변위량을 δ[mm]라 하면 스프링상수 k[N/mm]는?

① $k = \dfrac{\delta}{W}$ ② $k = \dfrac{W}{\delta}$

③ $k = \delta \times W$ ④ $k = W - \delta$

해설 ➕

$W = k\delta$ 에서

스프링상수 $k = \dfrac{W(\text{하중})}{\delta(\text{변위량})}$

115 V벨트의 회전속도가 30m/s, 벨트의 단위길이당 질량이 0.15kg/m, 긴장축의 장력이 196N일 경우, 벨트의 회전력(유효장력)은 약 몇 N인가?(단, 벨트의 장력비는 $e^{\mu'\theta} = 4$이다.)

① 20.21
② 34.84
③ 45.75
④ 56.55

해설 ⊕

회전속도 V가 10m/s 이상이므로 원심력에 의한 부가장력 C를 고려해야 한다.

$$C = m \cdot \frac{V^2}{r} = \frac{m}{r} \cdot V^2$$

$$= m'V^2 \; (m' = \text{길이당 질량 : kg/m})$$

$$= 0.15 \times 30^2 = 135\text{N}$$

$$T_e = (T_t - C)\frac{e^{\mu'\theta} - 1}{e^{\mu'\theta}}$$

$$= (196 - 135) \times \frac{4 - 1}{4} = 45.75\text{N}$$

116 재료의 기준강도(인장강도)가 400N/mm²이고, 허용응력이 100N/mm²일 때, 안전율은?

① 0.2   ② 1.0

③ 4.0   ④ 16.0

해설 ⊕

안전율 $s = \dfrac{\sigma_u(\text{인장강도})}{\sigma_a(\text{허용응력})} = \dfrac{400}{100} = 4$

117 150rpm으로 5kW의 동력을 전달하는 중실축의 지름은 약 몇 mm 이어야 하는가?(단, 축재료의 허용전단응력은 19.6MPa이다.)

① 36   ② 40

③ 44   ④ 48

해설 ⊕

• 전달토크

$$T = \frac{H}{\omega} = \frac{H}{\dfrac{2\pi N}{60}} = \frac{5 \times 10^3}{\dfrac{2\pi \times 150}{60}}$$

$$= 318.3\text{N} \cdot \text{m} = 318.3 \times 10^3\text{N} \cdot \text{mm}$$

• $T = \tau \cdot Z_P = \tau\dfrac{\pi d^3}{16}$ 에서

축지름 $d = \sqrt[3]{\dfrac{16\,T}{\pi\tau}}$

$$= \sqrt[3]{\frac{16 \times 318.3 \times 10^3}{\pi \times 19.6}} = 43.6\text{mm}$$

여기서, $\tau = 19.6 \times 10^6\text{Pa}$

$$= 19.6 \times 10^6\text{N/m}^2 = 19.6\text{N/mm}^2$$

118 핀 전체가 두 갈래로 되어 있어 너트의 풀림 방지나 핀이 빠져나오지 않게 하는 데 허용되는 핀은?

① 너클 핀   ② 분할 핀

③ 평행 핀   ④ 테이터 핀

해설 ⊕

분할 핀을 이용해 너트의 풀림을 방지하고 핀이 빠져나오지 않게 갈라진 양 끝을 반대 방향으로 구부려준다.

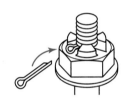

119 다음 ( ) 안에 들어갈 내용으로 옳은 것은?

> 나사에서 나사가 저절로 풀리지 않고 체결되어 있는 상태를 자립상태(Self-sustenance)라고 한다. 이 자립상태를 유지하기 위한 사각나사 효율은 ( )이어야 한다.

① 50% 이상

② 50% 미만

③ 25% 이상

④ 25% 미만

해설 ➕

자립상태

나사가 체결된 상태에서 외력이 가해지지 않는 한 저절로 풀리지 않고 결합된 상태를 말하며, 나사의 효율이 50% 미만일 때 자립상태를 유지한다.

나사의 효율 $\eta = \dfrac{\tan\alpha}{\tan(\rho+\alpha)}$ 이므로

→ $\rho > \alpha$ 일 때 자립상태이며, 효율은 50% 미만이 된다.

120 어떤 블록 브레이크 장치가 5.5kW의 동력을 제동할 수 있다. 브레이크 블록의 길이가 80mm, 폭이 20mm라면 이 브레이크의 용량은 몇 MPa·m/s인가?

① 3.4   ② 4.2
③ 5.9   ④ 7.3

해설 ➕

브레이크 용량은 단위면적당 제동 동력이므로

$$\mu \cdot q \cdot V = \dfrac{F_f V}{A_q} = \dfrac{5.5 \times 10^3}{0.08 \times 0.02}$$

$$= 3,437,500 \text{N/m}^2 \cdot \text{m/s}$$

$$= 3,437,500 \text{Pa} \cdot \text{m/s} = 3.44 \text{MPa} \cdot \text{m/s}$$

121 45kN의 하중을 받는 엔드 저널의 지름은 약 몇 mm인가?(단, 저널의 지름과 길이의 비 $\dfrac{\text{길이}}{\text{지름}} = 1.5$ 이고, 저널이 받는 평균압력은 5MPa이다.)

① 70.9   ② 74.6
③ 77.5   ④ 82.4

해설 ➕

$l = 1.5d$, 베어링 압력 $q = \dfrac{P}{A_q} = \dfrac{P}{dl} = \dfrac{P}{d \times 1.5d}$ 에서

$$\therefore d = \sqrt{\dfrac{P}{1.5 \times q}} = \sqrt{\dfrac{45 \times 10^3}{1.5 \times 5 \times 10^6}}$$

$$= 0.07746 \text{m} = 77.46 \text{mm}$$

122 기어 절삭에서 언더컷을 방지하기 위한 방법으로 옳은 것은?

① 기어의 이 높이를 낮게, 압력각은 작게 한다.
② 기어의 이 높이를 낮게, 압력각은 크게 한다.
③ 기어의 이 높이를 높게, 압력각은 작게 한다.
④ 기어의 이 높이를 높게, 압력각은 크게 한다.

해설 ➕

이의 언더컷 방지법
• 압력각은 크게 한다.
• 이의 높이를 낮게 한다.
• 치형의 이끝면을 깎아낸다.
• 전위기어를 사용한다.

123 회전수가 1,500rpm, 축의 직경이 110mm인 묻힘키를 설계하려고 한다. 폭이 28mm, 높이가 18mm, 길이가 300mm일 때 묻힘키가 전달할 수 있는 최대 동력(kW)은?(단, 키의 허용전단응력 $\tau_a = 40$MPa이며, 키의 허용전단응력만을 고려한다.)

① 933
② 1,265
③ 2,903
④ 3,759

해설 ➕

키의 전단응력에 의한 전달동력이므로

$$H = T \cdot \omega = F \times \dfrac{d}{2} \times \omega$$

$$= \tau \cdot A_\tau \times \dfrac{d}{2} \times \omega = \tau \times b \times l \times \dfrac{d}{2} \times \dfrac{2\pi N}{60}$$

$$= 40 \times 10^6 \times 0.028 \times 0.3 \times \dfrac{0.11}{2} \times \dfrac{2\pi \times 1,500}{60}$$

$$= 2,902,831 \text{W}$$

$$= 2,902.8 \text{kW}$$

124

8m/s의 속도로 15kW의 동력을 전달하는 평벨트의 이완 측 장력(N)은?(단, 긴장 측의 장력은 이완 측 장력의 3배이고, 원심력은 무시한다.)

① 938

② 1,471

③ 1,961

④ 2,942

해설 ⊕

벨트의 전달동력 $H = T_e \cdot V$에서

유효장력 $T_e = \dfrac{H}{V} = \dfrac{15 \times 10^3}{8} = 1,875\text{N}$

장력비 $e^{\mu\theta} = \dfrac{T_t}{T_s} = 3 \rightarrow T_t = 3T_s$(아래 식에 대입)

유효장력 $T_e = T_t - T_s$이므로 $T_e = 3T_s - T_s = 2T_s$

$\therefore$ 이완 측 장력 $T_s = \dfrac{T_e}{2} = \dfrac{1,875}{2} = 937.5\,\text{N}$

125

나사의 종류 중 먼지, 모래 등이 나사산 사이에 들어가도 나사의 작동에 별로 영향을 주지 않으므로 전구와 소켓의 결합부, 또는 호스의 이음부에 주로 사용되는 나사는?

① 사다리꼴나사

② 톱니나사

③ 유니파이 보통나사

④ 둥근나사

해설 ⊕

둥근나사

나사산이 둥근 모양으로 전구나 소켓 등에 쓰이며 먼지나 모래 등이 나사산 사이에 들어가도 작동에 영향을 별로 받지 않는 나사이다.

| 둥근나사 |

126

축을 형상에 따라 분류할 경우 이에 해당되지 않는 것은?

① 크랭크축

② 차축

③ 직선축

④ 유연성축

해설 ⊕

축의 형상에 의한 분류

- 직선축(Straight Shaft)
- 크랭크축(Crank Shaft)
- 유연성축(Flexible Shaft)

축의 사용 용도에 의한 분류

- 차축
- 전동축
- 스핀들

127

외경 10cm, 내경 5cm의 속 빈 원통이 축 방향으로 100kN의 인장하중을 받고있다. 이때 축 방향 변형률은?(단, 이 원통의 세로탄성계수는 120GPa이다.)

① 1.415×10^{-4}

② 2.415×10^{-4}

③ 1.415×10^{-3}

④ 2.415×10^{-3}

해설 ⊕

인장응력 $\sigma = \dfrac{P(하중)}{A(인장파괴단면적)}$

$\qquad = \dfrac{P}{\dfrac{\pi(d_2^2 - d_1^2)}{4}} = E\varepsilon$

$\therefore$ 변형률 $\varepsilon = \dfrac{P}{\dfrac{E \times \pi(d_2^2 - d_1^2)}{4}}$

$\qquad = \dfrac{100 \times 10^3}{\dfrac{120 \times 10^9 \times \pi(0.1^2 - 0.05^2)}{4}}$

$\qquad = 0.0001415 = 1.415 \times 10^{-4}$

128 스프링 종류 중 하나인 고무 스프링(Rubber Spring)의 일반적인 특징에 관한 설명으로 틀린 것은?

① 여러 방향으로 오는 하중에 대한 방진이나 감쇠가 하나의 고무로 가능하다.

② 형상을 자유롭게 선택할 수 있고, 다양한 용도로 적용이 가능하다.

③ 방진 및 방음 효과가 우수하다.

④ 저온에서의 방진 능력이 우수하여 $-10℃$ 이하의 저온저장고 방진장치에 주로 사용된다.

해설◆

고무 스프링의 방진능력은 일반적으로 상온에서는 우수하지만, 저온에서는 고무가 수축되어 방진능력이 떨어진다.

129 블록 브레이크의 설명으로 틀린 것은?

① 큰 회전력의 전달에 알맞다.

② 마찰력을 이용한 제동장치이다.

③ 블록 수에 따라 단식과 복식으로 나뉜다.

④ 블록 브레이크는 회전장치의 제동에 사용된다.

해설◆

블록 브레이크
회전하는 장치를 제동하기 위한 기계요소로 동력을 전달할 수 없다.

130 표준 평기어를 측정하였더니 잇수 $Z=54$, 바깥지름 $D_0=280$mm이었다. 모듈 m, 원주피치 p, 피치원지름 D는 각각 얼마인가?

① $m=5$, $p=15.7$mm, $D=270$mm
② $m=7$, $p=31.4$mm, $D=270$mm
③ $m=5$, $p=15.7$mm, $D=350$mm
④ $m=7$, $p=31.4$mm, $D=350$mm

해설◆

바깥지름 $D_o=D$(피치원지름)$+2m$($D=mZ$ 적용)
$$=mZ+2m=m(Z+2)$$에서
$$\therefore 모듈\ m=\frac{D_o}{Z+2}=\frac{280}{54+2}=5\text{mm}$$
$\pi D=pZ$에서
원주피치 $p=\dfrac{\pi D}{Z}=\pi m=\pi\times5=15.7$mm
피치원지름 $D=mZ=5\times54=270$mm

131 지름 50mm인 축에 보스의 길이가 50mm인 기어를 붙이려고 할 때 250N · m의 토크가 작용한다. 키에 발생하는 압축응력은 약 몇 MPa인가?(단, 키의 높이는 키홈 깊이의 2배이며, 묻힘 키의 폭과 높이는 $b\times h=15$mm$\times10$mm이다.)

① 30
② 40
③ 50
④ 60

해설◆

키의 압축응력에 의한 전달동력이므로
$$T=F\times\frac{d}{2}=\sigma_c\cdot A_\sigma\times\frac{d}{2}=\sigma_c\times\frac{h}{2}\times l\times\frac{d}{2}$$
$$\therefore \sigma_c=\frac{4T}{hld}=\frac{4\times250}{0.01\times0.05\times0.05}$$
$$=40\times10^6\text{N/m}^2$$
$$=40\times10^6\text{Pa}=40\text{MPa}$$

132 잇수가 20개인 스프로킷 휠이 롤러 체인을 통해 8kW의 동력을 받고 있다. 이 스프로킷 휠의 회전수는 약 몇 rpm인가?(단, 파단하중은 22.1kN, 안전율은 15, 피치는 15.88mm이며, 부하보정계수는 고려하지 않는다.)

① 505
② 1,026
③ 1,650
④ 1,868

해설⊕

- 체인의 허용하중 $F_a = \dfrac{F_f(\text{파단하중})}{S(\text{안전율})}$

$$= \dfrac{22.1 \times 10^3}{15} = 1{,}473.3\text{N}$$

- 전달동력 $H = F_a \cdot V = F_a \times \dfrac{\pi DN}{60{,}000}$

$$= F_a \times \dfrac{pZN}{60{,}000}\,(\pi D = pZ \text{ 적용})$$

∴ 회전수 $N = \dfrac{60{,}000H}{F_a p Z} = \dfrac{60{,}000 \times 8 \times 10^3}{1{,}473.33 \times 15.88 \times 20}$

$$= 1{,}025.8\text{rpm}$$

---

133 공기 스프링에 대한 설명으로 틀린 것은?

① 감쇠성이 작다.

② 스프링 상수 조절이 가능하다.

③ 종류로 벨로즈식, 다이어프램식이 있다.

④ 주로 자동차 및 철도차량용의 서스펜션(Suspension) 등에 사용된다.

해설⊕

공기 스프링(Air Spring)
원통 모양의 공기주머니에 공기를 넣어 압축된 공기의 변형 특성을 이용한 것으로, 완충작용(감쇠성)이 우수하다.

| 벨로즈식 |

| 다이어프램식 |

---

134 다음 중 변형률(Strain, ε)에 관한 식으로 옳은 것은?(단, l : 재료의 원래 길이, λ : 줄거나 늘어난 길이, A : 단면적, σ : 작용 응력)

① $\varepsilon = \lambda \times l^2$

② $\varepsilon = \dfrac{\sigma}{l}$

③ $\varepsilon = \dfrac{\lambda}{A}$

④ $\varepsilon = \dfrac{\lambda}{l}$

해설⊕

변형률

단위길이당 변형량으로 $\varepsilon = \dfrac{\lambda(\text{변형량})}{l(\text{변형 전 길이})}$

---

135 굽힘 모멘트만을 받는 중공축의 허용 굽힘응력이 σ_b, 중공축의 바깥지름이 D, 여기에 작용하는 굽힘 모멘트가 M일 때, 중공축의 안지름 d를 구하는 식으로 옳은 것은?

① $d = \sqrt[4]{\dfrac{D(\pi\sigma_b D^3 - 16M)}{\pi\sigma_b}}$

② $d = \sqrt[4]{\dfrac{D(\pi\sigma_b D^3 - 32M)}{\pi\sigma_b}}$

③ $d = \sqrt[3]{\dfrac{\pi\sigma_b D^3 - 16M}{\pi\sigma_b}}$

④ $d = \sqrt[3]{\dfrac{\pi\sigma_b D^3 - 32M}{\pi\sigma_b}}$

해설 ➕ - - - - - - - - - - -

중실축의 굽힘 모멘트

$$M = \sigma_b Z = \sigma_b \frac{I}{e}$$

$$= \sigma_b \cdot \frac{\dfrac{\pi(D^4 - d^4)}{64}}{\dfrac{D}{2}} = \sigma_b \cdot \frac{\pi(D^4 - d^4)}{32D}$$

$$= \frac{\sigma_b \pi D^4 \left(1 - \left(\dfrac{d}{D}\right)^4\right)}{32D} = \frac{\sigma_b \pi D^3 \left(1 - \left(\dfrac{d}{D}\right)^4\right)}{32}$$

$$\rightarrow \left(1 - \left(\frac{d}{D}\right)^4\right) = \frac{32M}{\sigma_b \pi D^3}$$

$$\rightarrow \left(1 - \frac{32M}{\pi \sigma_b D^3}\right) = \left(\frac{d}{D}\right)^4 \text{에서 } d^4 = D^4 \left(1 - \frac{32M}{\pi \sigma_b D^3}\right)$$

$$\therefore d = \sqrt[4]{D^4 \left(\frac{\pi \sigma_b D^3 - 32M}{\pi \sigma_b D^3}\right)} = \sqrt[4]{\frac{D(\pi \sigma_b D^3 - 32M)}{\pi \sigma_b}}$$

136 1줄 겹치기 리벳이음에서 리벳의 수는 3개, 리벳지름은 18mm, 작용 하중은 10kN일 때 리벳 하나에 작용하는 전단응력은 약 몇 MPa인가?

① 6.8
② 13.1
③ 24.6
④ 32.5

해설 ➕ - - - - - - - - - - -

- 리벳 1개에 작용하는 하중(W_1)

$$W_1 = \frac{\text{전체하중}}{\text{리벳 수}} = \frac{10}{3} = 3.333\text{kN} = 3,333\text{N}$$

- 리벳 1개의 전단응력

$$\tau = \frac{W_1}{A_\tau} = \frac{W_1}{\dfrac{\pi d^2}{4}} = \frac{3,333}{\dfrac{\pi \times 18^2}{4}} = 13.1\text{N/mm}^2$$

$$= 13.1\text{MPa}$$

137 50kN의 축 방향 하중과 비틀림이 동시에 작용하고 있을 때 가장 적절한 최소 크기의 체결용 미터나사는?(단, 허용인장응력은 45N/mm²이고, 비틀림 전단응력은 수직응력의 1/30이다.)

① M36
② M42
③ M48
④ M56

해설 ➕ - - - - - - - - - - -

축방향 하중과 비틀림이 동시에 작용하는 나사의 지름

$$d = \sqrt{\frac{8W}{3\sigma}} = \sqrt{\frac{8 \times 50 \times 10^3}{3 \times 45}} = 54.4\text{mm}$$

그러므로 적절한 최소 크기의 체결용 미터나사는 54.4mm 보다 큰 56mm인 M56으로 결정한다.

138 치공구의 사용상 이점에서 제품의 생산원가 절감을 위한 목적으로 적합하지 않은 것은?

① 공정의 복합화
② 공정의 개선
③ 제품의 호환성
④ 제품의 균일화

해설 ➕ - - - - - - - - - - -

① 공정의 단순화

139 공작물의 수량이 적거나 정밀도가 요구되지 않는 경우에 사용되며, 가장 경제적이고 단순하게 제작되는 지그는?

① 템플레이트 지그(Template Jig)
② 샌드위치 지그(Sandwich Jig)
③ 리프 지그(Leaf Jig)
④ 트러니언 지그(Trunnion Jig)

정답 136 ② 137 ④ 138 ① 139 ①

140 플레이트 지그(Plate Jig)에 대한 설명 중 틀린 것은?

① 제한된 생산에 많이 사용한다.
② 주요한 부품은 플레이트(Plate)이다.
③ 필요한 부품은 드릴부싱과 위치결정용 핀이다.
④ 클램핑 장치는 필요치 않다.

해설 ➕

④ 클램핑 장치는 필요하다.

141 박스 지그(Box Jig)에 대한 설명 중 틀린 것은?

① 견고하게 클램핑할 수 있다.
② 제작비가 비교적 많이 든다.
③ 칩 배출이 용이하다.
④ 여러 면을 교대로 구멍 가공할 수 있다.

해설 ➕

③ 칩의 배출이 곤란하다.

142 공작물관리(Workpiece Control)에서 적당치 않은 것은?

① 적당한 위치 배치
② 올바른 Holding Force의 위치와 방향 선정
③ 절삭압력에 의한 제품 변형 고려
④ 공작물의 형상을 조정

해설 ➕

④ 공작물의 변형을 방지

143 기계적 관리를 위하여 적절한 고정력을 주고 자 할 때 그에 관한 설명으로 틀린 것은?

① 고정력은 위치결정구 바로 반대편에 배치하도록 한다.
② 고정력에 의한 휨이 발생할 경우 지지구를 사용하여야 한다.
③ 강성이 작은 공작물일수록 고정력을 분산하지 말고 하나의 큰 힘으로 고정력을 가하도록 한다.
④ 공작물에 생기는 자국은 중요하지 않은 표면에 고정력을 가하여 제한할 수 있다.

해설 ➕

③ 강성이 작은 공작물에 대한 손상, 변형, 뒤틀림을 방지하기 위하여 여러 개의 작은 힘으로 분산하여 클램핑하며, 클램핑력이 균일하게 작용하도록 한다.

144 다음 지지구에 대한 설명 중 맞는 것은?

① 밀링작업에서 하향작업을 하는 경우에는 필요 없다.
② 위치결정구보다 높이가 낮아야 한다.
③ 고정식(Fixed) 지지구가 조정식(Adjustable) 지지구보다 효과가 좋다.
④ 위치결정구의 반대편에 설치한다.

해설 ➕

① 밀링작업에서 상향작업을 하는 경우에는 필요 없다.
③ 조정식 지지구가 고정식 지지구보다 효과가 좋다.
④ 지지구는 클램핑 시 공작물의 지지가 충분하지 못할 경우 충분한 지지를 얻기 위해서 추가되는 요소로서 위치결정구와 같은 편에 설치한다.

145 그림과 같이 높이가 지름보다 작고 낮은 원기둥의 위치결정구를 정확히 잘 설정한 것은?

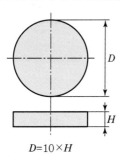

$D=10\times H$

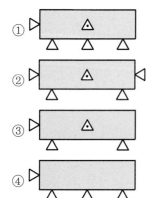

해설 ⊕ -

짧은 원통의 위치결정구 배치

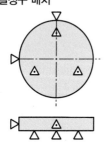

146 공작물의 위치결정구 사용에 있어 충족되어야 하는 요구사항으로 틀린 것은?

① 마모에 견딜 수 있어야 한다.

② 청소가 용이하도록 설계되어야 한다.

③ 가능한 1회 사용하고 재사용하지 않는다.

④ 공작물과 접촉 부위가 쉽게 보일 수 있도록 설계되어야 한다.

해설 ⊕ -

③ 재사용과 교환이 가능해야 한다.

147 다음 그림에서 $l_1 = 40$mm, $l_2 = 30$mm, $d = 12$mm, $P = 140$kgf일 때 공작물에 가해지는 힘 Q_1은 얼마인가?

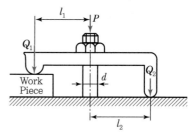

① 60kgf   ② 80kgf

③ 420kgf   ④ 560kgf

해설 ⊕ -

$$Q_1 \times (l_1 + l_2) = P \times l_2$$

$$Q_1 \times (40 + 30) = 140 \times 30$$

$$\therefore P = \frac{140 \times 30}{(40 + 30)} = 60\,\mathrm{kgf}$$

148 클램핑 장치에 칩이 붙을 때는 클램핑력이 불안정하게 된다. 그 대책으로 잘못 설명된 것은?

① 위치결정면 부분을 되도록 넓게 한다.

② 클램핑면은 수직면으로 한다.

③ 볼트 등을 이용하여 항상 밀착하게 한다.

④ 칩의 비산방향에 클램프를 설치하지 않는다.

해설 ⊕ -

① 위치결정면 부분을 가능한 작게 한다.

149 클램프 설계 시 고려사항 중 잘못된 것은?

① 절삭력을 가장 잘 견디는 곳에 힘을 가한다.
② 위치결정구의 바로 위 혹은 가까운 곳에 클램핑시킨다.
③ 공작물 재료에 대한 고려를 해야 한다.
④ 완성 가공면에는 잠금 면적이 적은 것을 선택한다.

해설 ⊕
④ 완성 가공면에는 면적을 넓게 하면 클램핑 시 공작물의 표면 손상을 줄일 수 있다.

150 치공구의 본체를 조립형으로 할 경우에 다웰핀(Dowel Pin)을 사용하는데 다웰핀의 길이는 어느 정도로 해야 하는가?

① 직경과 같게 한다.
② 직경의 1.5~2배 정도로 한다.
③ 직경의 2~2.5배 정도로 한다.
④ 길이는 길수록 좋다.

151 치공구를 조립할 때 다웰핀(Dowel Pin)과 세트 스크류(Set Screw)를 사용한다. 다음 설명 중 잘못된 것은?

① 세트 스크류에 의해 견고하게 체결되므로 다웰핀은 사용하지 않아도 된다.
② 세트 스크류의 호칭치수가 다웰핀보다 약간 더 커야 한다.
③ 다웰핀은 억지끼워맞춤으로 한다.
④ 다웰핀은 조립품의 위치결정을 위해 사용한다.

해설 ⊕
① 다웰핀(맞춤핀)으로 위치가 결정된 치공구를 확실하게 결합시키기 위해서 세트 스크루(고정 나사)가 사용되는데 통상 다웰핀(맞춤핀)의 직경이 세트 스크루(고정 나사)의 직경보다 작다.

152 맞춤핀(Dowel Pin)에 대한 설명 중 틀린 것은?

① 지그와 고정구의 부품들을 정확한 위치에 결합시키기 위해 또는 제작 부품의 위치결정을 위해 사용하는 등 광범위한 용도로 사용된다.
② 통상 조립을 원활하게 하기 위해 헐거운 끼워맞춤으로 제작된다.
③ 취급 시 용이하고 안전하게 삽입시키기 위해 안내부의 끝에 약 5~15° 정도의 테이퍼를 부여한다.
④ 핀이 전단하중을 받을 경우에는 하중을 받는 부분을 열처리하여 사용하는 경우도 있다.

해설 ⊕
② 통상 맞춤핀은 견고하게 압입되도록 억지끼워맞춤이 되어야 하므로 치수보다 0.005mm 더 크게 제작한다.

153 드릴작업용 부싱이 공작물과 가까울수록 나타나는 현상으로 옳은 것은?

① 부싱마모가 잘 발생하지 않으나, 가공정밀도는 저하된다.
② 부싱마모가 잘 발생하지 않고, 가공정밀도도 향상된다.
③ 부싱마모가 잘 발생하고, 가공정밀도도 저하된다.
④ 부싱마모가 잘 발생하나, 가공정밀도는 향상된다.

154 하나의 가공위치에 여러 작업이 요구되거나 드릴링, 리밍, 탭핑 등의 연속작업이 요구되는 지그에서 다음 중 어떤 형태의 부싱을 사용하는 것이 가장 좋은가?

① 고정 부싱
② 라이너 부싱
③ 회전형 삽입 부싱
④ 고정형 삽입 부싱

해설 ⊕

회전형 삽입 부싱(Slip Renewable Bushing)
같은 위치에 여러 가지의 드릴 작업이 이루어질 경우, 내경의 크기가 서로 다른 부싱을 교대로 삽입하여 작업을 하게 된다. 예를 들면 드릴링이 이루어진 후 리밍, 태핑, 카운트 보링 등의 연속작업이 요구되는 경우에 적합하며, 부싱의 머리부는 장착과 탈착이 용이하도록 널링이 되어 있고 고정을 위한 홈을 가지고 있다.

155 드릴지그에서 일반적으로 간단하게 많이 사용되는 부싱으로 부싱의 고정은 억지끼워맞춤으로 압입하여 사용되는 부싱은?

① 고정부싱
② 삽입부싱
③ 라이너부싱
④ 나사부싱

해설 ⊕

고정부싱(Pressfit Bushing)
드릴지그에서 일반적으로 많이 사용되는 부싱은 고정부싱으로서, 플랜지가 부착되는 것과 없는 것이 있으며, 부싱의 고정은 억지끼워맞춤으로 압입하여 사용한다.

156 일반 드릴지그(Drill Jig)에서 칩의 길이가 긴 재료인 경우 가공될 부품과 드릴부싱(Drill Bushing) 끝 간의 칩여유(Chip Clearance)는 얼마로 하여야 하는가?

① 드릴경의 0.5배 미만
② 드릴경의 0.5~1배
③ 드릴경의 1~1.5배
④ 5mm 이내

157 드릴가공에서 하나의 작업만이 요구되는 제품이 대량생산되어야 할 경우, 지그부싱은 어떤 것을 사용하는 것이 경제적인가?

① 회전형 삽입부싱
② 고정형 삽입부싱
③ 삽입부싱용 부싱
④ 고정부싱

해설 ⊕

고정형 삽입부싱(Fixed Renewable Bushing)
고정형 삽입부싱은 사용 목적상 고정부싱과 같이 직경이 동일한 한 종류의 가공이 장시간 이루어지거나, 또는 장시간 사용으로 인하여 부싱의 교환이 요구될 경우 교환이 용이하도록 되어 있으며, 부싱을 교환하면 다른 작업도 가능하다. 부싱 머리부의 고정홈에 잠금클램프를 설치하여 고정한다.

158 용접 고정구 설계 및 제작 시 유의사항으로 틀린 것은?

① 고정구의 구조와 클램핑방법은 공작물의 장착과 탈착이 용이해야 한다.
② 제작비용을 고려하여 경제적으로 설계 및 제작한다.
③ 용접과 본용접 둘 다 수행할 수 있도록 제작한다.
④ 공작물의 위치 결정 및 클램핑 위치 설정은 공작물의 잔류응력과 균열을 고려해야 한다.

해설 ⊕

③ 공작물의 구조나 형상에 따라 가용접 고정구와 본용접 고정구로 분류하여 설계·제작하는 것이 바람직하다.

정답 155 ① 156 ③ 157 ② 158 ③

03

기계재료 및 측정

01 기계재료의 개요

01 기계재료의 분류

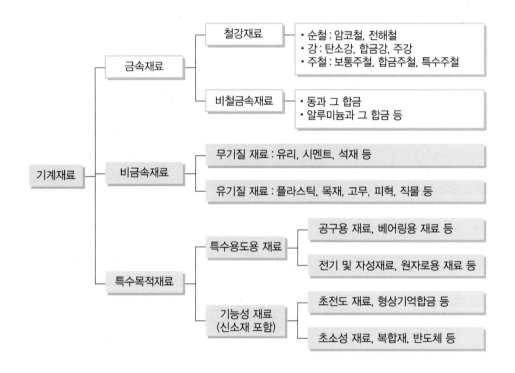

02 금속재료의 특성

1 금속(Metal)의 공통된 성질

① 상온에서 고체이며 결정체[수은(Hg) 제외]이다.
② 비중이 크고 금속 고유의 광택을 갖는다.
③ 열과 전기의 양도체이다.
④ 가공이 용이하고, 전성과 연성이 좋다.
⑤ 비중과 경도가 크며 용융점이 높다.

2 금속 재료의 성질

(1) 물리적 성질

성질	설명
비중	• 4℃의 물과 어떤 물질을 용기에 각각 체적(부피)을 같게 넣었을 때, 물의 무게에 대한 어떤 물질의 무게비 • Li : 0.53, Mg : 1.74, Al : 2.7, Fe : 7.8, Ir : 22.5
용융점	• 금속을 가열하였을 때 액체상태로 바뀌는 온도로써 순수물질의 용융점과 응고점은 같다. • W : 3,410℃, Pt : 1,769℃, Fe : 1,539℃, Pb : 327℃, Sn : 231℃, Hg : −30℃
선팽창계수	온도가 1℃ 변화할 때 재료의 단위길이당 길이의 변화
자성	• 자석에 의해 자화되는 성질 • 강자성체(자성 강함) : Fe, Ni, Co, 상자성체(자성 약함), 비자성체(자성 없음)

(2) 기계적 성질

성질	설명
강도	외력에 대한 단위면적당 저항력의 크기(인장, 압축, 굽힘, 비틀림, 전단강도)
경도	물체의 표면에 다른 물체로 눌렀을 때 그 물체의 변형에 대한 저항력의 크기
인성	충격에너지에 대한 단위면적당 저항력의 크기
가단성	재료의 단련하기 쉬운 성질, 즉 단조, 압연 등에 의하여 변형시킬 수 있는 성질
연성	직선방향으로 늘릴 수 있는 성질(연성이 좋은 순서 : Au > Ag > Al > Cu)
취성(메짐성)	인성에 반대되는 성질, 즉 잘 부서지거나 잘 깨지는 성질
전성	단조와 압연 시 재료에 금이 생기지 않고 얇은 판으로 넓게 펼 수 있는 성질
피로	재료가 파괴하중보다 작은 하중을 반복적으로 받는 것
크리프	고온에서 재료에 일정한 하중을 가하면 시간이 지남에 따라 변형도 함께 증가하는 현상

(3) 화학적 성질

성질	설명
부식	금속 표면에서 주위 물질과의 화학반응으로 표면에서 변화가 일어나는 것
내식성	금속의 부식에 대한 저항력
내열성	높은 열에 변형되거나 변질되지 않고 견디는 성질

03 금속의 결정구조

구분	체심입방격자(BCC)	면심입방격자(FCC)	조밀육방격자(HCP)
격자구조			
성질	용융점이 비교적 높고, 전연성이 떨어진다.	전연성은 좋으나, 강도가 충분하지 않다.	전연성이 떨어지고, 강도가 충분하지 않다.
원자 수	2(구의 개수 2개)	4(구의 개수 4개)	2(구의 개수 2개)
충전율	68%	74%	74%
경도	낮음	←→	높음
결정격자 사이공간	넓음	←→	좁음
원소	$\alpha-Fe$, W, Cr, Mo, V, Ta 등	$\gamma-Fe$, Al, Pb, Cu, Au, Ni, Pt, Ag, Pd 등	Fe_3C, Mg, Cd, Co, Ti, Be, Zn 등

04 재료의 소성가공

1 금속의 재결정온도 기준에 따른 분류

① 열간가공 : 재결정온도 이상에서 가공한다.
② 냉간가공 : 재결정온도 이하에서 가공한다.

❷ 가공경화(Work Hardening)

금속재료

냉간가공 또는 상온가공

- 소성 변형이 진행되면서 금속재료의 결정입자가 가공방향으로 미끄럼 현상을 일으키게 된다.
- 미끄럼에 대한 변형 저항이 점차 증가하여 금속재료의 강도 및 경도가 증가하게 되는 가공경화 현상이 나타난다.

❸ 재결정(Recrystallization)

① 냉간가공에 의해 내부응력이 생긴 결정입자를 재결정온도 부근에서 적당한 시간 동안 가열하면, 내부응력이 없는 새로운 결정핵이 점차 성장하여 새로운 결정입자가 생기는 현상이다.

② **재결정온도** : 1시간 안에 재결정이 완료되는 온도이다.

③ **재결정의 특징**

   ㉠ 가열온도가 증가함에 따라 재결정시간이 줄어든다.

   ㉡ 가공도가 큰 재료는 새로운 결정핵의 발생이 쉬우므로 재결정온도가 낮다.

   ㉢ 가공도가 작은 재료는 새로운 결정핵의 발생이 어려우므로 재결정온도가 높다.

   ㉣ 합금원소가 첨가됨에 따라 재결정온도는 상승한다.

   ㉤ 재결정은 금속의 연성을 증가시키고, 강도는 저하시킨다.

실전 문제

01 선팽창계수가 큰 순서로 올바르게 나열된 것은?

① 알루미늄 > 구리 > 철 > 크롬

② 철 > 크롬 > 구리 > 알루미늄

③ 크롬 > 알루미늄 > 철 > 구리

④ 구리 > 철 > 알루미늄 > 크롬

해설 ⊕ -

납(Pb) > 마그네슘(Mg) > 알루미늄(Al) > 은(Ag) > 구리(Cu) > 금(Au) > 니켈(Ni) > 철(Fe) > 백금(Pt) > 크롬(Cr) > 텅스텐(W)

02 다음 순금속 중 열전도율이 가장 높은 것은?(단, 20℃에서의 열전도율이다.)

① Ag

② Au

③ Mg

④ Zn

해설 ⊕ -

은 > 구리 > 금 > 알루미늄 > 텅스텐 > 철

03 초소성을 얻기 위한 조직의 조건으로 틀린 것은?

① 결정립은 미세화되어야 한다.

② 결정립 모양은 등축이어야 한다.

③ 모상의 입계는 고경각인 것이 좋다.

④ 모상 입계가 인장 분리되기 쉬어야 한다.

해설 ⊕ -

④ 모상 입계가 인장 분리되기 쉬워서는 안 된다.

04 다음 원소 중 중금속이 아닌 것은?

① Fe   ② Ni

③ Mg   ④ Cr

해설 ⊕ -

• 비중 5 이하(경금속) : Li(0.53), Al, Mg, Ti

• 비중 5 이상(중금속) : Ir(22.5), Au, Ag

05 금속의 이온화 경향이 큰 금속부터 나열된 것은?

① Al > Mg > Na > K > Ca

② Al > K > Ca > Mg > Na

③ K > Ca > Na > Mg > Al

④ K > Na > Al > Mg > Ca

해설 ⊕ -

K(칼륨) > Ca(칼슘) > Na(나트륨) > Ma(마그네슘) > Al(알루미늄) > Zn(아연) > Fe(철) > Ni(니켈)

06 금속의 일반적인 특성이 아닌 것은?

① 연성 및 전성이 좋다.

② 열과 전기의 부도체이다.

③ 금속적 광택을 가지고 있다.

④ 고체상태에서 결정구조를 갖는다.

해설 ⊕ -

② 열과 전기의 전도체이다.

정답   **01** ①   **02** ①   **03** ④   **04** ③   **05** ③   **06** ②

07 다음 금속재료 중 용융점이 가장 높은 것은?

① W
② Pb
③ Bi
④ Sn

해설 ➕

용융온도
- W : 3,410℃
- Pb : 327℃
- Bi : 271℃
- Sn : 231℃

08 금속의 결정 구조 중 체심입방격자(BCC)인 것은?

① Ni
② Cu
③ Al
④ Mo

해설 ➕

체심입방격자(BCC)인 금속

α −Fe, W, Cr, Mo, V, Ta 등

09 다음 중 결정격자가 면심입방격자인 금속은?

① Al
② Cr
③ Mo
④ Zn

해설 ➕

면심입방격자(FCC)인 금속

γ −Fe, Al, Pb, Cu, Au, Ni, Pt, Ag, Pd 등

10 금속 간 화합물에 관하여 설명한 것 중 틀린 것은?

① 경하고 취약하다.
② Fe_3C는 금속 간 화합물이다.
③ 일반적으로 복잡한 결정구조를 갖는다.
④ 전기저항이 작으며, 금속적 성질이 강하다.

해설 ➕

④ 금속으로 구성되어 있으나, 일반적으로 전기저항이 크다.

11 열간가공과 냉간가공을 구별하는 온도는?

① 포정온도
② 공석온도
③ 공정온도
④ 재결정온도

해설 ➕

- **열간가공** : 재결정온도 이상에서 가공한다.
- **냉간가공** : 재결정온도 이하에서 가공한다.

02 철강재료

01 철강재료의 개요

1 철강의 제조

(1) 일반적인 분류

선철
- 파면에 따른 분류 → • 회선철, 반선철, 백선철
- 용도에 따른 분류 → • 제강용 선철, 주물용 선철

강
- 제조법에 따른 분류
  - • 제강방법 : 전로강, 평로강, 전기로강
  - • 탈산도 : 림드강, 세미킬드강, 킬드강
  - • 가공방법 : 압연강, 단조강, 주강
- 용도에 따른 분류
  - • 구조용강 : 보통강, 저합금강, 침탄강, 질화강, 스프링강, 쾌삭강
  - • 공구용강 : 탄소공구강, 특수공구강, 다이스강, 고속도강
  - • 특수용도용강 : 베어링강, 자석강, 내식강, 내열강

(2) 금속 조직에 의한 분류

철강

순철	강	주철
• 0.02%C 이하 (탄소함유량 0.02% 이하)	• 아공석강 : 0.02~0.77%C • 공석강 : 0.77%C • 과공석강 : 0.77~2.14%C	• 아공정주철 : 2.14~4.3%C • 공정주철 : 4.3%C • 과공정주철 : 4.3~6.67%C

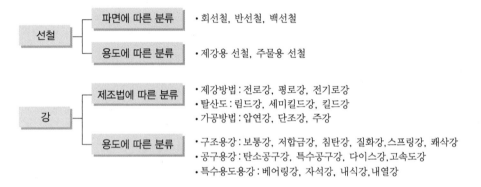

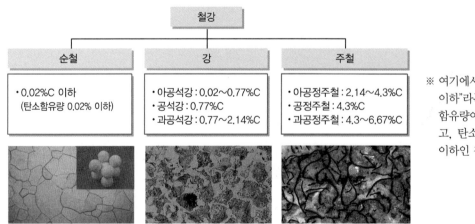

※ 여기에서 "순철 : 0.02%C 이하"라는 표현은 철(Fe) 함유량이 99.98% 이상이고, 탄소함유량이 0.02% 이하인 철강을 말한다.

2 철강의 제조공정

철광석 → 용광로 → 선철 → 제강로 → 강괴

02 Fe-C 상태도에서 철의 분류

1 철-탄소계(Fe-C) 평형상태도

가로축을 철(Fe)과 탄소(C)의 2개 원소 합금 조성(%)으로 하고, 세로축을 온도(℃)로 했을 때 각 조성의 비율에 따라 나타나는 합금의 변태점을 연결하여 만든 선도를 철-탄소계 평형상태도라 한다.

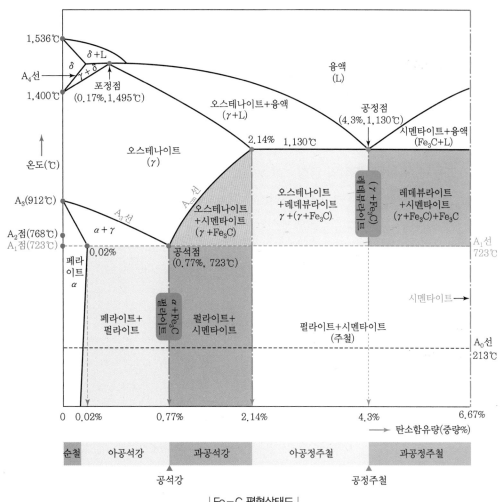

| Fe-C 평형상태도 |

☑ 순철

(1) 순철의 성질

① 철강 중에 탄소 0.02% 이하를 함유하고 있으며, 기계구조용 재료로 이용되지 않고, 자기투자율이 높기 때문에 변압기 및 발전기용 박판의 전기재료로 많이 사용된다.

② 순철에는 α철, γ철, δ철의 동소체가 있으며, 상온에서 강자성체이다.

③ 단접성, 용접성은 양호하나, 유동성, 열처리성은 불량하다.

④ 상온에서 전연성이 풍부하고 항복점, 인강강도는 낮으나 연신율, 단면수축률, 충격강도, 인성 등은 높다.

⑤ 순철의 물리적 성질 : 비중(7.87), 용융점(1,536℃), 열전도율(0.18W/K), 인장강도($18\sim25$N/mm^2), 브리넬 경도($60\sim70$N/mm^2)

(2) 순철의 변태

① A_2 변태점(768℃) : 순철의 자기변태점 또는 큐리점

② A_3 변태점(912℃) : 순철의 동소변태[α철(체심입방격자) ↔ γ철(면심입방격자)]

③ A_4 변태점(1,400℃) : 순철의 동소변태[γ철(면심입방격자) ↔ δ철(체심입방격자)]

④ 순철에는 A_1 변태가 없음

☑ 탄소강

(1) Fe - C 고용체, 화합물, 조직의 명칭

① α철 : 페라이트(Ferrite, Ⓕ로 표시함), 탄소함량이 최대 0.02%이다.

② γ철 : 오스테나이트(Austanite, Ⓐ로 표시함)

③ Fe_3C : 시멘타이트(Cementite), 금속 간 화합물로서 탄소함량이 6.67%이다.

④ 공석강 : 펄라이트(Pearlite, Ⓟ로 표시함), 탄소함량이 0.77%이다.

> **Reference**
>
> **L(Liquid, 융액)**
>
> 철(Fe)과 탄소(C)가 혼합된 액체이다.

(2) 변태점

① A_0 변태점(213℃) : 시멘타이트의 자기변태점

② A_1 변태점(723℃) : 순철에는 없고 강에서만 존재하는 변태(오스테나이트 ↔ 펄라이트)

③ A_2 변태점(순철 : 768℃, 강 : 770℃) : 순철의 자기변태점 또는 큐리점

④ A_3 변태점(912℃) : 순철의 동소변태(α철 ↔ γ철)

⑤ A_4 변태점(1,400℃) : 순철의 동소변태(γ철 ↔ δ철)

(3) 주요 변태선

① A_1 선 : 공석선(723℃)

② A_3 선 : γ철이 α철로 석출이 시작되는 온도

③ A_{cm} 선 : γ철이 Fe_3C로 석출이 시작되는 온도

(4) 금속의 반응

① 용어설명

㉠ 정출 : 액상에서 고체상이 새로 생기는 것

㉡ 석출 : 고체상에서 다른 고체상이 새로 생기는 것

② 공석반응 : 2개 원소($Fe+C$) 합금에서 하나의 고체상(γ철)이 냉각에 의해 결정구조가 다른 2종의 새로운 고체상(α철+Fe_3C)으로 석출하는 변태를 말한다.

$$\gamma철(오스테나이트) \xrightleftharpoons[가열]{냉각} (\alpha철 + Fe_3C)(펄라이트)$$

→ 공석점 : 0.77%C, 723℃

여기서, 0.77%C는 철(Fe)이 99.23%이고, 탄소(C)가 0.77%임을 의미한다.

📁 탄소강에서 가장 중요한 반응이니 꼭 알아두세요.

③ 공정반응 : 하나의 액상에서 다른 복수의 고체상이 동시에 정출하는 현상으로서, 공정점에서는 액상에서 오스테나이트와 시멘타이트(Fe_3C)가 생성되며, 이것을 레데뷰라이트라 한다.

$$L(액체) \xrightleftharpoons[가열]{냉각} \gamma철(오스테나이트) + Fe_3C(시멘타이트)$$

→ 공정점 : 4.3%C, 1,130℃

여기서, 4.3%C는 철(Fe)이 95.7%이고, 탄소(C)가 4.3%임을 의미한다.

④ 포정반응 : 2개 원소(Fe + C) 합금의 상변태 시 냉각과정에서 하나의 고체상(δ철)과 하나의 액상(L) 이 반응하여 새로운 고체상(γ철)이 정출되는 항온변태 반응(L + δ = γ)을 말한다. 이 반응은 가역적 반응이다. δ철 주위에 γ고용체가 둘러싸는 듯한 조직을 생성하기 때문에 포정반응이라고 한다.

$$L(액상) + δ철 \xrightarrow[\text{가열}]{\text{냉각}} γ철(오스테나이트)$$

→ 포정점 : 0.17%C, 1,495℃

여기서, 0.17%C는 철(Fe)이 99.83%이고, 탄소(C)가 0.17%임을 의미한다.

⑤ 상태도에서 온도가 낮은 것부터의 순서 : 공석점(A_1 변태점, 723℃) < 큐리점(768℃) < 공정점(1,130℃) < 포정점(1,495℃)

(5) 탄소함유량에 따른 강의 분류

① 공석강 : 철에 탄소함유량이 0.77%이고, 조직은 펄라이트
② 아공석강 : 철에 탄소함유량이 0.02~0.77%이고, 조직은 페라이트 + 펄라이트
③ 과공석강 : 철에 탄소함유량이 0.77~2.14%이고, 조직은 펄라이트 + 시멘타이트

(6) 철강의 조직

탄소강을 900℃ 정도에서 천천히 냉각시켰을 때 현미경으로 관찰한 조직은 탄소함유량에 따라 현저하 게 다르게 나타나는 것을 알 수 있다.

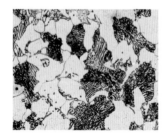 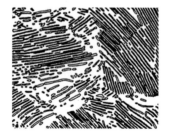 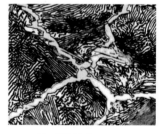

(a) 아공석강(0.45%C)   (b) 공석강(0.77%C)   (c) 과공석강(1.5%C)
• 흰색 : 페라이트   • 층상조직 : 펄라이트   • 흰색 경계 : 시멘타이트
• 층상조직 : 펄라이트   • 층상조직 : 펄라이트

| 현미경으로 본 탄소강의 조직 |

① 페라이트(Ferrite)
　㉠ 순철에 탄소가 최대 0.02% 고용된 α철로 BCC(체심입방격자) 결정구조를 가지며, 현미경 조직으 로는 흰색 결정으로 나타난다.
　㉡ 연한 성질로 전연성이 크며, A_2 점 이하에서는 강자성체이다.

② 오스테나이트(Austenite)

㉠ 탄소함유량을 최대 2.14%까지 고용할 수 있는 γ철로 FCC(면심입방격자) 결정구조를 가지고 있다.

㉡ A₁점 이상에서 안정된 조직으로 상자성체이며 인성이 크다.

③ 펄라이트(Pearlite)

㉠ 탄소함유량이 0.77%인 γ철이 723℃에서 분열하여 생긴 페라이트와 시멘타이트의 공석 조직으로 페라이트와 시멘타이트가 층으로 나타난다.

㉡ 강도가 크며, 약간의 연성도 있다.

④ 시멘타이트(Cementite)

㉠ 철(Fe)에 탄소가 6.67% 결합된 철의 금속 간 화합물(Fe_3C)로서 흰색의 침상이 나타나는 조직이며 1,153℃로 가열하면 빠른 속도로 흑연을 분리시킨다.

㉡ 경도가 매우 높고, 취성이 많으며, 상온에서 강자성체이다.

4 탄소강의 성질

① 표준상태에서 탄소(C)가 많을수록 강도나 경도가 증가하지만, 인성 및 충격값은 감소된다.

② 인장강도는 공석조직 부근에서 최대가 되고, 과공석조직은 망상의 초석 시멘타이트가 생기면서부터 소성 변형이 잘되지 않으며, 경도는 증가하나 강도는 급격히 감소한다.

③ 탄소(C)가 많을수록 가공변형은 어렵게 되고, 냉간가공은 되지 않는다.

④ 인장강도는 200~300℃ 부근까지는 온도가 올라감에 따라 증가하여 상온보다 강해지며, 최댓값을 가진 후 그 이상의 온도에서는 급격히 감소한다(청열취성).

⑤ 연신율은 200~250℃에서 최저값을 가지며, 온도가 올라감에 따라 증가하다가, 600~700℃에서 최댓값이 되며 그 이상 온도에서는 급격히 감소한다.

⑥ 강은 알칼리(염기)에는 거의 부식되지 않으나 산에 대해서는 약하다.

5 탄소강에 함유된 원소의 영향

(1) 탄소(C)의 영향

① 탄소강에서 탄소는 매우 중요한 원소이다.

② 철에 탄소가 증가하면 0.77%C까지는 항복점과 인장강도는 증가하고, 연신율, 단면 수축률, 연성은 저하한다.

③ 탄소함유량이 0.77% 이상이 되면 인장강도는 낮아지나, 경도는 증가하고 취성은 커진다.

(2) 망간(Mn)의 영향

① 망간(Mn)은 탄소강에서 탄소 다음으로 중요한 원소로서, 제강할 때 탈산, 탈황제로 첨가되며, 탄소강 중에 0.2~0.8% 정도 함유하고 있다.

② 일부는 강 중에 고용되며 나머지는 황(S)과 결합하여 황화망간(MnS)으로 존재하는데, 황(S)의 해를 막아 적열취성을 방지한다.

③ 망간은 고온에서 결정립의 성장을 억제하므로 연신율의 감소를 막고 인장강도와 고온 가공성을 증가시킨다.

④ 주조성과 담금질 효과(경화능 : 재료를 단단하게 만드는 능력)를 향상시킨다.

(3) 규소(Si)의 영향

① 규소(Si)는 제철과정에서 탈산제로 쓰인다.

② α철에 고용되어 경도, 인장강도, 탄성한계를 높이며, 고온 강도가 향상되고, 내열성, 내산성, 주조성(유동성), 전자기적 성질이 증가한다.

③ 연신율(연성), 내충격성을 감소시키며, 결정입자의 조대화(커짐)로 단접성, 냉간가공성 등을 감소시킨다.

④ 보통강 중에는 규소(Si)가 0.35% 이하이므로 별다른 문제는 없다.

(4) 인(P)의 영향

① 제선, 제강 중에 원료, 연료, 내화 재료 등을 통하여 강 중에 함유된다.

② 특수한 경우를 제외하고 0.05% 이하로 제한하며, 공구강의 경우 0.025% 이하까지 허용된다.

③ 인장강도, 경도를 증가시키지만, 연신율과 내충격성을 감소시킨다.

④ 상온에서 결정립을 크게 하며, 편석(담금질 균열의 원인)이 발생된다. → 상온취성의 원인이 된다.

> **Reference**
>
> **편석**
> 금속이나 합금이 응고할 때 화학적 조성이 고르지 않게 되는 현상을 말한다.

(5) 황(S)의 영향

① 제선, 제강 원료 중에 불순물로 존재하며, 특수한 경우를 제외하고 0.05% 이하로 제한하고 있다.

② 강 중에 황(S)은 대부분 망간(Mn)과 화합하여 황화망간(MnS)을 만들고, 남은 것은 황화철(FeS)을 만든다. 이 황화철(FeS)은 인장강도, 경도, 인성, 절삭성을 증가시킨다.

③ 연신율과 충격강도를 낮추며, 융점이 낮아 고온에서 취약하고 용접, 단조, 압연 등 고온가공할 때 파괴되기 쉬운데, 이것이 적열취성의 원인이 된다.

(6) 함유 가스의 영향

① 제강 중에 용탕에 함유된 산소(O_2), 질소(N_2), 수소(H_2)가스 등의 양은 0.01~0.05% 정도이다.

② 가스의 양이 많을수록 강이 여리고 약해진다.

③ 수소(H_2)는 강을 여리게 하고, 산, 알칼리에 약하며, 헤어 크랙(Hair Crack)과 흰점(Flakes)의 원인이 된다.

    ㉠ 헤어크랙 : 강재 다듬질 면에 나타나는 머리카락 모양의 미세한 균열

    ㉡ 흰점(백점) : 강재의 파단면에 나타나는 백색의 광택을 지닌 반점

④ 질소(N_2)는 페라이트에 고용되어 석출 경화의 원인이 되며, 산소(O_2)는 산화물로 함유되는데, 이 중에서 산화철(FeO)은 적열취성의 원인이 된다.

6 탄소강의 온도에 따른 여러 가지 취성

(1) 취성

취성이란 충격에 의해 깨지기 쉬운 성질을 말한다.

(2) 적열취성(고온취성)

강은 900℃ 이상에서 황(S)이나 산소가 철과 화합하여 산화철 (FeO)이나 황화철(FeS)을 만든다. 이때 황화철은 그림처럼 강 입자의 경계에 결정립계로 나타나게 됨으로써 상온에서는 그 해가 작지만 고온에서는 황화철이 녹아 강을 여리게(무르게) 만들어 단조할 수 없는 취성을 강이 갖게 되는데, 이것을 적열 취성이라 한다. **망간(Mn)을 첨가하면 황화망간(MnS)을 형성하 여 적열취성을 방지하는 효과를 얻을 수 있다.**

| 망상구조 |

(3) 상온취성

상온에서 충격강도가 매우 낮아 취성을 갖는 성질을 말하며, 인(P)을 함유한 강에서만 나타난다. 왜냐 하면 인이 강의 입자를 조대화시켜 강의 경도와 강도 및 탄성한계 등을 높이지만, 연성을 두드러지게 저하시켜 그 질을 취성으로 바꾼다. 이 영향은 강을 고온으로 압연 또는 단조할 때는 거의 볼 수 없으나 상온에서는 현저하기 때문에 상온취성이라고 한다.

(4) 뜨임취성

① 담금질한 뒤 뜨임하면 충격값이 극히 감소하는 현상이다.

② 몰리브덴(Mo)을 첨가하여 방지한다.

■ 03 합금강

1 합금원소를 첨가하는 목적

① 기계적 · 물리적 · 화학적 성능 향상

② 내식성, 내마멸성 증대

③ 절삭성, 소성가공성 개량

④ 담금질성 향상

⑤ 단접성과 용접성 향상

⑥ 고온에서 기계적 성질 저하 방지

⑦ 결정입자 성장 방지

⑧ 상부 임계 냉각속도 저하

⑨ 황, 인 등 불순물 제거

2 합금 원소의 영향

원소	효과
니켈(Ni)	강인성↑, 내식성↑, 내마멸성↑, 저온취성 방지
망간(Mn)	강도↑, 경도↑, 내마멸성↑, S(황)에 의한 적열취성 방지(탈산, 탈황작용)
크롬(Cr)	경도↑, 인장강도↑, 내열성↑, 내식성↑, 내마멸성↑
텅스텐(W)	탄화물을 만들기 쉬우며 강도↑, 경도 증가↑, 고온경도 · 강도↑, 내마모성↑
몰리브덴(Mo)	담금질성↑, 질량효과↓, 뜨임취성 방지, 내식성↑
바나듐(V)	결정립 미세화, 고온강도 · 경도↑, 내식성↑, 강인성↑
티타늄(Ti)	산소, 질소와 편석 방지, 결정립 미세화, 내식성↑, 탄화물 생성
코발트(Co)	고온경도↑, 고온강도↑
규소(Si)	주조성 향상, 강도 · 내식성 · 내열성 · 자기적 성질 증가

❸ 구조용 합금

구분	기호	특징	용도
크롬강	SCr	0.14~0.48%C의 탄소강에 크롬(Cr)을 0.9~1.2% 첨가한 것으로 내마모성이 크다.	베어링, 롤러, 인발다이스, 줄
니켈－크롬강	SNC	0.32~0.4%C의 탄소강에 1~3.5% 니켈(Ni)과 0.5~1% 크롬(Cr)을 첨가한 것으로 인장강도와 항복점이 높다.	강도, 경도를 요구하는 중요한 요소 부품이나 축류, 기어류 등
니켈－크롬－몰리브덴강	SNCM	니켈－크롬(Ni－Cr)강에 0.3% 이하의 몰리브덴(Mo)을 첨가한 것으로 강인성, 경화능을 증가시키고 뜨임취성을 감소시킨 강이다.	자동차 크랭크축, 기어, 강력볼트 등
크롬－몰리브덴강	SCM	니켈(Ni) 대신 몰리브덴(Mo)을 첨가한 것으로 용접성이 우수하고 경화능이 크며 뜨임취성이 적다.	얇은 강판이나 관의 제조, 요소 부품, 축류, 캠, 기어 등
저망간강	Duocol	Pearlite 조직이며, 고장력강의 원재료이다.	건축, 토목, 교량재 등의 일반 구조용
고망간강	Hadfield	오스테나이트 조직이며, 가공경화속도가 아주 빠르고, 내충격성이 대단히 우수하여 내마모재로 사용한다(수인법).	광산기계, 파쇄기, 기차 레일, 굴착기 등

❹ 공구용 합금강

(1) 공구재료의 구비조건

① 상온 및 고온에서 경도가 클 것
② 가열에 의한 경도 변화가 적을 것
③ 인성과 마멸 저항이 클 것
④ 가공이 쉽고 열처리 변형이 적을 것
⑤ 가격이 저렴할 것

(2) 공구용 합금강의 종류

구분	기호	특징	용도
탄소 공구강	STC	0.60~1.50%의 탄소를 함유한 고탄소강. 담금질을 하여 강도와 경도를 개선하고, 뜨임에 의해 적당한 점성 강도를 부여한다.	바이트, 띠톱 등의 절삭공구와 펀치, 정 등 충격공구, 냉간금형, 열간금형
합금 공구강	STS	탄소 공구강에 특수 원소(Cr, W, V, Mo 등)를 첨가하여 성능을 개선한 강이다.	바이트, 띠톱 등의 절삭공구와 펀치, 정 등 충격공구, 냉간금형, 열간금형
고속도강	SKH	고속 절삭을 하면 온도 상승에 따라 공구의 칼날이 무르게 되는 것을 방지하고자, 코발트(Co), 몰리브덴(Mo) 등을 다량 첨가하여 고온 경도를 유지하는 합금강이다.	절삭용 공구
주조경질 합금	스텔라이트	주조한 강을 연마하여 사용하는 공구 재료, 600℃ 이상에서는 고속도강보다 단단하나, 충격에 약하다.	절삭용 공구, 다이스, 드릴, 의료기구 등
초경합금	초경합금	금속탄화물(WC, TiC, TaC)에 코발트(Co) 분말을 가압 성형 후 소결시켜 만든 합금이다.	바이트, 엔드밀, 공구용 팁

5 특수용도용 합금강

(1) 스테인리스강

① 스테인리스강의 종류 및 특성

구분	조직		
	오스테나이트	페라이트	마텐자이트
성분	18Cr – 8%Ni	18%Cr	13%Cr
강종	STS304	STS430	STS410
열처리	고용화 열처리	풀림	풀림 후 급랭
경화성	가공 경화	담금질 경화 없음	담금질 경화
내식성	높음	높음	보통
용접성	높음	보통	낮음
자성	비자성체	강자성체	강자성체

② 18 – 8강(오스테나이트 조직)의 예민화(입계부식)

    ㉠ 고온으로부터 급랭한 강을 500~850℃ 범위로 재가열하면 고용되었던 탄소가 오스테나이트의 결정입계로 이동하여 탄화크롬(Cr_4C)이라는 탄화물이 석출된다. 이로 인해서 결정입계 부근의 크롬(Cr) 양이 감소하게 되어 내식성이 감소하면서 쉽게 부식이 발생한다.

    ㉡ 입계균열 : 입계부식의 정도가 지나치면 균열이 발생한다.

    ㉢ 입계균열의 방지책

        • 탄소량을 낮게 하면(< 0.03%C) 탄화물(Cr_4C)의 형성이 억제된다.

        • 티타늄(Ti), 니오븀(Nb), 탄탈륨(Ta) 등의 원소를 첨가해서 Cr_4C 대신에 TiC, NbC, TaC 등을 만들어서 크롬(Cr)의 감소를 막는다.

(2) 불변강

온도가 변화하여도 열팽창계수, 탄성계수 등이 변화하지 않는 강이다.

▌불변강의 종류 및 특징

명칭	주요 성분	특징
인바(Invar)	Fe – Ni 36%	• 상온에 있어서의 열팽창계수가 대단히 작고, 내식성이 대단히 우수하다. • 줄자, 시계의 진자, 바이메탈 등의 재료에 사용된다.
초인바(Super Invar)	Fe – Ni – Co	인바보다도 열팽창계수가 한층 더 작은 Fe – Ni – Co 합금이다.
엘린바(Elinvar)	Fe – Ni – Cr	• 인바에 크롬을 첨가하면 실온에서 탄성계수가 불변하고, 선팽창률도 거의 없다. • 시계태엽, 정밀저울의 소재로 사용된다.
코엘린바 (Co – elinvar)	Fe – Ni – Cr – Co	• 온도 변화에 대한 탄성률의 변화가 극히 적고 공기 중이나 수중에서 부식되지 않는다. • 스프링, 태엽, 기상관측용 기구의 부품에 사용된다.
플래티나이트 (Platinite)	Fe – Ni 46%	팽창계수가 작아서, 백금선 대용으로 전구 도입선에 사용된다.

(3) 그 밖의 특수강

구분	기호	특징	용도
스프링강	SPS	높은 강도, 높은 내피로성 및 적당한 인성을 가지는 합금강이다.	판 스프링, 코일 스프링
쾌삭강	SUM	강에 황(S), 납(Pb)을 첨가하여 피삭성(재료가 깎이는 성질)을 좋게 만드는 특수강이다.	시계부품, 정밀부품
내열강	STR	고온에서 조직과 기계, 화학적 성질이 안정되고 열팽창 및 열에 의한 변형이 적다.	보일러, 내연기관의 밸브, 터빈, 제트기관, 로켓 등

04 주철

1 개요

(1) 주철(Cast Iron)

① 보통 탄소량은 2.11~6.7%이나 흔히 사용되는 것은 2.5~4.5% 정도이다.

② 철(Fe), 탄소(C) 이외에 규소(Si), 망간(Mn), 인(P), 황(S) 등을 함유한다.

③ 강도의 조절 : 시멘타이트의 분해를 가감하여 흑연이 나오는 것을 조절한다.

④ 탄소량에 따른 주철의 분류

　㉠ 공정주철 : 철에 탄소함유량이 4.3%일 때, 조직은 레데뷰라이트(오스테나이트＋시멘타이트)

　㉡ 아공정주철 : 철에 탄소함유량이 2.14~4.3%일 때, 조직은 오스테나이트＋레데뷰라이트

　㉢ 과공정주철 : 철에 탄소함유량이 4.3~6.67%일 때, 조직은 레데뷰라이트＋시멘타이트

(2) 주철의 장단점

장점	단점
• 용융점이 낮고, 유동성이 양호하다. • 내마멸성이 우수하다. • 압축강도가 크고, 절삭가공이 용이하다. • 가격이 저렴하고, 내식성이 우수하다. • 감쇠능이 좋다.	• 인장강도, 굽힘강도가 작고 충격에 약하다. • 취성이 크고, 소성변형이 어렵다. • 단련, 담금질, 뜨임이 불가능하다.

(3) 주철에 미치는 원소의 영향

원소	영향
탄소(C)	• 강도와 경도를 증가시킨다. • 기계 가공성이 향상된다. • 수축을 감소시킨다.
규소(Si)	• 탄소 다음으로 중요한 성분으로서 흑연의 생성을 촉진하는 원소이다. • 응고 수축이 적어져서 주조가 용이하다. • 얇은 주물 제작 시 급랭으로 인해 탄소가 시멘타이트로 변화되는 것을 방지하기 위해 규소를 다량 첨가한다.
망간(Mn)	• 주철 중에는 일반적으로 0.4~1.0% 정도의 망간(Mn)을 함유한다. • 흑연의 생성을 방지한다. • 황화철(FeS) 제거와 쇳물에서 산소와 화합하여 탈산작용을 한다.

원소	영향
인(P)	• 쇳물의 유동성을 좋게 한다. • 주철을 단단하고 여리게 만든다.
황(S)	• 유동성을 나쁘게 하여 정밀주조 작업이 어렵다. • 주조 시 수축률을 크게 하여, 기공 및 균열을 일으키기 쉽다. • 흑연의 생성을 방해하며, 고온취성을 일으킨다.

(4) 시멘타이트의 흑연화

주철조직에 함유한 시멘타이트(Fe_3C)를 열처리하면 흑연으로 분해된다.

① 흑연화 촉진원소 : 규소(Si), 니켈(Ni), 알루미늄(Al), 티타늄(Ti), 코발트(Co)
② 흑연화 방해원소 : 망간(Mn), 몰리브덴(Mo), 황(S), 텅스텐(W), 크롬(Cr), 바나듐(V)

(5) 주철의 종류

① 보통주철(회주철)

　㉠ 편상흑연과 페라이트(Ferrite)로 되어 있으며, 다소의 펄라이트(Pearlite)를 함유하는 회주철을 말
　　한다.

　㉡ 인장강도는 100~200MPa이며, 균질성이 떨어진다.

　㉢ 주조하기 쉽고, 가격이 싸다.

　㉣ 절삭가공이 쉽고 내마모성이 우수하며, 감쇠능이 높다.

　㉤ 공작기계의 베드의 소재로 사용한다.

② 고급주철(강인주철)

　㉠ 회주철 중에서 석출한 흑연편을 미세화하고, 치밀한 펄라이트 조직으로 만들어 강도와 인성을 높
　　인 주철이다.

　㉡ 인장강도는 250MPa 이상이며, 주조성이 양호하여 대형주물 제작에 사용된다.

　㉢ 미하나이트 주철(Meehanite Cast Iron)

　　• 쇳물을 제조할 때 선철에 다량의 강철 스크랩을 사용하여 저탄소 주철을 만들고, 여기에 칼슘
　　　실리콘(Ca – Si), 페로실리콘(Fe – Si) 등을 첨가하여 조직을 균일하고 미세화시킨 펄라이트 주철
　　　이다.

　　• 인장강도가 255~340MPa이고, 내마모성이 우수하여 브레이크 드럼, 실린더, 캠, 크랭크축, 기어
　　　등에 사용된다.

　　• 담금질에 의한 경화가 가능하다.

③ 칠드 주철(Chilled Casting : 냉경주물)

　㉠ 주조 시 모래주형에 단단한 조직이 필요한 부분에 금형을 설치하여 주물을 제작하면, 금형이 설치된 부분에서 급랭이 되어 표면은 단단하고 내부는 연하게 되어 강인한 성질을 갖는 칠드 주철을 얻을 수 있다.

　㉡ 칠드 주철의 표면은 백주철, 내부는 회주철로 만든 것으로 압연용 롤러, 차륜 등과 같은 것에 사용된다.

④ 가단주철

　㉠ 주철의 취성을 개량하기 위해서 백주철을 높은 온도로 장시간 풀림해서 시멘타이트를 분해시켜, 가공성을 좋게 하고, 인성과 연성을 증가시킨 주철이다.

　㉡ 가단주철의 종류 : 백심 가단주철, 흑심 가단주철, 펄라이트 가단주철

⑤ **구상흑연주철**

　㉠ 편상흑연(강도와 연성이 작고, 취성이 있음)을 구상흑연(강도와 연성이 큼)으로 개선한 주철이다.

　㉡ 주철을 구상화하기 위하여 인(P)과 황(S)의 양은 적게 하고, 마그네슘(Mg), 칼슘(Ca), 세륨(Ce) 등을 첨가한다.

　㉢ 보통주철과 비교해 내마멸성, 내열성, 내식성이 대단히 좋아 크랭크축, 브레이크 드럼에 사용된다.

실전 문제

01 상온에서 순철(α철)의 격자구조는?

① FCC　　　　　② CPH
③ BCC　　　　　④ HCP

해설 --

상온에서 순철(α철)의 격자구조 : 체심입방격자(BCC)

02 다음 중 철강에 합금 원소를 첨가하였을 때 일반적으로 나타내는 효과와 가장 거리가 먼 것은?

① 소성가공성이 개선된다.
② 순금속에 비해 용융점이 높아진다.
③ 결정립의 미세화에 따른 강인성이 향상된다.
④ 합금원소에 의한 기지의 고용강화가 일어난다.

해설 --

② 순금속에 비해 용융점이 낮아진다.

03 α − Fe이 723℃에서 탄소를 고용하는 최대한도는 몇 %인가?

① 0.025
② 0.1
③ 0.85
④ 4.3

해설 --

• 순철 : 0.025%C 이하
• 강 : 0.025~2.11%C
• 주철 : 2.11~6.67%C

04 탄소강의 상태도에서 공정점에서 발생하는 조직은?

① Pearlite, Cementite　② Cementite, Austenite
③ Ferrite, Cementite　④ Austenite, Pearlite

해설 --

공정반응
하나의 액상에서 다른 복수의 고체상이 동시에 정출하는 현상으로서, 공정점에서는 액상에서 오스테나이트와 시멘타이트(Fe_3C)가 생성되며, 이것을 레데뷰라이트라 한다.

05 다음 중 원소가 강재에 미치는 영향으로 틀린 것은?

① S : 절삭성을 향상시킨다.
② Mn : 황의 해를 막는다.
③ H_2 : 유동성을 좋게 한다.
④ P : 결정립을 조대화시킨다.

해설 --

③ H_2 : 강을 여리게 하고, 산, 알칼리에 약하며, 헤어 크랙(Hair Crack)과 흰점(Flakes)의 원인이 된다.

06 순철에서 나타나는 변태가 아닌 것은?

① A_1　　　　　② A_2
③ A_3　　　　　④ A_4

해설 --

① A_1 변태점(723℃) : 순철에는 없고 강에서만 존재하는 변태(오스테나이트 ↔ 펄라이트)

정답　01 ③　02 ②　03 ①　04 ②　05 ③　06 ①

07 탄소강에서 공석강의 현미경 조직은?

① 초석페라이트와 레데뷰라이트
② 초석시멘타이트와 레데뷰라이트
③ 레데뷰라이트와 주철의 혼합조직
④ 페라이트와 시멘타이트의 혼합조직

해설 ◆

공석강
페라이트와 시멘타이트의 층상조직 → 펄라이트

08 일반적으로 탄소강에서 탄소량이 증가할수록 증가하는 성질은?

① 비중
② 열팽창계수
③ 전기저항
④ 열전도도

해설 ◆

탄소강에서 탄소량이 증가하면 전기저항은 증가하고 비중, 열팽창계수, 열전도도는 작아진다.

09 탄소함유량이 약 0.85~2.0%C에 해당하는 강은?

① 공석강
② 아공석강
③ 과공석강
④ 공정주철

해설 ◆

탄소강의 탄소함량
• 아공석강 : 0.02~0.77%
• 공석강 : 0.77%
• 과공석강 : 0.77~2.11%

10 0.4%C의 탄소강을 950℃로 가열하여 일정시간 충분히 유지시킨 후 상온까지 서서히 냉각시켰을 때의 상온 조직은?

① 페라이트 + 펄라이트
② 페라이트 + 소르바이트
③ 시멘타이트 + 펄라이트
④ 시멘타이트 + 소르바이트

해설 ◆

• 0.4%C의 탄소강 → 아공석강
• 아공석강의 조직 : 페라이트 + 펄라이트

11 노 내에서 Fe–Si, Al 등의 강력한 탈산제를 첨가하여 완전히 탈산시킨 강은?

① 킬드강(Killed Steel)
② 림드강(Rimmed Steel)
③ 세미킬드강(Semi–killed Steel)
④ 세미림드강(Semi–rimmed Steel)

해설 ◆

킬드강
• 강력한 탈산제인 페로실리콘(Fe–Si), 페로망간(Fe–Mn) 또는 알루미늄(Al) 등을 첨가하여 완전히 탈산시켜서 ingot 중에 기공이 생기지 않도록 진정시킨 강
• 기공은 없으나 상부에 수축공이 형성되므로 이것을 제거하기 위해서 전체의 10~20%를 절단해서 사용

12 쾌삭강에서 피삭성을 좋게 만들기 위해 첨가하는 원소로 가장 적합한 것은?

① Mn   ② Si   ③ C   ④ S

해설 ◆

강에 황(S), 납(Pb)을 첨가하여 피삭성(재료가 깎이는 성질)을 좋게 만드는 특수강이다.

13 철강 소재에서 일어나는 다음 반응은 무엇인가?

$$\gamma \text{고용체} \rightarrow \alpha \text{고용체} + Fe_3C$$

① 공석반응
② 포석반응
③ 공정반응
④ 포정반응

해설 ✚

공석반응
2개 원소(Fe+C) 합금에서 하나의 고체상(γ철)이 냉각에 의해 결정구조가 다른 2종의 새로운 고체상(α철+Fe_3C)으로 석출하는 변태를 말한다.

14 다음 중 철−탄소상태도에서 나타나지 않는 불변점은?

① 공정점
② 포석점
③ 공석점
④ 포정점

해설 ✚

Fe−C 평행상태에서 나타나는 3가지 불변반응
공석반응, 공정반응, 포정반응

15 아공석강에서 탄소함량이 증가함에 따른 기계적 성질 변화에 대한 설명으로 틀린 것은?

① 인장강도가 증가한다.
② 경도가 증가한다.
③ 항복강도가 증가한다.
④ 연신율이 증가한다.

해설 ✚

④ 연신율이 감소한다.

16 순철의 변태에서 $\alpha - Fe$이 $\gamma - Fe$로 변화하는 변태는?

① A_1 변태
② A_2 변태
③ A_3 변태
④ A_4 변태

해설 ✚

A_3 변태점(912℃) : 순철의 동소변태(α철 ↔ γ철)

17 탄소강에 대한 설명 중 틀린 것은?

① 인은 상온 취성의 원인이 된다.
② 탄소의 함유량이 증가함에 따라 연신율은 감소한다.
③ 황은 적열 취성의 원인이 된다.
④ 산소는 백점이나 헤어 크랙의 원인이 된다.

해설 ✚

④ 수소는 백점이나 헤어 크랙의 원인이 된다.

18 18−8형 스테인리스강의 설명으로 틀린 것은?

① 담금질에 의하여 경화되지 않는다.
② 1,000~1,100℃로 가열하여 급랭하면 가공성 및 내식성이 증가된다.
③ 고온으로부터 급랭한 것을 500~850℃로 재가열하면 탄화크롬이 석출된다.
④ 상온에서는 자성을 갖는다.

해설 ✚

④ 상온에서는 상자성체이다.

19 탄소강에서 적열메짐을 방지하고, 주조성과 담금질 효과를 향상시키기 위하여 첨가하는 원소는?

① 황(S)
② 인(P)
③ 규소(Si)
④ 망간(Mn)

해설➕

적열취성(고온취성)

강은 900℃ 이상에서 황(S)이나 산소가 철과 화합하여 산화철(FeO)이나 황화철(FeS)을 만든다. 이때 황화철은 그림처럼 강 입자의 경계에 결정립계로 나타나게 됨으로써 상온에서는 그 해가 작지만 고온에서는 황화철이 녹아 강을 여리게(무르게) 만들어 단조할 수 없는 취성을 강이 갖게 되는데, 이것을 적열취성이라 한다. 망간(Mn)을 첨가하면 황화망간(MnS)을 형성하여 적열취성을 방지하는 효과를 얻을 수 있다.

결정립계
FeS(황화철)
망상구조

20 특수강에 들어가는 합금 원소 중 탄화물 형성과 결정립을 미세화하는 것은?

① P   ② Mn
③ Si   ④ Ti

해설➕

특수강에 첨가된 티타늄(Ti)의 영향

내식성을 높이고, 결정립을 미세화시키며, 탄화물을 생성한다.

21 다음 중 합금강을 제조하는 목적으로 적당하지 않은 것은?

① 내식성을 증대시키기 위하여
② 단접 및 용접성 향상을 위하여
③ 결정입자의 크기를 성장시키기 위하여
④ 고온에서의 기계적 성질 저하를 방지하기 위하여

해설➕

③ 결정입자의 크기를 미세화하기 위하여

22 Ni–Cr강에 첨가하여 강인성을 증가시키고 담금질성을 향상시킬 뿐만 아니라 뜨임 메짐성을 완화시키기 위하여 첨가하는 원소는?

① 망간(Mn)
② 니켈(Ni)
③ 마그네슘(Mg)
④ 몰리브덴(Mo)

해설➕

Mo(몰리브덴)

담금질성↑, 질량효과↓, 뜨임취성 방지, 내식성↑

23 불변강의 종류가 아닌 것은?

① 인바
② 엘린바
③ 코엘린바
④ 스프링강

해설➕

불변강

인바, 초인바, 엘인바, 코엘린바

24 다음 중 온도변화에 따른 탄성계수의 변화가 미세하여 고급시계, 정밀저울의 스프링에 사용되는 것은?

① 인코넬   ② 엘린바
③ 니크롬   ④ 실리콘브론즈

해설➕

엘린바

• 인바에 크롬을 첨가하면 실온에서 탄성계수가 불변하고, 선팽창률도 거의 없다.
• 시계태엽, 정밀저울의 소재로 사용된다.

정답   20 ④   21 ③   22 ④   23 ④   24 ②

25 주철의 결점을 없애기 위하여 흑연의 형상을 미세화, 균일화하여 연성과 인성의 강도를 크게 하고, 강인한 펄라이트 주철을 제조한 고급주철은?

① 가단 주철
② 칠드 주철
③ 미하나이트 주철
④ 구상 흑연 주철

해설 ⊕

미하나이트 주철
회주철 중에서 석출한 흑연편을 미세화하고, 치밀한 펄라이트 조직으로 만들어 강도와 인성을 높인 주철이다.

26 백주철을 열처리로에 넣어 가열해서 탈탄 또는 흑연화하는 방법으로 제조된 것은?

① 회주철
② 반주철
③ 칠드주철
④ 가단주철

해설 ⊕

가단주철
주철의 취성을 개량하기 위해서 백주철을 높은 온도로 장시간 풀림해서 시멘타이트를 분해시켜, 가공성을 좋게 하고, 인성과 연성을 증가시킨 주철이다.

27 주철에서 탄소강과 같이 강인성이 우수한 조직을 만들 수 있는 흑연 모양은?

① 편상흑연
② 괴상흑연
③ 구상흑연
④ 공정상흑연

해설 ⊕

• 편상흑연 : 보통회주철에서 나타나며 강도와 인성이 작고, 취성이 있다.
• 구상흑연 : 주철에 인(P)과 황(S) 양은 적게 하고, 마그네슘(Mg), 칼슘(Ca), 세륨(Ce)을 첨가하면 강도와 인성이 큰 구상흑연주철을 만들 수 있다.

28 진동에너지를 흡수하는 능력이 우수하여 공작기계의 베드 등에 가장 적합한 재료는?

① 회주철
② 저탄소강
③ 고속도공구강
④ 18−8 스테인리스강

해설 ⊕

회주철
절삭가공이 쉽고 내마모성이 우수하며, 감쇠능이 높아 선반의 베드에 사용한다.

29 주조 시 주형에 냉금을 삽입하여 주물 표면을 급랭시킴으로써 백선화하고, 경도를 증가시킨 내마모성 주철은?

① 구상흑연주철
② 가단(Malleable)주철
③ 칠드(Chilled)주철
④ 미해나이트(Meehanite)주철

해설 ⊕

칠드주철
주조 시 모래주형에 단단한 조직이 필요한 부분에 금형을 설치하여 주물을 제작하면, 금형이 설치된 부분에서 급랭이 되어 표면은 단단하고 내부는 연하게 되어 강인한 성질을 갖는 칠드주철을 얻을 수 있다.

CHAPTER 03 비철금속재료

01 구리와 그 합금

구리는 변태점이 없으며 비자성체이고 전기와 열의 양도체이다.

1 구리

① 비중 8.96, 용융점 1,083℃이다.
② 전기, 열의 양도체이다.
③ 유연하고 전연성이 좋으므로 가공이 용이하다.
④ 화학적으로 저항력이 커서 부식되지 않는다(암모니아염에는 약하다).
⑤ 아름다운 광택과 귀금속적 성질이 우수하다.
⑥ 합금으로 제조하기 용이하다.

2 황동

구리(Cu) + 아연(Zn)의 합금

(1) 황동의 성질

① 아연(Zn) 함유량에 따른 물성치 : 40%일 때 인장강도가 최대, 30%일 때 연신율이 최대이다.
② 아연이 증가하면 경도도 증가한다.

(2) 황동의 종류

구분	조성	특징	용도
길딩메탈 (Gilding Metal)	Zn 5%	연하고 코이닝(Coining)하기 쉽다.	동전, 메달 등
톰백 (Tombac)	Zn 8~20%	빛깔이 금에 가깝고 연성이 크다.	금박, 금분, 불상, 화폐제조 등

구분	조성	특징	용도
7-3 황동	Zn 30%	전연성이 좋고 상온가공이 용이	판, 봉, 관, 선 등
애드미럴티 메탈	7-3 황동 +1% Sn	전연성이 풍부하고 내해수성이 우수	증발기, 열교환기 등
6-4 황동 (문츠메탈- Muntz Metal)	Zn 40%	인장강도 최대이고, 아연 함유량이 많아 황동 중 값이 가장 싸고, 강도가 높아 기계 부품용으로 사용	볼트, 너트, 열 교환기 등
네이벌 황동 (Naval Brass)	6-4 황동 +1% Sn	내해수성과 강도가 우수	열교환기, 선박용 부품
납황동 (쾌삭황동)	납 1.5~3.7%	황동에 납을 첨가하여 절삭성을 좋게 한 것	정밀 절삭가공을 필요로 하는 시계 와 계기용 나사 등

3 청동

구리(Cu) + 주석(Sn)의 합금

(1) 청동의 성질

① 내식성이 크다.
② 인장강도와 연신율이 크다.
③ 내해수성이 좋다.
④ 주조성이 좋다.

(2) 청동의 종류

구분	조성	특징	용도
포금	Sn(8~12%) + Zn(1~2%)	단조성, 유연성, 내식, 내수압성이 우수	기계부품, 선박재료
납청동	Pb(4~22%) + Sn(6~11%)	연성은 저하되지만 경도가 높고 내마멸성이 크다.	베어링 재료
켈밋	Cu + Pb(40%)	연성은 저하되지만 경도가 높고 내마멸성이 크다.	베어링 재료
베릴륨 청동	Cu + Be(1.25%)	구리 합금 중에서 가장 높은 강도와 경도를 가지며, 내마 멸성, 내피로성, 열전도성이 좋다.	베어링, 기어, 고급 스프링, 공 업용 전극에 사용
인청동	청동 + P (0.05~0.5%)	청동에 인(P)을 첨가하면 구리 용융액의 유동성이 좋 아지고, 강도, 경도, 탄성률 등 기계적 성질이 개선되 며 내식성이 좋아진다.	베어링, 피스톤링, 프로펠러 등과 같은 기계부품에 사용

4 구리(Cu) – 니켈(Ni)계 합금

(1) 콘스탄탄

구리(Cu) – 니켈(Ni) 45% 합금으로 표준저항선으로 사용된다.

(2) 모넬메탈

① 구리(Cu) – 니켈(Ni) 70% 합금이며, 내열성과 내식성, 내마멸성, 연신율이 크다.

② 대기, 해수, 산, 염기에 대한 내식성이 크며, 고온강도가 크다.

③ 주조와 단련이 용이하여 터빈 날개, 펌프 임펠러, 열기관 부품 등의 재료로 사용된다.

02 알루미늄과 그 합금

1 알루미늄의 성질

① 비중 2.7, 융점 660℃이며 면심입방격자이다.

② 전기 및 열의 양도체이다.

③ 경금속이다(비중 4.5 이하는 모두 경금속).

④ 산화 피막이 있어 대기 중에 잘 부식이 안 되며 해수 또는 산알칼리에 부식된다.

2 주조용 알루미늄 합금

명칭	조성	특징	용도
실루민 (Silumin)	Si 11.6%	Al – Si계 합금의 공정조직으로 주조성은 좋으나 절삭성은 나쁘다.	주물용 Al 합금 중 가장 용도가 많음
하이드로날륨 (Hydronalium)	Mg 10% 이하	바닷물, 알칼리성에 강하고, 내식성이 좋다.	화학, 건축, 차량, 항공기 부품
라우탈 (Lautal)	Cu 3~8% +Si 3~8%	주조성과 절삭성이 우수하고, 얇은 주물 제작이 쉽다.	피스톤, 기계 부품에 사용
Y – 합금	Cu 4%+Ni 2% +Mg 1.5%	열팽창계수가 작고, 내열성이 우수하며 고온강도가 높다.	내연기관의 피스톤, 실린더 헤드

❸ 가공용 알루미늄 합금

분류	대표합금	합금계	특징	용도
고강도 Al 합금	두랄루민(Duralumin)	Al－Cu－Mg－Mn계	시효경화처리의 대표적인 합금이다.	항공기, 자동차, 리벳, 기계
	초두랄루민 (Super Duralumin)	Al－Cu－Mg－Mn계	강재와 비슷한 인장강도(50kgf/mm²)	
	초초두랄루민 (Extra Super Duralumin)	Al－Cu－Zn－ Mg－Mn－Cr계	인장강도 54kgf/mm² 이상이다.	

03 기타 합금

❶ 베어링 합금

베어링 합금은 상당한 경도와 인성, 항압력이 필요하고, 하중에 잘 견뎌야 하며 마찰계수가 작아야 한다. 또 비열 및 열전도율이 크고 주조성과 내식성이 우수해야 하며, 마찰 발열 시 열붙음(Seizing)에 대한 저항력이 커야 한다.

(1) 화이트메탈(White Metal)

① 주석계 화이트메탈 : 배빗메탈(Sn－Sb－Cu), 내마멸성, 내충격성, 내열성이 우수하지만 가격이 비싸다.
② 납계 화이트메탈 : 앤티프릭션 메탈(Pb－Sn－Sb) － 경도가 낮아서 내마멸성과 내충격성이 떨어지고, 온도가 상승하면 축에 녹아 붙을 가능성이 있으나 값이 싸서 많이 사용한다.

(2) 구리계 베어링 합금

① 켈밋(Kelmet) : 항공기, 자동차용의 고속 베어링으로 적합하며, 배빗메탈에 비하여 150배 정도의 내구력을 가지고 있다.
② 베릴륨 청동 : 구리 합금 중 강도와 경도가 가장 크고, 가공이 어려우며, 비싸다.
③ 인청동 : 탄성한도가 높고, 내피로, 내마모성이 좋으며 자성이 없다.

(3) 카드뮴(Cd)계 베어링 합금

카드뮴에 니켈(Ni), 은(Ag), 구리(Cu) 및 마그네슘(Mg) 등을 소량 첨가한 것으로 피로 강도와 고온에서 경도가 화이트메탈보다 크므로 하중이 큰 고속 베어링에 사용한다.

(4) 오일리스 베어링(Oilless Bearing)

구리에 10%, 주석(Sn)분말과 2% 흑연분말을 혼합하여 윤활제 또는 휘발성 물질을 가압 소결한 것으로 이 합금은 기름을 품게 되므로, 자동차, 전기, 시계, 방적기계 등의 급유가 어려운 부분의 베어링용으로 사용되며, 강도는 낮고 마멸은 적다.

② 기타 금속

종류	비중	용융점	결정	특징
마그네슘(Mg)	1.74	650℃	조밀육방격자	실용합금 중에서 가장 가볍고, 다이캐스팅 등의 주조성이 우수하며, 박판 주조가 가능하다.
니켈(Ni)	8.9	1,455℃	면심입방격자	상온 및 고온에서 가공성이 우수하고, 알칼리와 염산, 해수에 대해 내식성이 좋다.
티타늄(Ti)	4.5	1,660℃	조밀육방격자	용융점이 높고 내식성 및 강도가 크다.
아연(Zn)	7.14	419℃	조밀육방격자	다이캐스팅용으로 많이 사용되고, 철강의 방식피복용으로 사용된다.
납(Pb)	11.35	327℃	면심입방격자	무겁고 팽창률이 크며 유연하므로 소성가공이 좋다. 주조성, 윤활성 및 내식성 등은 우수하지만 전기전도율이 나쁘다.
주석(Sn)	7.3	232℃	체심입방격자	납 다음으로 연질금속이므로 전연성이 좋다. 의약품, 식품 등의 포장용 튜브, 식기, 장식기 등에 사용된다.
코발트(Co)	8.85	1,490℃	조밀육방격자	화학반응용 촉매, 자성재료, 내열합금, 경질도금재, 공구소결재 및 내마멸성 재료로 사용된다.
텅스텐(W)	19.2	3,410℃	체심입방격자	분말야금법으로 제조, 필라멘트, 절삭공구재료, 내열강, 자석강 등으로 사용
몰리브덴(Mo)	19.2	2,625℃	체심입방격자	고온내열재 우주항공기용으로 사용
은(Ag)	10.497	960.5℃	면심입방격자	전기전도율이 금속 중 가장 우수하다. • Ag－Cu계 합금 : 화폐용 • Ag－Hg－Cu－Sn : 치과용 아말감
금(Au)	19.3	1,063℃	면심입방격자	가공성 전기전도율 및 내식성이 우수하다.
백금(Pt)	21.4	1,774℃	면심입방격자	가공성과 내열성 및 고온 저항성이 우수하므로 전기 화학에서 전극과 실험장치, 용해로, 교반기, 광학, 전기가열기구 및 열전쌍 보호관 등에 사용된다.
게르마늄(Ge)	5.36	959℃		취성이 크므로 가공이 곤란하다. 반도체 재료로 사용된다.
규소(Si)	2.33	1,420℃		트랜지스터 재료

실전 문제

01 구리합금 중 6 : 4 황동에 약 0.8% 정도의 주석을 첨가하며 내해수성에 강하기 때문에 선박용 부품에 사용하는 특수 황동은?

① 네이벌 황동
② 강력 황동
③ 납 황동
④ 애드미럴티 황동

02 인청동의 적당한 인 함량(%)은?

① 0.05~0.5
② 6.0~10.0
③ 15.0~20.0
④ 20.5~25.5

해설 ➕

인청동
청동에 P(0.05~0.5%)을 첨가하면 구리 용융액의 유동성이 좋아지고, 강도, 경도, 탄성률 등 기계적 성질이 개선되며 내식성이 좋아진다.

03 애드미럴티(Admiralty) 황동의 조성은?

① 7 : 3황동＋Sn(1% 정도)
② 7 : 3황동＋Pb(1% 정도)
③ 6 : 4황동＋Sn(1% 정도)
④ 6 : 4황동＋Pb(1% 정도)

해설 ➕

애드미럴티 황동
7－3 황동＋1% Sn, 전연성이 풍부하여 증발기, 열교환기 제작에 사용한다.

04 구리에 아연 5%를 첨가하여 화폐, 메달 등의 재료로 사용되는 것은?

① 델타메탈
② 길딩메탈
③ 문츠메탈
④ 네이벌활동

해설 ➕

길딩메탈
Cu＋Zn 5%, 연하고 코이닝(Coining)하기 쉬워 화폐, 메달 등의 재료로 사용된다.

05 구리합금 중 최고의 강도를 가진 석출 경화성 합금으로 내열성, 내식성이 우수하여 베어링 및 고급 스프링 재료로 이용되는 청동은?

① 납청동
② 인청동
③ 베릴륨 청동
④ 알루미늄 청동

해설 ➕

베릴륨 청동
• 구리합금 중에서 가장 높은 강도와 경도를 가진다.
• 경도가 커서 가공하기 힘들지만, 강도, 내마멸성, 내피로성, 열전도율이 좋아 베어링, 기어, 고급 스프링, 공업용 전극에 사용된다.

06 구리 및 구리합금에 관한 설명으로 틀린 것은?

① Cu의 용융점은 약 1,083℃이다.
② 문츠메탈은 60%Cu＋40%Sn 합금이다.
③ 유연하고 전연성이 좋으므로 가공이 용이하다.
④ 부식성 물질이 용존하는 수용액 내에 있는 황동은 탈아연 현상이 나타난다.

정답 01 ① 02 ① 03 ① 04 ② 05 ③ 06 ②

해설 ⊕
② 문츠메탈은 60%Cu + 40%Zn 합금이다.

07 Kelmet의 주요 합금조성으로 옳은 것은?

① Cu – Pb계 합금   ② Zn – Pb계 합금
③ Cr – Pb계 합금   ④ Mo – Pb계 합금

해설 ⊕
켈밋(Kelmet)
Cu – Pb(20~40%), 합금 마찰계수가 작고 열전도율이 우수하여, 발전기 모터, 철도차량용, 베어링용으로 사용된다.

08 95% Cu – 5% Zn 합금으로 연하고 코이닝(Coining)하기 쉬우므로 동전, 메달 등에 사용되는 황동의 종류는?

① Naval Brass   ② Cartridge Brass
③ Muntz Metal   ④ Gilding Metal

해설 ⊕
길딩메탈
Cu + Zn 5%, 연하고 코이닝(Coining)하기 쉬어 화폐, 메달 등의 재료로 사용된다.

09 구리에 아연이 5~20% 정도 첨가되어 전연성이 좋고 색깔이 아름다워 장식용 악기 등에 사용되는 것은?

① 톰백   ② 백동
③ 6 – 4 황동   ④ 7 – 3 황동

해설 ⊕
톰백(Tombac)
아연을 8~20% 함유한 α 황동으로 빛깔이 금에 가깝고 연성이 크므로 금박, 금분, 불상, 화폐제조 등에 사용한다.

10 황동계 실용합금인 톰백에 관한 설명으로 틀린 것은?

① 전연성이 우수하다.
② 5~20%의 Sn을 함유하는 황동이다.
③ 코이닝하기 쉬워 메달, 동전 등에 사용된다.
④ 색깔이 금색에 가까워서 모조금으로 사용된다.

해설 ⊕
② 5~20%의 Zn을 함유하는 황동이다.

11 일반적인 청동합금의 주요 성분은?

① Cu – Sn
② Cu – Zn
③ Cu – Pb
④ Cu – Ni

12 다음 중 내열용 알루미늄 합금이 아닌 것은?

① Y합금   ② 로엑스(Lo – Ex)
③ 두랄루민   ④ 코비탈륨

해설 ⊕
내열용 알루미늄 합금
Y – 합금, 코비탈륨, 로엑스 합금

13 알루미늄 합금 중 주성분이 Al – Cu – Ni – Mg계 합금인 것은?

① Y합금
② 알민(Almin)
③ 알드리(Aldrey)
④ 알클래디(Alclad)

14 알루미늄의 성질로 틀린 것은?

① 비중이 약 7.8이다.
② 면심입방격자 구조이다.
③ 용융점은 약 660℃이다.
④ 대기중에서는 내식성이 좋다.

해설 ➕

알루미늄 비중은 약 2.7이다.

15 다음 중 알루미늄 합금이 아닌 것은?

① 라우탈
② 실루민
③ 두랄루민
④ 화이트메탈

해설 ➕

화이트메탈(White Metal, 베빗메탈)
$Sn-Sb-Pb-Cu$계 합금, 백색, 용융점이 낮고 강도가 약하다. 저속기관의 베어링용

16 항공기 재료에 많이 사용되는 두랄루민의 강화 기구는?

① 용질강화
② 시효경화
③ 가공경화
④ 마텐자이트 변태

해설 ➕

두랄루민
시효경화처리의 대표적인 합금으로써 항공기 재료에 많이 사용된다.

17 두랄루민의 구성 성분으로 가장 적절한 것은?

① $Al+Cu+Mg+Mn$
② $Al+Fe+Mo+Mn$
③ $Al+Zn+Ni+Mn$
④ $Al+Pb+Sn+Mn$

해설 ➕

'알(Al)쿠(Cu)마(Mg)망(Mn)'으로 외우자.

18 켈밋(Kelmet) 합금이 주로 쓰이는 곳은?

① 피스톤
② 베어링
③ 크랭크축
④ 전기저항용품

해설 ➕

켈밋(Kelmet)
$Cu-Pb(20\sim40\%)$, 합금 마찰계수가 작고 열전도율이 우수하여, 발전기 모터, 철도차량용, 베어링용으로 사용된다.

19 분말 야금에 의하여 제조된 소결 베어링 합금으로 급유하기 어려운 경우에 사용되는 것은?

① Y 합금
② 켈밋(Kelmet)
③ 화이트메탈(White Metal)
④ 오일리스 베어링(Oilless Bearing)

해설 ➕

오일리스 베어링(Oilless Bearing)
구리에 10% Sn분말과 2% 흑연분말을 혼합하여 윤활제 또는 휘발성 물질을 가압 소결한 것으로 이 합금은 기름을 품게 되므로, 자동차, 전기, 시계, 방적기계 등의 급유가 어려운 부분의 베어링용으로 사용되며, 강도는 낮고 마멸은 적다.

정답   14 ①   15 ④   16 ②   17 ①   18 ②   19 ④

20 양은 또는 양백은 어떤 합금계인가?

① Fe – Ni – Mn계 합금
② Ni – Cu – Zn계 합금
③ Fe – Ni계 합금
④ Ni – Cr계 합금

해설 ⊕ -

양백(양은)
- 니켈을 첨가한 합금으로 단단하고 부식에도 잘 견딘다.
- Cu + Ni(10~20%) + Zn(15~30%)인 것이 많이 사용된다.
- 선재, 판재로서 스프링에 사용되며, 내식성이 크므로 장식품, 식기류, 가구재료, 계측기, 의료기기 등에 사용된다.

21 오일리스 베어링(Oilless Bearing)의 특징을 설명한 것으로 틀린 것은?

① 단공질이므로 강인성이 높다.
② 무급유 베어링으로 사용한다.
③ 대부분 분말 야금법으로 제조한다.
④ 동계에는 Cu – Sn – C합금이 있다.

해설 ⊕ -

① 다공질이므로 강도가 낮다.

CHAPTER
04 비금속재료와 신소재, 공구재료

01 세라믹

1 개요

① 비금속 무기질의 작은 입자를 성형, 소결하여 얻을 수 있는 다결정질의 소결체로서 넓은 의미로 세라믹스라 불린다.
② 규산을 주체로 하는 천연원료, 즉 점토류로 만들어진 요업제품을 말하며, 유리나 시멘트 또는 도자기(벽돌, 내화물) 등이 있다(세라믹 주재료 : 산화규소 $-SiO_2$, 알루미나 $-Al_2O_3$).

2 특징

① 실온 및 고온에서 경도가 크고 내열성, 내마모성, 내식성이 크다.
② 충격에 약하고, 취성파괴의 특성을 가진다. 특히, 파괴될 때까지의 변형량이 극히 작고 균열이 빠르게 진행된다.

02 합성수지

1 합성수지의 특성

(1) 장점

① 가볍고 강하다.
② 녹슬거나 썩지 않는다.
③ 투명성이 있으며 착색이 자유롭다.
④ 전기절연성이 뛰어나다.
⑤ 방수, 방습성이 우수하다.
⑥ 가공성이 좋다.
⑦ 값이 싸고, 대량 생산이 가능하다.

(2) 단점

① 열에 약하고, 연소할 때 유독가스를 방출하며, 태양광선 등에 의하여 화학적 및 물리적 성질이 나빠지는 것들이 많다.

② 표면경도가 낮아 내마모성이나 내구성이 떨어진다.

❷ 합성수지의 종류

(1) 열가소성 플라스틱

① 특성 : 가열에 의해 소성 변형되고 냉각에 의해 경화되는 수지이며 전체 생산량의 약 80%를 차지한다. 강도는 약한 편이다.

② 종류 : 폴리에틸렌 수지(PE), 폴리프로필렌 수지(PP), 폴리염화비닐 수지(PVC), 폴리스틸렌 수지(PS), 아크릴 수지(PMMA), ABS 수지

(2) 열경화성 플라스틱

① 특성 : 가열에 의해 경화되는 플라스틱으로 전체 생산량의 20%를 차지한다. 단, 열경화성 플라스틱에서도 경화 전이나 온도범위에 따라 열화(화학적 · 물리적 성질이 나빠짐)하는 경우가 있다. 강도가 높고 내열성이며, 내약품성이 우수하다.

② 종류 : 페놀 수지(PF), 불포화 폴리에스테르 수지(UP), 멜라민 수지(MF), 요소 수지(UF), 폴리우레탄(PU), 규소수지(Silicone), 에폭시 수지(EP)

---

03 신소재

❶ 복합재료

(1) 복합재료의 정의

① 기지(Matrix) : 복합재료의 주체가 되는 기본재료

  예 고무, 플라스틱, 금속, 세라믹, 콘크리트 등

② 강화재(보강재) : 재료의 역학특성을 현저하게 향상시키는 성분 또는 재료

  예 유리, 붕소(B), 탄화규소(SiC), 알루미나(Al_2O_3), 탄소, 강(Steel) 등의 섬유상이나, 분체, 입자, 직물포 등

보강재 　　　　　　 모재 　　　　　　 복합재

| 복합재료의 제조방법 |

(2) 복합재료의 특징

장점	단점
• 단위무게당 강도와 강성이 다른 재료보다 크다. • 원하는 방향으로 강성과 강도를 갖도록 구성할 수 있다. • 피로강도와 내식성이 우수하다. • 제조방법과 자동화가 쉽다.	• 내충격성이 낮다. • 압축강도가 낮다. • 고온에서 견디는 강도가 낮다.

(3) 섬유강화 플라스틱(FRP, Fiber Reinforced Plastic)

플라스틱을 기지로 하여 내부에 강화섬유를 함유시킴으로써 단위무게당 강도를 높인 복합재료이다.

① GFRP : 기지[플라스틱(불포화에폭시, 불포화폴리에스테르 등)] + 강화재(유리섬유)

② CFRP : 기지[플라스틱(불포화에폭시, 불포화폴리에스테르 등)] + 강화재(탄소섬유)

(4) 섬유강화 금속(FRM, Fiber Reinforced Plastic Metal)

기지(금속) + 강화섬유(탄화규소, 붕소, 알루미나, 텅스텐, 탄소섬유 등)

(5) 용도

항공기, 스포츠용품, 자동차, 소형 요트 등

2 형상기억합금

① 특정 온도에서의 형상을 만든 후, 다른 온도에서 변형을 가해 모양을 바꾸었어도 특정 온도를 맞추어 주면 원래의 형상으로 돌아가는 합금이다.

② 실용화된 형상기억합금은 대부분 Ni－Ti이고 특성은 다음과 같다.

    ㉠ 내식성, 내마멸성, 내피로성, 생체 친화성이 우수하다.

    ㉡ 안경테, 에어컨 풍향조절장치, 치아교정 와이어, 브래지어 와이어, 파이프 이음매, 로봇, 자동제어장치, 공학적 응용, 의학 분야 등의 소재로 사용한다.

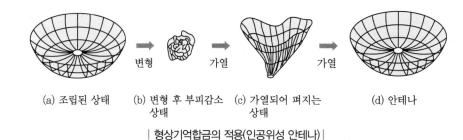

(a) 조립된 상태 (b) 변형 후 부피감소 (c) 가열되어 퍼지는 (d) 안테나
　　　　　　　　　　상태　　　　　　　상태

| 형상기억합금의 적용(인공위성 안테나) |

❸ 비정질합금(아몰퍼스(Amorphous) 합금)

① 결정 구조를 가지지 않는 아몰퍼스 구조이다.
② 경도와 강도가 높고 인성 또한 우수하다.
③ 자기적 특성이 우수하여 변압기용 철심 등에 활용된다.
④ 열에 약하다.

❹ 초소성합금

① 초소성이란 인장하중을 주었을 때 재료가 파단에 이르기까지 수백 % 이상이 늘어나는 현상을 말한다(최대 50배 연신되는 재료도 발견).
② 이 현상은 금속조직에 기인하는 재료내부조건에 의한 것으로 작은 힘으로도 변형하는 것이 특징이다.

❺ 초전도합금

① 초전도 : 어떤 종류의 금속이나 합금을 절대영도 가까이 냉각하였을 때, 전기저항이 완전히 소멸되어 전류가 감소하지 않는 상태이다.
② 초전도 현상에 영향을 주는 중요한 인자 : 온도, 자기장, 자속밀도
③ 용도 : 송전선, 초전도자석, 에너지저장장치, 모터, 발전기, 초전도 자기부상열차 등

04 공구재료

1 공구재료의 구비조건

① 상온 및 고온경도가 높을 것
② 강인성 및 내마모성이 클 것
③ 가공 및 열처리가 쉬울 것
④ 내충격성이 우수할 것
⑤ 마찰계수가 작을 것

2 종류

(1) 탄소공구강(STC)

0.60~1.50%의 탄소를 함유한 공구용으로 사용되는 고탄소강이다. 담금질로써 강도와 경도를 개선하고, 뜨임(Tempering)에 의해 적당한 점성 강도를 부여한다.

(2) 합금공구강(STS)

사용온도 450℃까지, 탄소공구강(C 0.8~1.5% 함유)＋크롬(Cr), 몰리브덴(Mo), 텅스텐(W), 바나듐(V) 원소 소량 첨가 ⇒ 탄소공구강보다 절삭성이 우수하고, 내마멸성과 고온경도가 높다.

(3) 고속도강(SKH)

① 표준고속도강 : 텅스텐(18%) – 크롬(4%) – 바나듐(1%) – 탄소(0.8%)
② 사용온도는 600℃까지 가능하다.
③ 고온경도가 높고 내마모성이 우수하다.
④ 절삭속도를 탄소강의 2배 이상으로 할 수 있다.

(4) 주조경질 합금(스텔라이트)

① 주조한 상태의 것을 연삭하여 가공하기 때문에 열처리가 불필요하다.
② 고속도강의 절삭속도에 2배이며, 사용온도는 800℃까지 가능하다.
③ 코발트(Co) – 크롬(Cr) – 텅스텐(W) 합금으로, 코발트가 주성분이다.

(5) 초경합금

① 탄화물 분말[탄화텅스텐(WC), 탄화티타늄(TiC), 탄화탄탈륨(TaC)]을 비교적 인성이 있는 코발트(Co), 니켈(Ni)을 결합제로 하여 고온압축 소결시킨다.
② 고온, 고속 절삭에서도 경도를 유지함으로써 절삭공구로서 성능이 우수하다.
③ 취성이 커서 진동이나 충격에 약하다.

(6) 세라믹

① 주성분인 알루미나(Al_2O_3), 마그네슘(Mg), 규소(Si)와 미량의 다른 원소를 첨가하여 소결시킨다.
② 고온경도가 높고 고온 산화되지 않는다.
③ 진동과 충격에 약하다.

(7) 서멧(Cermet : Ceramic + Metal)

① 세라믹[알루미나(Al_2O_3) 분말 70%] + 금속[탄화티타늄(TiC) 분말 30%]의 복합재료이다.
② 세라믹의 취성을 보완하기 위하여 개발된 소재이다.
③ 고온에서 내마모성, 내산화성이 높아 고정밀도의 고속절삭이 가능하다.

(8) 다이아몬드

① 내마모성, 내충격성이 좋아 알루미늄(Al)과 동(Cu) 등의 비철금속 정밀가공에 사용된다.
② 절삭온도가 810℃ 정도이며 다이아몬드 표면에서 산화가 일어나기 때문에 철강재의 고속절삭에는 적당하지 않다.

(9) CBN(입방정 질화붕소) 공구

① CBN 분말을 초고온, 초고압에서 소결시킨다.
② 입방정 질화붕소로서 철(Fe) 안의 탄소(C)와 화학반응이 전혀 일어나지 않아 철강재의 절삭에 이상적이다.
③ 다이아몬드 다음으로 단단하여, 현재 가장 많이 사용되는 소재이다.

실전 문제

01 복합재료에 널리 사용되는 강화재가 아닌 것은?

① 유리섬유
② 붕소섬유
③ 구리섬유
④ 탄소섬유

해설⊕ -

강화재(보강재)
재료의 역학특성을 현저하게 향상시키는 성분 또는 재료
예 유리, 붕소(B), 탄화규소(SiC), 알루미나(Al_2O_3), 탄소,
강(Steel) 등의 섬유상이나 분체, 입자, 직물포 등

02 다음 구조용 복합재료 중에서 섬유강화 금속은?

① SPF   ② FRM
③ FRP   ④ GFRP

해설⊕ -

섬유강화 금속
FRM(Fiber Reinforced Metal)

03 비정질합금의 특징을 설명한 것 중 틀린 것은?

① 전기저항이 크다.
② 가공경화를 매우 잘 일으킨다.
③ 균질한 재료이고 결정이방성이 없다.
④ 구조적으로 장거리의 규칙성이 없다.

해설⊕ -

② 가공경화 현상이 나타나지 않는다.

04 플라스틱 재료의 일반적인 성질을 설명한 것 중
틀린 것은?

① 열에 약하다.
② 성형성이 좋다.
③ 표면경도가 높다.
④ 대부분 전기절연성이 좋다.

해설⊕ -

③ 표면경도가 낮다.

05 플라스틱 성형재료 중 열가소성 수지는?

① 페놀 수지
② 요소 수지
③ 아크릴 수지
④ 멜라민 수지

해설⊕ -

열가소성 플라스틱
폴리에틸렌 수지(PE), 폴리프로필렌 수지(PP), 폴리염화
비닐 수지(PVC), 폴리스틸렌 수지(PS), 아크릴 수지
(PMMA), ABS 수지

06 성형 수축이 적고, 성형 가공성이 양호한 열가소
성 수지는?

① 페놀 수지
② 멜라민 수지
③ 에폭시 수지
④ 폴리스티렌 수지

정답   01 ③ 02 ② 03 ② 04 ③ 05 ③ 06 ④

07 플라스틱 재료의 특성을 설명한 것 중 틀린 것은?

① 대부분 열에 약하다.

② 대부분 내구성이 높다.

③ 대부분 전기절연성이 우수하다.

④ 금속 재료보다 체적당 가격이 저렴하다.

해설 ⊕

② 금속에 비해 내구성이 떨어진다.

08 다음 중 세라믹 공구의 주성분으로 가장 적합한 것은?

① Cr_2O_3 ② Al_2O_3

③ MnO_2 ④ Cu_3O

해설 ⊕

세라믹 주재료

산화규소 – SiO_2, 알루미나 – Al_2O_3

09 복합재료 중 FRP는 무엇인가?

① 섬유 강화 목재   ② 섬유 강화 금속

③ 섬유 강화 세라믹   ④ 섬유 강화 플라스틱

해설 ⊕

섬유강화 플라스틱

FRP(Fiber Reinforced Plastic)

10 금속재료와 비교한 세라믹의 일반적인 특징으로 옳은 것은?

① 인성이 크다.

② 내충격성이 높다.

③ 내산화성이 양호하다.

④ 성형성 및 기계가공성이 좋다.

해설 ⊕

① 인성이 작다(충격에 약하고, 취성파괴가 일어난다).

② 내충격성이 낮다.

④ 성형성 및 기계가공성이 좋지 않다.

11 다음 중 열가소성 수지로 나열된 것은?

① 페놀, 폴리에틸렌, 에폭시

② 알키드 수지, 아크릴, 페놀

③ 폴리에틸렌, 염화비닐, 폴리스티렌

④ 페놀, 에폭시, 멜라민

해설 ⊕

열가소성 플라스틱

폴리에틸렌 수지(PE), 폴리프로필렌 수지(PP), 폴리염화비닐 수지(PVC), 폴리스틸렌 수지(PS), 아크릴 수지(PMMA), ABS 수지

12 열가소성 재료의 유동성을 측정하는 시험방법은?

① 뉴턴 인덱스법

② 멜트 인덱스법

③ 캐스팅 인덱스법

④ 샤르피 시험법

해설 ⊕

멜트 인덱스법

녹는점 이상에서 수지가 충분히 녹은 상태에서 일정한 속도로 밀어낼 때 나오는 양을 측정함으로써 값을 측정하게 되며, 양이 많을 경우 Melt Flow Index는 높은 값을 가지는 반면 낮은 점도를 가진다고 볼 수 있다. 용융흐름지수가 높으면 사출 성형성이 우수하며, 낮은 용융흐름지수를 가질 경우 압출에 유리하다.

13 소결합금으로 된 공구강은?

① 초경합금

② 스프링강

③ 탄소공구강

④ 기계구조용강

해설 ⊕

초경합금

• 탄화물 분말[탄화텅스텐(WC), 탄화티타늄(TiC), 탄화탄탈륨(TaC)]을 비교적 인성이 있는 코발트(Co), 니켈(Ni)을 결합제로 하여 고온압축 소결시킨다.

• 고온, 고속 절삭에서도 경도를 유지함으로써 절삭공구로서 성능이 우수하다.

• 취성이 커서 진동이나 충격에 약하다.

14 다음 중 고속도공구강(SKH 2)의 표준 조성으로 옳은 것은?

① $18\%W - 4\%Cr - 1\%V$

② $17\%Cr - 9\%W - 2\%Mo$

③ $18\%Co - 4\%Cr - 1\%V$

④ $18\%W - 4\%V - \%Cr$

15 공구재료가 구비해야 할 조건으로 틀린 것은?

① 내마멸성과 강인성이 클 것

② 가열에 의한 경도 변화가 클 것

③ 상온 및 고온에서 경도가 높을 것

④ 열처리와 공작이 용이할 것

16 산화알루미늄(Al_2O_3) 분말을 주성분으로 마그네슘(Mg), 규소(Si) 등의 산화물과 소량의 다른 원소를 첨가하여 소결한 절삭공구의 재료는?

① CBN

② 서멧

③ 세라믹

④ 다이아몬드

17 합금공구강에 대한 설명으로 틀린 것은?

① 탄소공구강에 비해 절삭성이 우수하다.

② 저속 절삭용, 총형 절삭용으로 사용된다.

③ 탄소공구강에 Ni, Co 등의 원소를 첨가한 강이다.

④ 경화능을 개선하기 위해 탄소공구강에 소량의 합금 원소를 첨가한 강이다.

해설 ⊕

③ 탄소공구강에 특수 원소(Cr, W, V, Mo 등)를 첨가하여 성능을 개선한 강

18 TiC 입자를 Ni 혹은 Ni과 Co를 결합제로 소결한 것으로 구성인선이 거의 발생하지 않아 공구수명이 긴 절삭공구 재료는?

① 서멧

② 고속도강

③ 초경합금

④ 합금공구강

19 W, Cr, V, C 등의 원소를 함유하는 합금강으로 600°C까지 고온경도를 유지하는 공구 재료는?

① 고속도강

② 초경합금

③ 탄소공구강

④ 합금공구강

20 어떤 종류의 금속이나 합금을 절대영도 가까이 냉각하였을 때, 전기저항이 완전히 소멸되어 전류가 감소하지 않는 상태는?

① 초소성

② 초전도

③ 감수성

④ 고상 접합

정답 13 ① 14 ① 15 ② 16 ③ 17 ③ 18 ③ 19 ① 20 ②

21 초소성을 얻기 위한 조직의 조건으로 틀린 것은?

① 결정립은 미세화되어야 한다.
② 결정립 모양은 등축이어야 한다.
③ 모상의 입계는 고경각인 것이 좋다.
④ 모상 입계가 인장 분리되기 쉬워야 한다.

해설 +
④ 모상 입계가 인장 분리되기 쉬워서는 안 된다.

22 탄성한도를 넘어서 소성 변형을 시킨 경우에 하중을 제거하면 원래 상태로 돌아가는 성질을 무엇이라 하는가?

① 신소재 효과
② 초탄성 효과
③ 초소성 효과
④ 시효경화 효과

해설 +
초탄성재료
외부의 하중에 의해 물체의 변형이 약 500% 이상 발생되더라도 하중을 제거했을 때, 초기의 형태로 되돌아가는 재료

23 기계가공으로 소성 변형된 제품이 가열에 의하여 원래의 모양으로 돌아가는 것과 관련 있는 것은?

① 초전도 효과
② 형상기억 효과
③ 연속주조 효과
④ 초소성 효과

해설 +
형상기억 합금
특정 온도에서의 형상을 만든 후, 다른 온도에서 변형을 가해 모양을 바꾸었어도 특정 온도를 맞추어 주면 원래의 형상으로 돌아가는 합금

24 금속을 0K 가까이 냉각하였을 때, 전기저항이 0에 근접하는 현상은?

① 초소성 현상
② 초전도 현상
③ 감수성 현상
④ 고상 접합 현상

해설 +
초전도
어떤 종류의 금속이나 합금을 절대영도(0K) 가까이 냉각하였을 때, 전기저항이 완전히 소멸되어 전류가 감소하지 않는 상태를 말한다.

CHAPTER

05 공작기계의 개요

01 공작기계의 분류

1 절삭가공

(1) 공구에 의한 절삭

① 고정공구 : 선삭, 평삭, 형삭, 슬로터, 브로칭
② 회전공구 : 밀링, 드릴링, 보링, 호빙 등

(2) 입자에 의한 절삭

① 고정입자 : 연삭, 호닝, 슈퍼피니싱, 버핑 등
② 분말입자 : 래핑, 액체호닝, 배럴 등

2 비절삭가공

(1) 주조

사형주조, 금형주조, 특수주조

(2) 소성가공

단조, 압연, 인발, 전조, 압출, 판금, 프레스

(3) 용접

납땜, 단접, 용접, 특수용접

(4) 특수비절삭

전해연마, 화학연마, 방전가공, 레이저가공

02 공작기계

1 공작기계의 구비조건

① 정밀도가 높아야 한다.
② 가공능률이 좋아야 한다.
③ 안정성이 있어야 한다.
④ 내구성이 좋고, 사용이 편리해야 한다.
⑤ 기계효율이 좋아야 한다.

2 공작기계의 분류

(1) 범용 공작기계

일반적으로 널리 사용되며, 절삭 및 이송 범위가 크다.
예 선반, 밀링머신, 드릴링머신, 연삭기, 플레이너, 셰이퍼 등

(2) 전용 공작기계

같은 종류의 제품을 대량 생산하기 위한 공작기계이다.
예 트랜스퍼 머신, 차륜선반, 크랭크축 선반 등

(3) 단능 공작기계

한 공정의 가공만을 할 수 있는 구조로 되어 있다.
예 공구연삭기, 센터링머신, 단능선반

(4) 만능 공작기계

소규모 공장이나, 보수를 목적으로 하는 공작실, 금형공장에서 사용하며, 선반, 드릴링, 밀링머신 등의
공작기계를 하나의 기계로 조합한 공작기계이다.
예 머시닝센터(MCT), CNC 선반

03 절삭이론

1 절삭가공의 장단점

(1) 장점

제품을 간단하고 편리하게, 정밀하고 매끄럽게 가공한다.

(2) 단점

주조 또는 단조보다 비용과 시간이 많이 필요하다.

2 절삭공구

(1) 절삭공구의 형상

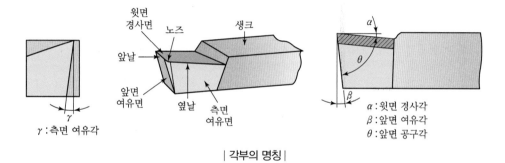

| 각부의 명칭 |

절삭공구면의 각과 역할

기호	면의 각도	역할
α	윗면 경사각	절삭력과 속도에 영향을 주고, 칩과의 마찰 및 흐름을 좌우한다. 각이 클수록 절삭력이 감소하고, 면도 깨끗하다.
β	앞면 여유각	공작물과 바이트의 마찰을 감소시킨다.
γ	측면 여유각	

(2) 절삭공구의 구비조건

① 상온 및 고온에서 경도, 내마모성, 인장강도가 클 것
② 공구 제작이 용이하고 가격이 저렴할 것
③ 마찰계수가 작을 것
④ 가공재료보다 경도가 클 것
⑤ 내용착성, 내산화성, 내확산성 등 화학적으로 안정성이 클 것

(3) 공구재료의 종류

본편 4장 4절 공구재료(pp. 371~372) 참조

❸ 절삭가공 시 생기는 칩에 영향을 미치는 요인

① 공작물의 재질(연질 또는 경질)
② 절삭속도
③ 절삭깊이
④ 공구의 형상(특히, 공구의 윗면 경사각, 앞면과 측면 여유각)
⑤ 절삭유의 공급 여부

❹ 절삭 칩의 종류

구분	유동형 칩	전단형 칩	경작형 칩	균열형 칩
절삭 조건	• 인성이 크고, 연한 재료를 절삭 시 • 바이트의 윗면 경사각이 클 때 • 절삭속도가 클 때 • 절삭량이 적을 때	• 연성 재질을 저속으로 절삭한 경우 • 윗면 경사각이 작을 경우 • 절삭깊이가 큰 경우	• 점성이 큰 재질을 절삭 시 • 작은 경사각으로 절삭 시	• 주철과 같은 취성이 큰 재료를 저속 절삭 시
칩 모형	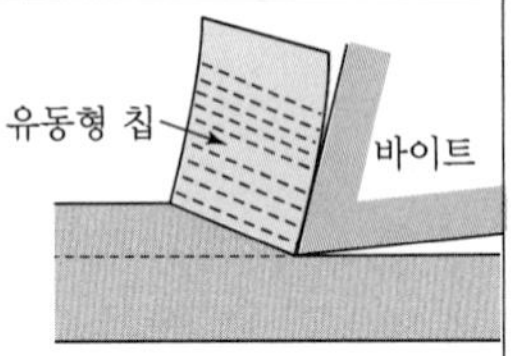 유동형 칩, 바이트 균일한 두께의 칩이 흐르는 것처럼 매끄럽게 이어져 나오는 것	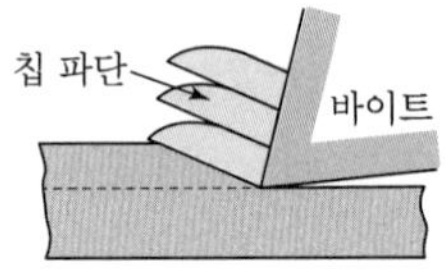 칩 파단, 바이트 공작물을 압축전단시켜 칩이 분리됨	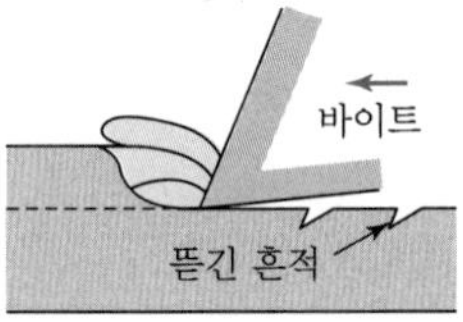 바이트, 뜯긴 흔적 아래 방향으로 균열이 발생하면서 가공면에 뜯긴 흔적이 남음	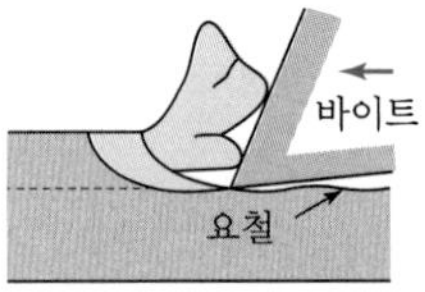 바이트, 요철 가공면은 요철이 남고 절삭저항의 변동도 커진다.

❺ 구성인선(Built up Edge)

(1) 개요

절삭된 칩의 일부가 바이트 끝에 부착되어 절삭날처럼 절삭을 해 가는 것이다.

(2) 주기

'발생 → 성장 → 분열 → 탈락 → 일부 잔류 → 성장'을 반복한다.

   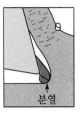 

| 구성인선의 발생과 분열 |

(3) 방지법

① 절삭깊이를 얕게 하고, 윗면 경사각을 크게 한다.

② 절삭속도를 빠르게 한다.

③ 공구에 경질 크롬(Cr) 도금 등을 하여 윗면 경사면을 매끄럽게 한다.

④ 윤활성이 좋은 절삭유를 사용한다.

⑤ 절삭공구의 인선을 예리하게 한다.

6 절삭저항의 3분력

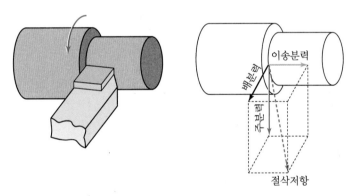

| 선반 가공 시 발생하는 절삭저항 |

(1) 절삭의 3대 기본운동

절삭운동, 이송운동, 위치조정운동

(2) 절삭저항 = 주분력 + 배분력 + 이송분력

① 주분력 : 공구의 절삭 방향과 반대 방향

② 배분력 : 절삭 길이의 반대 방향

③ 이송분력 : 이송 방향과 반대 방향, 횡분력

(3) 주분력 > 배분력 > 이송분력

(4) 절삭저항을 감소시키기 위한 방법

① 공작물의 재질이 연할수록

② 절삭 깊이를 작게

③ 공구의 윗면 경사각을 크게, 날 끝을 예리하게

④ 절삭 속도를 크게

⑤ 절삭면적이 작을수록

⑥ 절삭유 사용

7 공구의 마모

(1) 공구마모 원인

① 절삭속도의 과속

② 절삭각 또는 공구날의 부적합

③ 공작기계의 진동

④ 절삭유제의 부적절

(2) 공구마모의 종류

| 크레이터 마모 | | 플랭크 마모 | | 치핑 |

① 크레이터 마모(Crater Wear) : 공구 경사면이 칩과의 마찰에 의하여 오목하게 마모되는 것으로 유동형 칩의 고속절삭에서 자주 발생하고, 크레이터가 깊어지면 날 끝의 경사각이 커지며 날 끝이 약해진다.

② 플랭크 마모(Flank Wear) : 절삭작업 시 공작물의 면과 공구 여유면과의 마찰에 의해 공구 여유면이 마모되는 현상이다.

③ 날의 파손(Chipping) : 절삭가공 중 기계적인 충격, 진동 및 열충격 등으로 인하여 날 끝부분이 미세하게 파손되는 현상이다.

8 절삭유

(1) 절삭유의 역할

① 냉각작용(절삭열 제거)
② 윤활작용(마찰 감소)
③ 세정작용(칩 제거)
④ 방청작용(녹 방지)

(2) 절삭유의 구비조건

① 마찰계수가 작고 인화점, 발화점이 높을 것
② 냉각성이 우수하고 윤활성, 유동성이 좋을 것
③ 장시간 사용해도 변질되지 않고 인체에 무해할 것
④ 사용 중 칩으로부터 분리, 회수가 용이할 것
⑤ 방청작용을 할 것

9 윤활제(Lubricant)

(1) 윤활제의 구비조건

① 점도가 적당하고 유막이 강할 것
② 온도에 따른 점도변화가 적고 유성이 클 것
③ 산화나 열에 대하여 안정성이 높을 것
④ 화학적으로 불활성이며 깨끗하고 균질할 것 등

(2) 윤활제의 급유방법

① 핸드급유법 : 작업자가 급유 위치에 급유하는 방법으로 급유가 불완전하고 윤활유의 소비가 많다.
② 적하급유법(Drop Feed Oiling) : 마찰면이 넓거나, 시동되는 횟수가 많을 때 저속 및 중속축의 급유에 사용된다.
③ 오일링(Oiling)급유법 : 고속 주축에 급유를 균등하게 할 목적으로 사용한다. 축보다 큰 링이 축에 걸쳐 회전하며 오일 통에서 링으로 급유한다.
④ 비산급유법(비말급유법) : 기어의 일부 혹은 커넥팅 로드의 끝부분이 윤활유면에 접촉하여 회전하면 윤활유가 기어 하우징의 벽에 뿌려지면서 베어링에 급유된다.
⑤ 강제급유법 : 순환펌프를 이용하여 급유하는 방법으로 고속 회전 시 베어링의 냉각효과에 경제적인 방법이다.
⑥ 담금급유법 : 윤활유 속에서 마찰부 전체가 잠기도록 하여 급유하는 방법이다.

⑦ 그리스(Grease) 윤활

　　㉠ 그리스컵에 그리스를 채우고 뚜껑을 닫아 놓으면, 베어링부의 온도 상승에 따라 그리스가 녹아서 윤활이 된다.

　　㉡ 저속·고하중에서 그리스가 아니면 유막이 형성되지 않는 곳, 또는 기름이 튀면 곤란한 장소에 이용된다.

실전 문제

01 특정한 제품을 대량 생산할 때 적합하지만, 사용 범위가 한정되며 구조가 간단한 공작기계는?

① 범용 공작기계　　　② 전용 공작기계

③ 단능 공작기계　　　④ 만능 공작기계

해설 ----

전용 공작기계

같은 종류의 제품을 대량 생산하기 위한 공작기계이다.

예 트랜스퍼 머신, 차륜선반, 크랭크축 선반 등

02 절삭공작기계가 아닌 것은?

① 선반　　　　　　② 연삭기

③ 플레이너　　　　④ 굽힘 프레스

해설 ----

④ 굽힘 프레스 → 소성가공 공작기계

03 가공능률에 따라 공작기계를 분류할 때 가공할 수 있는 기능이 다양하고, 절삭 및 이송속도의 범위도 크기 때문에 제품에 맞추어 절삭조건을 선정하여 가공할 수 있는 공작기계는?

① 단능 공작기계　　　② 만능 공작기계

③ 범용 공작기계　　　④ 전용 공작기계

해설 ----

범용 공작기계

일반적으로 널리 사용되며, 절삭 및 이송 범위가 크다.

예 선반, 밀링머신, 드릴링머신, 연삭기, 플레이너, 셰이퍼 등

04 가공물을 절삭할 때 발생되는 칩의 형태에 미치는 영향이 가장 적은 것은?

① 공작물 재질　　　② 절삭속도

③ 윤활유　　　　　④ 공구의 모양

해설 ----

③ 윤활유 → 절삭유

05 공작기계에서 절삭을 위한 세 가지 기본운동에 속하지 않는 것은?

① 절삭운동　　　　② 이송운동

③ 회전운동　　　　④ 위치조정운동

해설 ----

절삭의 3대 기본운동

절삭운동, 이송운동, 위치조정운동

06 절삭온도와 절삭조건에 관한 내용으로 틀린 것은?

① 절삭속도를 증대하면 절삭온도는 상승한다.

② 칩의 두께를 크게 하면 절삭온도가 상승한다.

③ 절삭온도는 열팽창 때문에 공작물 가공치수에 영향을 준다.

④ 열전도율 및 비열 값이 작은 재료가 일반적으로 절삭이 용이하다.

해설 ----

④ 열전도율이 높고 비열 값이 작은 재료가 일반적으로 절삭이 용이하다.

정답　　01 ②　02 ④　03 ③　04 ③　05 ③　06 ④

07 절삭가공을 할 때, 절삭조건 중 가장 영향을 적게 미치는 것은?

① 가공물의 재질　　② 절삭순서
③ 절삭깊이　　　　④ 절삭속도

해설 ➕

절삭저항에 미치는 인자
공작물의 재질, 절삭깊이, 공구의 윗면 경사각, 절삭속도, 절삭면적, 절삭유 사용 등이 영향을 미친다.

08 공작물의 표면 거칠기와 치수 정밀도에 영향을 미치는 요소로 거리가 먼 것은?

① 절삭유　　　　② 절삭깊이
③ 절삭속도　　　④ 칩 브레이커

해설 ➕

절삭저항에 미치는 인자
공작물의 재질, 절삭깊이, 공구의 윗면 경사각, 절삭속도, 절삭면적, 절삭유 사용 등이 영향을 미친다.

09 선반작업 시 공구에 발생하는 절삭저항 중 가장 큰 것은?

① 배분력　　　　② 주분력
③ 마찰분력　　　④ 이송분력

해설 ➕

절삭저항의 크기
주분력 > 배분력 > 이송분력

10 선반가공에서 절삭저항의 3분력이 아닌 것은?

① 배분력　　　　② 주분력
③ 이송분력　　　④ 절삭분력

해설 ➕

절삭저항의 3분력
주분력, 배분력, 이송분력

11 선반작업에서 구성인선(Built – up Edge)의 발생 원인에 해당하는 것은?

① 절삭깊이를 적게 할 때
② 절삭속도를 느리게 할 때
③ 바이트의 윗면 경사각이 클 때
④ 윤활성이 좋은 절삭유제를 사용할 때

해설 ➕

① 절삭깊이를 크게 할 때
③ 바이트의 윗면 경사각이 작을 때
④ 윤활성이 좋지 않은 절삭유제를 사용할 때

12 구성인선의 방지 대책으로 틀린 것은?

① 경사각을 작게 할 것
② 절삭깊이를 적게 할 것
③ 절삭속도를 빠르게 할 것
④ 절삭공구의 인선을 날카롭게 할 것

해설 ➕

① 바이트의 윗면 경사각을 크게 할 것

13 절삭가공에서 절삭조건과 거리가 가장 먼 것은?

① 이송속도　　　　② 절삭깊이
③ 절삭속도　　　　④ 공작기계의 모양

해설 ➕

절삭조건
공작물의 재질, 절삭깊이, 공구의 윗면 경사각, 절삭속도, 절삭면적, 절삭유 사용

정답　07 ②　08 ④　09 ②　10 ④　11 ②　12 ①　13 ④

14 절삭조건에 대한 설명으로 틀린 것은?

① 칩의 두께가 두꺼워질수록 전단각이 작아진다.
② 구성인선을 방지하기 위해서는 절삭깊이를 적게 한다.
③ 절삭속도가 빠르고 경사각이 클 때 유동형 칩이 발생하기 쉽다.
④ 절삭하는 공작물을 절삭할 때 가공이 용이한 정도로 절삭비가 1에 가까울수록 절삭성이 나쁘다.

해설 ➕ -----------------------------

④ 절삭하는 공작물을 절삭할 때 가공이 용이한 정도로 절삭비가 1에 가까울수록 절삭성이 좋다.

15 공작물을 절삭할 때 절삭온도의 측정방법으로 틀린 것은?

① 공구 현미경에 의한 측정
② 칩의 색깔에 의한 측정
③ 열량계에 의한 측정
④ 열전대에 의한 측정

해설 ➕ -----------------------------

절삭온도를 측정하는 방법
• 칩의 색깔로 판정하는 방법
• 시온도료(Thermo Colour Paint)에 의한 방법
• 열량계(Calorimeter)
• 열전대(Thermo Couple)
• 복사온도계를 이용하는 방법

16 절삭공구의 수명 판정방법으로 거리가 먼 것은?

① 날의 마멸이 일정량에 달했을 때
② 완성된 공작물의 치수 변화가 일정량에 달했을 때
③ 가공면 또는 절삭한 직후 면에 광택이 있는 무늬 또는 점들이 생길 때

④ 절삭저항의 주분력, 배분력이나 이송방향 분력이 급격히 저하되었을 때

해설 ➕ -----------------------------

④ 절삭저항의 주분력, 배분력이나 이송방향 분력이 급격히 커질 때

17 크레이터 마모에 관한 설명 중 틀린 것은?

① 유동형 칩에서 가장 뚜렷이 나타난다.
② 절삭공구의 상면 경사각이 오목하게 파이는 현상이다.
③ 크레이터 마모를 줄이려면 경사면 위의 마찰계수를 감소시킨다.
④ 처음에 빠른 속도로 성장하다가 어느 정도 크기에 도달하면 느려진다.

해설 ➕ -----------------------------

④ 처음에 느리게 성장하다가 어느 정도 크기에 도달하면 성장이 빨라진다.

18 절삭공구의 절삭면에 평행하게 마모되는 현상은?

① 치핑(Chipping)
② 플랭크 마모(Flank Wear)
③ 크레이터 마모(Creater Wear)
④ 온도 파손(Temperature Failure)

해설 ➕ -----------------------------

플랭크 마모(Flank Wear)
절삭작업 시 공작물의 면과 공구 여유면과의 마찰에 의해 공구 여유면이 마모되는 현상을 말한다.

정답   14 ④   15 ①   16 ④   17 ④   18 ②

19 절삭공구 수명을 판정하는 방법으로 틀린 것은?

① 공구 인선의 마모가 일정량에 달했을 경우
② 완성가공된 치수의 변화가 일정량에 달했을 경우
③ 절삭저항의 주분력이 절삭을 시작했을 때와 비교하여 동일할 경우
④ 완성 가공면 또는 절삭가공한 직후에 가공 표면에 광택이 있는 색조 또는 반점이 생길 경우

해설⊕
③ 절삭저항의 주분력이 절삭을 시작했을 때와 비교하여 동일할 경우 → 절삭공구 교체 불필요

20 절삭공구에서 칩 브레이커(Chip Breaker)의 설명으로 옳은 것은?

① 전단형이다.
② 칩의 한 종류이다.
③ 바이트 생크의 종류이다.
④ 칩이 인위적으로 끊어지도록 바이트에 만든 것이다.

21 선반가공에 영향을 주는 조건에 대한 설명으로 틀린 것은?

① 이송이 증가하면 가공변질층은 증가한다.
② 절삭각이 커지면 가공변질층은 증가한다.
③ 절삭속도가 증가하면 가공변질층은 감소한다.
④ 절삭온도가 상승하면 가공변질층은 증가한다.

해설⊕
④ 절삭온도가 상승하면 재료를 연화시키는 효과가 있어 가공변질층은 얇아진다.

CHAPTER

06 선반

---

01 선반의 개요

1 선반의 정의

선반은 공작물에 회전운동을 주고 절삭공구를 직선운동시킨다. 즉, 주축에 고정한 공작물을 회전시키고 공구대에 설치된 바이트에 절삭깊이와 이송을 주어 공작물을 절삭하는 기계로서 공작기계 중 가장 많이 사용한다.

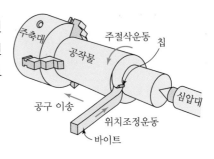

2 선반가공의 종류

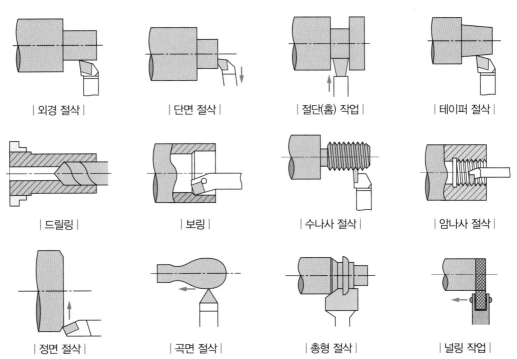

| 외경 절삭 | 단면 절삭 | 절단(홈) 작업 | 테이퍼 절삭 |

| 드릴링 | 보링 | 수나사 절삭 | 암나사 절삭 |

| 정면 절삭 | 곡면 절삭 | 총형 절삭 | 널링 작업 |

443

3 선반의 종류

① **탁상선반** : 정밀 소형기계 및 시계부품 가공에 사용된다.

② **보통선반** : 선반의 기본이며 가장 많이 사용된다.

③ **정면선반** : 직경이 크고 길이가 짧은 공작물 가공(대형 풀리, 플라이휠)에 사용된다.

④ **수직선반** : 중량이 큰 대형공작물의 선반가공에 사용되며 직경이 크고, 폭이 좁으며 불균형한 공작물을 가공한다. 공작물 고정이 쉽고, 안정된 중절삭이 가능하며 비교적 정밀하다.

⑤ **터릿선반** : 보통 선반의 심압대 대신 여러 개의 공구를 방사형으로 구성한 터릿공구대를 설치하여 공정 순서대로 공구를 차례로 사용해 가공할 수 있는 선반이다.

⑥ **공구선반** : 정밀한 형식으로 되어 있으며, 테이퍼 깎기 장치, 릴리빙 장치(=Back Off 장치)가 부속되어 절삭공구를 가공하는 선반이다.

⑦ **자동선반** : 캠이나 유압기구를 사용하여 자동화한 것으로 핀, 볼트, 시계, 자동차 생산에 사용된다.

⑧ **모방선반** : 형상이 복잡하거나 곡선형 외경만을 가진 공작물을 많이 가공할 때 편리하며 트레이서를 접촉시켜 형판 모양으로 공작물을 가공한다. 테이퍼 및 곡면 등이 모방 절삭에 사용된다.

⑨ **차륜선반** : 철도차량의 바퀴를 깎는 선반으로 정면선반 2개를 서로 마주보게 설치한다.

⑩ **크랭크축 선반** : 크랭크축의 베어링 저널과 크랭크 핀을 가공한다.

02 선반의 구조

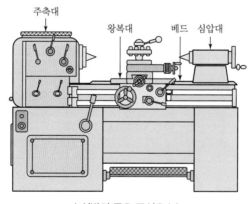

| 선반의 주요 구성요소 |

1 선반의 주요 구성요소

주축대, 베드, 왕복대, 심압대

2 베드(Bed)

① 주축대, 왕복대, 심압대를 지지해준다.
② 주물로 되어 있으며 2개의 다리에 고정된다.
③ 절삭력 및 중량, 가공 중 충격, 진동 등에 변형이 없는 강성 구조이다.
④ 가공정밀도가 높고, 직진도가 좋아야 한다.
⑤ 베드면은 표면경화열처리, 주조응력제거를 한다.

3 주축대

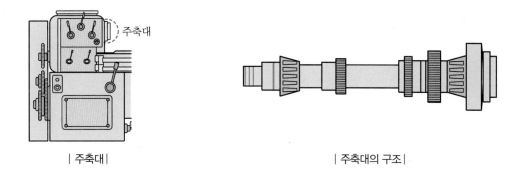

| 주축대 |　　　　　　　| 주축대의 구조 |

(1) 개요

① 공작물을 고정하여 회전시킨다.
② 속이 비어 있는 굵고 짧은 축을 이루고 있다.
③ 주축의 끝에 척(Chuck) 또는 면판을 설치한다.

(2) 주축이 중공축인 이유

① 굽힘과 비틀림 응력에 강하다.
② 중량이 감소되어 베어링에 작용하는 하중을 줄여 준다.
③ 긴 가공물 고정이 편리하다.
④ 콜릿 척의 사용이 쉽고, 센터를 쉽게 분리할 수 있다.

④ 심압대

| 심압대의 구조 |

① 주축대와 마주보는 베드 우측에 위치한다.

② 심압대 중심과 주축 중심이 일치(주축대와 심압대 사이에 공작물 고정)한다.

③ 센터작업 시 드릴, 리머, 탭 등을 테이퍼에 끼워 작업한다.

⑤ 왕복대

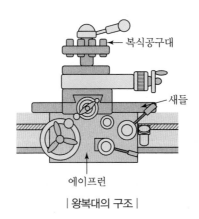

| 왕복대의 구조 |

(1) 개요

왕복대는 베드 윗면에서 주축대와 심압대 사이를 미끄러지면서 운동하는 부분으로 에이프런(Apron), 새들(Saddle), 복식공구대 및 공구대로 구성되어 있다.

(2) 왕복대의 구성

① 에이프런 : 이송기구, 자동장치, 나사 절삭장치 등이 내장되어 있으며 **나사 절삭 시 이송은 하프너트** (분할너트)를 리드스크루에 맞물리고 왕복대를 이동시켜 전달한다.

② 새들 : 베드면과 접촉하여 이송하는 부분이며 H자 형상이다.

③ 복식공구대 : 가로 이송대 위에 있고 공작물의 가공에 편리하게 여러 가지 각도로 움직일 수 있다.

03 선반에 쓰이는 부속장치

1 척(Chuck)

주축 끝단에 부착되어 공작물을 고정하여 회전시킨다.

▎척의 종류

연동척(Universal Chuck)	단동척(Independent Chuck)
• 스크롤 척 • 3개 조(Jaw)가 동시 이동 • 규칙적인 외경재료 가공 용이 • 편심가공 불가능	• 4개 조(Jaw)가 독립 이동 • 외경이 불규칙한 재료 가공 용이 • 편심가공 가능
마그네틱척(Magnetic Chuck)	콜릿척(Collet Chuck)
• 전자척, 자기척 – 내부에 전자석 설치 • 직류전기 이용, 탈자기장치 필수 • 강력 절삭 부적당	• 터릿, 자동, 탁상 선반에 사용 • 중심 정확, 가는 지름, 원형, 각봉 재료 • 스핀들에 슬리브를 끼운 후 사용
복동척	유압척 또는 공기척
• 단동척과 연동척의 기능을 모두 겸비한 척 • 4개의 조가 90° 배열로 설치	• 공기압 또는 유압을 이용하여 공작물 고정 • 균등한 힘으로 공작물 고정 • 운전 중에도 작업 가능 • 조의 개폐 신속

복동척 그림 라벨: 조, 본체, 나사, 조, 베벨기어, 와류홈, 베벨기어

2 면판

척으로 고정이 불가능한 복잡한 형태의 부품을 고정시킬 때 사용한다.

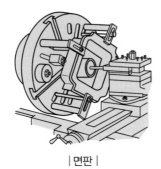

| 면판 |

3 방진구

① 지름이 작고 길이가 긴 공작물 가공 시 휨이나 떨림을 방지해 준다.

② 종류

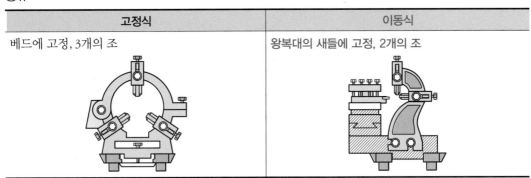

고정식	이동식
베드에 고정, 3개의 조	왕복대의 새들에 고정, 2개의 조

4 돌림판과 돌리개

① 양센터 작업(정밀한 동심원의 부품가공) 시 필요하다.

② 돌리개와 센터를 활용하여 공작물을 회전시킨다.

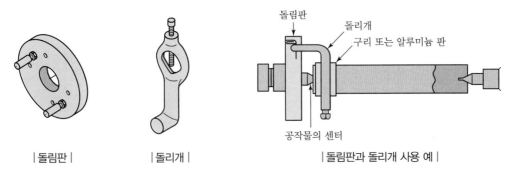

| 돌림판 | | 돌리개 | | 돌림판과 돌리개 사용 예 |

⑤ 맨드릴(Mandrel, 심봉)

벨트풀리와 같이 중심에 구멍이 뚫린 공작물을 가공할 때 중심구멍에 맨드릴을 끼워 일감을 고정할 수 있도록 도와주는 장치(원통축의 바깥원에 테이퍼가공이 됨)이다.

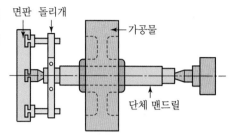

⑥ 센터(Center)

회전하는 공작물을 지지하는 데 사용한다.

| 단체(표준) 맨드릴 사용 예 |

04 선반에서 테이퍼를 절삭하는 방법

① 심압대 편위에 의한 방법

① 공작물이 길고 테이퍼가 작을 때 적합하다.
② 심압대의 편위량(X)

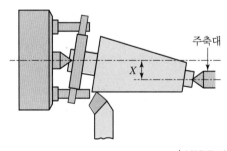
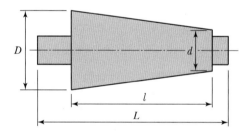

| 심압대 편위에 의한 테이퍼가공 |

$$\frac{X}{L} = \frac{\left(\frac{D-d}{2}\right)}{l} \qquad \therefore \ X = \frac{(D-d)L}{2l}$$

② 복식공구대에 의한 방법

공작물의 길이가 짧고 경사각이 큰 테이퍼가공 시 적합하다.

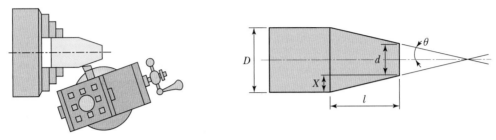

| 복식공구대에 의한 테이퍼가공 |

$$\tan\theta = \frac{X}{l} = \frac{(D-d)}{2l}$$

$$편위량\ X = \tan\theta \times l = \frac{(D-d)}{2}$$

③ 테이퍼 절삭장치에 의한 방법

가로이송대의 나사축과 너트를 분리하여 가로 이송대를 자유롭게 한 다음 안내판의 각도를 테이퍼 양의 절반으로 조정하고 안내블록을 가로이송대에 고정하면 정밀한 테이퍼를 쉽게 가공할 수 있다.

① 가공물의 길이에 관계없이 동일한 테이퍼로 가공할 수 있다.
② 심압대를 편위시키는 방법보다 넓은 범위의 테이퍼를 가공할 수 있다.

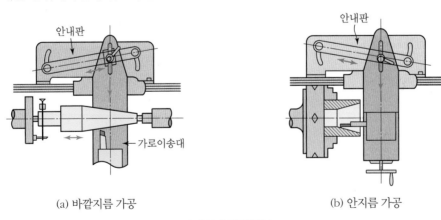

(a) 바깥지름 가공 (b) 안지름 가공

| 테이퍼 절삭장치 |

05 절삭속도와 절삭시간

1 절삭속도(V)

$$V = \frac{\pi D n}{1,000}[\text{m/min}], \quad n = \frac{1,000\,V}{\pi D}\,\text{rpm(분당 회전수)}$$

여기서, n : 회전수(rpm), D : 공작물의 지름(mm)

2 이송(f)

매 회전 시마다 바이트가 이동하는 거리를 말하며 mm/rev로 표시한다.

3 절삭깊이(t)

바이트가 공작물의 표면에서 깎는 두께를 말하며 mm로 표시한다.

$$t = \frac{D-d}{2}\text{mm}$$

여기서, D : 가공 전 공작물의 지름, d : 가공 후 공작물의 지름

4 절삭시간(T)

$$T = \frac{L}{fn} = \frac{L}{f} \cdot \frac{\pi D}{1,000\,V}\,\text{min}$$

여기서, L : 가공할 길이(mm), f : 공구의 이송속도(mm/rev), n : 회전수(rpm)
D : 공작물의 지름(mm), V : 절삭속도(m/min)

실전 문제

01 선반에서 나사가공을 위한 분할너트(Half Nut)는 어느 부분에 부착되어 사용하는가?

① 주축대
② 심압대
③ 왕복대
④ 베드

02 선반의 주축을 중공축으로 한 이유로 틀린 것은?

① 굽힘과 비틀림 응력의 강화를 위하여
② 긴 가공물 고정이 편리하게 하기 위하여
③ 지름이 큰 재료의 테이퍼를 깎기 위하여
④ 무게를 감소하여 베어링에 작용하는 하중을 줄이기 위하여

> **해설 ➕**
> ③ 지름이 큰 재료의 테이퍼 깎기와 무관하다.

03 선반의 주요 구조부가 아닌 것은?

① 베드
② 심압대
③ 주축대
④ 회전 테이블

> **해설 ➕**
> ④ 회전 테이블 → 밀링 머신의 부속장치

04 선반의 심압대가 갖추어야 할 구비 조건으로 틀린 것은?

① 센터는 편위시킬 수 있어야 한다.
② 베드의 안내면을 따라 이동할 수 있어야 한다.
③ 베드의 임의위치에서 고정할 수 있어야 한다.
④ 심압축은 중공으로 되어 있으며 끝부분은 내셔널 테이퍼로 되어 있어야 한다.

> **해설 ➕**
> ④ 심압축은 모스 테이퍼로 되어 있다.

05 선반에서 할 수 없는 작업은?

① 나사가공
② 널링가공
③ 테이퍼가공
④ 스플라인 홈가공

> **해설 ➕**
> ④ 스플라인 홈가공 → 수직밀링머신에서 작업 가능

06 미끄러짐을 방지하기 위한 손잡이나 외관을 좋게 하기 위하여 사용되는 다음 그림과 같은 선반가공법은?

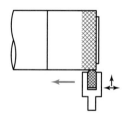

① 나사가공
② 널링가공
③ 총형가공
④ 다듬질가공

정답 | 01 ③ 02 ③ 03 ④ 04 ④ 05 ④ 06 ②

07 척에 고정할 수 없으며 불규칙하거나 대형 또는 복잡한 가공물을 고정할 때 사용하는 선반 부속품은?

① 면판(Face Plate)　　② 맨드릴(Mandrel)
③ 방진구(Work Rest)　④ 돌리개(Dog)

해설 ➕

면판
척으로 고정이 불가능한 복잡한 형태의 부품을 고정시킬 때 사용한다.

08 선반가공에서 이동 방진구에 대한 설명 중 틀린 것은?

① 베드의 상면에 고정하여 사용한다.
② 왕복대의 새들에 고정시켜 사용한다.
③ 두 개의 조(Jaw)로 공작물을 지지한다.
④ 바이트와 함께 이동하면서 공작물을 지지한다.

해설 ➕

① 베드의 상면에 고정하여 사용한다. → 고정식 방진구

09 선반을 설계할 때 고려할 사항으로 틀린 것은?

① 고장이 적고 기계효율이 좋을 것
② 취급이 간단하고 수리가 용이할 것
③ 강력 절삭이 되고 절삭 능률이 클 것
④ 기계적 마모가 높고, 가격이 저렴할 것

해설 ➕

④ 기계적 마모가 적고, 가격이 저렴할 것

10 선반에서 긴 가공물을 절삭할 경우 사용하는 방진구 중 이동식 방진구는 어느 부분에 설치하는가?

① 베드　　　　　　② 새들
③ 심압대　　　　　④ 주축대

해설 ➕

이동식 방진구는 왕복대의 새들에 고정한다.

11 4개의 조가 90° 간격으로 구성 배치되어 있으며, 보통 선반에서 편심가공을 할 때 사용되는 척은?

① 단동척　　　　　② 연동척
③ 유압척　　　　　④ 콜릿척

12 척을 선반에서 떼어내고 회전센터와 정지센터로 공작물을 양 센터에 고정하면 고정력이 약해서 가공이 어렵다. 이때 주축의 회전력을 공작물에 전달하기 위해 사용하는 부속품은?

① 면판　　　　　　② 돌리개
③ 베어링 센터　　　④ 앵글 플레이트

해설 ➕

| 돌림판 |　　　　　| 돌리개 |

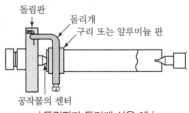

| 돌림판과 돌리개 사용 예 |

13 3개 조(Jaw)가 120° 간격으로 배치되어 있고, 조가 동일한 방향, 동일한 크기로 동시에 움직이며 원형, 삼각, 육각 제품을 가공하는 데 사용하는 척은?

① 단동척　　　　② 유압척
③ 복동척　　　　④ 연동척

14 터릿 선반의 설명으로 틀린 것은?

① 공구를 교환하는 시간을 단축할 수 있다.
② 가공 실물이나 모형을 따라 윤곽을 깎아낼 수 있다.
③ 숙련되지 않은 사람이라도 좋은 제품을 만들 수 있다.
④ 보통선반의 심압대 대신 터릿대(Turret Carriage)를 놓는다.

해설⊕
② 가공 실물이나 모형을 따라 윤곽을 깎아낼 수 있다. →
　모방선반

15 공작물의 단면 절삭에 쓰이는 것으로 길이가 짧고 직경이 큰 공작물의 절삭에 사용되는 선반은?

① 모방 선반　　　② 수직 선반
③ 정면 선반　　　④ 터릿 선반

16 그림과 같은 공작물을 양센터 작업에서 심압대를 편위시켜 가공할 때 편위량은?

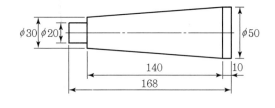

① 6mm　　　　　② 8mm
③ 10mm　　　　　④ 12mm

해설⊕

$$\therefore X = \frac{(D-d)L}{2l} = \frac{(50-30)168}{2 \times 140}$$
$$= 12\text{mm}$$

17 심압대의 편위량을 구하는 식으로 옳은 것은? (단, X : 심압대 편위량이다.)

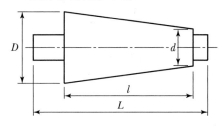

① $X = \dfrac{D-dL}{2l}$ 　　② $X = \dfrac{L(D-d)}{2l}$

③ $X = \dfrac{l(D-d)}{2L}$ 　　④ $X = \dfrac{2L}{(D-d)l}$

해설⊕

$$\frac{X}{L} = \frac{\left(\dfrac{D-d}{2}\right)}{l}$$
$$\therefore X = \frac{L(D-d)}{2l}$$

18 선반에서 테이퍼의 각이 크고 길이가 짧은 테이퍼를 가공하기에 가장 적합한 방법은?

① 백기어 사용방법
② 심압대의 편위방법
③ 복식 공구대를 경사시키는 방법
④ 테이퍼 절삭장치를 이용하는 방법

19 선반가공에서 $\phi 100 \times 400$인 SM45C소재를 절삭깊이 3mm, 이송속도를 0.2mm/rev, 주축 회전수를 400rpm으로 1회 가공할 때, 가공 소요시간은 약 몇 분인가?

① 2

② 3

③ 5

④ 7

해설 ❶

$$T = \frac{L \cdot N}{f \cdot n} = \frac{400}{0.2 \times 400} = 5\,\text{min}$$

여기서, L : 가공할 길이(mm)

$\qquad N$: 가공횟수

$\qquad f$: 공구의 이송속도(mm/rev)

$\qquad n$: 회전수(rpm)

20 선반에서 지름 100mm의 저탄소 강재를 이송 0.25mm/rev, 길이 80mm를 2회 가공했을 때 소요된 시간이 80초라면 회전수는 약 몇 rpm인가?

① 450

② 480

③ 510

④ 540

해설 ❶

$$T = \frac{L \cdot N}{f \cdot n} \rightarrow n = \frac{L \cdot N}{T \cdot f} = \frac{80 \times 2}{\dfrac{80}{60} \times 0.25} = 480\,\text{rpm}$$

여기서, T : 가공시간(min)

$\qquad L$: 가공할 길이(mm)

$\qquad N$: 가공횟수

$\qquad f$: 공구의 이송속도(mm/rev)

$\qquad n$: 회전수(rpm)

21 길이 400mm, 지름 50mm의 둥근 일감을 절삭속도 100m/min으로 1회 선삭하려면 절삭시간은 약 몇 분 걸리겠는가?(단, 이송은 0.1mm/rev이다.)

① 2.7 　　　　 ② 4.4

③ 6.3 　　　　 ④ 9.2

해설 ❶

$$T = \frac{L \cdot N}{f \cdot n} = \frac{L}{f} \cdot \frac{\pi D}{1,000\,V}$$

$$= \frac{400 \times \pi \times 50}{0.1 \times 1,000 \times 100} = 6.3\,\text{min}$$

여기서, L : 가공할 길이(mm)

$\qquad N$: 가공횟수

$\qquad f$: 공구의 이송속도(mm/rev)

$\qquad n$: 회전수(rpm)

$\qquad D$: 공작물의 지름(mm)

$\qquad V$: 절삭속도(m/min)

07 밀링 머신

밀링(Milling) 머신은 주축에 고정한 밀링 커터를 회전시키고 테이블 위에 고정된 일감에 이송을 주어 절삭하는 공작기계이다.

01 밀링 머신의 종류

1 니칼럼형 밀링 머신

명칭	수직 밀링 머신	수평 밀링 머신	만능 밀링 머신
사진			
특징	주축이 수직	주축이 수평	주축이 수평, 테이블을 회전시켜 이송

(1) 수평 밀링 머신

① 주축을 기둥 상부에 수평 방향으로 장치하여 회전시킨다.
② 아버에 밀링 커터를 장착하여 평면가공, 홈 가공, 작은 부품가공에 적합하다.

(2) 수직 밀링 머신

주축 헤드가 수직으로 되어 있으며 주로 정밀 밀링 커터와 엔드밀을 사용, 평면 · 홈 · 단면 · 축면 등을 가공한다.

(3) 만능 밀링 머신

① 새들 위에 회전대가 있어 수평면 안에서 필요한 각도로 테이블을 회전시킨다.

② 헬리컬기어, 트위스트 드릴의 비틀림 홈 등을 가공한다.

2 생산 밀링 머신

① 대량생산에 적합하도록 단순화, 자동화시킨 밀링 머신이다.

② 스핀들 헤드 수에 따라 단두형, 쌍두형, 다두형이 있다.

3 플래노 밀러

평삭형 밀링 머신이라 하며 대형 일감과 중량물의 절삭이나 강력 절삭에 적합하다.

02 밀링 머신의 기본 구조

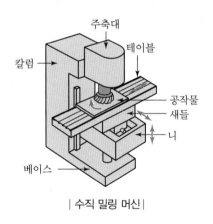

| 수직 밀링 머신 |

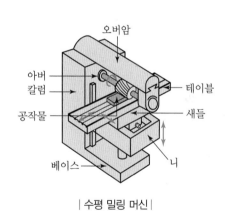

| 수평 밀링 머신 |

1 밀링의 주요 구성요소

주축, 칼럼, 베이스, 니, 새들, 테이블

2 주축

(1) 수직형

① 주축은 칼럼 내에 수직으로 설치된다.
② 주축은 주로 고정형, 회전형이 있다.
③ 콜릿 척을 사용하여 절삭공구를 고정한다.

(2) 수평형

① 주축은 칼럼 내에 수평으로 설치된다.
② 커터는 아버에 설치한다.

3 칼럼, 베이스, 니, 새들, 테이블

① 칼럼과 베이스는 일체형 주조품이다.
② 칼럼 내부에 모터, 회전기구, 동력전달장치 등이 내장되어 있다.
③ 칼럼 전면 안내면에 니가 부착된다.
④ 니 위에 새들과 테이블이 설치된다.

4 밀링 머신 장치의 운동

주축 → 회전, 니 → 상하, 새들 → 전후, 테이블 → 좌우

03 밀링 머신의 부속장치

1 부속품

(1) 아버

밀링 커터를 고정하는 축이다.

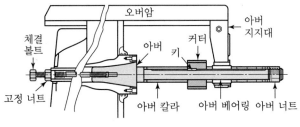

| 수평 밀링 머신의 오버암과 아버 |

| 수직 밀링 머신의 아버(콜릿 척) |

> **Reference**
>
> **콜릿(Collet)**
> 드릴 혹은 엔드밀을 끼워 넣고 고정시키는 툴이다.

(2) 밀링 바이스

공작물을 고정하는 수평 바이스와 회전 바이스가 있다.

(3) 회전 테이블

공작물을 수동 또는 자동 이송에 의하여 회전운동시킬 수 있다.

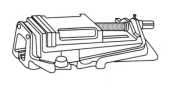

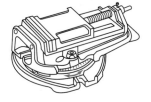

| 수평 바이스 | | 회전 바이스 | | 원형(회전) 테이블 |

(4) 분할대(Indexing Device, 인덱싱 장치)

둥근 단면의 공작물을 사각, 육각 등으로 가공하고 기어의 치형과 같이 일정한 각으로 나누는 분할작업 시 사용한다.

2 부속장치

(1) 수직축 장치

수평 및 만능 밀링 머신의 주축부 기둥면에 고정한다. 주축에서 기어로 회전이 전달되며, 수평 밀링 머신을 수직 밀링 머신처럼 사용이 가능하다.

(2) 슬로팅 장치

주축의 회전운동을 직선 왕복운동으로 변화시키고, 바이트를 사용하여 가공물의 안지름에 키홈, 스플라인, 세레이션 등을 가공한다.

(3) 만능 밀링장치

수평 및 수직면에서 임의의 각도로 회전이 가능하여, 비틀림 홈, 헬리컬기어, 스플라인 축 등을 가공한다.

---

04 밀링 머신의 절삭작업

1 수직 밀링 머신

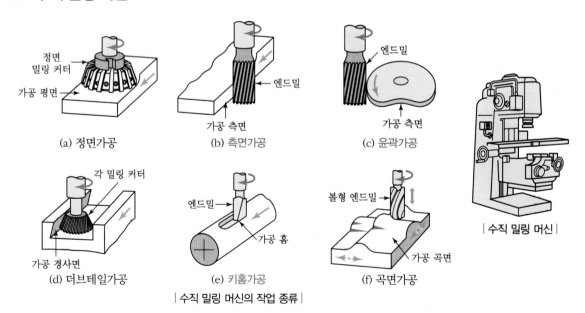

(a) 정면가공 (b) 측면가공 (c) 윤곽가공

(d) 더브테일가공 (e) 키홈가공 (f) 곡면가공

| 수직 밀링 머신의 작업 종류 |

| 수직 밀링 머신 |

② 수평 밀링 머신

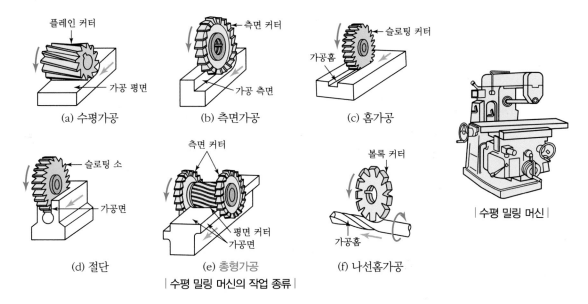

(a) 수평가공   (b) 측면가공   (c) 홈가공

| 수평 밀링 머신 |

(d) 절단   (e) 총형가공   (f) 나선홈가공

| 수평 밀링 머신의 작업 종류 |

③ 분할가공

(1) 직접분할법

① 정밀도가 필요하지 않은 키홈 등 단순한 분할가공에 사용

② 24의 약수인 2, 3, 4, 6, 8, 12, 24등분이 가능

③ $x = \dfrac{24}{N}$

여기서, x : 분할 크랭크의 회전수, N : 분할수

(2) 단식분할법

① 직접분할법으로 분할할 수 없는 수나 정확한 분할이 필요할 때 사용

② 분할판과 크랭크를 사용해 분할, 크랭크 1회전 시 주축은 $\dfrac{1}{40}$ 회전

종류	분할판	구멍의 수
브라운샤프형	No.1 No.2 No.3	15, 16, 17, 18, 19, 20 21, 23, 27, 29, 31, 33 37, 38, 41, 43, 47, 49
신시내티형	앞면 뒷면	24, 25, 28, 30, 34, 37, 38, 39, 41, 42, 43 46, 47, 49, 51, 53, 54, 57, 58, 59, 62, 66
밀워키형	앞면 뒷면	60, 66, 72, 84, 92, 96, 100 54, 58, 68, 78, 88, 98

⊙ 분할 크랭크의 회전수 $n = \dfrac{40}{N}$

여기서, N : 공작물의 원주 등분 분할수

| 예 제

원을 13등분하시오.

 $n = \dfrac{40}{N} = \dfrac{40}{13} = 3\dfrac{1}{13}$

분할판의 구멍수 13은 앞의 표에 없으므로 13의 배수가 되는 가장 작은 수를 표에서 찾으면 39구멍이 있으므로 분모, 분자에 각각 3을 곱해준다.

$3\dfrac{1 \times 3}{13 \times 3} = 3\dfrac{3}{39}$

∴ 39구멍열의 분할판에서 3회전과 3구멍씩 회전시킨다.

ⓛ 각도분할법 : 분할 크랭크가 1회전하면 주축은 $\dfrac{360°}{40} = 9°$ 회전한다.

분할 크랭크의 회전수 $n = \dfrac{A°}{9°}$

여기서, $A°$: 분할하고자 하는 공작물의 각도

| 예 제

원주를 12°씩 분할하시오.

해설 $n = \dfrac{12°}{9°} = \dfrac{4}{3} = 1\dfrac{1}{3}$

분할판의 구멍수 3은 앞의 표에 없으므로 3의 배수가 되는 가장 작은 수를 표에서 찾으면 15구멍이 있으므로 분모, 분자에 각각 5를 곱해준다.

$1\dfrac{1 \times 5}{3 \times 5} = 1\dfrac{5}{15}$

∴ 15구멍열의 분할판에서 1회전과 5구멍씩 회전시킨다.

(3) 차동분할법

변환기어 12개를 이용하여 직접분할법이나 단식분할법으로 분할할 수 없는 67, 97, 121 등 특정한 수를 분할할 때 사용한다.

05 밀링 커터와 절삭 방향의 비교

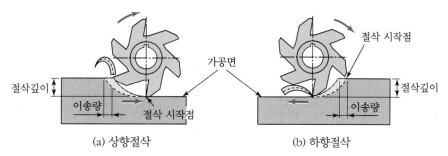

| 밀링 머신에 의한 가공방법 |

구분	상향절삭	하향절삭
커터의 회전 방향	공작물 이송 방향과 반대이다.	공작물 이송 방향과 동일하다.
백래시 제거장치	필요 없다.	필요하다.
기계의 강성	강성이 낮아도 무관하다.	충격이 있어 강성이 높아야 한다.
공작물 고정	불안정하다.	안정적이다.
커터의 수명	수명이 짧다.	수명이 길다.
칩의 제거	칩이 잘 제거된다.	칩이 잘 제거되지 않는다.
절삭면	거칠다.	깨끗하다.
동력손실	많다.	적다.

06 밀링의 절삭조건

1 절삭속도(V)

$$V = \frac{\pi d n}{1,000} \, \text{m/min} \qquad n = \frac{1,000 \, V}{\pi d} \, \text{rpm}$$

여기서, n : 회전수(rpm), d : 밀링 커터의 지름(mm)

❷ 분당 테이블 이송속도(f)

$$f = f_z \times z \times n \ \text{mm/min}$$

여기서, f : 테이블 이송속도(mm/min)

f_z : 밀링 커터의 날 1개당 이송거리(mm)

z : 밀링 커터의 날 수

n : 밀링 커터의 회전수(rpm)

실전 문제

01 다음 중 대형이며 중량의 공작물을 가공하기 위한 밀링 머신으로 중절삭이 가능한 것은?

① 나사 밀링 머신(Thread Milling Machine)
② 만능 밀링 머신(Universal Milling Machine)
③ 생산형 밀링 머신(Production Milling Machine)
④ 플래노형 밀링 머신(Plano Milling Machine)

해설 ⊕

플래노 밀러
평삭형 밀링 머신이라 하며 대형 일감과 중량물의 절삭이나 강력 절삭에 적합하다.

02 수평밀링과 유사하나 복잡한 형상의 지그, 게이지, 다이 등을 가공하는 소형 밀링 머신은?

① 공구 밀링 머신
② 나사 밀링 머신
③ 플래노형 밀링 머신
④ 모방 밀링 머신

03 밀링머신에서 육면체 소재를 이용하여 아래와 같이 원형기둥을 가공하기 위해 필요한 장치는?

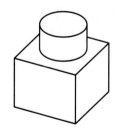

① 다이스
② 각도바이스
③ 회전 테이블
④ 슬로팅 장치

해설 ⊕

회전 테이블
공작물을 수동 또는 자동 이송에 의하여 회전운동시킬 수 있다.

04 그림과 같이 더브테일 홈 가공을 하려고 할 때 X의 값은 약 얼마인가?(단, $\tan60° = 1.7321$, $\tan30° = 0.5774$이다.)

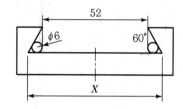

① 60.26
② 68.39
③ 82.04
④ 84.86

해설 ⊕

$$X = C + d\left(1 + \cot\frac{\alpha}{2}\right) = 52 + 6(1 + 1.7321)$$
$$= 68.39\,\text{mm}$$
$$\therefore \cot\frac{60}{2} = \cot30 = \frac{1}{\tan30} = 1.7321\,\text{이다.}$$

05 밀링가공에서 공작물을 고정할 수 있는 장치가 아닌 것은?

① 면판
② 바이스
③ 분할대
④ 회전 테이블

해설 ⊕

① 면판은 선반의 공작물 고정장치이다.

정답   01 ④ 02 ① 03 ③ 04 ② 05 ①

06 주축의 회전운동을 직선 왕복운동으로 변화시킬 때 사용하는 밀링 부속장치는?

① 바이스　　　　　　② 분할대
③ 슬로팅 장치　　　　④ 래크 절삭 장치

해설 ➕

슬로팅 장치
주축의 회전운동을 직선 왕복운동으로 변화시키고, 바이트를 사용하여 가공물의 안지름에 키홈, 스플라인, 세레이션 등을 가공한다.

07 밀링작업의 단식 분할법에 원주를 15등분 하려고 한다. 이때 분할대 크랭크의 회전수를 구하고, 15구멍열 분할판을 몇 구멍씩 보내면 되는가?

① 1회전에 10구멍씩　　② 2회전에 10구멍씩
③ 3회전에 10구멍씩　　④ 4회전에 10구멍씩

해설 ➕

$$n = \frac{40}{N} = \frac{40}{15} = 2\frac{2}{3} \Rightarrow \frac{2\times5}{3\times5} = \frac{10}{15}$$

∴ 분할판의 15구멍 열에서 2회전과 10구멍씩 회전시킨다.

08 밀링 머신에서 절삭공구를 고정하는 데 사용되는 부속장치가 아닌 것은?

① 아버(Arbor)　　　　② 콜릿(Collet)
③ 새들(Saddle)　　　　④ 어댑터(Adapter)

해설 ➕

③ 새들(Saddle)은 공작물을 전후로 이송시키는 데 사용된다.

09 수직 밀링 머신의 주요 구조가 아닌 것은?

① 니　　　　　　　　② 칼럼
③ 방진구　　　　　　④ 테이블

해설 ➕

③ 방진구 → 선반의 부속장치

10 밀링 머신의 테이블 위에 설치하여 제품의 바깥 부분을 원형이나 윤곽가공 할 수 있도록 사용되는 부속장치는?

① 더브테일　　　　　② 회전 테이블
③ 슬로팅 장치　　　　④ 래크 절삭 장치

해설 ➕

회전 테이블
공작물을 수동 또는 자동 이송에 의하여 회전운동시킬 수 있다.

11 밀링작업에서 분할대를 사용하여 직접 분할할 수 없는 것은?

① 3등분　　　　　　② 4등분
③ 6등분　　　　　　④ 9등분

해설 ➕

직접분할법
24의 약수인 2, 3, 4, 6, 8, 12, 24등분이 가능하다.

12 밀링가공에서 분할대를 사용하여 원주율 6°30′씩 분할하고자 할 때, 옳은 방법은?

① 분할크랭크를 18공열에서 13구멍씩 회전시킨다.
② 분할크랭크를 26공열에서 18구멍씩 회전시킨다.
③ 분할크랭크를 36공열에서 13구멍씩 회전시킨다.
④ 분할크랭크를 13공열에서 1회전하고 5구멍씩 회전시킨다.

해설 ➕

$$n = \frac{A°}{9°} = \frac{6.5°}{9°} = \frac{13}{18}$$

∴ 분할판의 18구멍 열에서 13구멍씩 회전시킨다.

13 수직 밀링 머신에서 좌우 이송을 하는 부분의 명칭은?

① 니(Knee) ② 새들(Saddle)

③ 테이블(Table) ④ 칼럼(Column)

밀링 머신 장치의 운동

• 주축 → 회전

• 니 → 상하

• 새들 → 전후

• 테이블 → 좌우

14 밀링 분할판의 브라운 샤프형 구멍열을 나열한 것으로 틀린 것은?

① No.1 − 15, 16, 17, 18, 19, 20

② No.2 − 21, 23, 27, 29, 31, 33

③ No.3 − 37, 39, 41, 43, 47, 49

④ No.4 − 12, 13, 15, 16, 17, 18

밀링 분할판의 브라운 샤프형 구멍열에 "No.4"는 없다.

15 원주를 단식 분할법으로 32등분하고자 할 때, 다음 준비된 분할판을 사용하여 작업하는 방법으로 옳은 것은?

〈분할판〉
No. 1 : 20, 19, 18, 17, 16, 15
No. 2 : 33, 31, 29, 27, 23, 21
No. 3 : 49, 47, 43, 41, 39, 37

① 16구멍 열에서 1회전과 4구멍씩

② 20구멍 열에서 1회전과 10구멍씩

③ 27구멍 열에서 1회전과 18구멍씩

④ 33구멍 열에서 1회전과 18구멍씩

$$n = \frac{40}{N} = \frac{40}{32} = 1\frac{8}{32} = 1\frac{1}{4} = 1\frac{4}{16}$$

∴ 분할판의 16구멍 열에서 1회전과 4구멍씩 회전시킨다.

16 다음 중 분할법의 종류에 해당하지 않는 것은?

① 단식분할법 ② 직접분할법

③ 차동분할법 ④ 간접분할법

분할법의 종류

직접분할법, 단식분할법, 차동분할법

17 다음 중 밀링작업에서 판캠을 절삭하기에 가장 적합한 밀링커터는?

① 엔드밀 ② 더브테일 커터

③ 메탈 슬리팅 소 ④ 사이드 밀링 커터

엔드밀 가공

엔드밀

가공 측면

18 밀링 머신에서 절삭속도 20m/min, 페이스커터의 날수 8개, 직경 120mm, 1날당 이송 0.2mm일 때 테이블 이송속도는?

① 약 65mm/min ② 약 75mm/min

③ 약 85mm/min ④ 약 95mm/min

해설 ⊕--

$$n = \frac{1,000\,V}{\pi d} = \frac{1,000 \times 20}{\pi \times 120} = 53\,\text{rpm}$$

여기서, n : 밀링커터의 회전수(rpm)
　　　　V : 절삭속도(m/min)
　　　　d : 밀링커터의 지름(mm)

$$f = f_z \times z \times n = 0.2 \times 8 \times 53 = 84.8 ≒ 85\,\text{mm/min}$$

여기서, f : 테이블 이송속도(mm/min)
　　　　f_z : 밀링커터의 날 1개당 이송거리(mm)
　　　　z : 밀링커터의 날 수

19 밀링작업의 절삭속도 산정에 대한 설명 중 틀린 것은?

① 공작물의 경도가 높으면 저속으로 절삭한다.
② 커터날이 빠르게 마모되면 절삭속도를 낮추어 절삭한다.
③ 거친 절삭은 절삭속도를 빠르게 하고, 이송속도를 느리게 한다.
④ 다듬질 절삭에서는 절삭속도를 빠르게, 이송을 느리게, 절삭깊이를 적게 한다.

해설 ⊕--

③ 거친 절삭은 절삭속도를 느리게 하고, 이송속도를 빠르게 한다.

20 밀링 머신에서 테이블 백래시(Back Lash) 제거 장치의 설치 위치는?

① 변속기어
② 자동 이송레버
③ 테이블 이송나사
④ 테이블 이송핸들

21 밀링 머신 테이블의 이송속도 720mm/min, 커터의 날 수 6개, 커터 회전수가 600rpm일 때, 1날당 이송량은 몇 mm인가?

① 0.1 　　　　　　② 0.2
③ 3.6 　　　　　　④ 7.2

해설 ⊕--

$$f = f_z \times z \times n \rightarrow f_z = \frac{f}{z \times n} = \frac{720}{6 \times 600} = 0.2\,\text{mm}$$

여기서, f : 테이블 이송속도(mm/min)
　　　　f_z : 밀링커터의 날 1개당 이송거리(mm)
　　　　z : 밀링커터의 날 수
　　　　n : 밀링커터의 회전수(rpm)

22 밀링가공 할 때 하향절삭과 비교한 상향절삭의 특징으로 틀린 것은?

① 절삭 자취의 피치가 짧고, 가공 면이 깨끗하다.
② 절삭력이 상향으로 작용하여 가공물 고정이 불리하다.
③ 절삭가공을 할 때 마찰열로 접촉 면의 마모가 커서 공구의 수명이 짧다.
④ 커터의 회전 방향과 가공물의 이송이 반대이므로 이송기구의 백래시(Back Lash)가 자연히 제거된다.

해설 ⊕--

① 절삭 자취의 피치가 길고, 가공 면이 거칠다.

23 커터의 지름이 100mm이고, 커터의 날 수가 10개인 정면 밀링 커터로 200mm인 공작물을 1회 절삭할 때 가공시간은 약 몇 초인가?(단, 절삭속도는 100 m/min, 1날당 이송량은 0.1mm이다.)

① 48.4 　　　　　② 56.4
③ 64.4 　　　　　④ 75.4

$$n = \frac{1,000\,V}{\pi d} = \frac{1,000 \times 100}{\pi \times 100} = 318.3 \text{rpm}$$

$$f = f_z \times z \times n = 0.1 \times 10 \times 318.3 = 318.3 \text{mm/min}$$

$$T = \frac{L+d}{f} = \frac{200+100}{318.3} = 0.94 \text{min} = 56.4 \text{sec}$$

(수식에서 $L+d \rightarrow$ 밀링커터가 공작물의 가공면을 완전히 통과하여야 절삭작업이 완료되기 때문)

여기서, n : 밀링커터의 회전수(rpm)

V : 절삭속도(m/min)

d : 밀링커터의 지름(mm)

f : 테이블 이송속도(mm/min)

f_z : 밀링커터의 날 1개당 이송거리(mm)

z : 밀링커터의 날 수

24 지름이 150mm인 밀링커터를 사용하여 30m/min 의 절삭속도로 절삭할 때 회전수는 약 몇 rpm인가?

① 14   ② 38

③ 64   ④ 72

$$n = \frac{1,000\,V}{\pi d} = \frac{1,000 \times 30}{\pi \times 150} = 63.7 \fallingdotseq 64 \text{rpm}$$

여기서, n : 밀링커터의 회전수(rpm)

V : 절삭속도(m/min)

d : 밀링커터의 지름(mm)

08 드릴링 머신과 보링 머신

01 드릴링 머신

1 개요

드릴링 머신은 주축에 드릴(절삭공구)을 고정하여 회전시키고 직선 이송하여 공작물에 구멍을 뚫는 공작기계이다.

2 드릴링 머신의 작업 종류

(a) 드릴링	(b) 태핑	(c) 리밍	(d) 보링
드릴로 구멍을 뚫는 작업	이미 뚫은 구멍에 나사가공	이미 뚫은 작은 구멍을 정밀하게 다듬질 가공	이미 뚫은 구멍을 확대 가공

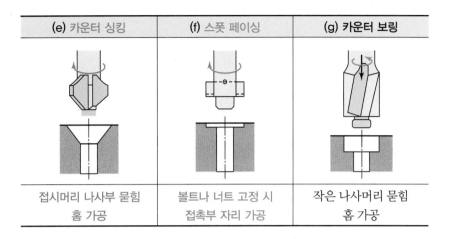

(e) 카운터 싱킹	(f) 스폿 페이싱	(g) 카운터 보링
접시머리 나사부 묻힘 홈 가공	볼트나 너트 고정 시 접촉부 자리 가공	작은 나사머리 묻힘 홈 가공

❸ 드릴링 머신의 종류

(1) 직립 드릴링 머신

① 비교적 대형 공작물 가공 시 사용된다.
② 드릴 회전속도 변경방법에 따라 단차식과 기어식이 있다.

(2) 탁상 드릴링 머신

작업대(탁상) 위에 설치하여 지름 13mm 이하의 작은 드릴 구멍의 작업에 적합하다.

(3) 레이디얼 드릴링 머신

① 이동하기 곤란한 크고 무거운 공작물 작업 시 사용된다.
② 작업반경 내에 있는 공작물 구멍가공 시 드릴링 헤드를 이동하여 드릴링 작업을 진행한다.

(4) 다축 드릴링 머신

다수의 구멍을 동시에 가공할 수 있다.

(5) 다두 드릴링 머신

① 같은 베드 위에 직립 드릴링 머신의 상부를 여러 개 나란히 장치한 것이다.
② 드릴가공, 리머가공, 탭가공 등을 순차적으로 능률적으로 작업할 수 있다.

4 드릴(Drill)

합금 공구강, 고속도강으로 만들며 절삭 날 부분에만 초경합금을 심은 것도 있다.

(1) 드릴 자루

① 곧은 자루 : 드릴 지름 13mm 이하는 드릴 척에 고정하여 사용한다.

② 모스 테이퍼 자루 : 드릴 지름 13~75mm는 스핀들의 테이퍼 구멍에 꽂아 사용한다.

| 곧은 자루 |

| 모스 테이퍼 자루 |

(2) 드릴의 연삭

① 재연삭 시 주의사항

ⓐ 드릴의 날끝각(선단각) 및 여유각을 바르게 연삭

ⓑ 드릴의 중심선에 대칭으로 연삭

ⓒ 치즐 포인트(Chisel Point)의 폭을 좁게 연삭

② 웹 시닝(Web Thinning) : 웹의 두께를 얇게 하여 절삭력을 향상시켜준다.

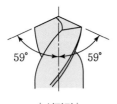

| 선단각 |

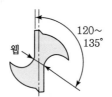

| 치즐 포인트 각 |

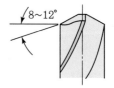

| 선단여유각 |

02 보링 머신

1 개요

드릴링, 단조, 주조 등의 방법으로 1차 가공한 구멍을 좀 더 크고, 정밀하게 가공하는 공작기계이다.

2 보링 머신의 종류

(1) 수평형 보링 머신

① 가장 보편적으로 사용하는 보링머신으로서 주축이 수평이다.
② 작업범위가 넓어 공구에 따라 드릴링, 보링, 밀링 등을 할 수 있다.

(2) 수직형 보링 머신

① 주축이 수직이다.
② 큰 공작물을 테이블에 설치하기 쉽다.
③ 대형풀리, 대형플랜지, 플라이휠 등을 정밀하게 가공한다.

(3) 지그 보링 머신

① 공구나 지그 가공을 목적으로 하고, $2 \sim 10 \mu\mathrm{m}$의 정밀한 구멍을 가공한다.
② 정밀구멍을 뚫는 보링머신으로, 정밀측정기구가 있어 항온실에 설치하여야 한다.

(4) 정밀 보링 머신

① 다이아몬드 또는 초경합금공구를 사용하며, 정밀선삭의 원리로서 고속도 경절삭으로 정밀한 보링이 가능하다.
② 실린더, 피스톤 링, 베어링 부시, 라이너 등을 가공한다.

실전 문제

01 드릴링 머신에서 회전수 160rpm, 절삭속도 15m/min일 때, 드릴 지름(mm)은 약 얼마인가?

① 29.8   ② 35.1

③ 39.5   ④ 15.4

해설 ➕ -

$$d = \frac{1,000\,V}{\pi n} = \frac{1,000 \times 15}{\pi \times 160} = 29.8\,\text{mm}$$

여기서, d : 밀링커터의 지름(mm)

$\qquad V$: 절삭속도(m/min)

$\qquad n$: 밀링커터의 회전수(rpm)

02 기계가공법에서 리밍작업 시 가장 옳은 방법은?

① 드릴작업과 같은 속도와 이송으로 한다.

② 드릴작업보다 고속에서 작업하고 이송을 작게 한다.

③ 드릴작업보다 저속에서 작업하고 이송을 크게 한다.

④ 드릴작업보다 이송만 작게 하고 같은 속도로 작업한다.

해설 ➕ -

리밍작업

이미 뚫은 작은 구멍을 정밀하게 다듬질 가공으로써 드릴 작업보다 저속에서 작업하고 이송을 크게 한다.

03 볼트머리나 너트가 닿는 자리면을 만들기 위하여 구멍 축에 직각 방향으로 주위를 평면으로 깎는 작업은?

① 카운터 싱킹   ② 카운터 보링

③ 스폿 페이싱   ④ 보링

해설 ➕ -

스폿 페이싱

볼트나 너트 고정 시 접촉부 자리를 가공하는 것이다.

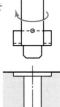

04 지름 10mm, 원추 높이 3mm인 고속도강 드릴로 두께가 30mm인 연강판을 가공할 때 소요시간은 약 몇 분인가?(단, 이송은 0.3mm/rev, 드릴의 회전수는 667rpm이다.)

① 6   ② 2

③ 1.2   ④ 0.16

해설 ➕ -

$$T = \frac{t+h}{n\,s} = \frac{30+3}{667 \times 0.3} = 0.16\,\text{min}$$

여기서, t : 공작물 구멍깊이(mm)

$\qquad h$: 드릴원뿔 높이(mm)

$\qquad n$: 드릴 회전수(rpm)

$\qquad s$: 1회전당 이송(mm/rev)

05 드릴로 구멍을 뚫은 이후에 사용되는 공구가 아닌 것은?

① 리머   ② 센터 펀치

③ 카운터 보어   ④ 카운터 싱크

해설 ➕ -

② 센터 펀치는 구멍 뚫기 전 구멍의 중심을 표시하는 펀치이다.

정답   **01** ①   **02** ③   **03** ③   **04** ④   **05** ②

06 드릴작업에 대한 설명으로 적절하지 않은 것은?

① 드릴작업은 항상 시작할 때보다 끝날 때 이송을 빠르게 한다.
② 지름이 큰 드릴을 사용할 때는 바이스를 테이블에 고정한다.
③ 드릴은 사용 전에 점검하고 마모나 균열이 있는 것은 사용하지 않는다.
④ 드릴이나 드릴 소켓을 뽑을 때는 전용공구를 사용하고 해머 등으로 두드리지 않는다.

해설 ⊕
① 드릴작업은 항상 시작할 때와 끝날 때 이송을 느리게 한다.

07 드릴작업 후 구멍의 내면을 다듬질하는 목적으로 사용하는 공구는?

① 탭   ② 리머
③ 센터드릴   ④ 카운터 보어

08 탭(Tap)이 부러지는 원인이 아닌 것은?

① 소재보다 경도가 높은 경우
② 구멍이 바르지 못하고 구부러진 경우
③ 탭 선단이 구멍 바닥에 부딪혔을 경우
④ 탭의 지름에 적합한 핸들을 사용하지 않은 경우

해설 ⊕
① 소재보다 경도가 높아야 탭가공이 가능하다.

09 접시머리 나사를 사용할 구멍에 나사머리가 들어갈 부분을 원추형으로 가공하기 위한 드릴가공방법은?

① 리밍   ② 보링
③ 카운터 싱킹   ④ 스폿 페이싱

해설 ⊕

카운터 싱킹
접시머리 나사부 묻힘 홈 가공을 한다.

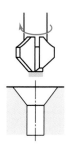

10 보링 머신에서 사용되는 공구는?

① 엔드밀
② 정면 커터
③ 아버
④ 바이트

해설 ⊕
엔드밀, 정면 커터, 아버는 밀링에 쓰이는 부속품이다.

11 구멍가공을 하기 위해서 가공물을 고정시키고 드릴이 가공 위치로 이동할 수 있도록 제작된 드릴링 머신은?

① 다두 드릴링 머신
② 다축 드릴링 머신
③ 탁상 드릴링 머신
④ 레이디얼 드릴링 머신

해설 ⊕

레이디얼 드릴링 머신
• 이동하기 곤란한 크고 무거운 공작물 작업 시 사용된다.
• 작업반경 내에 있는 공작물 구멍가공 시 드릴링 헤드를 이동하여 드릴링 작업을 진행한다.

12 높은 정밀도를 요구하는 가공물, 각종 지그 등에 사용하며 온도 변화에 영향을 받지 않도록 항온항습실에 설치하여 사용하는 보링 머신은?

① 지그 보링 머신(Jig Boring Machine)
② 정밀 보링 머신(Fine Boring Machine)
③ 코어 보링 머신(Core Boring Machine)
④ 수직 보링 머신(Vertical Boring Machine)

해설 ➕

지그 보링 머신
• 공구나 지그 가공을 목적으로 하고, $2{\sim}10\mu m$의 정밀한 구멍을 가공한다.
• 정밀구멍을 뚫는 보링 머신으로, 정밀측정기구가 있어 항온실에 설치하여야 한다.

13 1대의 드릴링 머신에 다수의 스핀들이 설치되어 1회에 여러 개의 구멍을 동시에 가공할 수 있는 드릴링 머신은?

① 다두 드릴링 머신
② 다축 드릴링 머신
③ 탁상 드릴링 머신
④ 레이디얼 드릴링 머신

14 ø13 이하의 작은 구멍 뚫기에 사용하며 작업대 위에 설치하여 사용하고, 드릴 이송은 수동으로 하는 소형의 드릴링 머신은?

① 다두 드릴링 머신
② 직립 드릴링 머신
③ 탁상 드릴링 머신
④ 레이디얼 드릴링 머신

15 다음 중 드릴의 파손 원인으로 가장 거리가 먼 것은?

① 이송이 너무 커서 절삭저항이 증가할 때
② 시닝(Thinning)이 너무 커서 드릴이 약해졌을 때
③ 얇은 판의 구멍가공 시 보조판 나무를 사용할 때
④ 절삭칩이 원활하게 배출되지 못하고 가득 차 있을 때

해설 ➕
③ 얇은 판의 구멍가공 시 보조판 나무를 사용하는 것은 드릴 작업 시 안전사항이다.

16 드릴의 자루를 테이퍼 자루와 곧은 자루로 구분할 때 곧은 자루의 기준이 되는 드릴 직경은 몇 mm인가?

① 13
② 18
③ 20
④ 25

해설 ➕
• 곧은 자루 : 드릴 지름 13mm 이하
• 모스 테이퍼 자루 : 드릴 지름 13mm 이상

17 드릴을 가공할 때, 가공물과 접촉에 의한 마찰을 줄이기 위하여 절삭날 면에 주는 각은?

① 선단각
② 웨브각
③ 날 여유각
④ 홈 나선각

해설 ➕

여유각
절삭공구와 공작물의 마찰을 줄이기 위하여 절삭날 면에 주는 각이다.

18 드릴가공에서 깊은 구멍을 가공하고자 할 때 다음 중 가장 좋은 드릴가공 조건은?

① 회전수와 이송을 느리게 한다.
② 회전수는 빠르게 이송을 느리게 한다.
③ 회전수는 느리게 이송은 빠르게 한다.
④ 회전수와 이송은 정밀도와는 관계없다.

19 드릴 선단부에 마멸이 생긴 경우 선단부의 끝 날을 연삭하여 사용하는 방법은?

① 시닝(Thinning)
② 트루잉(Truing)
③ 드레싱(Dressing)
④ 글레이징(Glazing)

09 그 밖의 절삭가공

01 플레이너, 셰이퍼, 슬로터

구분	작업방법 및 내용
플레이너 (Planer)	공작물을 테이블 위에 고정하여 수평 왕복운동하고, 바이트를 크로스 레일 위의 공구대에 설치하여 공작물의 운동 방향과 직각 방향으로 간헐적으로 이송시켜 공작물의 수평면, 수직면, 경사면, 홈 곡면 등을 절삭하는 공작기계로서, 주로 대형 공작물을 가공한다. 플레이너의 종류는 쌍주식, 단주식이 있다.
셰이퍼 (Shaper)	램(Ram)에 설치된 바이트를 직선 왕복운동시키고 테이블에 고정된 공작물을 직선 이송운동하여 비교적 작은 공작물의 평면, 측면, 경사면, 홈가공, 키홈, 기어, 곡면 등을 절삭하는 공작기계이다.
슬로터 (Slotter)	셰이퍼를 직립형으로 만든 공작기계로 구멍의 내면이나 곡면 외에 내접기어, 스플라인 구멍을 가공할 때 쓴다.

02 브로칭가공 및 기어가공

1 브로칭(Broaching)가공

가늘고 긴 일정한 단면 모양을 가진 공구면에 많은 날을 가진 브로치(Broach)라는 절삭공구를 사용하여 가공작물의 내면이나 외경에 필요한 형상의 부품을 가공하는 절삭방법이다.

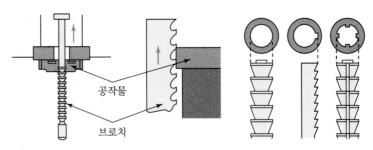

공작물

브로치

| 브로치 제작 단면 모양 |

② 기어가공

기어 제작방법에는 주조, 단조, 전조 및 공작기계를 사용해서 절삭하는 방법이 있다.

(1) 형판을 이용한 모방절삭

이의 모양과 같은 곡선으로 만든 형판을 사용하여 모방 절삭하는 방식이다.

(2) 총형 커터

기어 치형의 홈 모양과 같은 커터를 사용하여 공작물을 1피치씩 회전시키면서 가공하는 방법이다.

(3) 창성법

① 랙커터 : 랙을 절삭공구로 하고, 피니언을 기어 소재로 하여 미끄러지지 않도록 고정하여 서로 상대 운동시켜 절삭하는 방식이다.

② 피니언커터 : 공작물에 적당한 깊이로 접근시켜, 커터와 공작물을 한 쌍의 기어와 같이 회전운동시 킨다.

③ 호빙머신 : 커터인 호브를 회전시키고, 동시에 공작물을 회전시키면서 축 방향으로 이송을 주어 절 삭하는 공작기계

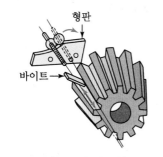

| 형판을 이용한 모방절삭 |

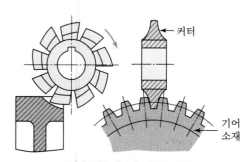

| 총형 공구에 의한 기어절삭 |

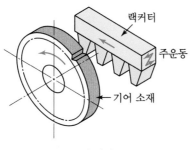

| 랙 커터 |

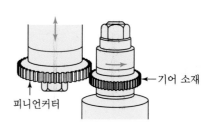

| 피니언 커터 |

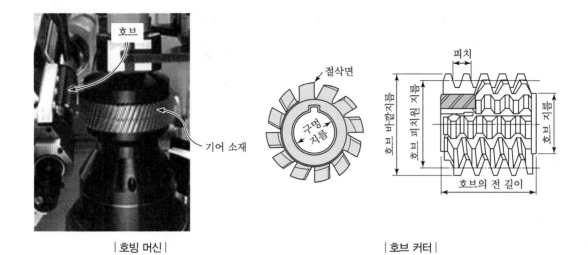

| 호빙 머신 | | 호브 커터 |

실전 문제

01 슬로터(Slotter)에 관한 설명으로 틀린 것은?

① 규격은 램의 최대행정과 테이블의 지름으로 표시된다.

② 주로 보스(Boss)에 키 홈을 가공하기 위해 발달된 기계이다.

③ 구조가 셰이퍼(Shaper)를 수직으로 세워 놓은 것과 비슷하여 수직 셰이퍼(Shaper)라고도 한다.

④ 테이블의 수평길이 방향 왕복운동과 공구의 테이블 가로 방향 이송에 의해 비교적 넓은 평면을 가공하므로 평삭기라고도 한다.

해설➕
④는 플레이너에 대한 설명이다.

02 공작기계의 종류 중 테이블의 수평길이 방향 왕복운동과 공구는 테이블의 가로 방향으로 이송하며, 대형 공작물의 평면작업에 주로 사용하는 것은?

① 코어 보링 머신
② 플레이너
③ 드릴링 머신
④ 브로칭 머신

해설➕
플레이너
공작물을 테이블 위에 고정하여 수평 왕복운동하고, 바이트를 크로스 레일 위 공구대에 설치하여 공작물의 운동 방향과 직각 방향으로 간헐적으로 이송시켜 공작물의 수평면, 수직면, 경사면, 홈 곡면 등을 절삭하는 공작기계로서, 주로 대형 공작물을 가공한다. 플레이너의 종류는 쌍주식, 단주식이 있다.

03 호브(Hob)를 사용하여 기어를 절삭하는 기계로써, 차동 기구를 가지고 있는 공작기계는?

① 레이디얼 드릴링 머신
② 호닝 머신
③ 자동 선반
④ 호빙 머신

해설➕
호빙 머신
커터인 호브를 회전시키고, 동시에 공작물을 회전시키면서 축 방향으로 이송을 주어 절삭하는 공작기계이다.

04 기어절삭에 사용되는 공구가 아닌 것은?

① 호브
② 래크 커터
③ 피니언 커터
④ 더브테일 커터

해설➕
더브테일 커터
밀링가공용 공구이다.

정답 01 ④ 02 ② 03 ④ 04 ④

05 창성식 기어절삭작업에 대한 설명으로 옳은 것은?

① 밀링 머신과 같이 총형 밀링커터를 이용하여 절삭하는 방법이다.
② 셰이퍼 등에서 바이트를 치형에 맞추어 절삭하여 완성하는 방법이다.
③ 셰이퍼의 테이블에 모형과 소재를 고정한 모형에 따라 절삭하는 방법이다.
④ 호빙 머신에서 절삭공구와 일감을 서로 적당한 상대 운동을 시켜서 치형을 절삭하는 방법이다.

해설 ➕ -

창성법
서로 맞닿아 있으면서 일정한 법칙에 따라 상대 운동을 하는 두 물체 가운데 한 물체의 운동 궤적으로 다른 물체에 일정한 형태가 생기게 하는 방법이다.

06 기어절삭기에서 창성법으로 치형을 가공하는 공구가 아닌 것은?

① 호브(Hob)
② 브로치(Broach)
③ 래크 커터(Rack Cutter)
④ 피니언 커터(Pinion Cutter)

해설 ➕ -

② 브로치(Broach)는 브로칭 작업 시 사용하는 절삭공구이다.

07 기어절삭법이 아닌 것은?

① 배럴에 의한 법(Barrel System)
② 형판에 의한 법(Templet System)
③ 창성에 의한 법(Generated Tool System)
④ 총형 공구에 의한 법(Formed Tool System)

해설 ➕ -

기어절삭법의 종류
형판을 이용한 모방절삭, 총형 커터에 의한 법, 창성법이 있다.

08 기어절삭가공방법에서 창성법에 해당하는 것은?

① 호브에 의한 기어가공
② 형판에 의한 기어가공
③ 브로칭에 의한 기어가공
④ 총형 바이트에 의한 기어가공

해설 ➕ -

기어절삭가공방법에서 창성법
호빙 머신, 래크 커터(Rack Cutter), 피니언 커터(Pinion Cutter)가 있다.

09 가늘고 긴 일정한 단면모양을 가진 공구를 사용하여 가공물의 내면에 키 홈, 스플라인 홈, 원형이나 다각형의 구멍 형상과 외면에 세그먼트 기어, 홈, 특수한 외면의 형상을 가공하는 공작기계는?

① 기어 셰이퍼(Gear Shaper)
② 호닝 머신(Honing Machine)
③ 호빙 머신(Hobbing Machine)
④ 브로칭 머신(Broaching Machine)

해설 ➕ -

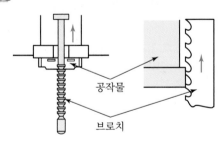

공작물
브로치

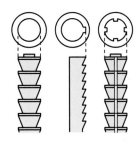

| 브로칭 머신으로 제작하는 단면 모양 |

10 다음 중 기어가공의 절삭법이 아닌 것은?

① 형판을 이용하는 절삭법
② 다인 공구를 이용하는 절삭법
③ 총형 공구를 이용하는 절삭법
④ 창성을 이용하는 절삭법

해설 ⊕- -

기어절삭법의 종류
형판을 이용한 모방절삭, 총형 커터에 의한 법, 창성법이 있다.

11 브로칭 머신의 특징으로 틀린 것은?

① 복잡한 면의 형상도 쉽게 가공할 수 있다.
② 내면 또는 외면의 브로칭 가공도 가능하다.
③ 스플라인기어, 내연기관 크랭크실의 크랭크 베어링부는 가공이 용이하지 않다.
④ 공구의 일회 통과로 거친 절삭과 다듬질 절삭을 완료할 수 있다.

해설 ⊕- -

③ 스플라인기어, 내연기관 크랭크실의 크랭크 베어링부는 가공이 쉽다.

12 밀링 머신에서 기어의 치형에 맞춘 기어 커터를 사용하여, 기어소재 원판을 같은 간격으로 분할 가공하는 방법은?

① 래크법
② 창성법
③ 총형법
④ 형판법

해설 ⊕- -

총형 공구에 의한 기어절삭
기어 치형의 홈 모양과 같은 커터를 사용하여 공작물을 1피치씩 회전시키면서 가공하는 방법이다.

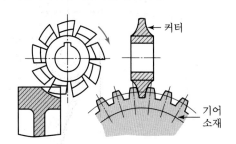

10 연삭가공

01 연삭가공의 개요와 특징

1 연삭가공의 개요

연삭가공은 공작물보다 단단한 입자를 결합하여 만든 숫돌바퀴를 고속 회전시켜, 공작물의 표면을 조금씩 깎아내는 고속 절삭가공을 말한다. 이때 연삭숫돌의 입자 하나하나가 밀링 커터의 날과 같은 작용을 하여 정밀한 표면을 완성할 수 있다.

2 연삭가공의 특징

① 생성되는 칩이 매우 작아 가공면이 매끄럽고 가공정밀도가 높다.
② 연삭숫돌 입자의 경도가 높기 때문에 일반 금속재료는 물론 절삭가공이 어려운 열처리 강이나 초경합금도 가공할 수 있다.
③ 연삭숫돌 입자가 마모되어 연삭저항이 증가하면 숫돌입자가 떨어져 나가고 새로운 입자가 숫돌 표면에 나타나는 자생작용을 하므로 다른 공구와 같이 작업 중 재연마를 할 필요가 없어 연삭작업을 계속할 수 있다.

02 연삭기의 종류

1 원통 연삭기

① 테이블 왕복형 : 일감을 설치한 테이블을 왕복시키는 방식이다.
② 숫돌대 왕복형 : 숫돌대를 왕복시키는 형식이다.

③ 플랜지 컷형 : 숫돌의 테이블과 직각으로 이동시켜 연삭시킨다.

④ 만능 연삭기 : 테이블, 숫돌대, 주축대를 설치시킬 수 있다.

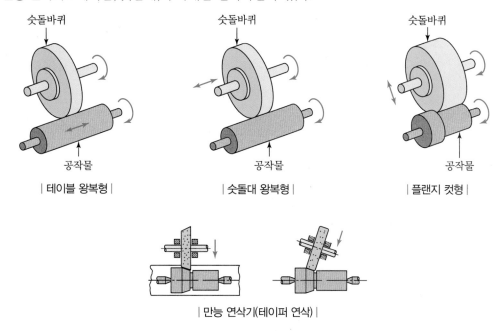

| 테이블 왕복형 |　　　　　| 숫돌대 왕복형 |　　　　　| 플랜지 컷형 |

| 만능 연삭기(테이퍼 연삭) |

2 내면 연삭기

보통형, 유성형(플래니터리형), 센터리스형이 있다.

3 평면 연삭기

일감의 평면을 연삭하는 연삭기로써 수평형 평면 연삭기, 직립형 평면 연삭기가 있다.

4 센터리스 연삭기(Centerless Grinding Machine)

(1) 센터리스 연삭의 원리

① 센터를 가공하기 어려운 공작물의 외경을 센터나 척을 사용하지 않고 조정숫돌과 지지대로 지지하면서 공작물을 연삭하는 방법이다.

② 공작물의 받침판과 조정숫돌에 의해 지지된다.

③ 공작물은 조정숫돌을 2~8°의 경사각을 주어 자동 이송시킨다.

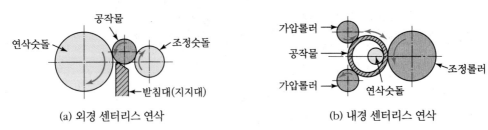

(a) 외경 센터리스 연삭   (b) 내경 센터리스 연삭

| 센터리스 연삭방법 |

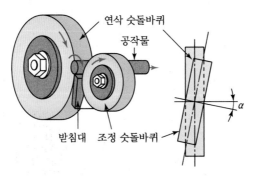

| 센터리스 연삭의 공작물 이송방법 |

(2) 센터리스 연삭의 장단점

① 장점

㉠ 센터나 척으로 장착하기 곤란한 중공의 공작물을 연삭하는 데 편리하다.

㉡ 공작물을 연속적으로 공급하여 연속작업을 할 수 있어 대량 생산에 적합하다.

㉢ 연삭 여유가 작아도 작업이 가능하다.

㉣ 센터를 낼 수 없는 작은 지름의 공작물 가공에 적합하다.

㉤ 작업이 자동으로 이루어져 높은 숙련도를 요구하지 않는다.

② 단점

㉠ 축 방향에 키 홈, 기름 홈 등이 있는 공작물은 가공하기 어렵다.

㉡ 지름이 크고 길이가 긴 대형 공작물은 가공하기 어렵다.

㉢ 숫돌의 폭보다 긴 공작물은 전후 이송법으로 가공할 수 없다.

5 공구 연삭기(Tool Grinding Machine)

① 여러 가지 가공용 절삭공구를 연삭하는 것을 공구연삭이라 한다.

② 원통 연삭과 평면 연삭을 응용한 연삭법으로 만능 공구 연삭기, 드릴 연삭기, 바이트 연삭기 등이 있다.

03 연삭숫돌

1 연삭숫돌의 개요

연삭숫돌은 무수히 많은 숫돌 입자를 결합제로 결합하여 만든 것으로 연삭숫돌은 일반 절삭 공구와 달리
연삭이 계속됨에 따라 입자의 일부가 떨어나가고 새로운 입자가 나타나는 자생작용이 발생한다.

2 연삭숫돌의 표시법

연삭숫돌을 표시할 때에는, 연삭숫돌의 구성요소를 일정한 순서로 나열하여 다음과 같이 표시한다.

예 WA 46 H 8 V

WA	46	H	8	V
숫돌입자	입도	결합도	조직	결합제

3 연삭숫돌의 3요소

(1) 숫돌 입자

절삭공구의 날에 해당하는 광물질의 결정체이다.

(2) 결합제

입자와 입자를 결합시키는 접착제이다.

(3) 기공

연삭열을 억제하고, 무딘 입자가 쉽게 탈락하며, 깎인 칩이 들어가는 장소이다.

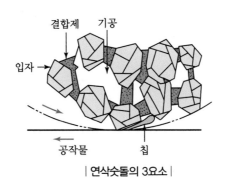

| 연삭숫돌의 3요소 |

4 연삭숫돌의 5인자

연삭재료, 가공정밀도, 작업방법 등에 따라 적합한 숫돌을 선택하여 사용해야 하는데, 이러한 연삭숫돌을 결정하는 가장 중요한 선택요소인 연삭숫돌의 입자, 입도, 결합도, 조직, 결합제를 연삭숫돌의 5인자라고 한다.

(1) 숫돌 입자(Abrasive Grain)

숫돌 입자는 연삭숫돌의 날을 구성하는 부분이다.

숫돌 입자의 종류	숫돌 입자의 기호	재질	용도
알루미나계 (모스경도 9 정도)	A	흑갈색 알루미나(알루미나 약 95%)	일반강재를 연마
	WA	백색 알루미나(알루미나 약 99.5%)	담금질강, 특수강, 고속도강을 연마
탄화규소계 (모스경도 9.5 정도)	C	흑자색 탄화규소(탄화규소 약 97%)	주철, 구리합금, 경합금, 비철금속, 비금속을 연마
	GC	녹색 탄화규소(탄화규소 약 98% 이상)	경도가 매우 높은 초경합금, 특수강, 칠드주철, 유리를 연마

(2) 입도(Grain Size)

입도는 숫돌 입자의 크기를 숫자로 나타낸 것으로 #8~#220까지 체로 분류하여 메시(Mesh) 번호로 표시한다.

(3) 결합도(Grade)

① 결합도란 연삭 입자를 결합시키는 접착력의 정도를 의미한다.

② 이를 숫돌의 경도라고도 하며, 입자의 경도와는 무관하다.

③ 결합도가 낮은 쪽에서 높은 쪽으로 알파벳순으로 표시한다.

결합도 호칭	매우 연한 것 (Very Soft)	연한 것 (Soft)	중간 것 (Medium)	단단한 것 (Hard)	매우 단단한 것 (Very Hard)
결합도 번호	E, F, G	H, I, J, K	L, M, N, O	P, Q, R, S	T, U, V, W, X, Y, Z

④ 연삭조건에 따른 숫돌의 결합도 선택

결합도가 높은 숫돌(굳은 숫돌)	결합도가 낮은 숫돌(연한 숫돌)
• 연한 재료의 연삭	• 단단한(경한) 재료의 연삭
• 숫돌차의 원주속도가 느릴 때	• 숫돌차의 원주속도가 빠를 때
• 연삭깊이가 얕을 때	• 연삭깊이가 깊을 때
• 접촉면이 작을 때	• 접촉면이 클 때
• 재료 표면이 거칠 때	• 재료 표면이 치밀할 때

(4) 조직

기공은 주로 연삭 칩이 모이는 곳으로서 연삭 칩의 배출에 큰 영향을 미친다. 기공의 대소, 즉 단위체적당 연삭숫돌의 밀도를 조직이라 하는데, 조직의 표시는 다음과 같이 번호와 기호로 나타낸다.

❚ 연삭숫돌의 조직

구분	조밀하다(Dense)	중간(Medium)	거칠다(Open)
조직 기호	C	M	W
조직 번호	0, 1, 2, 3	4, 5, 6	7, 8, 9, 10, 11, 12
입자비율	50% 이상	42 이상~50% 미만	42% 미만

(5) 결합제

결합제는 숫돌 입자를 결합하여 숫돌의 형상을 갖도록 하는 재료이다.

❚ 결합제의 종류 및 기호

종류	비트리파이드	실리케이트	고무	레지노이드	셀락	비닐	메탈
기호	V	S	R	B	E	PVA	M

- 현재 사용되고 있는 숫돌의 대부분이 비트리파이드(V) 결합제이다.
- 메탈(M)은 다이아몬드 숫돌의 결합제로, 결합도가 크고, 자생능력이 떨어진다.

5 연삭숫돌의 수정작업

(1) 숫돌면의 변화

① 눈메움(Loading) : 숫돌 입자의 표면이나 기공에 칩이 끼여 연삭성이 나빠지는 현상을 말한다.
② 눈무딤 : 연삭숫돌의 입자가 탈락되지 않고 마모에 의하여 납작해지는 현상을 말한다.
③ 입자 탈락 : 연삭숫돌의 결합도가 낮고 조직이 성긴 경우에는 작은 연삭저항에도 숫돌 입자가 떨어져 나가는 현상을 말한다.

(2) 연삭숫돌 수정작업의 종류

① 드레싱(Dressing) : 연삭가공을 할 때 숫돌에 눈메움, 눈무딤 등이 발생하여 절삭상태가 나빠진다. 이 때 예리한 절삭날을 숫돌표면에 생성하여 절삭성을 회복시키는 작업이다.

| 드레싱 |

| 드레서 |

② 트루잉(Truing)

　㉠ 연삭숫돌 입자가 연삭가공 중에 떨어져 나가거나, 처음의 연삭 단면 형상과 다르게 변하는 경우 원래의 형상으로 성형시켜 주는 것을 말한다.

　㉡ 트루잉 작업은 다이아몬드 드레서, 프레스 롤러, 크러시 롤러(Crush Roller) 등으로 하고, 트루잉 작업과 동시에 드레싱도 함께 하게 된다.

실전 문제

01 지름 50mm인 연삭숫돌을 7,000rpm으로 회전시키는 연삭작업에서, 지름 100mm인 가공물을 연삭숫돌과 반대 방향으로 100rpm으로 원통 연삭할 때 접촉점에서 연삭의 상대속도는 약 몇 m/min인가?

① 931
② 1,099
③ 1,131
④ 1,161

해설 ➕ - - - - - - - - - - - - - - - - - -

• 연삭숫돌 속도

$$V_1 = \frac{\pi d_1 n}{1,000} = \frac{\pi \times 50 \times 7,000}{1,000} = 1,100\,\text{m/min}$$

• 가공물 속도

$$V_2 = \frac{\pi d_2 n}{1,000} = \frac{\pi \times 100 \times 100}{1,000} = 31.4\,\text{m/min}$$

• 연산숫돌과 가공물의 상대속도 $= 1,100 + 31.4$
$$= 1,131.4\,\text{m/min}$$

02 절삭공구를 연삭하는 공구연삭기의 종류가 아닌 것은?

① 센터리스 연삭기
② 초경공구 연삭기
③ 드릴 연삭기
④ 만능공구 연삭기

해설 ➕ - - - - - - - - - - - - - - - - - -

공구연삭기의 종류
만능공구 연삭기, 드릴 연삭기, 바이트 연삭기 등이 있다.

03 센터리스 연삭기의 특징으로 틀린 것은?

① 긴 홈이 있는 가공물이나 대형 또는 중량물의 연삭이 가능하다.
② 연삭숫돌 폭보다 넓은 가공물을 플랜지 컷 방식으로 연삭할 수 없다.
③ 연삭숫돌의 폭이 크므로, 연삭숫돌 지름의 마멸이 적고, 수명이 길다.
④ 센터가 필요하지 않아 센터구멍을 가공할 필요가 없고, 속이 빈 가공물을 연삭할 때 편리하다.

해설 ➕ - - - - - - - - - - - - - - - - - -

① 긴 홈이 있는 가공물이나 대형 또는 중량물의 연삭이 불가능하다.

04 연삭기의 이송방법이 아닌 것은?

① 테이블 왕복식
② 플랜지 컷 방식
③ 연삭 숫돌대 방식
④ 마그네틱 척 이동방식

해설 ➕ - - - - - - - - - - - - - - - - - -

외경 원통 연삭기의 이송방법에는 테이블 왕복식, 연삭 숫돌대 왕복식, 플랜지 컷 방식이 있다.

05 공작물을 센터에 지지하지 않고 연삭하며, 가늘고 긴 가공물의 연삭에 적합한 특징을 가진 연삭기는?

① 나사 연삭기 ② 내경 연삭기
③ 외경 연삭기 ④ 센터리스 연삭기

센터리스 연삭의 원리
- 공작물에 센터를 가공하기 어려운 공작물의 외경을 센터나 척을 사용하지 않고 조정숫돌과 지지대로 지지하면서 공작물을 연삭하는 방법이다.
- 공작물의 받침판과 조정숫돌에 의해 지지된다.
- 공작물은 조정숫돌을 2~8°의 경사각을 주어 자동 이송시킨다.

06 바깥지름 원통 연삭에서 연삭숫돌이 숫돌의 반지름 방향으로 이송하면서 공작물을 연삭하는 방식은?

① 유성형
② 플랜지 컷형
③ 테이블 왕복형
④ 연삭숫돌 왕복형

플랜지 컷형
숫돌의 테이블과 직각으로 이동시켜 연삭시킨다.

숫돌바퀴

공작물

07 센터리스 연삭기에 필요하지 않은 부품은?

① 받침판
② 양센터
③ 연삭숫돌
④ 조정숫돌

센터리스 연삭기는 센터나 척을 사용하지 않고 조정숫돌과 지지대로 지지하면서 공작물을 연삭하는 방법이므로 양센터가 필요하지 않다.

08 GC 60 K m V 1호이며 외경이 300mm인 연삭숫돌을 사용한 연삭기의 회전수가 1,700rpm이라면 숫돌의 원주속도는 약 몇 m/min인가?

① 102
② 135
③ 1,602
④ 1,725

$$V = \frac{\pi dn}{1,000} = \frac{\pi \times 300 \times 1,700}{1,000} = 1,602 \, \text{m/min}$$

여기서, d : 연삭숫돌의 외경(mm)
n : 회전수(rpm)

09 연삭숫돌바퀴의 구성 3요소에 속하지 않는 것은?

① 숫돌입자
② 결합제
③ 조직
④ 기공

③ 조직은 연삭숫돌의 5인자 중 하나이다.

10 다음과 같이 표시된 연삭숫돌에 대한 설명으로 옳은 것은?

WA 100 K 5 V

① 녹색 탄화규소 입자이다.
② 고운눈 입도에 해당된다.
③ 결합도가 극히 경하다.
④ 메탈 결합제를 사용했다.

WA	100	K	5	V
숫돌입자	입도	결합도	조직	결합제
백색알루미나	고운 것	연한 것	중간	비트리파이드

CHAPTER | 10 연삭가공

11 열경화성 합성수지인 베이크라이트(Bakelite)를 주성분으로 하며 각종 용제, 기름 등에 안정된 숫돌로서 절단용 숫돌 및 정밀 연삭용으로 적합한 결합제는?

① 고무 결합제
② 비닐 결합제
③ 셀락 결합제
④ 레지노이드 결합제

12 연삭숫돌에 대한 설명으로 틀린 것은?

① 부드럽고 전연성이 큰 연삭에는 고운 입자를 사용한다.
② 연삭숫돌에 사용되는 숫돌입자에는 천연산과 인조산이 있다.
③ 단단하고 치밀한 공작물의 연삭에는 고운 입자를 사용한다.
④ 숫돌과 공작물의 접촉면적이 작은 경우에는 고운 입자를 사용한다.

해설 ⊕ -
① 부드럽고 전연성이 큰 연삭에는 거친 입자를 사용한다.

13 연삭숫돌의 결합제에 따른 기호가 틀린 것은?

① 고무 – R   ② 셀락 – E
③ 레지노이드 – G   ④ 비트리파이드 – V

해설 ⊕ -
③ 레지노이드 – B

14 연삭숫돌의 표시에 대한 설명이 옳은 것은?

① 연삭입자 C는 갈색 알루미나를 의미한다.
② 결합제 R은 레지노이드 결합제를 의미한다.

③ 연삭숫돌의 입도 #100이 #300보다 입자의 크기가 크다.
④ 결합도 K 이하는 경한 숫돌, L~O는 중간 정도 숫돌, P 이상은 연한 숫돌이다.

해설 ⊕ -
① 연삭입자 C는 흑자색 탄화규소를 의미한다.
② 결합제 R은 고무 결합제를 의미한다.
④ 결합도 K 이하는 연한 숫돌, L~O는 중간 정도 숫돌, P 이상은 단단한 숫돌이다.

15 연삭작업에 대한 설명으로 적절하지 않은 것은?

① 거친 연삭을 할 때에는 연삭 깊이를 얕게 주도록 한다.
② 연질 가공물을 연삭할 때는 결합도가 높은 숫돌이 적합하다.
③ 다듬질 연삭을 할 때는 고운 입도의 연삭숫돌을 사용한다.
④ 강의 거친 연삭에서 공작물 1회전마다 숫돌바퀴 폭의 1/2~3/4으로 이송한다.

해설 ⊕ -
① 거친 연삭을 할 때에는 연삭 깊이를 깊게 주도록 한다.

16 다음 연삭숫돌 기호에 대한 설명이 틀린 것은?

WA 60 K m V

① WA : 연삭숫돌입자의 종류
② 60 : 입도
③ m : 결합도
④ V : 결합제

해설 ⊕ -
③ m : 조직(연삭숫돌의 밀도)

정답   11 ④ 12 ① 13 ③ 14 ③ 15 ① 16 ③

17 연삭작업에서 숫돌 결합제의 구비조건으로 틀린 것은?

① 성형성이 우수해야 한다.
② 열이나 연삭액에 대하여 안정성이 있어야 한다.
③ 필요에 따라 결합 능력을 조절할 수 있어야 한다.
④ 충격에 견뎌야 하므로 기공 없이 치밀해야 한다.

해설 ⊕

고속회전에 대한 안전강도를 갖고, 입자 간에 기공이 생기도록 해야 한다.

18 주성분이 점토와 장석이고 균일한 기공을 나타내며 많이 사용하는 숫돌의 결합제는?

① 고무 결합제(R)
② 셸락 결합제(E)
③ 실리게이트 결합제(S)
④ 비트리파이드 결합제(V)

해설 ⊕

비트리파이드 결합제(V)
결합제의 원료는 장석 및 점토이고, 현재 사용되고 있는 숫돌의 대부분이 비트리파이드 결합제로 되어 있다.

19 연삭숫돌의 입도(Grain Size) 선택의 일반적인 기준으로 가장 적합한 것은?

① 절삭 깊이와 이송량이 많고 거친 연삭은 거친 입도를 선택
② 다듬질 연삭 또는 공구를 연삭할 때는 거친 입도를 선택
③ 숫돌과 일감의 접촉 면적이 작을 때는 거친 입도를 선택
④ 연성이 있는 재료는 고운 입도를 선택

해설 ⊕

② 다듬질 연삭 또는 공구를 연삭할 때는 고운 입도를 선택
③ 숫돌과 일감의 접촉 면적이 작을 때는 고운 입도를 선택
④ 연성이 있는 재료는 거친 입도를 선택

정답 17 ④ 18 ④ 19 ①

11 정밀입자가공 및 특수가공

---

01 정밀입자가공

> **Reference**
>
> **정밀입자가공의 가공치수정밀도 순서**
>
> 호닝(3~10μm) < 슈퍼피니싱(0.1~0.3μm) < 래핑(0.0125~0.025μm)

---

1 래핑(Lapping)

(1) 개요

① 일반적으로 가공물과 랩(정반) 사이에 미세한 분말 상태의 랩제를 넣고, 가공물에 압력을 가하면서 상대운동을 시키면 표면 거칠기가 매우 우수한 가공면을 얻을 수 있다.

② 래핑은 블록 게이지, 한계 게이지, 플러그 게이지 등의 측정기의 측정면과 정밀기계부품, 광학 렌즈 등의 다듬질용으로 쓰인다.

(2) 특징

① 가공면이 매끈한 거울면을 얻을 수 있다.

② 정밀도가 높은 제품을 가공할 수 있다.

③ 가공면은 윤활성 및 내마모성이 좋다.

④ 가공이 간단하고 대량생산이 가능하다.

⑤ 평면도, 진원도, 직선도 등의 이상적인 기하학적 형상을 얻을 수 있다.

(3) 래핑방식

① 습식 : 습식은 랩제와 래핑액을 공급하면서 가공하는 방법으로 거친 가공에 이용된다.

② 건식 : 건식은 랩제만을 사용하는 방법으로 정밀 다듬질에 사용된다.

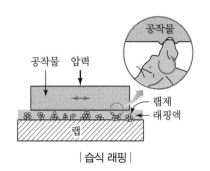

|습식 래핑|

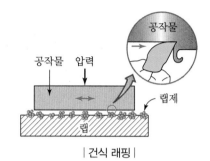

|건식 래핑|

(4) 랩, 랩제 및 래핑액

① 랩 : 가공물의 재질보다 연한 것을 사용한다(일반적으로 주철).

② 랩제 : 탄화규소(SiC), 알루미나(Al_2O_3), 산화크롬(Cr_2O_3)

③ 래핑유 : 경유, 올리브유, 물 등

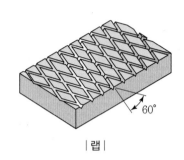

|랩|

❷ 호닝(Honing)

① 혼(Hone)이라는 고운 숫돌 입자를 직사각형 모양으로 만들어 숫돌을 스프링으로 축에 방사형으로 부착하여 회전운동과 왕복운동을 시켜, 원통의 내면을 정밀하게 다듬질하는 방법이다.

② 원통의 내면을 절삭한 후 보링, 리밍 또는 연삭가공을 하고, 다시 구멍에 대한 진원도, 직진도 및 표면 거칠기를 향상시키기 위해 사용한다.

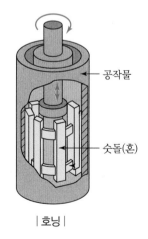

|호닝|

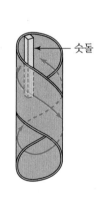

|숫돌 운동 모양|

3 액체호닝

(1) 개요

액체호닝은 연마제를 가공액과 혼합한 다음 압축공기와 함께 노즐로 고속 분사하여 공작물의 표면을 깨끗이 다듬는 가공법이다.

(2) 특징

① 가공 시간이 짧다.
② 가공물의 피로강도를 10% 정도 향상시킨다.
③ 형상이 복잡한 것도 쉽게 가공한다.
④ 가공물 표면에 산화막이나 거스러미(버, Burr)를 제거하기 쉽다.

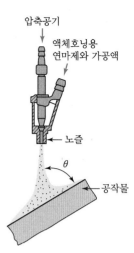

| 액체호닝 |

4 슈퍼피니싱

① 미세하고 연한 숫돌을 가공표면에 가압하고, 공작물에 회전 이송운동, 숫돌에 진동을 주어 0.5mm 이하의 경면(鏡面) 다듬질에 사용한다.
② 정밀롤러, 저널, 베어링의 궤도, 게이지, 공작기계의 고급축, 자동차, 항공기 엔진부품, 대형 내연기관의 크랭크축 등의 가공에 사용한다.

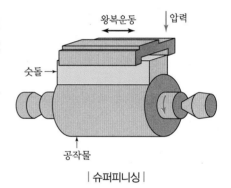

| 슈퍼피니싱 |

02 특수가공

1 방전가공

아크(Arc)방전에 의해 발생한 열에너지를 사용해 공작물을 녹이거나 기화시켜 가공하는 방법이다.

① **전극 재료** : 흑연, 텅스텐, 구리 합금을 사용한다.
② **가공액** : 백등유, 경유, 스핀들유 등이 있다.
③ **특징**
  ㉠ 경도가 높은 재질을 쉽게 가공한다.
  ㉡ 전기가 통하는 모든 물체의 가공이 가능하다.
  ㉢ 공구(전극)의 가공이 쉽다.
  ㉣ 얇은 판이나 가는 구멍의 가공이 용이하다.

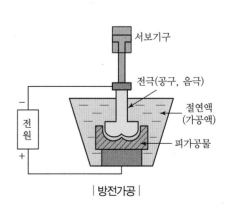

| 방전가공 |

② 초음파가공

물이나 경유 등에 연삭 입자를 혼합한 가공액을 공구의 진동면과 일감 사이에 주입시켜가며 초음파에 의한 상하 진동으로 표면을 다듬는 가공방법이다.

① **특징**
    ㉠ 방전가공과 달리 부도체도 가공한다.
    ㉡ 초경 합금, 보석류, 세라믹 등에 미세한 구멍가공과 절단이 가능하다.
    ㉢ 가공액으로 물이나 경유 등을 사용하므로 경제적이고 취급하기도 쉽다.

③ 전해 연마

일감을 양극으로 하고 전해액 속에 달아매면 일감이 전기분해에 의해 깨끗하고 아름답게 된다.

① **전해액** : 황산(H_2SO_4), 인산(H_8PO_4), 질산 등이 있다.

② **특징**
    ㉠ 치수 정밀도보다는 표면의 광택이 중요시될 때 사용한다.
    ㉡ 복잡한 공작물과 얇은 재료의 연마도 가능하다.
    ㉢ 가공한 면은 방향성이 없어 거울과 같이 매끄럽다.

④ 그 밖의 가공

(1) 버니싱

① 1차 가공된 가공물의 안지름보다 다소 큰 강구를 압입 통과시켜, 표면에 소성 변형을 일으키게 하여 매끈하고 정도가 높은 면을 얻는 가공법이다.
② 주로 구멍 내면의 다듬질에 사용되며, 연성, 전성이 큰 재료에 사용한다.

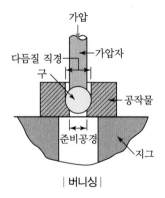

| 버니싱 |

(2) 숏 피닝(Shot Peening)

작은 금속 입자를 고속으로 금속 표면에 분사하여 금속 표면의 강도와 경도를 크게 해 주는 일종의 소성가공으로 반복된 하중에 대한 강도를 증가시켜(피로 효과) 스프링, 기어, 축 등에 사용한다.

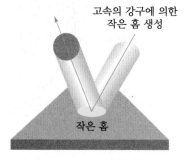

| 숏피닝 |

(3) 버핑(Buffing)

천이나 가죽 등을 이용하여 일감의 녹을 제거하거나 광을 내는 작업이다.

(4) 배럴가공

① 회전하는 상자에 공작물과 숫돌 입자, 공작액, 콤파운드 등을 함께 넣어 공작물이 입자와 충돌하는 동안에 그 표면의 요철을 제거하며, 매끈한 가공면을 얻는 다듬질 방법이다.

② 배럴(Barrel) : 공작물을 넣고 회전하는 상자를 배럴이라고 한다.

③ 미디어(Media) : 배럴가공 시 공작물 표면을 연마하거나 광택을 내기 위한 연마제이다.

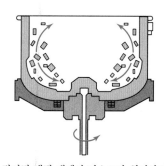

정지된 배럴 내에서 디스크가 회전하며
연마 매체와 가공물을 상승 운동시킨다.

| 회전식 배럴가공 |

실전 문제

01 압축공기를 이용하여, 가공액과 혼합된 연마재를 가공물 표면에 고압·고속으로 분사시켜 가공하는 방법은?

① 버핑
② 초음파 가공
③ 액체호닝
④ 슈퍼피니싱

해설⊕

액체호닝

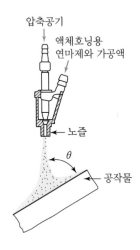

02 일감에서 회전운동과 이송을 주며, 숫돌을 일감 표면에 약한 압력으로 눌러 대고 다듬질할 면에 따라 매우 작고 빠른 진동을 주어 가공하는 방법은?

① 래핑
② 드레싱
③ 드릴링
④ 슈퍼피니싱

해설⊕

슈퍼피니싱

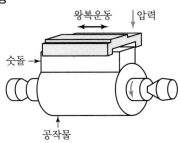

03 래핑작업에 사용하는 랩제의 종류가 아닌 것은?

① 흑연
② 산화크롬
③ 탄화규소
④ 산화알루미나

해설⊕

랩제
산화크롬(Cr_2O_3), 탄화규소(SiC), 산화알루미나(Al_2O_3) 등을 사용한다.

04 입자를 이용한 가공법이 아닌 것은?

① 래핑
② 브로칭
③ 배럴가공
④ 액체호닝

해설⊕

정밀입자 가공의 종류
래핑, 슈퍼피니싱, 액체호닝, 배럴가공 등이 있다.

정답   01 ③   02 ④   03 ①   04 ②

05 호닝작업의 특징으로 틀린 것은?

① 정확한 치수가공을 할 수 있다.
② 표면정밀도를 향상시킬 수 있다.
③ 호닝에 의하여 구멍의 위치를 자유롭게 변경하여 가공이 가능하다.
④ 전 가공에서 나타난 테이퍼, 진원도 등에 발생한 오차를 수정할 수 있다.

해설 ➕ -
③ 구멍의 위치를 자유롭게 변경할 수 없다.

06 래핑에 대한 설명으로 틀린 것은?

① 습식 래핑은 주로 거친 래핑에 사용된다.
② 습식 래핑은 연마입자를 혼합한 랩액을 공작물에 주입하면서 가공한다.
③ 건식 래핑의 사용 용도는 초경질 합금, 보석 및 유리 등 특수재료에 널리 쓰인다.
④ 건식 래핑은 랩제를 랩에 고르게 누른 다음 이를 충분히 닦아내고 주로 건조상태에서 래핑을 한다.

해설 ➕ -
③ 습식래핑의 사용 용도는 초경질 합금, 보석 및 유리 등 특수재료에 널리 쓰인다.

07 정밀 입자 가공 중 래핑(Lapping)에 대한 설명으로 틀린 것은?

① 가공면의 내마모성이 좋다.
② 정밀도가 높은 제품을 가공할 수 있다.
③ 작업 중 분진이 발생하지 않아 깨끗한 작업환경을 유지할 수 있다.
④ 가공면에 랩제가 잔류하기 쉽고, 제품을 사용할 때 잔류한 랩제가 마모를 촉진시킨다.

해설 ➕ -
③ 작업 중 분진이 많이 발생한다.

08 일반적으로 방전가공 작업 시 사용되는 가공액의 종류 중 가장 거리가 먼 것은?

① 변압기유　　　　② 경유
③ 등유　　　　　　④ 휘발유

해설 ➕ -
절연액의 종류
경유, 등유, 스핀들유, 머신유, 실리콘오일, 변압기유 등

[참고] 절연 : 전기와 열이 통하지 않음

09 1차로 가공된 가공물의 안지름보다 다소 큰 강구(Steel Ball)를 압입 통과시켜서 가공물의 표면을 소성변형으로 가공하는 방법은?

① 래핑(Lapping)
② 호닝(Honing)
③ 버니싱(Burnishing)
④ 그라인딩(Grinding)

해설 ➕ -

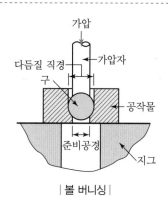

| 볼 버니싱 |

10 다음 중 초음파 가공으로 가공하기 어려운 것은?

① 구리
② 유리
③ 보석
④ 세라믹

해설 ⊕ -

초음파 가공
소성변형이 없이 파괴되는 유리, 수정, 반도체, 자기, 세라믹, 카본 등을 정밀하게 가공하는 데 사용한다.

11 원하는 형상을 한 공구를 공작물의 표면에 눌러 대고 이동시켜 표면에 소성변형을 주어 정도가 높은 면을 얻기 위한 가공법은?

① 래핑
② 버니싱
③ 폴리싱
④ 슈퍼피니싱

해설 ⊕ -

버니싱

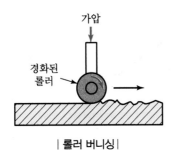

| 롤러 버니싱 |

12 다음 중 전해가공의 특징으로 틀린 것은?

① 전극을 양극(+)에 가공물을 음극(−)으로 연결한다.
② 경도가 크고 인성이 큰 재료도 가공능률이 높다.
③ 열이나 힘의 작용이 없으므로 금속학적인 결함이 생기지 않는다.
④ 복잡한 3차원 가공도 공구자국이나 버(Burr)가 없이 가공할 수 있다.

해설 ⊕ -

① 가공물을 양극(+)에 전극을 음극(−)으로 연결한다.

13 방전가공용 전극 재료의 구비 조건으로 틀린 것은?

① 가공정밀도가 높을 것
② 가공전극의 소모가 적을 것
③ 방전이 안전하고 가공속도가 빠를 것
④ 전극을 제작할 때 기계가공이 어려울 것

해설 ⊕ -

④ 전극을 제작할 때 기계가공이 쉬울 것

14 전해연삭의 특징이 아닌 것은?

① 가공면은 광택이 나지 않는다.
② 기계적인 연삭보다 정밀도가 높다.
③ 가공물의 종류나 경도에 관계없이 능률이 좋다.
④ 복잡한 형상의 가공물을 변형 없이 가공할 수 있다.

해설 ⊕ -

② 기계적인 연삭보다 정밀도가 낮다.

정답 ▬▬ 10 ① 11 ② 12 ① 13 ④ 14 ②

15 게이지블록 등의 측정기 측정면과 정밀기계 부품, 광학 렌즈 등의 마무리 다듬질가공방법으로 가장 적절한 것은?

① 연삭
② 래핑
③ 호닝
④ 밀링

해설 ⊕

래핑

- 일반적으로 가공물과 랩(정반) 사이에 미세한 분말 상태의 랩제를 넣고, 가공물에 압력을 가하면서 상대운동을 시키면 표면 거칠기가 매우 우수한 가공면을 얻을 수 있다.
- 래핑은 블록 게이지, 한계 게이지, 플러그 게이지 등의 측정기의 측정면과 정밀기계부품, 광학 렌즈 등의 다듬질용으로 쓰인다.

16 목재, 피혁, 직물 등 탄성이 있는 재료로 된 바퀴 표면에 부착시킨 미세한 연삭 입자로서 연삭작용을 하게 되어 가공 표면을 버핑 전에 다듬질하는 방법은?

① 폴리싱
② 전해가공
③ 전해연마
④ 버니싱

해설 ⊕

공작물의 표면의 광택을 내기 위해서 1차 폴리싱가공을 한 후 2차로 버핑가공을 한다.

정답 15 ② 16 ①

12 안전수칙

01 기계작업 시 안전수칙

1 공작기계의 일반 안전수칙

① 기계의 회전을 멈추기 위해 손이나 공구를 사용하지 않는다.
② 절삭 중 절삭면에 손이 닿으면 안 된다.
③ 회전하는 공작물을 측정하지 않는다.
④ 절삭공구의 절삭성이 나쁘면 교체한다.
⑤ 가공물과 절삭공구의 설치를 확실히 한다.
⑥ 칩이 날아다닐 때는 보안경을 착용한다.
⑦ 칩 제거 시 브러시나 칩 클리어를 사용한다(손으로 제거하지 않는다).
⑧ 기계 위에 공구를 올려놓지 않는다.
⑨ 이송을 걸어놓은 채 기계를 정지시키지 않는다.
⑩ 바이트는 되도록 짧게 설치한다.
⑪ 장갑을 끼고 작업을 하지 않는다.

2 연삭작업 시 안전수칙

① 연삭기 덮개의 노출각도는 90°이거나 전체 원주의 1/4을 초과하지 않아야 한다.
② 연삭숫돌을 설치한 후 3분 정도 공회전을 시켜 이상 유무를 확인한다.
③ 사용 전에 연삭숫돌을 점검하여 숫돌의 균열 여부를 파악한 후 사용한다.
④ 연삭숫돌과 받침대의 간격은 3mm 이하로 유지한다.
⑤ 작업 시는 연삭숫돌의 정면에서 150° 정도 비켜서서 작업한다.
⑥ 가공물은 급격한 충격을 피하고 점진적으로 접촉시킨다.
⑦ 작업 시 연삭숫돌의 측면을 사용하여 작업하지 않는다.
⑧ 소음이나 진동이 심하면 즉시 작업을 중지한다.

⑨ 연삭작업 시는 반드시 해당 보호구(보안경, 방진마스크)를 착용하여야 한다.
⑩ 연삭숫돌의 교환은 지정된 공구를 사용한다.

③ 작업장 안전사항

① 방전가공 작업자의 발판을 고무 매트로 만든다.
② 로봇의 회전반경을 작업장 바닥에 페인트로 표시한다.
③ 무인반송차(AGV) 이동통로를 황색 테이프로 표시하여 주의하도록 한다.
④ 레이저 가공 시 모든 작업자가 보안경을 착용하도록 한다.

02 산업안전

① 안전보건표지의 색채, 용도(산업안전보건법 제38조 제3항 관련)

색채	용도	사용례
빨간색	금지	정지신호, 소화설비 및 그 장소, 유해행위의 금지
	경고	화학물질 취급장소에서의 유해 · 위험 경고
노란색	경고	화학물질 취급장소에서의 유해 · 위험경고 이외의 위험경고, 주의표지 또는 기계 방호물
파란색	지시	특정행위의 지시 및 사실의 고지
녹색	안내	비상구 및 피난소, 사람 또는 차량의 통행표지
흰색	–	파란색 또는 녹색에 대한 보조색
검은색	–	문자 및 빨간색 또는 노란색에 대한 보조색

② 화재의 등급

① A급 화재 : 일반화재(목재, 종이, 섬유 등)
② B급 화재 : 유류/가스 화재
③ C급 화재 : 전기 화재
④ D급 화재 : 금속화재[마그네슘(Mg)분말, 알루미늄(Al)분말 등]

실전 문제

01 재해 원인별 분류에서 인적 원인(불안전한 행동) 에 의한 것으로 옳은 것은?

① 불충분한 지지 또는 방호
② 작업장소의 밀집
③ 가동 중인 장치를 정비
④ 결함이 있는 공구 및 장치

해설 ⊕
③ 가동 중인 장치를 정비하는 것은 불안전한 행동으로 산업 재해가 발생할 수 있다.

02 수공구를 사용할 때 안전수칙 중 거리가 먼 것은?

① 스패너를 너트에 완전히 끼워서 뒤쪽으로 민다.
② 멍키렌치는 아래턱(이동 Jaw) 방향으로 돌린다.
③ 스패너를 연결하거나 파이프를 끼워서 사용하면 안 된다.
④ 멍키렌치는 웜과 랙의 마모에 유의하고 물림상태 확인 후 사용한다.

해설 ⊕
① 스패너를 너트에 완전히 끼워서 앞쪽으로 당긴다.

03 일반적인 선반작업의 안전수칙으로 틀린 것은?

① 회전하는 공작물을 공구로 정지시킨다.
② 장갑, 반지 등은 착용하지 않도록 한다.
③ 바이트는 가능한 짧고 단단하게 고정한다.
④ 선반에서 드릴작업 시 구멍가공이 거의 끝날 때에는 이송을 천천히 한다.

해설 ⊕
① 회전하는 공작물의 회전을 멈추기 위해 손이나 공구를 사용하지 않는다.

04 스패너작업의 안전수칙으로 거리가 먼 것은?

① 몸의 균형을 잡은 다음 작업을 한다.
② 스패너는 너트에 알맞은 것을 사용한다.
③ 스패너의 자루에 파이프를 끼워 사용한다.
④ 스패너를 해머 대용으로 사용하지 않는다.

해설 ⊕
③ 스패너를 연결하거나 파이프를 끼워서 사용하면 안 된다.

05 연삭작업에서 주의해야 할 사항으로 틀린 것은?

① 회전속도는 규정 이상으로 해서는 안 된다.
② 작업 중 숫돌의 진동이 있으면 즉시 작업을 멈춰야 한다.
③ 숫돌커버를 벗겨서 작업을 한다.
④ 작업 중에는 반드시 보안경을 착용하여야 한다.

해설 ⊕
③ 숫돌커버를 씌워서 작업을 한다.

정답 01 ③ 02 ① 03 ① 04 ③ 05 ③

06 밀링작업 시의 안전수칙으로 틀린 것은?

① 칩을 제거할 때 기계를 정지시킨 후 브러시로 털어 낸다.
② 주축 회전속도를 변환할 때에는 회전을 정지시키고 변환한다.
③ 칩가루가 날리기 쉬운 가공물의 공작 시에는 방진 안경을 착용한다.
④ 절삭유를 공급할 때 커터에 감겨들지 않도록 주의하고, 공작 중 다듬질 면은 손을 대어 거칠기를 점검한다.

해설 ⊕
④ 절삭유를 공급할 때 커터에 감겨들지 않도록 주의하고, 공작 중 다듬질 면은 손을 대어 거칠기를 점검하면 안 된다.

07 연삭작업 안전사항으로 틀린 것은?

① 연삭숫돌의 측면부위로 연삭작업을 수행하지 않는다.
② 숫돌은 나무해머나 고무해머 등으로 음향 검사를 실시한다.
③ 연삭가공 할 때, 안전을 위하여 원주 정면에서 작업을 한다.
④ 연삭작업 할 때, 분진의 비산을 방지하기 위해 집진기를 가동한다.

해설 ⊕
③ 연삭가공 시에 연삭숫돌의 정면에서 150° 정도 비켜서서 작업한다.

08 밀링작업의 안전수칙에 대한 설명으로 틀린 것은?

① 공작물의 측정은 주축을 정지하여 놓고 실시한다.

② 급속이송은 백래시 제거장치가 작동하고 있을 때 실시한다.
③ 중절삭할 때에는 공작물을 가능한 바이스에 깊숙이 물려야 한다.
④ 공작물을 바이스에 고정할 때 공작물이 변형이 되지 않도록 주의한다.

해설 ⊕
밀링작업에서 급속이송은 빠른 이송이 목적이므로 백래시 제거장치를 작동하지 않는다.

09 연삭작업에 관련된 안전사항 중 틀린 것은?

① 연삭숫돌을 정확하게 고정한다.
② 연삭숫돌 측면에 연삭을 하지 않는다.
③ 연삭가공 시 원주 정면에 서 있지 않는다.
④ 연삭숫돌 덮개 설치보다는 작업자의 보안경 착용을 권장한다.

해설 ⊕
④ 연삭작업 시 연삭숫돌 덮개를 설치하고, 눈을 보호하기 위해 보안경을 착용한다.

10 드릴링 머신 작업 시 주의해야 할 사항 중 틀린 것은?

① 가공 시 면장갑을 착용하고 작업한다.
② 가공물이 회전하지 않도록 단단하게 고정한다.
③ 가공물을 손으로 지지하여 드릴링하지 않는다.
④ 얇은 가공물을 드릴링할 때에는 목편을 받친다.

해설 ⊕
① 드릴작업 시 면장갑을 착용하지 않고 작업한다.

11 공작기계의 메인 전원 스위치 사용 시 유의사항으로 적합하지 않은 것은?

① 반드시 물기 없는 손으로 사용한다.
② 기계 운전 중 정전이 되면 즉시 스위치를 끈다.
③ 기계 시동 시에는 작업자에게 알리고 시동한다.
④ 스위치를 끌 때에는 반드시 부하를 크게 한다.

해설◆
④ 스위치는 무부하 시에 끈다.

12 드릴링 머신의 안전사항으로 틀린 것은?

① 장갑을 끼고 작업을 하지 않는다.
② 가공물을 손으로 잡고 드릴링한다.
③ 구멍 뚫기가 끝날 무렵은 이송을 천천히 한다.
④ 얇은 판의 구멍가공에는 보조 판 나무를 사용하는 것이 좋다.

해설◆
② 가공물을 지그에 고정시키고 드릴링한다.

13 밀링 머신에 관한 안전사항으로 틀린 것은?

① 장갑이 끼지 않도록 한다.
② 가공 중에 손으로 가공면을 점검하지 않는다.
③ 칩 받이가 있기 때문에 보호안경은 필요 없다.
④ 강력 절삭을 할 때에는 공작물을 바이스에 깊게 물린다.

해설◆
③ 가공할 때는 보안경을 착용하여 눈을 보호한다.

14 드릴링작업 시 안전사항으로 틀린 것은?

① 칩의 비산이 우려되므로 장갑을 착용하고 작업한다.
② 드릴이 회전하는 상태에서 테이블을 조정하지 않는다.
③ 드릴링의 시작부분에 드릴이 정확히 자리 잡힐 수 있도록 이송을 느리게 한다.
④ 드릴링이 끝나는 부분에서는 공작물과 드릴이 함께 돌지 않도록 이송을 느리게 한다.

해설◆
① 장갑을 끼고 작업하지 않는다.

15 선반작업에서의 안전사항으로 틀린 것은?

① 칩(Chip)은 손으로 제거하지 않는다.
② 공구는 항상 정리정돈하며 사용한다.
③ 절삭 중 측정기로 바깥지름을 측정한다.
④ 측정, 속도변환 등은 반드시 기계를 정지한 후에 한다.

해설◆
③ 절삭 중 공작물을 측정하지 않는다.

16 밀링작업에 대한 안전사항으로 틀린 것은?

① 가동 전에 각종 랩, 자동이송, 급속이송장치 등을 반드시 점검한다.
② 정면 커터로 절삭작업을 할 때 칩 커버를 벗겨 놓는다.
③ 주축속도를 변속시킬 때에는 반드시 주축이 정지한 후에 변환한다.
④ 밀링으로 절삭한 칩은 날카로우므로 주의하여 청소한다.

해설⊕ --

② 정면 커터작업 시에는 칩이 튀어나오므로 칩 커버를 설치하는 것이 좋다.

17 해머작업 시 유의사항으로 틀린 것은?

① 녹이 있는 재료를 가공할 때는 보호안경을 착용한다.
② 처음에는 큰 힘을 주면서 가공한다.
③ 기름이 묻은 손이나 장갑을 끼고 가공을 하지 않는다.
④ 자루가 불안정한 해머는 사용하지 않는다.

해설⊕ --

② 처음에는 작은 힘을 주면서 타격한다.

18 가연성 액체(알코올, 석유, 등유류)의 화재 등급은?

① A급   ② B급
③ C급   ④ D급

해설⊕ --

유류/가스 화재는 B급 화재에 해당한다.

19 화재를 A급, B급, C급, D급으로 구분했을 때, 전기화재에 해당하는 것은?

① A급   ② B급
③ C급   ④ D급

해설⊕ --

전기 화재는 C급 화재에 해당한다.

정답   17 ② 18 ② 19 ③

13 열처리

01 열처리 개요

1 열처리

열처리란 금속재료(주로 철강재료)에 요구되는 기계적 · 물리적 성질을 부여하기 위해 가열과 냉각 등의 조작을 적당한 속도로 조절하여 그 재료의 특성을 바꾸는 공정이다.

2 열처리의 목적

① 소재나 제품을 사용 목적에 적합한 조직과 성질로 바꾼다.
② 재료를 단단하게 만들어 기계적 · 물리적 성능을 향상시킨다.
③ 가공경화된 조직을 균질화하여 가공성을 향상시킨다.

3 분류

(1) 일반 열처리

담금질, 뜨임, 풀림, 불림 등이 있다.

(2) 항온 열처리

항온담금질(오스템퍼링, 마템퍼링, 마퀜칭, Ms퀜칭), 항온풀림, 오스포밍 등이 있다.

(3) 표면경화법

① 화학적인 방법
   ㉠ 침탄법 : 고체침탄법, 가스침탄법, 액체침탄법(＝침탄질화법＝청화법＝시안화법)
   ㉡ 질화법

② 물리적인 방법 : 화염경화법, 고주파경화법
③ 금속침투법 : 크로마이징, 칼로라이징, 실리콘나이징, 보로나이징, 세라다이징 등
④ 기타 표면경화법 : 숏피닝, 방전경화법, 하드페이싱 등

02 열처리 종류

1 일반 열처리

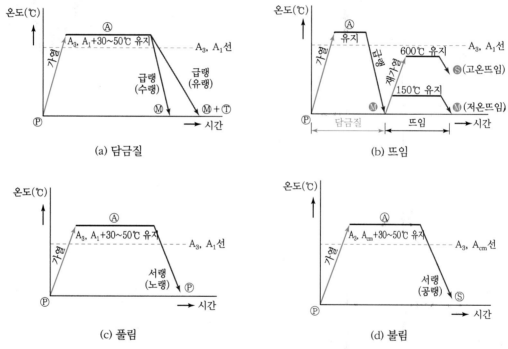

ⓟ : 펄라이트, Ⓐ : 오스테나이트, Ⓜ : 마텐자이트, Ⓣ : 트루스타이트, Ⓢ : 소르바이트

| 열처리의 종류 |

▎열처리의 목적 및 방법

열처리의 종류	기본 목적	대표적인 방법
담금질(Quenching)	조직 경화	$A_3, A_1 + 30 \sim 50℃$ 가열 후 급랭(수랭, 유랭)
뜨임(Tempering)	인성 부여	A_1 변태점 이하(고온 뜨임 : $400 \sim 600℃$, 저온 뜨임 : $150℃$)
풀림(Annealing)	조직 연화	$A_3, A_1 + 30 \sim 50℃$ 노랭
불림(Normalizing)	조직 표준화	$A_3, A_{cm} + 30 \sim 50℃$ 공랭

(1) 담금질

① **목적** : 재료의 경도와 강도를 높이기 위한 작업이다.

② 강이 오스테나이트 조직으로 될 때까지 A_3, A_1 변태점보다 30~50℃ 높은 온도로 가열한 후 물이나 기름으로 급랭하여 마텐자이트 변태가 되도록 하는 공정이다.

③ **냉각제에 따른 냉각속도** : 소금물＞물＞비눗물＞기름＞공기＞노(내부)

④ **냉각속도에 따른 열처리 조직**

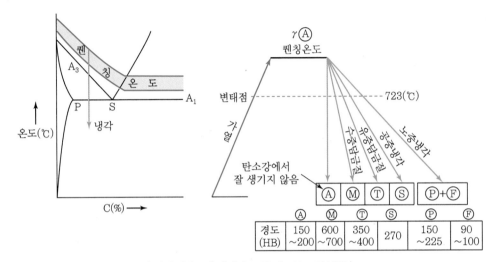

	Ⓐ	Ⓜ	Ⓣ	Ⓢ	Ⓟ	Ⓕ
경도 (HB)	150 ~200	600 ~700	350 ~400	270	150 ~225	90 ~100

| 강의 상태도와 냉각경로 및 경도와 조직 변화 |

- ㉠ 마텐자이트 : 수랭, 침상조직, 내부식성 우수, 고경도, 취성이 존재한다.
- ㉡ 트루스타이트 : 유랭, 고경도, 부식에 약하다.
- ㉢ 소르바이트 : 공랭, 강도와 탄성이 요구되는 구조용 강에 사용한다. 예 스프링강
- ㉣ 오스테나이트 : 가공성이 좋지 않으며, 비자성체, 내부식성 우수, 연신율이 크다.
- ㉤ 펄라이트 : 723℃에서 오스테나이트가 페라이트와 시멘타이트(고용체와 Fe_3C)의 층상이 공석정으로 변태한 것, 탄소함유량은 0.77%이고, 자성이 있다.
- ㉥ 조직에 따른 경도 크기 : 시멘타이트(Ⓒementite)＞마텐자이트(Ⓜartensite)＞트루스타이트(Ⓣroostite)＞소르바이트(Ⓢorbite)＞펄라이트(Ⓟearlite)＞오스테나이트(Ⓐustenite)＞페라이트(Ⓕerrite)

⑤ **질량효과** : 같은 강을 같은 조건으로 담금질하더라도 질량(지름)이 작은 재료는 내외부에 온도차가 없어 내부까지 경화되나, 질량이 큰 재료는 열의 전도에 시간이 길게 소요되어 내외부에 온도차가 생김으로써 외부는 경화되어도 내부는 경화되지 않는 현상

⑥ **심랭처리(Sub Zero)** : 상온으로 담금질된 강을 다시 0℃ 이하의 온도로 냉각시키는 열처리이다.
- ㉠ 목적 : 잔류오스테나이트를 마텐자이트로 변태시키기 위한 열처리
- ㉡ 효과 : 담금질 균열 방지, 치수 변화 방지, 경도 향상 예 게이지강

(2) 뜨임(Tempering)

① 목적

　　㉠ 강을 담금질한 후 취성을 없애기 위해서는 A_1변태점 이하의 온도에서 뜨임처리를 해야 한다.

　　㉡ 금속의 내부응력을 제거하고 인성을 개선하기 위한 열처리 방법이다.

② 저온뜨임 : 200℃ 부근에서 담금질 응력 제거, 치수의 경년 변화 방지, 내마모성 향상 등을 목적으로 마텐자이트 조직을 얻도록 조작을 하는 열처리 방법이다.

③ 고온뜨임 : 600℃에서 소르바이트 조직을 얻을 수 있으며, 재료에 큰 인성을 부여한다. 예 스프링강

④ 뜨임 온도에 따른 조직 변화

　　㉠ Ⓜartensite $\xrightarrow{\;200℃\;}$ Ⓜartensite

　　㉡ Ⓜartensite $\xrightarrow{\hspace{4cm}600℃\hspace{4cm}}$ Ⓢorbite

(3) 풀림(어닐링, Annealing)

① A_1, A_3선보다 30~50℃ 높은 온도로 가열 → 온도 유지 → 노에서 냉각한다.

② 주조, 단조, 기계가공에서 생긴 내부응력을 제거시킨다.

③ 경화된 재료를 연화시킨다(절삭성 향상).

④ 금속결정 입자를 균일화하고 미세화시킨다.

⑤ 흑연을 구상화시킨다.

(4) 불림(Normalizing)

① A_3, A_{cm}선보다 30~50℃ 높은 온도로 가열 → 온도 유지(재료를 균일하게 오스테나이트화함) → 대기 중에서 냉각한다.

② 열간가공 재료의 이상(결정립의 조대화, 내부 비틀림, 탄화물이나 그 외 석출물의 분산)을 제거하고, 조직의 표준화, 결정립의 미세화, 응력 제거, 가공성을 향상시킨다.

③ 연성과 인성 개선, 풀림한 재료보다 항복점, 인장강도, 경도 등이 일반적으로 높다.

② 항온 열처리

(1) 개요

① 변태점 이상으로 가열한 재료를 연속적으로 냉각하지 않고 어느 일정한 온도의 염욕 중에 냉각하여 그 온도에서 일정한 시간 동안 유지시킨 뒤 냉각시켜 담금질과 뜨임을 동시에 할 수 있는 열처리 방법이다.

② TTT(Time – Temperature – Transformation) 곡선(항온변태곡선) : 시간, 온도, 조직변화를 도시한 곡선이다.

(2) 항온 열처리 종류

① **오스포밍** : 오스테나이트를 급랭하여 마텐자이트 시작 온도 바로 위에서 성형가공 후 서랭한다. 이후 인성을 부여하기 위해 뜨임을 실시한다.

② **오스템퍼링** : 오스테나이트에서 베이나이트로 완전한 항온변태가 일어날 때까지 특정 온도로 유지 후 공기 중에서 냉각시켜 베이나이트 조직을 얻는다.

③ **마템퍼링** : 마텐자이트 변태 시작점과 마텐자이트 변태 종료점 사이에서 항온을 유지하여 베이나이트와 마텐자이트의 혼합조직을 석출하게 하는 열처리이다(오랜 시간 항온을 유지해야 하는 결점이 있다).

④ **마퀜칭** : 마텐자이트 변태 시작 온도에서 항온을 유지하여 소재 내외부 온도를 균일하게 한 후 냉각 속도를 급격히 낮추어 마텐자이트를 얻는 열처리이다.

③ 표면경화법

(1) 화학적 표면경화

① 침탄법

종류	원료	방법
고체침탄법	목탄, 골탄, 코크스 + 침탄촉진제	저탄소강을 가열하여 탄소 침투
액체침탄법	시안화나트륨(NaCN)	탄소(C)와 질소(N)가 동시에 침입 확산, 청화법, 침탄질화법, 시안화법
가스침탄법	천연가스, 프로판가스, 부탄, 메탄가스	원료 가스를 변성로에서 변성 후 침탄

② 질화법

원료	방법	특징
암모니아	암모니아(NH_3) 가스 중에서 450~570℃로 12~48시간 가열하면 표면에 질화층을 형성	높은 경도, 내마모성 증가, 피로한도 향상, 내식성 증가, 저온 열처리이므로 변형이 적다.

③ 침탄법과 질화법 특징 비교

특징	침탄법	질화법
경도	낮다.	높다.
열처리	반드시 필요하다.	필요 없다.
변형	크다.	작다.
사용재료	제한이 적다.	질화강이어야 한다.
고온 경도	낮아진다.	낮아지지 않는다.
소요시간	짧다.	길다(12~48hr).
수정 가능 여부	가능하다.	불가능하다.
가열온도	높다(900~950℃).	낮다(450~570℃).
표면경화층 두께	두껍다.	얇다.

④ 금속침투법(시멘테이션)

    ㉠ 제품을 가열하여 그 표면에 다른 금속(Zn, Al, Cr, Si, B 등)을 피복시키면, 피복과 동시에 확산작용이 일어나 우수한 표면을 가진 합금피복층을 얻을 수 있다.

    ㉡ 내열성, 내식성, 방청성, 내산화성 등의 화학적 성질과 경도 및 내마모성을 증가시키는 데 목적이 있다.

▮ 금속침투법의 종류

종류	세라다이징 (Sheradizing)	칼로라이징 (Calorizing)	크로마이징 (Chromizing)	실리코나이징 (Silliconizing)	보로나이징 (Boronizing)
침투제	아연(Zn)	알루미늄(Al)	크롬(Cr)	규소(Si)	붕소(B)
장점	대기 중 부식 방지	고온 산화 방지	내식, 내산, 내마모성 증가	내산성 증가	고경도 (HV 1,300~1,400)

⑤ 물리적 표면경화

종류	설명
화염경화	산소–아세틸렌 화염으로 강의 표면을 가열하여 담금질한다.
고주파경화	고주파 전류로 강의 표면을 가열하여 담금질한다.
하드페이싱	소재 표면에 스텔라이트나 경합금 등을 융착시킨다.
숏피닝	작은 입자의 강구를 소재 표면에 충돌시켜 피닝효과를 얻어 경화시킨다.

실전 문제

01 항온 열처리의 종류가 아닌 것은?

① 마퀜칭　　　　② 마템퍼링
③ 오스템퍼링　　④ 오스드로잉

해설⊕

항온 열처리의 종류
오스포밍, 오스템퍼링, 마템퍼링, 마퀜칭, Ms퀜칭

02 담금질한 강의 잔류오스테나이트를 제거하고 마텐자이트를 얻기 위하여 0℃ 이하에서 냉각시키는 열처리는?

① 심랭처리
② 염욕처리
③ 오스템퍼링
④ 항온 변태처리

해설⊕

심랭처리(Sub Zero)
• 방법 : 잔류오스테나이트를 마텐자이트로 변태시키기 위하여, 상온으로 담금질된 강을 다시 0℃ 이하의 온도로 냉각시키는 열처리이다.
• 효과 : 담금질 균열 방지, 치수 변화 방지, 경도 향상
　예 게이지강

03 공석강을 오스템퍼링하였을 때 나타나는 조직은?

① 베이나이트
② 소르바이트
③ 오스테나이트
④ 시멘타이트

해설⊕

오스템퍼링
오스테나이트에서 베이나이트로 완전한 항온변태가 일어날 때까지 특정 온도로 유지 후 공기 중에서 냉각시켜, 베이나이트 조직을 얻는다.

04 풀림의 목적을 설명한 것 중 틀린 것은?

① 강의 경도가 낮아져서 연화된다.
② 담금질된 강의 취성을 부여한다.
③ 조직이 균일화, 미세화, 표준화된다.
④ 가스 및 불순물의 방출과 확산을 일으키고, 내부 응력을 저하시킨다.

해설⊕

② 경화된 재료를 연화시킨다(절삭성 향상).

05 뜨임의 목적이 아닌 것은?

① 탄화물의 고용강화
② 인성 부여
③ 담금질할 때 생긴 내부응력 감소
④ 내마모성의 향상

해설⊕

① 탄화물의 고용강화 → 담금질

06 담금질한 강을 재가열할 때 600℃ 부근에서의 조직은?

① 소르바이트　　② 마텐자이트
③ 트루스타이트　④ 오스테나이트

정답　01 ④　02 ①　03 ①　04 ②　05 ①　06 ①

해설 ⊕

고온뜨임

600℃에서 소르바이트 조직을 얻을 수 있으며, 재료에 큰 인성을 부여한다. **예** 스프링강

07 풀림에 대한 설명으로 틀린 것은?

① 기계적 성질을 개선하기 위한 것이 구상화 풀림이다.
② 응력 제거 풀림은 재료 내부의 잔류응력을 제거하기 위한 것이다.
③ 강을 연하게 하여 기계 가공성을 향상시키기 위한 것은 완전 풀림이다.
④ 풀림온도는 과공석강인 경우에는 A_3변태점보다 30~50℃로 높게 가열하여 방랭한다.

해설 ⊕

④ 풀림온도는 과공석강인 경우에는 A_1변태점보다 30~50℃로 높게 가열하여 노에서 냉각한다.

08 강을 표준상태로 하고, 가공조직의 균일화, 결정립의 미세화 등을 목적으로 하는 열처리는?

① 풀림
② 불림
③ 뜨임
④ 담금질

해설 ⊕

불림(Normalizing)

• 방법 : A_3, A_{cm}선 이상 30~50℃에서 가열 → 온도 유지(재료를 균일하게 오스테나이트화함) → 대기 중에서 냉각
• 목적 : 열간가공 재료의 이상(결정립의 조대화, 내부 비틀림, 탄화물이나 그 외 석출물의 분산)을 제거하고, 조직의 표준화, 결정립의 미세화, 응력 제거, 가공성 향상

09 열처리의 목적을 설명한 것으로 옳은 것은?

① 담금질 : 강을 A_1변태점까지 가열하여 연성을 증가시킨다.
② 뜨임 : 소성가공에 의한 내부응력을 증가시켜 절삭성을 향상시킨다.
③ 풀림 : 강의 강도, 경도를 증가시키고, 조직을 마텐자이트조직으로 변태시킨다.
④ 불림 : 재료의 결정조직을 미세화하고, 기계적 성질을 개량하여 조직을 표준화한다.

해설 ⊕

① 담금질 : 강의 강도, 경도를 증가시키고, 조직을 마텐자이트조직으로 변태시킨다.
② 뜨임 : 소성가공에 의한 내부응력을 제거하고 인성을 개선한다.
③ 풀림 : 내부응력을 제거하고, 경화된 재료를 연화시킨다(절삭성 향상).

10 담금질 조직 중 경도가 가장 높은 것은?

① 펄라이트
② 마텐자이트
③ 소르바이트
④ 트루스타이트

해설 ⊕

조직에 따른 경도 크기

마텐자이트 > 트루스타이트 > 소르바이트 > 펄라이트

11 금속침투법에서 Zn을 침투시키는 것은?

① 크로마이징
② 세라다이징
③ 칼로라이징
④ 실리코나이징

해설 ⊕

세라다이징(Sheradizing)

Zn을 침투시켜 대기 중에서 부식을 방지한다.

12 공구강에서 경도를 증가시키고 시효에 의한 치수변화를 방지하기 위한 열처리 순서로 가장 적합한 것은?

① 담금질 → 심랭처리 → 뜨임처리
② 담금질 → 불림 → 심랭처리
③ 불림 → 심랭처리 → 담금질
④ 불림 → 심랭처리 → 담금질

13 담금질 조직 중에 냉각속도가 가장 빠를 때 나타나는 조직은?

① 소르바이트
② 마텐자이트
③ 오스테나이트
④ 트루스타이트

해설 ➕

담금질 시 냉각속도에 따라서 생기는 조직
마텐자이트(빠름) → 트루스타이트 → 소르바이트(느림)

14 탄소강 및 합금강을 담금질(Quenching)할 때 냉각 효과가 가장 빠른 냉각액은?

① 물   ② 공기
③ 기름   ④ 염수

해설 ➕

냉각제에 따른 냉각속도
소금물 > 물 > 비눗물 > 기름 > 공기 > 노(내부)

15 강의 표면에 붕소(B)를 침투시키는 처리방법은?

① 세라다이징   ② 칼로라이징
③ 크로마이징   ④ 보로나이징

해설 ➕

보로나이징(Boronizing)
침투제로 붕소를 사용하여 고경도의 표면을 얻을 수 있다.

16 노에 들어가지 못하는 대형부품의 국부 담금질, 기어, 톱니나 선반의 베드면 등의 표면을 경화시키는 데 가장 많이 사용하는 열처리방법은?

① 화염경화법   ② 침탄법
③ 질화법   ④ 청화법

해설 ➕

화염경화법
산소-아세틸렌 화염으로 강의 표면을 가열하여 담금질한다.

17 금속 침투법 중 철강 표면에 Al을 확산침투시켜 표면처리 하는 방법은?

① 세라다이징
② 크로마이징
③ 칼로라이징
④ 실리코나이징

해설 ➕

칼로라이징(Calorizing)
탄소강 표면에 알루미늄(Al)을 확산침투시키면 고온에서 산화가 방지된다.

18 금속 표면에 스텔라이트, 초경합금 등을 용착시켜 표면경화층을 만드는 방법은?

① 침탄처리법
② 금속침투법
③ 쇼트피닝
④ 하드페이싱

정답   12 ①   13 ②   14 ④   15 ④   16 ①   17 ③   18 ④

19 강의 표면경화법에 대한 설명으로 틀린 것은?

① 침탄법에는 고체침탄법, 액체침탄법, 가스침탄법 등이 있다.
② 질화법은 강 표면에 질소를 침투시켜 경화하는 방법이다.
③ 화염경화법은 일반 담금질법에 비해 담금질 변형이 적다.
④ 세라다이징은 철강 표면에 Cr을 확산 침투시키는 방법이다.

해설 ⊕

④ 세라다이징은 철강 표면에 Zn을 확산 침투시키는 방법이다.

20 뜨임 취성(Temper Brittleness)을 방지하는 데 가장 효과적인 원소는?

① Mo   ② Ni
③ Cr   ④ Zr

해설 ⊕

몰리브덴(Mo)
• 담금질성 ↑
• 질량효과 ↓
• 뜨임취성 방지
• 내식성 ↑

01 수기가공

수기가공은 공작기계를 사용하지 않고, 수공구를 사용해 손으로 가공하는 것을 말한다.

1 금긋기용 공구

금긋기 바늘(스크라이버), 서피스게이지, 중심내기자, 브이블록, 평행자, 평행대, 앵글플레이트, 컴퍼스, 하이트게이지 등이 있다.

2 절삭용 공구

쇠톱, 정, 줄, 스크레이퍼, 리머, 탭, 다이스 등이 있다.

(1) 줄작업

① 줄은 탄소공구강(STC)으로 만든다.

② 종류 : 직진법(일반적, 다듬질작업), 사진법(거친 절삭, 모따기), 횡진법(좁은 면, 병진법)이 있다.

③ 줄눈의 형상

ㄱ 단목 : 홑줄눈날, 연철 및 얇은 판의 가장자리 절삭

ㄴ 복목 : 겹줄눈날

ㄷ 귀목 : 거친 줄눈날, 목재, 가죽 등의 비금속 재료 절삭

ㄹ 파목 : 파도형 줄눈날, 칩 배출이 용이

④ 줄눈의 크기

ㄱ 1인치에 대한 눈금 수

ㄴ 황목(거친 줄눈), 중목(중간 줄눈), 세목(가는 줄눈), 유목(매우 가는 줄눈)

(2) 탭작업

① **탭** : 암나사를 만드는 공구이다.

② 핸드탭은 3개가 1조로 되어 있다.

③ **가공률**

예 1번탭 : 55% 절삭, 2번탭 : 25% 절삭, 3번탭 : 20% 절삭

④ **탭 구멍의 지름**

$d = D - p$

여기서, D : 나사의 바깥지름(호칭지름), p : 나사의 피치

| 핸드탭 |

(3) 다이스

수나사를 가공하는 공구이다.

| 다이스 |

---

02 측정

1 측정(Measurement)의 개요

(1) 측정 종류에 따른 분류

① **길이측정기** : 강철자, 직각자, 컴퍼스, 만능측장기, 마이크로미터, 버니어캘리퍼스, 하이트게이지, 다이얼게이지, 두께게이지, 표준게이지, 광학측정기 등

② **각도측정기** : 각도게이지, 직각자, 분도기, 콤비네이션스퀘어, 사인바, 테이퍼게이지, 광학식 클리노미터, 수준기, 오토콜리메이터

③ **평면도측정기** : 옵티컬플랫(광선정반), 옵티컬패러렐, 스트레이트에지, 수준기, 오토콜리메이터 등

④ **표면거칠기측정기** : 표면편과의 비교측정법, 3차원 형상측정기(촉침법, 광파간섭법, 광절단법) 등
⑤ **나사측정기** : 나사마이크로미터, 삼침법, 공구현미경, 투영기, 측장기 등

(2) 측정방법

① **직접측정** : 측정기의 눈금을 직접 읽는 방법이다.

　예 눈금자, 버니어캘리퍼스, 마이크로미터, 하이트게이지 등

② **비교측정** : 표준으로 만든 표준게이지와 측정물을 비교하여 측정하는 방법이다.

　예 다이얼게이지, 미니미터, 옵티미터, 공기마이크로미터, 전기마이크로미터 등

③ **간접측정** : 직접 또는 비교측정으로 측정한 값을 이용하여 계산식에 의해 구하는 방법으로 형태가 복잡한 나사나 기어측정에 사용된다.

　예 사인바 각도측정, 삼침법에 의한 나사의 유효지름 측정, 롤러와 블록게이지를 이용한 테이퍼 측정 등

(3) 오차

① **참값** : 설계 시 정해진 피측정물(공작물)의 모형과 치수의 값이다.
② 오차 = 측정값 - 참값

(4) 측정오차의 종류

① **개인오차** : 개인의 숙련도에 따른 오차이다.
② **계기오차** : 측정기의 구조, 측정압력, 측정 시의 온도, 측정기의 마모 등에 따른 오차이다.
　(측정기의 정도 결정은 KS규격에서 온도 20℃, 기압 760mmHg, 습도 58%로 규정한다.)
③ **우연오차** : 진동이나 채광의 변화가 영향을 미쳐 발생하는 오차이다.
④ **시차** : 눈의 위치와 눈금의 위치가 다른 데서 나타나는 오차이다.

2 아베의 원리

측정 정밀도를 높이기 위해서는 측정물체와 측정기구의 눈금을 측정방향과 동일 축선상에 배치해야 한다.

① **마이크로미터** : 측정물체와 측정기구의 눈금을 일직선상에 배치한다.
　⇒ 아베의 원리에 맞는 측정

| 아베의 원리에 맞는 측정 |

② 버니어캘리퍼스 : 측정물체와 측정기구의 눈금이 일직선상에 있지 않다.

⇒ 아베의 원리에 맞지 않는 측정

| 아베의 원리에 맞지 않는 측정 |

❸ 길이 측정

(1) 버니어캘리퍼스

① 버니어캘리퍼스는 어미자(본척)와 아들자(부척)를 이용하여 1/20mm, 1/50mm까지 길이를 측정하는 측정기이다.

② 측정 종류 : 바깥지름, 안지름, 깊이, 두께, 높이 등이 있다.

③ 최소측정값 : $\dfrac{1}{20}$ mm 또는 $\dfrac{1}{50}$ mm까지 측정한다.

$$V = \frac{S}{n}$$

여기서, V : 아들자의 1눈금 간격
S : 어미자의 1눈금 간격
n : 아들자의 등분 눈금 수

④ 눈금 읽는 방법

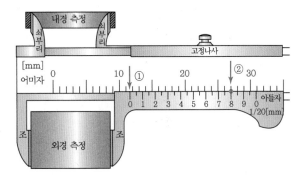

㉠ 아들자 눈금의 "0"이 어미자의 어느 곳에 있는지 확인한다.(화살표 표시 ① 위치)

㉡ 아들자가 위치한 곳이 어미자의 11보다는 크고 12보다는 작으므로 첫 번째 숫자는 11로 읽는다.

㉢ 두 번째 숫자, 즉 소수점 이하의 숫자를 읽는다.(화살표 표시 ② 위치)

⇒ 어미자와 아들자의 숫자가 일치하는 곳을 찾아 아들자의 숫자를 읽어 ㉡의 첫 번째 숫자 뒤에 소수점을 붙이고 바로 뒤에 아들자 숫자를 붙여서 읽으면 된다.

ㄹ 결과 : ㄴ의 숫자 11, ㄷ의 숫자 8 ⇒ 11.80mm

(2) 하이트게이지

① **용도** : 대형 부품, 복잡한 모양의 부품 등을 정반 위에 올려놓고 정반면을 기준으로 하여 높이를 측정하거나, 스크라이버로 금긋기작업을 하는 데 사용한다.

② **눈금 읽는 방법** : 버니어캘리퍼스의 눈금 읽는 방법과 같다.

| 하이트게이지 |

(3) 마이크로미터

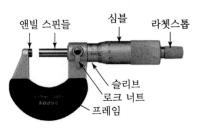

| 마이크로미터 |

① 마이크로미터는 길이의 변화를 나사의 회전각과 지름에 의해 원 주변에 확대하여 눈금을 새김으로써 작은 길이의 변화를 읽을 수 있도록 한 측정기이다.

② **종류** : 외측, 내측, 기어이, 깊이, 나사, 유니, 포인트 마이크로미터 등이 있다.

③ **최소측정값** : 0.01mm 또는 0.001mm가 있다.

$$최소측정값 = \frac{나사의\ 피치}{심블의\ 등분\ 수}$$

④ 눈금 읽는 방법

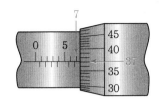

	슬리브 읽음	7.0	[mm]
(+)	심블 읽음	0.37	[mm]
	읽음	7.37	[mm]

⑤ 마이크로미터의 검사

마이크로미터 측정면의 평면도와 평행도는 앤빌과 스핀들의 양측 정면에 옵티컬 플랫 또는 옵티컬 패러렐을 밀착시켜 간섭무늬를 관찰해서 판정한다.

(4) 다이얼게이지

① 다이얼게이지는 측정자의 직선 또는 원호운동을 기계적으로 확대하고 그 움직임을 지침의 회전변위로 변환시켜 눈금으로 읽을 수 있는 길이측정기이다.

② **용도** : 평형도, 평면도, 진원도, 원통도, 축의 흔들림을 측정한다.

| 다이얼게이지 |

(5) 표준게이지

① 블록게이지

㉠ 길이 측정의 기준이 되며, 가장 정밀도가 높고, 공장 등에서 길이의 기준으로 사용되는 단도기이다.

㉡ 블록게이지를 여러 개 조합하면 원하는 치수를 얻을 수 있다.

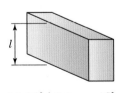

(a) 요한슨(Johanson)형

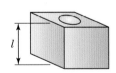

(b) 호크(Hoke)형

(c) 캐리(Cary)형

| 블록게이지의 형상 |

㉢ 블록게이지의 부속품

홀더, 조, 스크라이버포인트, 센터포인트, 베이스블록, 삼각스트레이트에지

㉣ 취급 시 주의사항

- 먼지가 적고 건조한 실내에서 사용할 것
- 목재 테이블이나 천 또는 가죽 위에서 사용할 것

- 측정면은 깨끗한 천이나 가죽으로 잘 닦을 것
- 필요한 치수만을 꺼내 쓰고 보관상자의 뚜껑을 닫아 둘 것
- 녹이나 돌기의 해를 막기 위하여 사용한 뒤에는 잘 닦아 방청유를 칠해 둘 것

> **Reference**
>
> **단도기**
>
> 크기나 길이 따위를 재는 데 기준이 되는 계기

② 한계게이지

　㉠ 두 개의 게이지를 짝지어 한쪽은 최대허용치수, 다른 쪽은 최소허용치수로 하여 제품이 이 한도 내에서 제작되는가를 검사하는 게이지로서 측정치수에 따라 각각의 게이지가 필요하다.

　㉡ 대량 측정에 적합하고, 합격과 불합격의 판정이 쉽다.

　㉢ 측정시간이 짧고, 미숙련공도 사용이 가능하다.

　㉣ 구멍용 한계게이지의 종류 : 플러그게이지, 테보게이지, 봉게이지

　㉤ 축용 한계게이지의 종류 : 스냅게이지, 링게이지, 고노게이지

(a) 플러그게이지와 링게이지

(b) 플러그나사게이지와 링나사게이지

(c) 스냅게이지

| 한계게이지 |

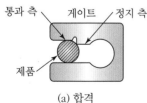

(a) 합격

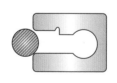

(b) 과대

(c) 과소

| 한계게이지 측정 결과 |

③ 기타 표준게이지

호환성 생산 방식에 필요한 게이지로서 드릴게이지, 와이어게이지, 틈새게이지, 피치게이지, 센터
게이지, 반지름게이지 등이 있다.

ⓛ 드릴게이지 : 드릴의 지름 측정

ⓛ 와이어게이지 : 각종 선재의 지름이나 판재의 두께 측정

ⓒ 틈새게이지 : 미세한 틈새 측정

ⓔ 피치게이지 : 나사의 피치나 산 수 측정

ⓜ 센터게이지 : 선반센터의 각도, 나사바이트의 각도 측정

ⓗ 반지름게이지 : 곡면의 둥글기 측정

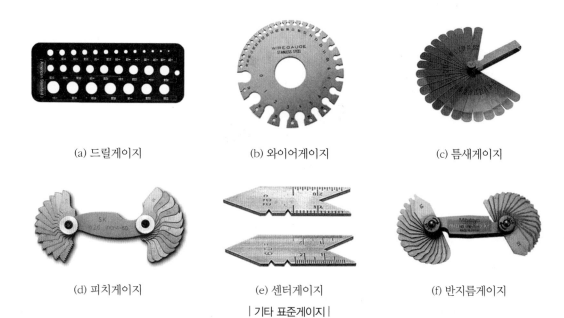

| (a) 드릴게이지 | (b) 와이어게이지 | (c) 틈새게이지 |

| (d) 피치게이지 | (e) 센터게이지 | (f) 반지름게이지 |

| 기타 표준게이지 |

(6) 공기마이크로미터

그림과 같이 압축공기가 노즐로부터 피측정물의 사이를 빠져나올 때 틈새에 따라 공기의 양이 변화한
다. 즉, 틈새가 크면 공기량이 많고 틈새가 작으면 공기량이 적어진다. 이 공기의 유량을 유량계로 측정
하여 치수의 값으로 읽는 측정기기이다.

① 압축공기원이 필요하다.

② 비교측정기로 2개의 마스터(상한 측정치 마스터, 하한 측정치 마스터)로 측정이 가능하다.

③ 타원, 테이퍼, 편심 등의 측정을 간단히 할 수 있다.

④ 확대기구에 기계적 요소가 없기 때문에 장시간 고정도를 유지할 수 있다.

⑤ 측정원리에 따라 배압식, 유량식, 유속식으로 분류할 수 있다.

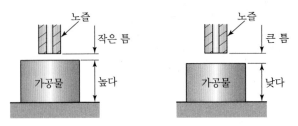

| 공기마이크로미터 |

(7) 전기마이크로미터(Electrical Comparator)

기계적인 위치변화를 전기량으로 증폭하여 디지털 또는 아날로그지시계에 그 양을 표시하도록 하는 길이측정기이다.

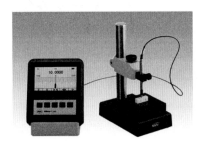

| 전기마이크로미터 |

4 각도 측정

(1) 각도게이지

요한슨식과 NPL식이 있다.

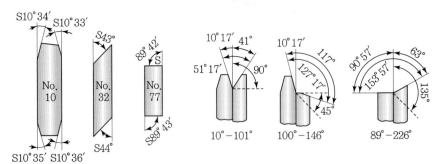

| 요한슨식 각도게이지 및 각도조합 예 |

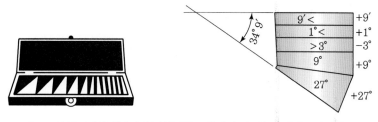

| NPL식 각도게이지(테이퍼 진 형판을 조합해서 각도를 측정하는 게이지) |

(2) 사인바

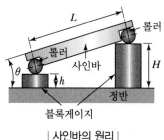

| 사인바의 원리 |

① 블록게이지로 양단의 높이를 맞춘 후, 삼각함수(sine)를 이용하여 각도를 측정한다.

② 양 롤러 중심의 간격은 100mm 또는 200mm로 제작한다.

③ 각도가 45°가 넘으면 오차가 커지므로 45° 이하에만 사용한다.

④ 각도 측정

$$\sin\theta = \frac{H-h}{L}$$

여기서, H : 높이가 높은 쪽의 롤러를 지지하고 있는 블록게이지의 길이
h : 높이가 낮은 쪽의 롤러를 지지하고 있는 블록게이지의 길이
L : 양 롤러의 중심거리

(3) 수준기

기포관 내의 기포 위치로 수평면에서 기울기를 측정하는 액체식 각도측정기로서, 기계의 조립 및 설치 시 수평, 수직상태를 검사하는 데 사용된다.

| 기포관 내의 기포 |

| 수준기 |

(4) 오토콜리메이터

시준기(Collimator)와 망원경(Telescope)을 조합한 것으로서 미소각도 측정, 진직도 측정, 평면도 측정 등에 사용되는 광학적 측정기이다.

| 오토콜리메이터 |

(5) 기타 각도측정기

| 콤비네이션스퀘어 세트 |

| 베벨각도기 |

① 콤비네이션스퀘어 세트
   ㉠ 콤비네이션스퀘어에 각도기가 붙은 것으로서 직선자의 좌측에 스퀘어헤드가 있고 우측에는 센터헤드가 있다.
   ㉡ 각도측정이나 높이측정에 사용하고 중심을 내는 금긋기작업에도 사용된다.

② 베벨각도기
   위치를 조정할 수 있는 날과 360°의 버니어 눈금이 새겨져 있는 눈금판으로 이루어져 있다.

5 나사 측정

(1) 나사마이크로미터

나사의 산과 골 사이에 끼우도록 되어 있는 앤빌을 나사에 알맞게 끼워 넣어서 유효지름을 측정한다.

(2) 삼침법

나사의 골에 적당한 굵기의 침을 3개 끼워서 침의 외측거리 M을 외측 마이크로미터로 측정하여 수나사의 유효지름을 계산한다.(정밀도가 가장 높은 나사의 유효지름 측정에 쓰인다.)

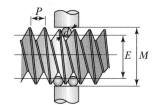

유효경 $E = M - 3d_m + 0.866025P$
여기서, M : 삼침의 외측 측정규격
d_m : 삼침경
P : 나사의 피치

| 삼침법에 의한 나사의 유효지름 측정 |

(3) 공구현미경

공구현미경은 관측현미경과 정밀십자이동테이블을 이용하며 길이, 각도, 윤곽 등을 측정하는 데 편리한 측정기기이다.

(4) 만능측장기

① 측정자와 피측정물을 측정방향으로 일직선상에 두고 측정하는 측정기로서 기하학적 오차를 줄일 수 있는 구조로 되어 있다.
② 외경, 내경, 나사플러그, 나사링게이지의 유효경 등을 측정한다.

(5) 투영기

피측정물의 확대된 실상을 스크린에 투영하여 표면 형상 및 치수, 각도를 측정하는 것이다.

| 공구현미경 |　　　| 만능측장기 |　　　| 투영기 |

실전 문제

01 블록게이지의 부속 부품이 아닌 것은?

① 홀더
② 스크레이퍼
③ 스트라이버 포인트
④ 베이스 블록

해설 ❶

블록게이지의 부속 부품
홀더, 조, 스크라이버 포인트, 센터포인트, 베이스 블록, 삼각스트레이트 에지

02 $-18\mu m$의 오차가 있는 블록게이지에 다이얼게이지를 영점 세팅하여 공작물을 측정하였더니, 측정값이 46.78mm이었다면 참값(mm)은?

① 46.960
② 46.798
③ 46.762
④ 46.603

해설 ❶

참값＝측정값＋보정값
＝46.78＋(-0.018)＝46.762mm

03 게이지 종류에 대한 설명 중 틀린 것은?

① Pitch 게이지 : 나사 피치 측정
② Thickness 게이지 : 미세한 간격(두께) 특정
③ Radius 게이지 : 기울기 측정
④ Center 게이지 : 선반의 나사 바이트 각도 측정

해설 ❶

③ Radius 게이지 : 반지름 측정

04 사인 바(Sine Bar)의 호칭 치수는 무엇으로 표시하는가?

① 롤러 사이의 중심거리
② 사인 바의 전장
③ 사인 바의 중량
④ 롤러의 직경

해설 ❶

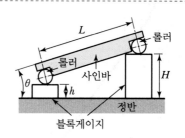

05 비교 측정에 사용되는 측정기가 아닌 것은?

① 다이얼게이지
② 버니어 캘리퍼스
③ 공기 마이크로미터
④ 전기 마이크로미터

해설 ❶

비교 측정기
다이얼게이지, 미니미터, 옵티미터, 옵티컬 컴퍼레이터, 전기 마이크로미터, 공기 마이크로미터, 전기저항 스크레인게이지, 길이변위계 등

06 정밀측정에서 아베의 원리에 대한 설명으로 옳은 것은?

① 내측 측정 시는 최댓값을 택한다.
② 눈금선의 간격은 일치되어야 한다.
③ 단도기의 지지는 양끝 단면이 평행하도록 한다.
④ 표준자와 피측정물은 동일 축선상에 있어야 한다.

정답 　01 ② 　02 ③ 　03 ③ 　04 ① 　05 ② 　06 ④

해설 ⊕ ------------------

아베의 원리

측정 정밀도를 높이기 위해서는 측정물체와 측정기구의 눈금을 측정 방향과 동일 축선상에 배치해야 한다.

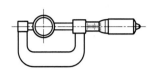

| 아베의 원리에 맞는 측정 |

07 측정 오차에 관한 설명으로 틀린 것은?

① 계통 오차는 측정값에 일정한 영향을 주는 원인에 의해 생기는 오차이다.
② 우연 오차는 측정자와 관계없이 발생하고, 반복적이고 정확한 측정으로 오차 보정이 가능하다.
③ 개인 오차는 측정자의 부주의로 생기는 오차이며, 주의해서 측정하고 결과를 보정하면 줄일 수 있다.
④ 계기 오차는 측정압력, 측정온도, 측정기 마모 등으로 생기는 오차이다.

해설 ⊕ ------------------

우연 오차(외부조건에 의한 오차)

측정온도나 채광의 변화가 영향을 미쳐 발생하는 오차이다.

08 일반적으로 한계 게이지 방식의 특징에 대한 설명으로 틀린 것은?

① 대량 측정에 적당하다.
② 합격, 불합격의 판정이 용이하다.
③ 조작이 복잡하므로 경험이 필요하다.
④ 측정 치수에 따라 각각의 게이지가 필요하다.

해설 ⊕ ------------------

③ 조작이 간단하고, 매우 능률적으로 측정할 수 있다.

09 편심량 2.2mm로 가공된 선반 가공물을 다이얼 게이지로 측정할 때, 다이얼 게이지 눈금의 변위량은 몇 mm인가?

① 1.1
② 2.2
③ 4.4
④ 6.6

해설 ⊕ ------------------

편심량이 2.2mm로 가공된 선반 가공물을 한 바퀴를 돌려 다이얼 게이지로 측정하면 변위량은 2배인 4.4mm로 나타난다.

10 나사를 측정할 때 삼침법으로 측정 가능한 것은?

① 골지름
② 유효지름
③ 바깥지름
④ 나사의 길이

해설 ⊕ ------------------

삼침법

나사의 골에 적당한 굵기의 침을 3개 끼워서 침의 외측거리 M을 외측 마이크로미터로 측정하여 수나사의 유효지름을 계산한다(정밀도가 가장 높은 나사의 유효지름 측정에 쓰인다).

11 수기가공에 대한 설명 중 틀린 것은?

① 탭은 나사부와 자루 부분으로 되어 있다.
② 다이스는 수나사를 가공하기 위한 공구이다.
③ 다이스는 1번, 2번, 3번 순으로 나사가공을 수행한다.
④ 줄의 작업순서는 황목 → 중목 → 세목 순으로 한다.

해설 ⊕ ------------------

③ 탭은 1번, 2번, 3번 순으로 나사가공을 수행한다.

정답 ---- 07 ② 08 ③ 09 ③ 10 ② 11 ③

12 테이퍼 플러그 게이지 (Taper Plug Gage)의 측정에서 다음 그림과 같이 정반위에 놓고 판을 이용해서 측정하려고 한다. M을 구하는 식으로 옳은 것은?

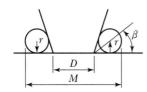

① $M = D + r + r \cdot \cot\beta$

② $M = D + r + r \cdot \tan\beta$

③ $M = D + 2r + 2r \cdot \cot\beta$

④ $M = D + 2r + 2r \cdot \tan\beta$

해설➕ -

$$M = D + 2x + 2r = D + 2r \cdot \cot\beta + 2r$$

여기서, $\tan\beta = \dfrac{r}{x} \rightarrow x = \dfrac{r}{\tan\beta} = r \cdot \cot\beta$

13 축용으로 사용되는 한계게이지는?

① 봉게이지

② 스냅게이지

③ 블록게이지

④ 플러그게이지

해설➕ -

스냅게이지 측정 결과

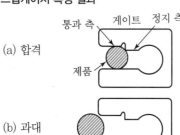

(a) 합격

(b) 과대

(c) 과소

14 20℃에서 20mm인 게이지 블록이 손과 접촉 후 온도가 36℃가 되었을 때, 게이지에 생긴 오차는 몇 mm인가?(단, 선팽창계수는 1.0×10^{-6}/℃이다.)

① 3.2×10^{-4}

② 3.2×10^{-3}

③ 6.4×10^{-4}

④ 6.4×10^{-3}

해설➕ -

$$\lambda = l - l' = \alpha(T_2 - T_1)l$$

여기서, α : 선팽창계수(/℃)

T_1 : 처음온도(℃)

T_2 : 나중온도(℃)

l : 손과 접촉 전 부재의 길이(mm)

l' : 손과 접촉 후 부재의 길이(mm)

$$\lambda = 1 \times 10^{-6} \times 20 \times 16 = 3.2 \times 10^{-4} \text{mm}$$

15 그림에서 플러그게이지의 기울기가 0.05일 때. M_2의 길이(mm)는?(단, 그림의 치수단위는 mm이다.)

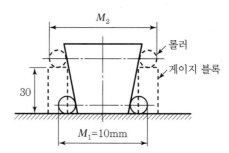

① 10.5

② 11.5

③ 13

④ 16

해설➕ -

롤러에 의한 테이퍼 측정

플러그게이지의 기울기 $C = \dfrac{M_2 - M_1}{2H}$ 에서

$$M_2 = 2(C \times H) + M_1$$
$$= 2(0.05 \times 30) + 10 = 13 \text{mm}$$

16 삼각함수에 의하여 각도를 길이로 계산하여 간접적으로 각도를 구하는 방법으로, 블록게이지와 함께 사용하는 측정기는?

① 사인 바
② 베벨 각도기
③ 오토 콜리메이터
④ 콤비네이션 세트

해설 ⊕

사인 바
블록게이지로 양단의 높이를 맞추어, 삼각함수(sine)를 이용하여 각도를 측정한다.

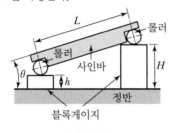

| 사인바 |

17 일반적인 손다듬질 작업 공정순서로 옳은 것은?

① 정 → 줄 → 스크레이퍼 → 쇠톱
② 줄 → 스크레이퍼 → 쇠톱 → 정
③ 쇠톱 → 정 → 줄 → 스크레이퍼
④ 스크레이퍼 → 정 → 쇠톱 → 줄

18 공기 마이크로미터에 대한 설명으로 틀린 것은?

① 압축 공기원이 필요하다.
② 비교 측정기로 1개의 마스터로 측정이 가능하다.
③ 타원, 테이퍼, 편심 등의 측정을 간단히 할 수 있다.
④ 확대 기구에 기계적 요소가 없기 때문에 장시간 고정도를 유지할 수 있다.

해설 ⊕

공기 마이크로미터
치수의 변화를 공기의 유량·압력의 변화로 바꾸고, 유량·

압력의 변화량을 측정하여 치수를 재는 비교측정기이다. 두 개의 마스터(큰 치수, 작은 치수)를 필요로 한다.

19 동일직경 3개의 핀을 이용하여 수나사의 유효지름을 측정하는 방법은?

① 광학법
② 삼침법
③ 지름법
④ 반지름법

해설 ⊕

삼침법
나사의 골에 적당한 굵기의 침을 3개 끼워서 침의 외측거리 M을 외측 마이크로미터로 측정하여 수나사의 유효지름을 계산한다(정밀도가 가장 높은 나사의 유효지름 측정에 쓰인다).

20 표면 거칠기의 측정법으로 틀린 것은?

① NPL식 측정
② 촉침식 측정
③ 광 절단식 측정
④ 현미 간접식 측정

해설 ⊕

① NPL식 측정 → 각도 측정기

21 탭으로 암나사 가공작업 시 탭의 파손원인으로 적절하지 않은 것은?

① 탭이 경사지게 들어간 경우
② 탭 재질의 경도가 높은 경우
③ 탭의 가공속도가 빠른 경우
④ 탭이 구멍바닥에 부딪쳤을 경우

해설 ⊕

② 탭 재질의 경도가 공작물보다 높아야 탭가공이 가능하다.

22 다음 3차원 측정기에서 사용되는 프로브 중 광학계를 이용하여 얇거나 연한 재질의 피측정물을 측정하기 위한 것으로 심출 현미경, CMM계측용 TV시스템 등에 사용되는 것은?

① 전자식 프로브
② 접촉식 프로브
③ 터치식 프로브
④ 비접촉식 프로브

해설 ➕ ----------------------------

[**참고**]

레이저의
스폿 직경
반경 : 0.4 μm

| 비접촉식 프로브를 이용한 표면 거칠기 측정 |

촉침의
선단 곡률반경
반경 : 2 μm

| 접촉식 프로브를 이용한 표면 거칠기 측정 |

23 나사의 유효지름을 측정하는 방법이 아닌 것은?

① 삼침법에 의한 측정
② 투영기에 의한 측정
③ 플러그게이지에 의한 측정
④ 나사 마이크로미터에 의한 측정

해설 ➕ ----------------------------

나사의 유효지름을 측정하는 방법
나사 마이크로미터, 삼침법, 공구현미경, 만능측장기, 투영기 등

24 게이지 블록 구조형상의 종류에 해당되지 않는 것은?

① 호크형
② 캐리형
③ 레버형
④ 요한슨형

해설 ➕ ----------------------------

게이지 블록 구조형상의 종류
요한슨형, 호크형, 캐리형

25 호칭치수가 200mm인 사인 바로 21°30′의 각도를 측정할 때 낮은 쪽 게이지 블록의 높이가 5mm라면 높은 쪽은 얼마인가?(단, sin21°30′ = 0.3665이다.)

① 73.3mm
② 78.3mm
③ 83.3mm
④ 88.3mm

해설 ➕ ----------------------------

$$\sin\theta = \frac{H-h}{L} \rightarrow H = L \cdot \sin\theta + h$$
$$= 200 \times 0.3665 + 5 = 78.3\,\text{mm}$$

여기서, H : 높이가 높은 쪽의 롤러를 지지하고 있는 블록게이지의 길이
  h : 높이가 낮은 쪽의 롤러를 지지하고 있는 블록게이지의 길이
  L : 양 롤러의 중심거리

26 마이크로미터의 나사 피치가 0.2mm일 때 심블의 원주를 100등분하였다면 심블 1눈금의 회전에 의한 스핀들의 이동량은 몇 mm인가?

① 0.005 ② 0.002
③ 0.01 ④ 0.02

해설 ⊕

$$최소 측정값 = \frac{나사의 피치}{심블의 등분 수} = \frac{0.2}{100} = 0.002\,mm$$

27 투영기에 의해 측정할 수 있는 것은?

① 각도
② 진원도
③ 진직도
④ 원주 흔들림

해설 ⊕

투영기
피측정물의 확대된 실상을 스크린에 투영하여 표면 형상 및 치수, 각도를 측정하는 것

28 게이지 블록을 취급할 때 주의사항으로 적절하지 않은 것은?

① 목재 작업대나 가죽 위에서 사용할 것
② 먼지가 적고 습한 실내에서 사용할 것
③ 측정면은 깨끗한 천이나 가죽으로 잘 닦을 것
④ 녹이나 돌기의 해를 막기 위하여 사용한 뒤에는 잘 닦아 방청유를 칠해 둘 것

해설 ⊕

② 먼지가 적고 건조한 실내에서 사용할 것

핵심 기출 문제

01 다음 재료 중 기계구조용 탄소강재를 나타낸 것은?

① STS4
② STC4
③ SM45C
④ STD11

해설 ➕
① STS4 : 합금공구강
② STC4 : 탄소공구강
③ SM45C : 일반구조용 탄소강 탄소함량 0.45%
④ STD11 : 냉간 금형 공구강

02 Fe–C 평행상태도에서 나타나지 않는 반응은?

① 공정반응
② 편정반응
③ 포정반응
④ 공석반응

해설 ➕
Fe–C 평행상태도에서 나타나는 3가지 불변반응
공석반응, 공정반응, 포정반응

03 0.8%C 이하의 아공석강에서 탄소함유량 증가에 따라 감소하는 기계적 성질은?

① 경도
② 항복점
③ 인장강도
④ 연신율

해설 ➕
아공석강에서 탄소가 증가함으로써 경도, 항복점, 인장강도는 증가하고, 연신율이 감소한다.

04 다음 중 펄라이트의 구성 조직으로 옳은 것은?

① $\alpha - Fe$, Fe_3S
② $\alpha - Fe$, Fe_3C
③ $\alpha - Fe$, Fe_3P
④ $\alpha - Fe$, Fe_3Na

해설 ➕
펄라이트
페라이트(α 철) + 시멘타이트(Fe_3C)의 층상구조이다.

05 다음 조직 중 2상 혼합물은?

① 펄라이트
② 시멘타이트
③ 페라이트
④ 오스테나이트

해설 ➕
펄라이트는 페라이트(α 철) + 시멘타이트(Fe_3C)의 층상구조로 2상 혼합물에 해당된다.

06 표준상태의 탄소강에서 탄소의 함유량이 증가함에 따라 증가하는 성질로 짝지어진 것은?

① 비열, 전기저항, 항복점
② 비중, 열팽창계수, 열전도도
③ 내식성, 열팽창계수, 비열
④ 전기저항, 연신율, 열전도도

해설 ➕
탄소강에서 탄소량이 증가하면 비열, 전기저항, 항복점은 커지고 비중, 열팽창계수, 열전도도는 작아진다.

정답 01 ③ 02 ② 03 ④ 04 ② 05 ① 06 ①

07 Fe-Mn, Fe-Si로 탈산시켜 상부에 작은 수축관과 소수의 기포만이 존재하며 탄소 함유량이 0.15~0.3% 정도인 강은?

① 킬드강
② 캡드강
③ 림드강
④ 세미킬드강

해설

세미킬드강
• 탈산 정도를 적당히 하여 킬드 강괴와 림드 강괴의 중간 정도로 상부에 작은 수축공과 약간의 기포만 존재
• 경제성과 기계적 성질이 킬드 강괴와 림드 강괴의 중간 정도

08 0.4%C의 탄소강을 950℃로 가열하여 일정시간 충분히 유지시킨 후 상온까지 서서히 냉각시켰을 때의 상온 조직은?

① 페라이트+펄라이트
② 페라이트+소르바이트
③ 시멘타이트+펄라이트
④ 시멘타이트+소르바이트

해설

• 0.4%C의 탄소강 → 아공석강
• 아공석강의 조직 : 페라이트+펄라이트

09 일반적으로 탄소강의 청열취성이 나타나는 온도(℃)는?

① 50~150℃
② 200~300℃
③ 400~500℃
④ 600~700℃

해설

청열취성
강은 온도가 높아지면 전연성이 커지나, 200~300℃에서 강도는 크지만 연신율은 대단히 작아져서 결국 취성이 증가한다.

10 스테인리스강의 기호로 옳은 것은?

① STC3
② STD11
③ SM20C
④ STS304

해설

STS304
오스테나이트계 스테인리스강으로 18-8강으로 불리며, 내약품성, 내열성이 뛰어나기 때문에 위생배관 건축재료 등에 사용된다. STS304는 Cr 18~20%, Ni 8~11%를 함유한 강이다.

11 스프링강이 갖추어야 할 특성으로 틀린 것은?

① 탄성한도가 커야 한다.
② 마텐자이트 조직으로 되어야 한다.
③ 충격 및 피로에 대한 저항력이 커야 한다.
④ 사용 도중 영구변형을 일으키지 않아야 한다.

해설

② 소르바이트 조직으로 되어야 한다.

12 탄소공구강의 재료기호로 옳은 것은?

① SPS
② STC
③ STD
④ STS

해설

② 탄소공구강 : STC(Steel Tool Carbon)

13 Mn강 중 고온에서 취성이 생기므로 1,000~1,100℃에서 수중 담금질하는 수인법으로 인성을 부여한 오스테나이트 조직의 구조용강은?

① 붕소강
② 듀콜(Ducol)강

③ 해드필드(Hadfield)강

④ 크로만실(Chromansil)강

해설 ➕

해드필드(Hadfield)강

고망간강, 오스테나이트 조직이며, 가공경화속도가 아주 빠르고, 내충격성이 대단히 우수하여 내마모재로 사용한다.

[참고] 수인법

고Mn강이나 18−8 스테인리스강 등과 같이 서랭시켜도 그 조직이 오스테나이트로 되는 합금을 1,000℃에서 수중에 급랭시켜서 완전한 오스테나이트 조직으로 만들면 연성과 인성이 증가되어 가공이 쉬워진다.

14 18−8형 스테인리스강의 특징에 대한 설명으로 틀린 것은?

① 합금성분은 Fe을 기반으로 Cr 18%, Ni 8%이다.

② 비자성체이다.

③ 오스테나이트계이다.

④ 탄소를 다량 첨가하면 피팅 부식을 방지할 수 있다.

해설 ➕

④ 크롬을 다량 첨가하면 피팅 부식을 방지할 수 있다.

15 Fe에 Ni이 42∼48%가 합금화된 재료로 전등의 백금선에 대용되는 것은?

① 콘스탄탄　　　　　② 백동

③ 모넬메탈　　　　　④ 플래티나이트

16 주철의 접종(Inoculation) 및 그 효과에 대한 설명으로 틀린 것은?

① Ca−Si 등을 첨가하여 접종을 한다.

② 핵생성을 용이하게 한다.

③ 흑연의 형상을 개량한다.

④ 칠(Chill)화를 증가시킨다.

해설 ➕

주철의 접종

용융주철을 주형에 주입하기 전에 입자상의 순규소, 페로실리콘, 칼슘실리사이드 등의 접종제를 첨가하면, 주철의 기계적 강도가 증가할 뿐만 아니라 결정조직의 개선, 칠화의 방지, 질량 효과의 개선 등에 효과가 있다. 강인주철의 제조에 자주 이용되는 용탕 처리법이다.

17 주철을 파면에 따라 분류할 때 해당되지 않는 것은?

① 회주철　　　　　② 가단주철

③ 반주철　　　　　④ 백주철

해설 ➕

주철의 파면에 따른 분류

회주철, 반주철, 백주철

18 주철의 성장을 억제하기 위하여 사용되는 첨가원소로 가장 적합한 것은?

① Pb　　　　　② Sn

③ Cr　　　　　④ Cu

해설 ➕

주철의 성장 방지법

• 흑연을 미세화시켜 조직을 치밀하게 한다.

• C, Si는 적게 하고 Ni을 첨가한다.

• 편상흑연을 구상화시킨다.

• 펄라이트 조직 중 Fe_3C의 흑연화를 방지하기 위해, 탄화물 안정원소인 Mn, Cr, Mo, V 등을 첨가한다.

19 구리의 성질을 설명한 것으로 틀린 것은?

① 전기 및 열전도도가 우수하다.
② 합금으로 제조하기 곤란하다.
③ 구리는 비자성체로 전기전율이 크다.
④ 구리는 공기 중에서는 표면이 산화되어 암적색으로 된다.

해설 ⊕
② 합금으로 제조하기 쉽다.

20 전연성이 좋고 색깔이 아름다우므로 장식용 악기 등에 사용되는 5~20% Zn이 첨가된 구리합금은?

① 톰백(Tombac)
② 백동
③ 6−4 황동(Muntz Metal)
④ 7−3 황동(Cartridge Brass)

21 동합금에서 황동에 납을 1.5~3.7%까지 첨가한 합금은?

① 강력 황동
② 쾌삭 황동
③ 배빗 메탈
④ 델타 메탈

해설 ⊕

납황동
• 황동에 납을 1.5~3.7%까지 첨가하여 절삭성을 좋게 한 것으로 쾌삭 황동이라 한다.
• 정밀 절삭 가공을 필요로 하는 시계와 계기용 나사 등의 재료로 사용된다.

22 아연을 소량 첨가한 황동으로 빛깔이 금색에 가까워 모조금으로 사용되는 것은?

① 톰백(Tombac)

② 델타 메탈(Delta Metal)
③ 하드 블라스(Hard Brass)
④ 문츠메탈(Muntz Metal)

해설 ⊕

톰백(Tombac)
아연을 8~20% 함유한 α황동으로 빛깔이 금에 가깝고 연성이 크므로 금박, 금분, 불상, 화폐제조 등에 사용한다.

23 다음 중 Cu+Zn계 합금이 아닌 것은?

① 톰백
② 문츠메탈
③ 길딩메탈
④ 하이드로날륨

해설 ⊕
④ 하이드로날륨 : Al−Mg계 합금

24 구리에 아연이 5~20% 정도 첨가되어 전연성이 좋고 색깔이 아름다워 장식용 악기 등에 사용되는 것은?

① 톰백
② 백동
③ 6−4 황동
④ 7−3 황동

해설 ⊕

문제 22번 해설 참조

25 다음 중 구리에 관한 설명과 가장 거리가 먼 것은?

① 전기 및 열의 전도성이 우수하다.
② 전연성이 좋아 가공이 용이하다.
③ 건조한 공기 중에서는 산화하지 않는다.
④ 광택이 없으며 귀금속적 성질이 나쁘다.

해설 ⊕
④ 아름다운 광택과 귀금속적 성질이 우수하다.

26 7 : 3황동에 Sn을 1% 첨가한 것으로 전연성이 우수하여 관 또는 판을 만들어 증발기와 열교환기 등에 사용되는 것은?

① 에드미럴티 황동　　② 네이벌 황동
③ 알루미늄 황동　　　④ 망간 황동

27 알루미늄의 성질로 틀린 것은?

① 비중이 약 7.8이다.
② 면심입방격자 구조이다.
③ 용융점은 약 660℃이다.
④ 대기 중에서는 내식성이 좋다.

> **해설** ⊕
>
> ① 알루미늄 비중은 약 2.7이다.

28 알루미늄합금인 Al – Mg – Si의 강도를 증가시키기 위한 가장 좋은 방법은?

① 시효경화(Age – hardening) 처리한다.
② 냉간가공(Cold Work)을 실시한다.
③ 담금질(Quenching) 처리한다.
④ 불림(Normalizing) 처리한다.

29 오일리스 베어링(Oilless Bearing)의 특징을 설명한 것으로 틀린 것은?

① 단공질이므로 강인성이 높다.
② 무급유 베어링으로 사용한다.
③ 대부분 분말 야금법으로 제조한다.
④ 동계에는 Cu – Sn – C합금이 있다.

> **해설** ⊕
>
> ① 다공질이므로 강도가 낮다.

30 불변강의 종류가 아닌 것은?

① 인바　　　　　② 엘린바
③ 코엘린바　　　④ 스프링강

> **해설** ⊕
>
> **불변강의 종류**
> 인바, 초인바, 엘린바, 코엘린바

31 다음 중 니켈 – 크롬강(Ni – Cr)에서 뜨임취성을 방지하기 위하여 첨가하는 원소는?

① Mn　　　　　② Si
③ Mo　　　　　④ Cu

> **해설** ⊕
>
> **몰리브덴(Mo)**
> • 담금질성 ↑
> • 질량효과 ↓
> • 뜨임취성 방지
> • 내식성 ↑

32 티타늄 합금의 일반적인 성질에 대한 설명으로 틀린 것은?

① 열팽창계수가 작다.　② 전기저항이 높다.
③ 비강도가 낮다.　　　④ 내식성이 우수하다.

> **해설** ⊕
>
> ③ 비강도가 높다.

33 다음 중 온도변화에 따른 탄성계수의 변화가 미세하여 고급시계, 정밀저울의 스프링에 사용되는 것은?

① 인코넬　　　　② 엘린바
③ 니크롬　　　　④ 실리콘브론즈

정답　26 ①　27 ①　28 ①　29 ①　30 ④　31 ③　32 ③　33 ②

엘린바

- 인바에 크롬을 첨가하면 실온에서 탄성계수가 불변하고, 선팽창률도 거의 없다.
- 시계태엽, 정밀저울의 소재로 사용된다.

34 다공질 재료에 윤활유를 흡수시켜 계속해서 급유하지 않아도 되는 베어링 합금은?

① 켈밋 　　　　　 ② 루기메탈
③ 오일라이트 　　 ④ 하이드로날륨

해설➕

오일라이트

구리분말 90%, 주석분말 10%, 흑연분말 1~4% 비율의 혼합물을 가압 성형하고, 용융한 청산칼리 속에서 가열 소결한 후, 고온에서 기계유에 침지하여 만든 일종의 베어링 메탈을 말한다.

35 분말 야금에 의하여 제조된 소결 베어링 합금으로 급유하기 어려운 경우에 사용되는 것은?

① Y합금 　　　　 ② 켈밋
③ 화이트메탈 　　 ④ 오일리스 베어링

해설➕

오일리스 베어링(Oilless Bearing)

구리에 10%, Sn분말과 2% 흑연분말을 혼합하여 윤활제 또는 휘발성 물질을 가압 소결한 것으로 이 합금은 기름을 품게 되므로, 자동차, 전기, 시계, 방적기계 등의 급유가 어려운 부분의 베어링용으로 사용되며, 강도는 낮고 마멸은 적다.

36 양은 또는 양백은 어떤 합금계인가?

① Fe−Ni−Mn계 합금 　② Ni−Cu−Zn계 합금
③ Fe−Ni계 합금 　　　④ Ni−Cr계 합금

해설➕

니켈 황동(양은)

- 양백(양은)이라고도 한다.
- 니켈을 첨가한 합금으로 단단하고 부식에도 잘 견딘다.
- $Cu + Ni(10~20\%) + Zn(15~30\%)$인 것이 많이 사용된다.
- 선재, 판재로서 스프링에 사용되며, 내식성이 크므로 장식품, 식기류, 가구재료, 계측기, 의료기기 등에 사용된다.

37 비정질 합금에 관한 설명으로 틀린 것은?

① 전기 저항이 크다.
② 구조적으로 장거리의 규칙성이 있다.
③ 가공경화 현상이 나타나지 않는다.
④ 균질한 재료이며, 결정 이방성이 없다.

해설➕

② 결정 구조를 가지지 않는 아몰퍼스 구조이다.

38 반도체 재료에 사용되는 주요 성분 원소는?

① Co, Ni 　　　 ② Ge, Si
③ W, Pb 　　　 ④ Fe, Cu

39 섬유강화금속(FRM)의 특성을 설명한 것 중 틀린 것은?

① 비강도 및 비강성이 높다.
② 섬유축 방향의 강도가 작다.
③ 2차 성형성, 접합성이 있다.
④ 고온의 역학적 특성 및 열적 안정성이 우수하다.

해설➕

② 섬유축 방향의 강도가 크다.

3편 – 기계재료 및 측정

40 다음 구조용 복합재료 중에서 섬유강화 금속은?

① SPF
② FRTP
③ FRM
④ GFRP

해설 ⊕ -

섬유강화 금속
FRM(Fiber Reinforced Metal)

41 플라스틱의 일반적인 특성에 대한 설명으로 옳은 것은?

① 금속재료에 비해 강도가 높다.
② 전기절연성이 있다.
③ 내열성이 우수하다.
④ 비중이 크다.

해설 ⊕ -

① 금속재료에 비해 강도가 낮다.
③ 열에 약하다.
④ 비중이 작다.

42 다음 중 피로 수명이 높으며 금속 스프링과 같은 탄성을 가지는 수지는?

① PE   ② PC
③ PS   ④ POM

해설 ⊕ -

폴리아세탈(POM)
피로 강도가 높거나 치수 정밀도가 요구되는 플라스틱 부품, 또는 매우 습한 환경에 노출되어 사용되는 부품에 알맞은 열가소성 수지로서 기어 등에 많이 사용되고 있다.

43 열가소성 재료의 유동성을 측정하는 시험방법은?

① 뉴턴 인덱스법   ② 멜트 인덱스법
③ 캐스팅 인덱스법   ④ 샤르피 시험법

해설 ⊕ -

멜트 인덱스법
녹는점 이상에서 수지가 충분히 녹은 상태에서 일정한 속도로 밀어낼 때 나오는 양을 측정함으로써 값을 측정하게 되며, 양이 많을 경우 Melt Flow Index는 높은 값을 가지는 반면 낮은 점도를 가진다고 볼 수 있다. 용융흐름지수가 높으면 사출 성형성이 우수하며, 낮은 용융흐름지수를 가질 경우 압출에 유리하다.

44 수지 중 비결정성 수지에 해당하는 것은?

① ABS 수지
② 폴리에틸렌 수지
③ 나일론 수지
④ 폴리프로필렌 수지

해설 ⊕ -

비결정성 수지의 종류
PVC, PS, ABS, PMMA, PC, PPE 등

45 공구 재료가 갖추어야 할 일반적 성질 중 틀린 것은?

① 인성이 클 것   ② 취성이 클 것
③ 고온경도가 클 것   ④ 내마멸성이 클 것

해설 ⊕ -

② 내충격성이 우수할 것

46 다음 중 발전기, 전동기, 변압기 등의 철심 재료에 가장 적합한 특수강은?

① 규소강 ② 베어링강
③ 스프링강 ④ 고속도공구강

규소강
저탄소강에 Si를 첨가한 강으로 발전기, 전동기, 변압기 등의 철심 재료에 적합하다.

47 다음 중 블랭킹 및 피어싱 펀치로 사용되는 금형 재료가 아닌 것은?

① STD11 ② STS3
③ STC3 ④ SM15C

해설 ⊕

④ SM15C는 탄소함량이 0.15%인 구조용 탄소강이다.

48 다음 중 합금공구강에 해당되는 것은?

① SUS 316 ② SC 40
③ STS 5 ④ GCD 550

해설 ⊕

STS(Steel Tool Special)
합금공구강

49 초경합금에 관한 사항으로 틀린 것은?

① WC분말에 Co분말을 890℃에서 가열 소결시킨 것이다.
② 내마모성이 아주 크다.
③ 인성, 내충격성 등을 요구하는 곳에는 부적합하다.
④ 전단, 인발, 압출 등의 금형에 사용된다.

해설 ⊕

초경합금
• 탄화물 분말[탄화텅스텐(WC), 탄화티타늄(TiC), 탄화탄탈륨(TaC)]을 비교적 인성이 있는 코발트(Co), 니켈(Ni)을 결합제로 하여 고온압축 소결시킨다.
• 고온, 고속 절삭에서도 경도를 유지함으로써 절삭공구로서 성능이 우수하다.
• 취성이 커서 진동이나 충격에 약하다.

50 산화알루미늄(Al_2O_3)분말을 주성분으로 마그네슘(Mg), 규소(Si) 등의 산화물과 소량의 다른 원소를 첨가하여 소결한 절삭공구의 재료는?

① CBN ② 서멧
③ 세라믹 ④ 다이아몬드

51 절삭공구 재료가 갖추어야 할 조건으로 틀린 것은?

① 조형성이 좋아야한다.
② 내마모성이 커야 한다.
③ 고온경도가 높아야 한다.
④ 가공재료와 친화력이 커야 한다.

해설 ⊕

④ 가공재료와 분리성이 커야 한다.

52 다음 중 산화알루미늄(Al_2O_3) 분말을 주성분으로 소결한 절삭공구 재료는?

① 세라믹
② 고속도강
③ 다이아몬드
④ 주조경질합금

해설 ➕ -

세라믹 공구재료

• 주성분은 Al_2O_3이며, 마그네슘(Mg), 규소(Si)와 미량의 다른 원소를 첨가하여 소결시킨다.

• 고온경도가 높고 고온산화가 되지 않는다.

• 진동과 충격에 약하다.

53 합금공구강에 대한 설명으로 틀린 것은?

① 탄소공구강에 비해 절삭성이 우수하다.

② 저속 절삭용, 총형 절삭용으로 사용된다.

③ 합금공구강에는 Ag, Hg의 원소가 포함되어 있다.

④ 경화능을 개선하기 위해 탄소공구강에 소량의 합금 원소를 첨가한 강이다.

해설 ➕ -

③ 합금공구강에는 Ag, Hg 등 불순물이 첨가되었을 때 강 도가 약해진다.

54 피복 초경합금으로 만들어진 절삭공구의 피복 처리방법은?

① 탈탄법   ② 경납땜법

③ 접용접법   ④ 화학증착법

해설 ➕ -

화학증착법(CVD법, Chemical Vapor Depsition)

기화한 금속염 증기를 수소, 아르곤, 반응성 가스 등과 함께 가열(900~1,200℃)된 절삭공구에 접촉시켜 고온가스 반응에 의해 금속 또는 금속 화합물을 절삭공구에 피복시키는 방법이다.

55 절삭저항의 3분력에 해당되지 않는 것은?

① 주분력   ② 배분력

③ 이송분력   ④ 칩분력

해설 ➕ -

절삭저항의 3분력

주분력, 배분력, 이송분력

56 구성인선(Built – up Edge)이 생기는 것을 방지하기 위한 대책으로 틀린 것은?

① 절삭속도를 높인다.

② 절삭깊이를 깊게 한다.

③ 절삭유를 충분히 공급한다.

④ 공구의 윗면 경사각을 크게 한다.

해설 ➕ -

② 절삭깊이를 얇게 한다.

57 구성인선에 대한 설명으로 틀린 것은?

① 치핑 현상을 막는다.

② 가공 정밀도를 나쁘게 한다.

③ 가공면의 표면 거칠기를 나쁘게 한다.

④ 절삭공구의 마모를 크게 한다.

해설 ➕ -

① 치핑 현상의 발생요인이 된다.

58 절삭공구의 측면과 피삭재의 가공면과의 마찰에 의하여 절삭공구의 절삭면에 평행하게 마모되는 공구인선의 파손현상은?

① 치핑   ② 크랙

③ 플랭크 마모   ④ 크레이터 마모

해설 ➕ -

플랭크 마모(Flank Wear)

절삭작업 시 공작물의 면과 공구 여유면과의 마찰에 의해 공구 여유면이 마모되는 현상을 말한다.

정답   53 ③   54 ④   55 ④   56 ②   57 ①   58 ③

59 공작기계의 3대 기본운동이 아닌 것은?

① 전단운동
② 절삭운동
③ 이송운동
④ 위치조정운동

해설 ⊕

절삭의 3대 기본운동
절삭운동, 이송운동, 위치조정운동

60 고속가공의 특성에 대한 설명으로 틀린 것은?

① 황삭부터 정삭까지 한 번의 셋업으로 가공이 가능하다.
② 열처리된 소재는 가공할 수 없다.
③ 칩(Chip)에 열이 집중되어, 가공물은 절삭열 영향이 적다.
④ 가공시간을 단축시켜, 가공능률을 향상시킨다.

해설 ⊕

② 난삭성 소재(열처리강, Inconel, Ti합금 등)의 가공이 가능하다.

61 일반적인 보통선반가공에 관한 설명으로 틀린 것은?

① 바이트 절입량의 2배로 공작물의 지름이 작아진다.
② 이송속도가 빠를수록 표면 거칠기는 좋아진다.
③ 절삭속도가 증가하면 바이트의 수명은 짧아진다.
④ 이송속도는 공작물의 1회전당 공구의 이동거리이다.

해설 ⊕

② 이송속도가 느릴수록 표면 거칠기는 좋아진다.

62 구성인선의 방지대책에 관한 설명 중 틀린 것은?

① 경사각을 작게 한다.
② 절삭깊이를 적게 한다.
③ 절삭속도를 빠르게 한다.
④ 절삭공구의 인선을 예리하게 한다.

해설 ⊕

① 바이트의 윗면 경사각을 크게 한다.

63 절삭공구의 수명 판정방법으로 거리가 먼 것은?

① 날의 마멸이 일정량에 달했을 때
② 완성된 공작물의 치수 변화가 일정량에 달했을 때
③ 가공면 또는 절삭한 직후 면에 광택이 있는 무늬 또는 점들이 생길 때
④ 절삭저항의 주분력, 배분력이나 이송방향 분력이 급격히 저하되었을 때

해설 ⊕

④ 절삭저항의 주분력, 배분력이나 이송방향 분력이 급격히 커질 때

64 절삭공구 재료 중 소결 초경합금에 대한 설명으로 옳은 것은?

① 진동과 충격에 강하며 내마모성이 크다.
② Co, W, Cr 등을 주조하여 만든 합금이다.
③ 충분한 경도를 얻기 위해 질화법을 사용한다.
④ W, Ti, Ta 등의 탄화물 분말을 Co를 결합체로 소결한 것이다.

해설 ⊕

① 진동과 충격에 약하며 내마모성이 크다.
② Co, W, Cr 등을 소결압축하여 만든 합금이다.
③ 경도가 높아 열처리가 불필요하다.

정답 59 ① 60 ② 61 ② 62 ① 63 ④ 64 ④

65 절삭공구의 절삭면에 평행하게 마모되는 현상은?

① 치핑(Chipping)
② 플랭크 마모(Flank Wear)
③ 크레이터 마모(Creater Wear)
④ 온도 파손(Temperature Failure)

> **해설** ⊕
> 문제 58번 해설 참조

66 절삭공구 수명을 판정하는 방법으로 틀린 것은?

① 공구인선의 마모가 일정량에 달했을 경우
② 완성가공된 치수의 변화가 일정량에 달했을 경우
③ 절삭저항의 주 분력이 절삭을 시작했을 때와 비교하여 동일할 경우
④ 완성 가공면 또는 절삭가공 한 직후에 가공 표면에 광택이 있는 색조 또는 반점이 생길 경우

> **해설** ⊕
> ③ 절삭저항의 주 분력이 절삭을 시작했을 때와 비교하여 커질 경우

67 절삭공구 재료가 갖추어야 할 조건으로 틀린 것은?

① 조형성이 좋아야 한다.
② 내마모성이 커야 한다
③ 고온경도가 높아야 한다.
④ 가공재료와 친화력이 커야 한다.

> **해설** ⊕
> ④ 가공재료와 분리성이 커야 한다.

68 절삭공구에서 칩 브레이커(Chip Breaker)의 설명으로 옳은 것은?

① 전단형이다.
② 칩의 한 종류이다.
③ 바이트 생크의 종류이다.
④ 칩이 인위적으로 끊어지도록 바이트에 만든 것이다.

69 절삭공구에서 크레이터 마모(Crater Wear)의 크기가 증가할 때 나타나는 현상이 아닌 것은?

① 구성인선(Built Up Edge)이 증가한다.
② 공구의 윗면 경사각이 증가한다.
③ 칩의 곡류반지름이 감소한다.
④ 날 끝이 파괴되기 쉽다.

> **해설** ⊕
> ① 구성인선(Built Up Edge)이 감소한다.

70 고속도강 절삭공구를 사용하여 저탄소강재를 절삭할 때 가장 일반적인 구성인선(Built–up Edge)의 임계속도(m/min)는?

① 50
② 120
③ 150
④ 170

> **해설** ⊕
> 저탄소강 절삭 시 구성인선의 임계속도는 120m/min이다.

71 선반가공에 영향을 주는 절삭조건에 대한 설명으로 틀린 것은?

① 이송이 증가하면 가공변질층은 깊어진다.
② 절사각이 커지면 가공변질층은 깊어진다.
③ 절삭속도가 증가하면 가공변질층은 얕아진다.
④ 절삭온도가 상승하면 가공변질층은 깊어진다.

해설 ⊕

④ 절삭온도가 상승하면 재료를 연화시키는 효과가 있어 가공변질층은 얇아진다.

72 선반가공에서 양센터작업에 사용되는 부속품이 아닌 것은?

① 돌림판   ② 돌리개
③ 맨드릴   ④ 브로치

해설 ⊕

④ 브로치는 브로칭 가공에 사용하는 절삭공구이다.

73 표준 맨드릴(Mandrel)의 테이퍼 값으로 적합한 것은?

① 1/10~1/20 정도
② 1/50~1/100 정도
③ 1/100~1/1,000 정도
④ 1/200~1/400 정도

74 선반의 부속품 중에서 돌리개(Dog)의 종류로 틀린 것은?

① 곧은 돌리개
② 브로치 돌리개
③ 굽은(곡형) 돌리개
④ 평행(클램프) 돌리개

해설 ⊕

돌리개의 종류
곧은 돌리개, 굽은 돌리개, 클램프(평행) 돌리개

75 호환성이 없는 제품을 대량으로 만들 수 있도록 가공위치를 쉽고 정확하게 결정하기 위한 보조용 기구는?

① 지그   ② 센터
③ 바이스   ④ 플랜지

76 선반에서 맨드릴(Mandrel)의 종류가 아닌 것은?

① 갱 맨드릴   ② 나사 맨드릴
③ 이동식 맨드릴   ④ 테이퍼 맨드릴

해설 ⊕

맨드릴의 종류
표준 맨드릴, 갱 맨드릴, 팽창 맨드릴, 나사 맨드릴, 테이퍼 맨드릴, 조립식 맨드릴 등

77 선반을 설계할 때 고려할 사항으로 틀린 것은?

① 고장이 적고 기계효율이 좋을 것
② 취급이 간단하고 수리가 용이할 것
③ 강력 절삭이 되고 절삭 능률이 클 것
④ 기계적 마모가 높고, 가격이 저렴할 것

해설 ⊕

④ 기계적 마모가 적고, 가격이 저렴할 것

78 일반적으로 센터드릴에서 사용되는 각도가 아닌 것은?

① 45°   ② 60°
③ 75°   ④ 90°

해설 ⊕

센터드릴의 각도
60°, 75°, 90°

정답   72 ④   73 ③   74 ②   75 ①   76 ③   77 ④   78 ①

79 치공구를 사용하는 목적으로 틀린 것은?

① 복잡한 부품의 경제적인 생산
② 작업자의 피로가 증가하고 안전성 감소
③ 제품의 정밀도 및 호환성의 향상
④ 제품의 불량이 적고 생산능력을 향상

해설➕
② 작업자의 피로가 감소하고 안전성 증가

80 터릿선반에 대한 설명으로 옳은 것은?

① 다수의 공구를 조합하여 동시에 순차적으로 작업이 가능한 선반이다.
② 지름이 큰 공작물을 정면가공하기 위하여 스윙을 크게 만든 선반이다.
③ 작업대 위에 설치하고 시계부속 등 작고 정밀한 가공물을 가공하기 위한 선반이다.
④ 가공하고자 하는 공작물과 같은 실물이나 모형을 따라 공구대가 자동으로 모형과 같은 윤곽을 깎아내는 선반이다.

해설➕
터릿선반
보통 선반의 심압대 대신 여러 개의 공구를 방사형으로 구성한 터릿공구대를 설치하여 공정 순서대로 공구를 차례로 사용해 가공할 수 있는 선반이다.

81 선반작업 시 절삭속도 결정조건으로 가장 거리가 먼 것은?

① 베드의 형상
② 가공물의 경도
③ 바이트의 경도
④ 절삭유의 사용 유무

해설➕
절삭속도 결정조건
공작물의 재질, 절삭깊이, 바이트의 경도 및 윗면 경사각, 절삭면적, 절삭유 사용 여부

82 범용 선반작업에서 내경 테이퍼 절삭가공방법이 아닌 것은?

① 테이퍼 리머에 의한 방법
② 복식공구대의 회전에 의한 방법
③ 테이퍼 절삭장치를 이용하는 방법
④ 심압대를 편위시켜 가공하는 방법

해설➕
④ 심압대를 편위시켜 가공하는 방법은 외경 테이퍼만 가공할 수 있다.

83 선반가공에서 지름 102mm인 환봉을 300rpm으로 가공할 때 절삭 저항력이 981N이었다. 이때 선반의 절삭효율을 75%라 하면 절삭동력은 약 몇 kW인가?

① 1.4
② 2.1
③ 3.6
④ 5.4

해설➕
- 절삭속도 : $v = \dfrac{\pi d n}{1,000} = \dfrac{\pi \times 102 \times 300}{1,000} = 96.13 \, \text{m/s}$

  여기서, d : 공작물의 지름(mm)
  n : 주축의 회전수(rpm)

- 절삭동력 : $H = \dfrac{Fv}{60\eta} = \dfrac{981 \times 96.13}{60 \times 0.75}$
  $= 2,095 \, \text{W} = 2.1 \, \text{kW}$

  여기서, F : 절삭 저항력(N)
  v : 절삭속도(m/min)
  η : 절삭효율

84 피치 3mm의 3줄 나사가 2회전하였을 때 전진 거리는?

① 8mm
② 9mm
③ 11mm
④ 18mm

해설 ⊕ -

- $l = np = 3 \times 3 = 9mm$
  여기서, l : 나사를 1회전시켰을 때 축 방향 전진거리
  n : 줄 수
  p : 피치
- 2회전 시 전진거리 = 회전수 $\times l = 2 \times 9 = 18mm$

85 선반의 가로 이송대에 4mm 리드로 100등분 눈 금의 핸들이 달려 있을 때 지름 38mm의 환봉을 지름 32mm 절삭하려면 핸들의 눈금은 몇 눈금을 돌리면 되겠는가?

① 35
② 70
③ 75
④ 90

해설 ⊕ -

$\phi38 \to \phi32$로 6mm 치수가 줄지만 공구대는 3mm만 이송 하면 된다. 100등분된 공구대 눈금을 한 바퀴 돌릴 때 4mm 가 이송되므로 3mm 이송할 때는 75등분 눈금을 돌리면 된다.

$4 : 3 = 100 : x$

$\dfrac{3 \times 100}{4} = 75$ 눈금

86 지름이 75mm의 탄소강을 절삭속도 150m/min 으로 가공하고자 한다. 가공 길이 300mm, 이송은 0.2mm/rev할 때 1회 가공 시 가공시간은 약 얼마인가?

① 2.4분
② 4.4분
③ 6.4분
④ 8.4분

해설 ⊕ -

$$T = \frac{L \cdot N}{f \cdot n} = \frac{L \cdot N}{f} \cdot \frac{\pi D}{1,000 V}$$

$$= \frac{300 \times 1 \times \pi \times 75}{0.2 \times 1,000 \times 150} = 2.356 \fallingdotseq 2.4 \min$$

여기서, L : 가공할 길이(mm)
N : 가공횟수
f : 공구의 이송속도(mm/rev)
n : 회전수(rpm)
D : 공작물의 지름(mm)
V : 절삭속도(m/min)

87 나사를 1회전시킬 때 나사산이 축 방향으로 움 직인 거리를 무엇이라 하는가?

① 각도(Angle)
② 리드(Lead)
③ 피치(Pitch)
④ 플랭크(Flank)

88 선반에서 지름 100mm의 저탄소 강재를 이송 0.25mm/rev, 길이 80mm를 2회 가공했을 때 소요된 시간이 80초라면 회전수는 약 몇 rpm인가?

① 450
② 480
③ 510
④ 540

해설 ⊕ -

$$T = \frac{L \cdot N}{f \cdot n} \to n = \frac{L \cdot N}{T \cdot f} = \frac{80 \times 2}{\frac{80}{60} \times 0.25} = 480 rpm$$

여기서, T : 가공시간(min)
L : 가공할 길이(mm)
N : 가공횟수
f : 공구의 이송속도(mm/rev)
n : 회전수(rpm)

89 리드 스크루가 1인치당 6산의 선반으로 1인치에 대하여 $5\frac{1}{2}$ 산의 나사를 깎으려고 할 때, 변환기어 값은?(단, 주동 측 기어 : A, 종동 측 기어 : C이다.)

① A : 127, C : 110
② A : 130, C : 110
③ A : 110, C : 127
④ A : 120, C : 110

해설 ➕

$$\frac{\text{절삭할 나사의 피치}}{\text{리드 스크루 피치}} = \frac{\text{주동 측 기어잇수(A)}}{\text{종동 측 기어잇수(C)}}$$

$$\frac{6}{5.5} = \frac{6 \times 20}{5.5 \times 20} = \frac{120}{110}$$

90 길이 400mm, 지름 50mm의 둥근 일감을 절삭속도 100m/min로 1회 선삭하려면 절삭시간은 약 몇 분 걸리겠는가?(단, 이송은 0.1mm/rev이다.)

① 2.7
② 4.4
③ 6.3
④ 9.2

해설 ➕

$$T = \frac{L \cdot N}{f \cdot n} = \frac{L}{f} \cdot \frac{\pi D}{1,000 V}$$

$$= \frac{400 \times \pi \times 50}{0.1 \times 1,000 \times 100} \fallingdotseq 6.3\text{min}$$

여기서, L : 가공할 길이(mm)
N : 가공횟수
f : 공구의 이송속도(mm/rev)
n : 회전수(rpm)
D : 공작물의 지름(mm)
V : 절삭속도(m/min)

91 중량 가공물을 가공하기 위한 대형 밀링 머신으로 플레이너와 유사한 구조로 되어 있는 것은?

① 수직 밀링 머신
② 수평 밀링 머신
③ 플래노 밀러
④ 회전 밀러

해설 ➕

플래노 밀러

평삭형 밀링 머신이라 하며, 대형 일감과 중량물의 절삭이나 강력 절삭에 적합하다.

92 분할대에서 분할 크랭크 핸들을 1회전하면 스핀들은 몇 도(°) 회전하는가?

① 36°
② 27°
③ 18°
④ 9°

해설 ➕

각도분할법

분할 크랭크가 1회전하면 주축은 $\frac{360°}{40} = 9°$ 회전한다.

93 그림에서 X는 18mm, 핀의 지름이 ⌀6mm이면 A값은 약 몇 mm인가?

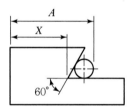

① 23.196
② 26.196
③ 31.392
④ 34.392

해설 ➕

$$A = X + \frac{d\left(1 + \cot\dfrac{\alpha}{2}\right)}{2} = 18 + \frac{6(1 + \cot 30)}{2} = 26.196$$

94 밀링 머신에서 원주를 단식 분할법으로 13등분하는 경우의 설명으로 옳은 것은?

① 13구멍 열에서 1회전에 3구멍씩 이동한다.
② 39구멍 열에서 3회전에 3구멍씩 이동한다.
③ 40구멍 열에서 1회전에 13구멍씩 이동한다.
④ 40구멍 열에서 3회전에 13구멍씩 이동한다.

해설 ➕ -

$$n = \frac{40}{N} = \frac{40}{13} = 3\frac{1}{13} \Rightarrow \frac{1 \times 3}{13 \times 3} = \frac{3}{39}$$

∴ 분할판의 39구멍 열에서 3회전과 3구멍씩 회전시킨다.

95 밀링 머신에서 사용하는 바이스 중 회전과 상하로 경사시킬 수 있는 기능이 있는 것은?

① 만능 바이스　　② 수평 바이스
③ 유압 바이스　　④ 회전 바이스

96 밀링 머신에 포함되는 기계장치가 아닌 것은?

① 니　　　　　② 주축
③ 칼럼　　　　④ 심압대

해설 ➕ -

④ 심압대 → 선반의 부속장치

97 밀링 머신 호칭번호를 분류하는 기준으로 옳은 것은?

① 기계의 높이
② 주축모터의 크기
③ 기계의 설치면적
④ 테이블의 이동거리

해설 ➕ -

밀링 머신의 크기 표시
• 테이블의 이동량(좌우×전후×상하)
• 테이블의 크기
• 주축 중심으로부터 테이블 면까지의 최대거리(수평, 만능 밀링 머신)
• 주축 끝으로부터 테이블 면까지의 최대거리 및 주축헤드의 이동거리(수직 밀링 머신)

98 일반적으로 니형 밀링 머신의 크기 또는 호칭을 표시하는 방법으로 틀린 것은?

① 콜릿 척의 크기
② 테이블 작업면의 크기(길이×폭)
③ 테이블의 이동거리(좌우×전후×상하)
④ 테이블의 전·후 이송을 기준으로 한 호칭번호

해설 ➕ -

문제 97번 해설 참조

99 절삭 날 부분을 특정한 형상으로 만들어 복잡한 면을 갖는 공작물의 표면을 한 번에 가공하는 데 적합한 밀링 커터는?

① 총형 커터
② 엔드밀
③ 앵귤러 커터
④ 플레인 커터

해설 ➕ -

총형 커터
절삭날 형태의 윤곽을 공작물을 다듬질한 형상의 일부와 같은 모양으로 성형한 바이트를 말한다. 복잡한 형상을 한 번에 가공할 수 있기 때문에 가공 능률을 대폭 향상시키는 특징이 있다.

100 총형 커터에 의한 방법으로 치형을 절삭할 때 사용하는 밀링 커터는?

① 베벨 밀링 커터   ② 헬리컬 밀링 커터
③ 인벌류트 밀링 커터   ④ 하이포이드 밀링 커터

101 범용 밀링 머신으로 할 수 없는 가공은?

① T홈 가공   ② 평면 가공
③ 수나사 가공   ④ 더브테일 가공

> **해설** +
> ③ 수나사 가공은 일반적으로 선반에서 가공한다.

102 상향절삭과 하향절삭에 대한 설명으로 틀린 것은?

① 하향절삭은 상향절삭보다 표면 거칠기가 우수하다.
② 상향절삭은 하향절삭에 비해 공구의 수명이 짧다.
③ 상향절삭은 하향절삭과는 달리 백래시 제거장치가 필요하다.
④ 상향절삭은 하향절삭할 때보다 가공물을 견고하게 고정하여야 한다.

> **해설** +
> ③ 상향절삭은 하향절삭과는 달리 백래시 제거장치가 필요 없다.

103 밀링 머신에서 테이블의 이송속도(f)를 구하는 식으로 옳은 것은?(단, f_z : 1개의 날당 이송(mm), z : 커터의 날 수, n : 커터의 회전수(rpm)이다.)

① $f = f_z \times z \times n$ ② $f = f_z \times \pi \times z \times n$

③ $f = \dfrac{f_z \times z}{n}$ ④ $f = \dfrac{(f_z \times z)^2}{n}$

104 밀링 절삭방법 중 상향절삭과 하향절삭에 대한 설명이 틀린 것은?

① 하향절삭은 상향절삭에 비하여 공구수명이 길다.
② 상향절삭은 가공면의 표면 거칠기가 하향절삭보다 나쁘다.
③ 상향절삭은 절삭력이 상향으로 작용하여 가공물의 고정이 유리하다.
④ 커터의 회전방향과 가공물의 이송이 같은 방향의 가공방법을 하향절삭이라 한다.

> **해설** +
> ③ 상향절삭은 절삭력이 상향으로 작용하여 가공물의 고정이 불안정하다.

105 밀링가공에서 일반적인 절삭속도 선정에 관한 내용으로 틀린 것은?

① 거친 절삭에서는 절삭속도를 빠르게 한다.
② 다듬질 절삭에서는 이송속도를 느리게 한다.
③ 커터의 날이 빠르게 마모되면, 절삭속도를 낮춘다.
④ 적정 절삭속도보다 약간 낮게 설정하는 것이 커터의 수명연장에 좋다.

> **해설** +
> ① 거친 절삭(황삭)에서는 절삭속도를 느리게 하고, 이송속도는 빠르게 한다.

106 밀링가공에서 커터의 날 수는 6개, 1날당의 이송은 0.2mm, 커터의 외경은 40mm, 절삭속도는 30m/min일 때 테이블의 이송속도는 약 몇 mm/min인가?

① 274   ② 286
③ 298   ④ 312

해설 ⊕

$$n = \frac{1,000\,V}{\pi d} = \frac{1,000 \times 30}{\pi \times 40} = 238.7\,\text{rpm}$$

여기서, n : 밀링커터의 회전수(rpm)

V : 절삭속도(m/min)

d : 밀링커터의 지름(mm)

$$f = f_z \times z \times n = 0.2 \times 6 \times 238.7$$
$$= 286.44 ≒ 286\,\text{mm/min}$$

여기서, f : 테이블 이송속도(mm/min)

f_z : 밀링커터의 날 1개당 이송 거리(mm)

z : 밀링커터의 날 수

107 밀링가공 할 때 하향절삭과 비교한 상향절삭의 특징으로 틀린 것은?

① 절삭 자취의 피치가 짧고, 가공 면이 깨끗하다.

② 절삭력이 상향으로 작용하여 가공물 고정이 불리하다.

③ 절삭 가공을 할 때 마찰열로 접촉면의 마모가 커서 공구의 수명이 짧다.

④ 커터의 회전 방향과 가공물의 이송이 반대이므로 이송기구의 백래시(Back Lash)가 자연히 제거된다.

해설 ⊕

① 절삭 자취의 피치가 길고, 가공 면이 거칠다.

108 밀링 머신에서 커터 지름이 120mm, 한 날당 이송이 0.11mm, 커터 날 수가 4날, 회전수가 900rpm일 때, 절삭속도는 약 몇 m/min인가?

① 33.9

② 113

③ 214

④ 339

해설 ⊕

$$V = \frac{\pi d n}{1,000} = \frac{\pi \times 120 \times 900}{1,000} = 339\,\text{m/min}$$

여기서, V : 절삭속도(m/min)

d : 밀링 커터의 지름(mm)

n : 밀링 커터의 회전수(rpm)

109 일반적인 밀링작업에서 절삭속도와 이송에 관한 설명으로 틀린 것은?

① 밀링 커터의 수명을 연장하기 위해서는 절삭속도는 느리게 이송을 작게 한다.

② 날 끝이 비교적 약한 밀링 커터에 대해서는 절삭속도는 느리게 이송을 작게 한다.

③ 거친 절삭에서는 절삭깊이를 얕게, 이송은 작게, 절삭속도를 빠르게 한다.

④ 일반적으로 너비와 지름이 작은 밀링 커터에 대해서는 절삭속도를 빠르게 한다.

해설 ⊕

③ 정밀 거친 절삭에서는 절삭깊이를 깊게, 이송은 크게, 절삭속도를 느리게 한다.

110 밀링가공에서 테이블의 이송속도를 구하는 식으로 옳은 것은?(단, F는 테이블 이송속도(mm/min), f_z는 커터 1개의 날당 이송(mm/tooth), z는 커터의 날 수, n은 커터의 회전수(rpm), f_r은 커터 1회전당 이송(mm/rev)이다.)

① $F = f_z \times z$

② $F = f_r \times f_z$

③ $F = f_z \times f_r \times n$

④ $F = f_z \times z \times n$

정답 107 ① 108 ④ 109 ③ 110 ④

111 밀링가공에서 하향절삭 작업에 관한 설명으로 틀린 것은?

① 절삭력이 하향으로 작용하여 가공물 고정이 유리하다.
② 상향절삭보다 공구수명이 길다.
③ 백래시 제거장치가 필요하다.
④ 기계강성이 낮아도 무방하다.

해설 ⊕ ----------------------------------
④ 충격이 있어 기계강성이 높아야 한다.

112 리머의 모양에 대한 설명 중 틀린 것은?

① 조정 리머 : 절삭 날을 조정할 수 있는 것
② 솔리드 리머 : 자루와 절삭 날이 다른 소재로 된 것
③ 셸 리머 : 자루와 절삭 날 부위가 별개로 되어 있는 것
④ 팽창 리머 : 가공물의 치수에 따라 조금 팽창할 수 있는 것

해설 ⊕ ----------------------------------
② 솔리드 리머 : 자루와 날 부위가 같은 소재로 된 일체형 리머

113 리밍에 관한 설명으로 틀린 것은?

① 날 모양에는 평행 날과 비틀림 날이 있다.
② 구멍의 내면을 매끈하고 정밀하게 가공하는 것을 말한다.
③ 날 끝에 테이퍼를 주어 가공할 때 공작물에 잘 들어가도록 되어 있다.
④ 핸드리머와 기계리머는 자루 부문이 테이퍼로 되어 있어서 가공이 편리하다.

해설 ⊕ ----------------------------------
④ 핸드리머와 기계리머는 곧은 자루로 되어 있다.

114 드릴 머신으로서 할 수 없는 작업은?

① 널링
② 스폿 페이싱
③ 카운터 보링
④ 카운터 싱킹

해설 ⊕ ----------------------------------
① 널링 → 선반에 작업

115 드릴작업 후 구멍의 내면을 다듬질하는 목적으로 사용하는 공구는?

① 탭
② 리머
③ 센터드릴
④ 카운터 보어

116 센터 펀치 작업에 관한 설명으로 틀린 것은?

① 선단은 45° 이하로 한다.
② 드릴로 구멍을 뚫을 자리 표시에 사용된다.
③ 펀치의 선단을 목표물에 수직으로 펀칭한다.
④ 펀치의 재질은 공작물보다 경도가 높은 것을 사용한다.

해설 ⊕ ----------------------------------
① 센터펀치의 선단각은 60~90° 원뿔이다.

117 리머에 관한 설명으로 틀린 것은?

① 드릴 가공에 비하여 절삭속도를 빠르게 하고 이송은 작게 한다.
② 드릴로 뚫은 구멍을 정확한 치수로 다듬질하는 데 사용한다.
③ 절삭속도가 느리면 리머의 수명은 길게 되나 작업 능률이 떨어진다.
④ 절삭속도가 너무 빠르면 랜드(Land)부가 쉽게 마모되어 수명이 단축된다.

해설 ⊕ ----------------------------------

① 드릴 작업보다 저속에서 작업하고 이송을 크게 한다.

118 드릴 머신에서 공작물을 고정하는 방법으로 적합하지 않은 것은?

① 바이스 사용　　　　② 드릴 척 사용
③ 박스 지그 사용　　　④ 플레이트 지그 사용

해설 ⊕ ----------------------------------

② 드릴 척 사용 → 드릴 고정 시 사용

119 보링 머신의 크기를 표시하는 방법으로 틀린 것은?

① 주축의 지름　　　　② 주축의 이송거리
③ 테이블의 이동거리　④ 보링 바이트의 크기

해설 ⊕ ----------------------------------

보링 머신의 크기
테이블의 크기, 주축의 이동거리, 주축의 지름, 주축머리의 상하 이동거리 및 테이블의 이동거리

120 수평식 보링 머신의 분류가 아닌 것은?

① 베드형　　　　　　② 플로우형
③ 테이블형　　　　　④ 플레이너형

해설 ⊕ ----------------------------------

수평 보링 머신의 분류
테이블형, 플레이너형, 플로우형, 이동형

121 트위스트 드릴은 절삭날의 각도가 중심에 가까울수록 절삭작용이 나쁘게 되기 때문에 이를 개선하기 위해 드릴의 웨브부분을 연삭하는 것은?

① 시닝(Thinning)　　② 트루잉(Truing)
③ 드레싱(Dressing)　④ 글레이징(Glazing)

해설 ⊕ ----------------------------------

웹 시닝(Web Thinning)
웹의 두께를 얇게 하여 절삭력을 향상시키는 것이다.

122 다음 중 금속의 구멍작업 시 칩의 배출이 용이하고 가공 정밀도가 가장 높은 드릴 날은?

① 평 드릴　　　　　　② 센터 드릴
③ 직선홈 드릴　　　　④ 트위스트 드릴

해설 ⊕ ----------------------------------

비틀림 드릴(Twist Drill)
날홈이 축에 대해 비틀려 칩의 배출 및 절삭성이 좋아 가장 많이 사용한다.

123 드릴의 속도가 V(m/min), 지름이 d(mm)일 때, 드릴의 회전수 n(rpm)을 구하는 식은?

① $n = \dfrac{1,000}{\pi d V}$　　　　② $n = \dfrac{1,000\,V}{\pi d}$

③ $n = \dfrac{\pi d V}{1,000}$　　　　④ $n = \dfrac{\pi d}{1,000\,V}$

124 가늘고 긴 일정한 단면 모양을 가진 공구를 사용하여 가공물의 내면에 키 홈, 스플라인 홈, 원형이나 다각형의 구멍 형상과 외면에 세그먼트기어, 홈, 특수한 외면의 형상을 가공하는 공작기계는?

① 기어 셰어퍼(Gear Shaper)
② 호닝 머신(Honing Machine)
③ 호빙 머신(Hobbing Machine)
④ 브로칭 머신(Broaching Machine)

정답　118 ②　119 ④　120 ①　121 ①　122 ④　123 ②　124 ④

해설 ⊕

브로칭 머신으로 제작하는 단면 모양

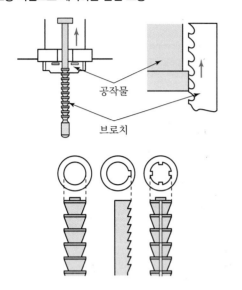

공작물

브로치

125 가늘고 긴 일정한 단면 모양을 가진 공구에 많은 날을 가진 절삭공구가 사용되며, 공작물의 홈을 빠르게 가공할 수 있어 대량생산에 적합한 가공방법은?

① 보링(Boring)
② 태핑(Tapping)
③ 셰이핑(Shaping)
④ 브로칭(Broaching)

해설 ⊕

문제 124번 해설 참조

126 브로칭 머신의 특징으로 틀린 것은?

① 복잡한 면의 형상도 쉽게 가공할 수 있다.
② 내면 또는 외면의 브로칭 가공도 가능하다.
③ 스플라인기어, 내연기관 크랭크실의 크랭크 베어링부는 가공이 용이하지 않다.
④ 공구의 일회 통과로 거친 절삭과 다듬질 절삭을 완료할 수 있다.

해설 ⊕

③ 스플라인기어, 내연기관 크랭크실의 크랭크 베어링부는 가공이 쉽다.

127 총형공구에 의한 기어절삭에 만능 밀링 머신의 분할대와 같이 사용되는 밀링커터는?

① 베벨 밀링 커터
② 헬리컬 밀링 커터
③ 인벌류트 밀링 커터
④ 하이포이드 밀링 커터

128 기어 절삭기에서 창성법으로 치형을 가공하는 공구가 아닌 것은?

① 호브(Hob)
② 브로치(Broach)
③ 래크 커터(Rack Cutter)
④ 피니언 커터(Pinion Cutter)

해설 ⊕

창성법에 의한 기어절삭가공 종류

호빙 머신, 래크 커터(Rack Cutter), 피니언 커터(Pinion Cutter)가 있다.

129 중량물의 내면 연삭에 주로 사용되는 연삭방법은?

① 트래버스 연삭
② 플랜지 연삭
③ 만능 연삭
④ 플래니터리 연삭

해설 ⊕

플래니터리 연삭(유성형)

• 공작물은 고정시키고 숫돌축이 회전 연삭운동과 동시에 공전운동을 하는 방식이다.
• 대형 공작물에 회전운동을 가하기 어려운 경우에 사용한다.

정답   125 ④   126 ③   127 ③   128 ②   129 ④

130 탁상 연삭기 덮개의 노출각도에서, 숫돌 주축 수평면 위로 이루는 원주의 최대 각은?

① 45°
② 65°
③ 90°
④ 120°

131 보통형과 유성형 방식이 있는 연삭기는?

① 나사 연삭기
② 내면 연삭기
③ 외면 연삭기
④ 평면 연삭기

해설 ➕

내면 연삭기의 분류
일감회전형(보통형), 일감고정형(유성형), 센터리스형

132 나사 연삭기의 연삭방법이 아닌 것은?

① 다인 나사 연삭방법
② 단식 나사 연삭방법
③ 역식 나사 연삭방법
④ 센터리스 나사 연삭방법

해설 ➕

나사 연삭방법
다인 나사 연삭, 단식 나사 연삭, 센터리스 나사 연삭이 있다.

133 연삭가공 중 발생하는 떨림의 원인으로 가장 관계가 먼 것은?

① 연삭기 자체의 진동이 없을 때
② 숫돌축이 편심되어 있을 때
③ 숫돌의 결합도가 너무 클 때
④ 숫돌의 평행상태가 불량할 때

해설 ➕

① 연삭기 자체의 진동이 있을 때

134 센터리스 연삭에 대한 설명으로 틀린 것은?

① 가늘고 긴 가공물의 연삭에 적합하다.
② 긴 홈이 있는 가공물의 연삭에 적합하다.
③ 다른 연삭기에 비해 연삭 여유가 작아도 된다.
④ 센터가 필요치 않아 센터구멍을 가공할 필요가 없다.

해설 ➕

② 긴 홈이 있는 가공물의 연삭에 부적합하다.

135 연삭가공에서 내면 연삭에 대한 설명으로 틀린 것은?

① 외경 연삭에 비하여 숫돌의 마모가 많다.
② 외경 연삭보다 숫돌 축의 회전수가 느려야 한다.
③ 연삭숫돌의 지름은 가공물의 지름보다 작아야 한다.
④ 숫돌 축은 지름이 작기 때문에 가공물의 정밀도가 다소 떨어진다.

해설 ➕

② 외경 연삭보다 숫돌의 외경이 작기 때문에 숫돌 축의 회전 수가 빨라야 한다.

136 연삭깊이를 깊게 하고 이송속도를 느리게 함으로써 재료 제거율을 대폭적으로 높인 연삭방법은?

① 경면(Mirror) 연삭
② 자기(Magnetic) 연삭
③ 고속(High Speed) 연삭
④ 크립 피드(Creep Feed) 연삭

해설 ➕

크립 피드 연삭
• 한 번에 재료를 많이 제거하고자 하는 것이 목적
• 일반 연삭보다 연삭깊이는 약 1~6mm 정도까지, 이송속도는 더 적게 한다.
• 숫돌은 결합도가 연한 것으로 하여 작업한다.

정답 130 ② 131 ② 132 ③ 133 ① 134 ② 135 ② 136 ④

137 연삭숫돌의 원통도 불량에 대한 주된 원인과 대책으로 옳게 짝지어진 것은?

① 연삭숫돌의 눈 메움 : 연삭숫돌의 교체
② 연삭숫돌의 흔들림 : 센터구멍의 홈 조정
③ 연삭숫돌의 입도가 거침 : 굵은 입도의 연삭숫돌 사용
④ 테이블 운동의 정도 불량 : 정도검사, 수리, 미끄럼면의 윤활을 양호하게 할 것

해설⊕
① 연삭숫돌의 눈 메움 : 숫돌을 드레싱 작업을 한다.
② 연삭숫돌의 흔들림 : 편심이나 균열, 조립상태 등을 확인한다.
③ 연삭숫돌의 입도가 거침 : 고운 입도의 연삭숫돌 사용

138 다음 연삭숫돌의 표시방법 중에서 "5"는 무엇을 나타내는가?

WA 60 K 5 V

① 조직
② 입도
③ 결합도
④ 결합제

해설⊕

WA	60	K	5	V
숫돌입자	입도(숫돌입자의 크기)	결합도	조직(연삭숫돌의 밀도)	결합제

139 연삭숫돌 입자의 종류가 아닌 것은?

① 에머리
② 코런덤
③ 산화규소
④ 탄화규소

해설⊕
연삭숫돌 입자의 종류
• 천연산 : 에머리, 코런덤, 다이아몬드 등
• 인조산 : 알루미나(Al_2O_3)계, 탄화규소(SiC)계

140 연삭가공 중 가공표면의 표면 거칠기가 나빠지고 정밀도가 저하되는 떨림 현상이 나타나는 원인이 아닌 것은?

① 숫돌의 평형상태가 불량할 경우
② 숫돌축이 편심되어 있을 경우
③ 숫돌의 결합도가 너무 작을 경우
④ 연삭기 자체에 진동이 있을 경우

해설⊕
③ 숫돌의 결합도가 너무 클 경우

141 연삭균열에 관한 설명으로 틀린 것은?

① 열팽창에 의해 발생된다.
② 공석강에 가까운 탄소강에서 자주 발생된다.
③ 연삭균열을 방지하기 위해서는 결합도가 연한 숫돌을 사용한다.
④ 이송을 느리게 하고 연삭액을 충분히 사용하여 방지할 수 있다.

해설⊕
④ 이송을 크게 하고 연삭액을 충분히 사용하여 연삭열의 발생을 적게 한다.

142 연삭숫돌의 성능을 표시하는 5가지 요소에 포함되지 않는 것은?

① 기공
② 입도
③ 조직
④ 숫돌입자

해설⊕
연삭숫돌의 5인자
연삭숫돌의 입자, 입도, 결합도, 조직, 결합제

143 연삭가공 중 발생하는 떨림의 원인으로 가장 관계가 먼 것은?

① 연삭기 자체의 진동이 없을 때
② 숫돌축이 편심되어 있을 때
③ 숫돌의 결합도가 너무 클 때
④ 숫돌의 평행상태가 불량할 때

해설➕ -

① 연삭기 자체의 진동이 있을 때

144 다음 연삭숫돌의 규격표시에서 'L'이 의미하는 것은?

WA 60 L m V

① 입도   ② 조직
③ 결합제   ④ 결합도

해설➕ -

WA	60	L	m	V
숫돌입자	입도(숫돌입자의 크기)	결합도	조직(연삭숫돌의 밀도)	결합제

145 숫돌 입자의 크기를 표시하는 단위는?

① mm   ② cm
③ mesh   ④ inch

146 연삭숫돌의 결합제(Bond)와 표시기호의 연결이 바른 것은?

① 셸락 : E   ② 레지노이드 : R
③ 고무 : B   ④ 비트리파이드 : F

해설➕ -

② 레지노이드 : B
③ 고무 : R
④ 비트리파이드 : V

147 액체호닝에서 완성 가공면의 상태를 결정하는 일반적인 요인이 아닌 것은?

① 공기압력   ② 가공 온도
③ 분출각도   ④ 연마제의 혼합비

해설➕ -

액체호닝 가공면을 결정하는 요소
공기압력, 시간, 분출각도, 연마제의 혼합비

148 연마제 가공액과 혼합하여 짧은 시간에 매끈해지거나 광택이 적은 다듬질 면을 얻게 되며, 피닝(Peening)효과가 있는 가공법은?

① 래핑   ② 숏피닝
③ 배럴가공   ④ 액체호닝

해설➕ -

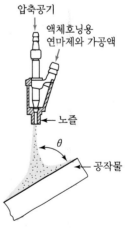

| 액체호닝 |

149 목재, 피혁, 직물 등 탄성이 있는 재료로 바퀴 표면에 부착시킨 미세한 연삭입자로써 버핑하기 전 가공물 표면을 다듬질하는 가공방법은?

① 폴리싱
② 롤러가공
③ 버니싱
④ 숏피닝

해설 ➕ -

공작물의 표면 광택작업
폴리싱(1차 가공)한 후 버핑(2차 가공)을 한다.

150 전해연마에 이용되는 전해액으로 틀린 것은?

① 인산
② 황산
③ 과염소산
④ 초산

해설 ➕ -

전해연마에 이용되는 전해액
과염소산, 인산, 황산, 질산 등

151 도금을 응용한 방법으로 모델을 음극에 전착시킨 금속을 양극에 설치하고, 전해액 속에서 전기를 통전하여 적당한 두께로 금속을 입히는 가공방법은?

① 전주가공
② 전해연삭
③ 레이저가공
④ 초음파가공

해설 ➕ -

전주가공
전해연마에서 석출된 금속이온이 음극의 공작물 표면에 붙은 전착층을 이용하여 원형과 반대 형상의 제품을 만드는 가공법을 말한다.

152 배럴가공 중 가공물의 치수 정밀도를 높이고, 녹이나 스케일 제거의 역할을 하기 위해 혼합되는 것은?

① 강구
② 맨드릴
③ 방진구
④ 미디어

해설 ➕ -

미디어(Media)
배럴가공 시 공작물 표면을 연마하거나 광택을 내기 위한 연마제이다.

153 고주파 경화법 시 나타나는 결함이 아닌 것은?

① 균열
② 변형
③ 경화층 이탈
④ 결정 입자의 조대화

해설 ➕ -

④ 표면층의 결정 입자는 미세화된다.

154 열처리의 목적을 설명한 것으로 옳은 것은?

① 담금질 : 강을 A_1 변태점까지 가열하여 연성을 증가시킨다.
② 뜨임 : 소성가공에 의한 내부응력을 증가시켜 절삭성을 향상시킨다.
③ 풀림 : 강의 강도, 경도를 증가시키고, 조직을 마텐자이트조직으로 변태시킨다.
④ 불림 : 재료의 결정조직을 미세화하고, 기계적 성질을 개량하여 조직을 표준화한다.

해설 ➕ -

① 담금질 : 강의 강도, 경도를 증가시키고, 조직을 마텐자이트조직으로 변태시킨다.
② 뜨임 : 담금질에 의해 생긴 취성을 제거하고 인성을 개선한다.
③ 풀림 : 내부응력을 제거하고, 경화된 재료를 연화시킨다 (절삭성 향상).

정답   149 ①   150 ④   151 ①   152 ④   153 ④   154 ④

155 강을 오스테나이트화한 후, 공랭하여 표준화된 조직을 얻는 열처리는?

① 퀜칭(Quenching)

② 어닐링(Annealing)

③ 템퍼링(Tempering)

④ 노멀라이징(Normalizing)

해설 ➕ -

불림(Normalizing)
- 방법 : A_3, A_{cm}선 이상 30~50℃에서 가열 → 온도 유지 (재료를 균일하게 오스테나이트화함) → 대기 중에서 냉각
- 목적 : 열간가공 재료의 이상(결정립의 조대화, 내부 비틀림, 탄화물이나 그 외 석출물의 분산)을 제거하고, 조직의 표준화, 결정립의 미세화, 응력 제거, 가공성 향상

156 공구강에서 경도를 증가시키고 시효에 의한 치수변화를 방지하기 위한 열처리 순서로 가장 적합한 것은?

① 담금질 → 심랭처리 → 뜨임처리

② 담금질 → 불림 → 심랭처리

③ 불림 → 심랭처리 → 담금질

④ 불림 → 심랭처리 → 담금질

157 가스 질화법의 특징을 설명한 것 중 틀린 것은?

① 질화 경화층은 침탄층보다 강하다.

② 가스 질화는 NH_3의 분해를 이용한다.

③ 질화를 신속하게 하기 위하여 글로우 방전을 이용하기도 한다.

④ 질화용강은 질화 전에 담금질, 뜨임 등 조질 열처리가 필요 없다.

해설 ➕ -

④ 질화용강은 질화 전에 담금질, 뜨임 등 조질 열처리가 필요하다.

[참고] 질화강의 질화 처리를 위한 가공공정
소재 → 절삭가공 → 담금질 → 뜨임 → 교정 → 응력제거 풀림 → 다듬질 가공 → 연삭 → 질화 → 연마

158 담금질한 강재의 잔류 오스테나이트를 제거하며, 치수변화 등을 방지하는 목적으로 0℃ 이하에서 열처리하는 방법은?

① 저온뜨임

② 심랭처리

③ 마템퍼링

④ 용체화처리

해설 ➕ -

심랭처리(Sub Zero)
- 방법 : 잔류 오스테나이트를 마텐자이트로 변태시키기 위하여, 상온으로 담금질된 강을 다시 0℃ 이하의 온도로 냉각시키는 열처리이다.
- 효과 : 담금질 균열 방지, 치수 변화 방지, 경도 향상
예 게이지강

159 고속도강을 담금질 한 후 뜨임하게 되면 일어나는 현상은?

① 경년현상이 일어난다.

② 자연균열이 일어난다.

③ 2차 경화가 일어난다.

④ 응력부식균열이 일어난다.

해설 ➕ -

고속도강의 뜨임 처리
재료를 더욱 경화시키기 위해서 하며, 약 600℃ 전후에서 실시한다.

정답   155 ④   156 ①   157 ④   158 ②   159 ③

160 담금질한 강재의 잔류 오스테나이트를 제거하며, 치수변화 등을 방지하는 목적으로 0℃ 이하에서 열처리하는 방법은?

① 저온뜨임
② 심랭처리
③ 마템퍼링
④ 용체화처리

해설+

문제 158번 해설 참조

161 다음 중 뜨임의 목적과 가장 거리가 먼 것은?

① 인성 부여
② 내마모성의 향상
③ 탄화물의 고용강화
④ 담금질할 때 생긴 내부응력 감소

해설+

③ 탄화물의 고용강화 → 담금질

162 마텐자이트(Martensite) 및 그 변태에 대한 설명으로 틀린 것은?

① 경도가 높고, 취성이 있다.
② 상온에서는 준안정상태이다.
③ 마텐자이트 변태는 확산변태를 한다.
④ 강을 수중에 담금질하였을 때 나타나는 조직이다.

해설+

③ 마텐자이트 변태는 무확산변태를 한다.

163 담금질한 후 치수의 변형 등이 없도록 심랭처리해야 하는 강은?

① 실루민
② 문츠메탈
③ 두랄루민
④ 게이지강

해설+

문제 158번 해설 참조

164 뜨임 취성(Temper Brittleness)을 방지하는데 가장 효과적인 원소는?

① Mo
② Ni
③ Cr
④ Zr

해설+

몰리브덴(Mo)
• 담금질성 ↑
• 질량효과 ↓
• 뜨임취성 방지
• 내식성 ↑

165 다음 철강 조직 중 가장 경도가 높은 것은?

① 펄라이트
② 소르바이트
③ 마텐자이트
④ 트루스타이트

해설+

경도 크기
마텐자이트 > 트루스타이트 > 소르바이트 > 펄라이트

166 Al을 침투시켜 내식성을 향상시키는 금속침투법은?

① 보로나이징
② 칼로라이징
③ 세라다이징
④ 실리코나이징

해설+

칼로라이징(Calorizing)
탄소강 표면에 Al(알루미늄)을 확산침투시키면 고온에서 산화가 방지된다.

정답 160 ② 161 ③ 162 ③ 163 ④ 164 ① 165 ③ 166 ②

167 강의 표면경화법에 대한 설명으로 틀린 것은?

① 침탄법에는 고체침탄법, 액체침탄법, 가스침탄법 등이 있다.

② 질화법은 강 표면에 질소를 침투시켜 경화하는 방법이다.

③ 화염경화법은 일반 담금질법에 비해 담금질 변형이 적다.

④ 세라다이징은 철강 표면에 Cr을 확산 침투시키는 방법이다.

해설 ⊕ -

④ 세라다이징은 철강 표면에 Zn을 확산 침투시키는 방법이다.

168 다음 중 열처리에서 풀림의 목적과 가장 거리가 먼 것은?

① 조직의 균질화　　② 냉간 가공성 향상

③ 재질의 경화　　　④ 잔류 응력 제거

해설 ⊕ -

③ 재질의 연화

169 심랭처리의 효과가 아닌 것은?

① 재질의 연화

② 내마모성 향상

③ 치수의 안정화

④ 담금질한 강의 경도 균일화

해설 ⊕ -

① 경도 향상

170 담금질한 강을 재가열할 때 600℃ 부근에서의 조직은?

① 소르바이트　　　② 마텐자이트

③ 트루스타이트　　④ 오스테나이트

해설 ⊕ -

고온뜨임

600℃에서 소르바이트 조직을 얻을 수 있으며, 재료에 큰 인성을 부여한다. **예** 스프링강

171 다음 철강 조직 중 가장 경도가 높은 것은?

① 펄라이트　　　　② 소르바이트

③ 마텐자이트　　　④ 트루스타이트

해설 ⊕ -

조직에 따른 경도 크기

시멘타이트 > 마텐자이트 > 트루스타이트 > 소르바이트 > 펄라이트 > 오스테나이트 > 페라이트

172 일반적으로 직경(외경)을 측정하는 공구로써 가장 거리가 먼 것은?

① 강철자　　　　　② 그루브 마이크로미터

③ 버니어 캘리퍼스　④ 지시 마이크로미터

해설 ⊕ -

그루브 마이크로미터

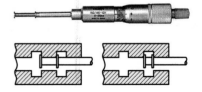

173 측정 오차에 관한 설명으로 틀린 것은?

① 계통 오차는 측정값에 일정한 영향을 주는 원인에 의해 생기는 오차이다.

② 우연 오차는 측정자와 관계없이 발생하고, 반복적이고 정확한 측정으로 오차 보정이 가능하다.

③ 개인 오차는 측정자의 부주의로 생기는 오차이며, 주의해서 측정하고 결과를 보정하면 줄일 수 있다.

④ 계기 오차는 측정압력, 측정온도, 측정기 마모 등으로 생기는 오차이다.

해설➕

② 우연 오차(외부조건에 의한 오차)는 측정온도나 채광의 변화가 영향을 미쳐 발생하는 오차로써 오차보정이 불가하다.

174 일반적으로 한계 게이지 방식의 특징에 대한 설명으로 틀린 것은?

① 대량 측정에 적당하다.

② 합격, 불합격의 판정이 용이하다.

③ 조작이 복잡하므로 경험이 필요하다.

④ 측정 치수에 따라 각각의 게이지가 필요하다.

해설➕

③ 조작이 간단하고, 매우 능률적으로 측정할 수 있다.

175 트위스트 드릴의 각부에서 드릴 홈의 골 부위(웨브 두께)를 측정하기에 가장 적합한 것은?

① 나사 마이크로미터

② 포인트 마이크로미터

③ 그루브 마이크로미터

④ 다이얼 게이지 마이크로미터

해설➕

포인트 마이크로미터

176 다듬질 면 상태의 평면 검사에 사용되는 수공구는?

① 트러멜   ② 나이프 에지

③ 실린더 게이지   ④ 앵글 플레이트

해설➕

나이프 에지

단면형상이 삼각형인 칼날모양의 예리한 받침쇠를 말하며 평면 또는 오목면을 검사하는 데 사용한다.

177 한계 게이지의 종류에 해당되지 않는 것은?

① 봉 게이지   ② 스냅 게이지

③ 다이얼 게이지   ④ 플러그 게이지

해설➕

다이얼 게이지

비교측정기로써 측정자의 직선 또는 원호 운동을 기계적으로 확대하고 그 움직임을 지침의 회전 변위로 변환시켜 눈금으로 읽을 수 있는 길이 측정기이다.

178 직접 측정용 길이 측정기가 아닌 것은?

① 강철자   ② 사인 바

③ 마이크로미터   ④ 버니어캘리퍼스

해설➕

② 사인 바 → 각도 측정기

정답   173 ②   174 ③   175 ②   176 ②   177 ③   178 ②

179 나사를 측정할 때 삼침법으로 측정 가능한 것은?

① 골지름   ② 유효지름
③ 바깥지름   ④ 나사의 길이

해설 ➕

삼침법
나사의 골에 적당한 굵기의 침을 3개 끼워서 침의 외측거리를 외측 마이크로미터로 측정하여 수나사의 유효지름을 계산한다(정밀도가 가장 높은 나사의 유효지름 측정에 쓰인다).

180 수기가공에 대한 설명으로 틀린 것은?

① 서피스 게이지는 공작물에 평행선을 긋거나 평행면의 검사용으로 사용된다.
② 스크레이퍼는 줄 가공 후 면을 정밀하게 다듬질 작업하기 위해 사용된다.
③ 카운터 보어는 드릴로 가공된 구멍에 대하여 정밀하게 다듬질하기 위해 사용된다.
④ 센터펀치는 펀치의 끝이 각도가 60~90° 원뿔로 되어 있고 위치를 표시하기 위해 사용된다.

해설 ➕

③ 리머는 드릴로 가공된 구멍에 대하여 정밀하게 다듬질하기 위해 사용된다.

181 다음 중 소재의 두께가 0.5mm인 얇은 박판에 가공한 구멍의 내경을 측정할 수 없는 측정기는?

① 투영기   ② 공구 현미경
③ 옵티컬 플랫   ④ 3차원 측정기

해설 ➕

옵티컬 플랫
측정면에 밀착시켜 간섭무늬를 관찰함으로써 평면도를 측정할 수 있다.

182 측정 오차에 대한 설명으로 틀린 것은?

① 기기 오차는 측정기의 구조상에서 일어나는 오차이다.
② 계통 오차는 측정값에 일정한 영향을 주는 원인에 의해 생기는 오차이다.
③ 우연 오차는 측정자와 관계없이 발생하고, 반복적이고 정확한 측정으로 오차 보정이 가능하다.
④ 개인 오차는 측정자의 부주의로 생기는 오차이며, 주의해서 측정하고 결과를 보정하면 줄일 수 있다.

해설 ➕

③ 우연 오차(외부조건에 의한 오차)는 측정온도나 채광의 변화가 영향을 미쳐 발생하는 오차로 오차보정이 불가능하다.

183 평면도 측정과 관계없는 것은?

① 수준기   ② 링 게이지
③ 옵티컬 플랫   ④ 오토콜리메이터

해설 ➕

링 게이지
제품이 허용하는 최대허용한계치수와 최소허용한계치수를 측정하는 데 사용하는 게이지이다.

| 플러그 게이지와 링 게이지 |

184 다이얼 게이지 기어의 백래시(Back Lash)로 인해 발생하는 오차는?

① 인접 오차   ② 지시 오차
③ 진동 오차   ④ 되돌림 오차

정답   179 ②   180 ③   181 ③   182 ③   183 ②   184 ④

해설 ➕ -

되돌림 오차
다이얼 게이지를 (+)방향으로 측정할 때와 (−)방향으로 다시 측정할 때 값이 달리 나오는 오차이다.

185 다음 그림과 같이 피측정물의 구면을 측정할 때 다이얼 게이지의 눈금이 0.5mm 움직이면 구면의 반지름(mm)은 얼마인가?(단, 다이얼 게이지 측정자로부터 구면계의 다리까지의 거리는 20mm이다.)

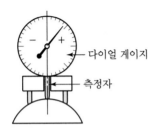

① 100.25
② 200.25
③ 300.25
④ 400.25

해설 ➕ -

$$r = \frac{a^2}{2h} + \frac{h}{2} = \frac{20^2}{2 \times 0.5} + \frac{0.5}{2} = 400.25\,\text{mm}$$

여기서, r : 구면의 반지름
　　　　a : 다이얼 게이지 측정자로부터 구면계의 다리까지의 거리
　　　　h : 게이지의 눈금

186 수기가공 할 때 작업안전수칙으로 옳은 것은?

① 바이스를 사용할 때는 조에 기름을 충분히 묻히고 사용한다.
② 드릴가공을 할 때에는 장갑을 착용하여 단단하고 위험한 칩으로부터 손을 보호한다.
③ 금긋기 작업을 하는 이유는 주로 절단을 할 때에 절삭성이 좋아지기 위함이다.

④ 탭 작업 시에는 칩이 원활하게 배출이 될 수 있도록 후퇴와 전진을 번갈아 가면서 점진적으로 수행한다.

해설 ➕ -

① 바이스를 사용할 때는 조에 기름을 깨끗이 닦고 사용한다.
② 드릴가공을 할 때에는 장갑을 착용하지 않는다.
③ 금긋기 작업을 하는 이유는 절단을 정밀하게 하기 위함이다.

187 비교 측정하는 방식의 측정기는?

① 측장기
② 마이크로미터
③ 다이얼 게이지
④ 버니어 캘리퍼스

해설 ➕ -

비교측정기
다이얼 게이지, 미니미터, 옵티미터, 옵티컬 컴퍼레이터, 전기 마이크로미터, 공기 마이크로미터, 전기저항 스크레인게이지 등

188 비교 측정방법에 해당되는 것은?

① 사인 바에 의한 각도 측정
② 버니어캘리퍼스에 의한 길이 측정
③ 롤러와 게이지 블록에 의한 테이퍼 측정
④ 공기 마이크로미터를 이용한 제품의 치수 측정

해설 ➕ -

문제 187번 해설 참조

189 측정자의 미소한 움직임을 광학적으로 확대하여 측정하는 장치는?

① 옵티미터(Optimeter)
② 미니미터(Minimeter)
③ 공기 마이크로미터(Air Micrometer)
④ 전기 마이크로미터(Electrical Micrometer)

해설 ➕

옵티미터

표준 치수의 물체와 측정하고자 하는 물체의 치수 차이를 광학적으로 확대하여 정밀하게 측정하는 비교 측정기를 말한다.

190 테일러의 원리에 맞게 제작되지 않아도 되는 게이지는?

① 링 게이지
② 스냅 게이지
③ 테이퍼 게이지
④ 플러그 게이지

해설 ➕

테일러 원리는 한계 게이지에 적용되는 이론으로써 테이퍼 게이지는 테일러 원리가 적용되지 않는다.

[참고] 테일러의 원리
통과 측에는 모든 치수 또는 결정량이 동시에 검사되고 정지 측에는 각 치수가 따로따로 검사되어야 한다. → 통과 측 게이지는 피측정물의 길이와 같아야 하고, 정지 측 게이지의 길이는 짧을수록 좋다.

191 측정자의 직선 또는 원호운동을 기계적으로 확대하여 그 움직임을 지침의 회전변위로 변환시켜 눈금으로 읽을 수 있는 측정기는?

① 수준기　　　　② 스냅 게이지
③ 게이지 블록　　④ 다이얼 게이지

192 다음 중 각도를 측정할 수 있는 측정기는?

① 사인 바　　　　② 마이크로미터
③ 하이트 게이지　④ 버니어캘리퍼스

해설 ➕

사인 바

블록 게이지로 양단의 높이를 맞추어 삼각함수(Sine)를 이용하여 각도를 측정한다.

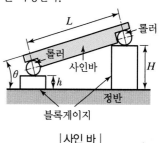

| 사인 바 |

193 다음 나사의 유효지름 측정방법 중 정밀도가 가장 높은 방법은?

① 삼침법을 이용한 방법
② 피치 게이지를 이용한 방법
③ 버니어캘리퍼스를 이용한 방법
④ 나사 마이크로미터를 이용한 방법

해설 ➕

문제 179번 해설 참조

194 원형 부분을 두 개의 동심의 기하학적 원으로 취했을 경우, 두 원의 간격이 최소가 되는 두 원의 반지름의 차로 나타내는 형상 정밀도는?

① 원통도
② 직각도
③ 진원도
④ 평행도

195 측정에서 다음 설명에 해당하는 원리는?

> 표준자와 피측정물은 동일 축 선상에 있어야 한다.

① 아베의 원리
② 버니어의 원리
③ 에어리의 원리
④ 헤르쯔의 원리

196 허용할 수 있는 부품의 오차 정도를 결정한 후 각각 최대 및 최소치수를 설정하여 부품의 치수가 그 범위 내에 드는지를 검사하는 게이지는?

① 다이얼 게이지
② 게이지 블록
③ 간극 게이지
④ 한계 게이지

해설 ⊕

한계 게이지
• 설계자가 허용하는 제품의 최대허용한계치수와 최소허용 한계치수를 측정하는 데 사용하는 게이지이다.
• 최대허용치수와 최소허용치수를 각각 통과 측과, 정지 측 으로 하므로 매우 능률적으로 측정할 수 있고 측정된 제품 이 호환성을 갖게 할 수 있는 측정기이다.

197 도면에 편심량이 3mm로 주어졌다. 이때 다이 얼 게이지 눈금의 변위량이 얼마로 나타나도록 편심시 켜야 하는가?

① 3mm
② 4.5mm
③ 6mm
④ 7.5mm

해설 ⊕

변위량 = 편심량×2 = 3×2 = 6mm

198 게이지 블록 중 표준용(Calibration Grade)으 로서 측정기류의 정도 검사 등에 사용되는 게이지 등 급은?

① 00(AA)급
② 0(A)급
③ 1(B)급
④ 2(C)급

해설 ⊕

① 00(AA)급 : 초정밀 측정, 참조용(Reference Grade), 학술 연구, 표준게이지 블록 검사
② 0(A)급 : 정밀 측정, 표준용, 1~2급의 측정기기 정도 점검
③ 1(B)급 : 일반 공작 측정, 검사용, 측정 기기의 영점 조정
④ 2(C)급 : 공작용, 측정기기의 정밀도 조정

199 옵티컬 패러렐을 이용하여 외측 마이크로미 터의 평행도를 검사하였더니 백색광에 의한 적색 간섭 무늬의 수가 앤빌에서 2개, 스핀들에서 4개였다. 평행 도는 약 얼마인가?(단, 측정에서 사용한 빛의 파장은 0.32μm이다.)

① 1μm
② 2μm
③ 4μm
④ 6μm

해설 ⊕

$$평행도 = n(간섭무늬 수) \times \frac{\lambda(빛의 \ 파장)}{2}$$
$$= 6 \times \frac{0.32}{2} = 0.96\mu m$$

200 투영기에 의해 측정할 수 있는 것은?

① 각도
② 진원도
③ 진직도
④ 원주 흔들림

해설 ⊕

투영기

피측정물의 확대된 실상을 스크린에 투영하여 표면 형상 및 치수, 각도를 측정하는 것이다.

201 일반적인 손 다듬질 가공에 해당되지 않는 것은?

① 줄가공
② 호닝가공
③ 해머 작업
④ 스크레이퍼 작업

해설 ⊕

② 호닝가공 → 기계가공

202 진직도를 수치화할 수 있는 측정기가 아닌 것은?

① 수준기   ② 광선정반
③ 3차원 측정기   ④ 레이저 측정기

해설 ⊕

광선정반(Optical Flat)

측정면에 밀착시켜 간섭무늬를 관찰함으로써 평면도를 측정할 수 있다.

203 공기 마이크로미터에 대한 설명으로 틀린 것은?

① 압축 공기원이 필요하다.
② 비교 측정기로 1개의 마스터로 측정이 가능하다.
③ 타원, 테이퍼, 편심 등의 측정을 간단히 할 수 있다.
④ 확대 기구에 기계적 요소가 없기 때문에 장시간 고정도를 유지할 수 있다.

해설 ⊕

공기 마이크로미터

• 압축공기가 노즐로부터 피측정물의 사이를 빠져나올 때 틈새에 따라 공기의 양이 변화한다. 즉, 틈새가 크면 공기량이 많고 틈새가 작으면 공기량이 적어진다. 이 공기의 유량을 유량계로 측정하여 치수의 값으로 읽는 측정기기이다.
• 두 개의 마스터(큰 치수, 작은 치수)를 필요로 한다.

204 공기 마이크로미터를 원리에 따라 분류할 때 이에 속하지 않는 것은?

① 광학식   ② 배압식
③ 유량식   ④ 유속식

해설 ⊕

공기 마이크로미터를 원리에 따라 분류

배압식, 유량식, 유속식

205 금긋기 작업을 할 때 유의사항으로 틀린 것은?

① 선은 가늘고 선명하게 한 번에 그어야 한다.
② 금긋기 선은 여러 번 그어 혼동이 일어나지 않도록 한다.
③ 기준면과 기준선을 설정하고 금긋기 순서를 결정하여야 한다.
④ 같은 치수의 금긋기 선은 전후, 좌우를 구분하지 말고 한 번에 긋는다.

해설 ⊕

② 금긋기 선은 한 번에 그어 혼동이 일어나지 않도록 한다.

04

실전 모의고사

Industrial Engineer Machinery Design

01 도면에서 2종류 이상의 선이 같은 장소에서 겹치게 될 경우 우선순위로 알맞은 것은?

① 외형선 > 숨은선 > 절단선 > 중심선
② 외형선 > 절단선 > 숨은선 > 중심선
③ 외형선 > 중심선 > 숨은선 > 절단선
④ 외형선 > 절단선 > 중심선 > 숨은선

02 절단면 표시방법인 해칭에 대한 설명으로 틀린 것은?

① 같은 절단면상에 나타나는 같은 부품의 단면에는 같은 해칭을 한다.
② 해칭은 주된 중심선에 대하여 45°로 하는 것이 좋다.
③ 인접한 단면의 해칭은 선의 방향 또는 각도를 변경하든지 그 간격을 변경하여 구별한다.
④ 해칭을 하는 부분에 글자 또는 기호를 기입할 경우에는 해칭선을 중단하지 말고 그 위에 기입해야 한다.

03 제3각법으로 나타낸 그림에서 정면도와 우측면도를 고려하여 가장 적합한 평면도는?

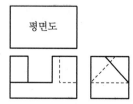

①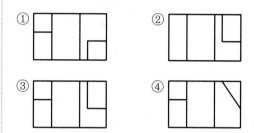

04 다음과 같은 3각법으로 그린 투상도의 입체도로 가장 옳은 것은?(단, 화살표 방향이 정면이다.)

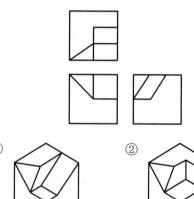

①   ②

③ 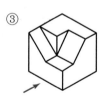 ④

05 기계제도의 투상도법의 설명으로 옳은 것은?

① KS규격은 제3각법만 사용한다.

② 제1각법은 물체와 눈 사이에 투상면이 있는 것이다.

③ 제3각법은 평면도가 정면도 위에, 우측면도는 정면도 오른쪽에 있다.

④ 동일한 부품을 각각 제1각법과 제3각법으로 도면을 작성할 경우 배면도의 투상도는 다르다.

06 그림에서 사용된 단면도의 명칭은?

① 한쪽 단면도
② 부분 단면도
③ 회전 도시 단면도
④ 계단 단면도

07 CAD시스템의 출력장치로 볼 수 없는 것은?

① 플로터
② 디지타이저
③ PDP
④ 프린터

08 점$(1, 5)$과 점$(4, 3)$을 잇는 선분에 대한 y축 대칭인 선분이 지나는 두 점은 무엇인가?

① 점$(-1, -5)$, 점$(4, 3)$
② 점$(1, 5)$, 점$(-4, -3)$
③ 점$(-1, 5)$, 점$(-4, 3)$
④ 점$(1, -5)$, 점$(4, 3)$

09 다음 치수 보조기호에 대한 설명으로 옳지 않은 것은?

① (50) : 데이텀 치수 50mm를 나타낸다.

② $t = 5$: 판재의 두께 5mm를 나타낸다.

③ $\overset{\frown}{20}$: 원호의 길이 20mm를 나타낸다.

④ SR30 : 구의 반지름 30mm를 나타낸다.

10 다음 중 합금공구강의 재질기호가 아닌 것은?

① STC 60
② STD 12
③ STF 6
④ STS 21

11 다음과 같은 표면의 결 도시기호에서 C가 의미하는 것은?

① 가공에 의한 컷의 줄무늬가 투상면에 평행

② 가공에 의한 컷의 줄무늬가 투상면에 경사지고 두 방향으로 교차

③ 가공에 의한 컷의 줄무늬가 투상면의 중심에 대한 동심원 모양

④ 가공에 의한 컷의 줄무늬가 투상면에 대해 여러 방향

12 ϕ100e7인 축에서 치수공차가 0.035이고, 위치수허용차가 -0.072라면 최소허용치수는 얼마인가?

① 99.893
② 99.928
③ 99.965
④ 100.035

13 기하공차 기호 중 위치공차를 나타내는 기호가 아닌 것은?

① 　　　②

③ 　　　④ ═

14 그림과 같은 기하공차의 해석으로 가장 적합한 것은?

① 지정 길이 100mm에 대해 0.05mm, 전체 길이에 대해 0.005mm의 대칭도
② 지정 길이 100mm에 대해 0.05mm, 전체 길이에 대해 0.005mm의 평행도
③ 지정 길이 100mm에 대해 0.005mm, 전체 길이에 대해 0.05mm의 대칭도
④ 지정 길이 100mm에 대해 0.005mm, 전체 길이에 대해 0.05mm의 평행도

15 KS 나사가 다음과 같이 표시될 때 이에 대한 설명으로 옳은 것은?

> 왼 2줄 M50 × 2 − 6H

① 나사산의 감긴 방향은 왼쪽이고, 2줄 나사이다.
② 미터 보통 나사로 피치가 6mm이다.
③ 수나사이고, 공차 등급은 6급, 공차 위치는 H이다.
④ 이 기호만으로는 암나사인지 수나사인지를 알 수 없다.

16 스퍼기어의 도시방법에 대한 설명으로 틀린 것은?

① 잇봉우리원은 굵은 실선으로 그린다.
② 피치원은 가는 2점쇄선으로 그린다.
③ 이골원은 가는 실선으로 그린다.
④ 축에 직각 방향으로 단면 투상할 경우, 이골원은 굵은 실선으로 그린다.

17 다음과 같이 도면에 지시된 베어링 호칭번호의 설명으로 옳지 않은 것은?

> 6312 Z NR

① 단열 깊은 홈 볼베어링
② 한쪽 실드붙이
③ 베어링 안지름 312mm
④ 멈춤링 붙이

18 보기와 같은 용접기호의 설명으로 옳은 것은?

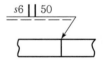

① 화살표 쪽에서 50mm 용접길이의 맞대기 용접
② 화살표 반대쪽에서 50mm 용접길이의 맞대기 용접
③ 화살표 쪽에서 두께가 6mm인 필릿 용접
④ 화살표 반대쪽에서 두께가 6mm인 필릿 용접

19 리벳의 호칭길이를 나타낼 때 머리 부분까지 포함하여 호칭길이를 나타내는 것은?

① 접시머리 리벳
② 둥근머리 리벳
③ 얇은 납작머리 리벳
④ 냄비머리 리벳

20 제시된 단면곡선을 안내곡선에 따라 이동하면서 생기는 궤적을 나타낸 곡면은?

① 룰드(Ruled) 곡면
② 스윕(Sweep) 곡면
③ 보간 곡면
④ 블렌딩(Blending) 곡면

21 묻힘 키(Sunk Key)에서 키의 폭이 10mm, 키의 유효길이가 54mm, 키의 높이가 8mm, 축의 지름이 45mm일 때 최대전달토크는 약 몇 N · m인가?(단, 키(Key)의 허용전단응력은 35N/mm²이다.)

① 425 　　　　　 ② 643
③ 846 　　　　　 ④ 1,024

22 이끝원 지름이 104mm, 잇수는 50인 표준 스퍼기어의 모듈은 얼마인가?

① 5 　　　　　 ② 4
③ 3 　　　　　 ④ 2

23 리드각이 α, 마찰계수가 $\mu(=\tan\rho)$인 나사의 자립조건으로 옳은 것은?(단, ρ는 마찰각이다.)

① $2\alpha < \rho$
② $\alpha < \rho$
③ $\alpha < 2\rho$
④ $\alpha > \rho$

24 평벨트 전동에서 유효장력이란 무엇인가?

① 벨트 긴장 측 장력과 이완 측 장력과의 차를 말한다.
② 벨트 긴장 측 장력과 이완 측 장력과의 비를 말한다.
③ 벨트 긴장 측 장력과 이완 측 장력을 평균한 값이다.
④ 벨트 긴장 측 장력과 이완 측 장력의 합을 말한다.

25 그림과 같은 스프링 장치에서 $W = 200$N의 하중을 메달면 처짐은 몇 cm가 되는가?(단, 스프링상수 $k_1 = 15$N/cm, $k_2 = 35$N/cm이다.)

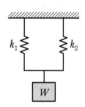

① 1.25 　　　　　 ② 2.50
③ 4.00 　　　　　 ④ 4.50

26 사각형 단면(100mm×60mm)의 기둥에 1N/mm² 압축응력이 발생할 때 압축하중은 약 얼마인가?

① 6,000N 　　　　　 ② 600N
③ 60N 　　　　　 ④ 60,000N

27 키 재료의 허용전단응력 60N/mm², 키의 폭×높이가 16mm×10mm인 성크 키를 지름이 50mm인 축에 사용하여 250rpm으로 40kW를 전달시킬 때, 성크 키의 길이는 몇 mm 이상이어야 하는가?

① 51   ② 64

③ 78   ④ 93

28 6,000N · m의 비틀림모멘트만을 받는 연강제 중실축의 지름은 몇 mm 이상이어야 하는가?(단, 축의 허용전단응력은 30N/mm²로 한다.)

① 81

② 91

③ 101

④ 111

29 10kN의 축하중이 작용하는 볼트에서 볼트 재료의 허용인장응력이 60MPa일 때 축하중을 견디기 위한 볼트의 최소골지름은 약 몇 mm인가?

① 14.6

② 18.4

③ 22.5

④ 25.7

30 속도비 3 : 1 모듈 3, 피니언(작은 기어)의 잇수 30인 한 쌍의 표준 스퍼기어의 축간 거리는 몇 mm인가?

① 60

② 100

③ 140

④ 180

31 400rpm으로 전동축을 지지하고 있는 미끄럼 베어링에서 저널의 지름은 6cm, 저널의 길이는 10cm이고, 4.2kN의 레이디얼 하중이 작용할 때, 베어링 압력은 약 몇 MPa인가?

① 0.5   ② 0.6

③ 0.7   ④ 0.8

32 어느 브레이크에서 제동동력이 3kW이고, 브레이크 용량(Brake Capacity)을 0.8N/mm² · m/s라고 할 때 브레이크 마찰면적의 크기는 약 몇 mm²인가?

① 3,200   ② 2,250

③ 5,500   ④ 3,750

33 허용전단응력 60N/mm²의 리벳이 있다. 이 리벳에 15kN의 전단하중을 작용시킬 때 리벳의 지름은 약 몇 mm 이상이어야 안전한가?

① 17.85

② 20.50

③ 25.25

④ 30.85

34 회전속도가 7m/s로 전동되는 평벨트 전동장치에서 가죽 벨트의 폭(b)×두께(t) = 116mm×8mm인 경우, 최대전달동력은 약 몇 kW인가?(단, 벨트의 허용인장응력은 2.35MPa, 장력비($e^{\mu\theta}$)는 2.50이며, 원심력은 무시하고 벨트의 이음효율은 100%이다.)

① 7.45

② 9.16

③ 11.08

④ 13.46

35 재료의 파손이론(Failure Theory) 중 재료에 조합하중이 작용할 때 최대주응력이 단순인장 또는 단순압축하중에 대한 항복강도, 또는 인장강도나 압축강도에 도달하였을 때 재료의 파손이 일어난다는 이론을 말하는 것으로 주철과 같은 취성재료에 잘 일치하는 이론은?

① 변형률 에너지설
② 최대주변형률설
③ 최대전단응력설
④ 최대주응력설

36 원주속도가 4m/s로 18.4kW의 동력을 전달하는 헬리컬기어에서 비틀림각이 30°일 때 축 방향으로 작용하는 힘(추력)은 약 몇 kN인가?

① 1.8   ② 2.3
③ 2.7   ④ 4.0

37 일정한 주기 및 진폭으로 반복하여 계속 작용하는 하중으로 편진하중을 의미하는 것은?

① 변동하중(Variable Load)
② 반복하중(Repeated Oad)
③ 교번하중(Alterate Oad)
④ 충격하중(Impact Oad)

38 지름이 20mm인 축이 114rpm으로 회전할 때 최대 약 몇 kW의 동력을 전달할 수 있는가?(단, 축 재료의 허용전단응력은 39.2MPa이다.)

① 0.74   ② 1.43
③ 1.98   ④ 2.35

39 전동축에 큰 휨(Deflection)을 주어서 축의 방향을 자유롭게 바꾸거나 충격을 완화시키기 위해 사용하는 축은?

① 직선 축
② 크랭크 축
③ 플렉시블 축
④ 중공 축

40 용접이음의 장점에 해당하지 않는 것은?

① 열에 의한 잔류응력이 거의 발생하지 않는다.
② 공정수를 줄일 수 있고, 제작비가 싼 편이다.
③ 기밀 및 수밀성이 양호하다.
④ 작업의 자동화가 용이하다.

41 다음 중 강자성체 금속에 해당되지 않는 것은?

① Fe
② Ni
③ Sb
④ Co

42 탄소강에 대한 설명 중 틀린 것은?

① 인은 상온 취성의 원인이 된다.
② 탄소의 함유량이 증가함에 따라 연신율은 감소한다.
③ 황은 적열 취성의 원인이 된다.
④ 산소는 백점이나 헤어 크랙의 원인이 된다.

43 Mn강 중 고온에서 취성이 생기므로 1,000~1,100℃에서 수중 담금질하는 수인법(Water Toughening)으로 인성을 부여한 오스테나이트 조직의 구조용 강은?

① 붕소강
② 듀콜(Ducol)강
③ 해드필드(Hadfield)강
④ 크로만실(Chromansil)강

44 그림과 같이 높이가 지름보다 작은 낮은 원기둥의 위치결정구를 정확히 잘 설정한 것은?

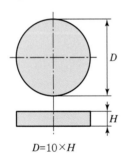

$D=10 \times H$

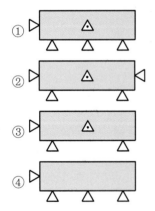

45 주철의 접종(Inoculation) 및 그 효과에 대한 설명으로 틀린 것은?

① Ca-Si 등을 첨가하여 접종을 한다.
② 핵생성을 용이하게 한다.
③ 흑연의 형상을 개량한다.
④ 칠(Chill)화를 증가시킨다.

46 주철의 성장을 억제하기 위하여 사용되는 첨가 원소로 가장 적합한 것은?

① Pb   ② Sn
③ Cr   ④ Cu

47 비정질 합금에 관한 설명으로 틀린 것은?

① 전기 저항이 크다.
② 구조적으로 장거리의 규칙성이 있다.
③ 가공경화 현상이 나타나지 않는다.
④ 균질한 재료이며, 결정 이방성이 없다.

48 터릿선반에 대한 설명으로 옳은 것은?

① 다수의 공구를 조합하여 동시에 순차적으로 작업이 가능한 선반이다.
② 지름이 큰 공작물을 정면가공하기 위하여 스윙을 크게 만든 선반이다.
③ 작업대 위에 설치하고 시계부속 등 작고 정밀한 가공물을 가공하기 위한 선반이다.
④ 가공하고자 하는 공작물과 같은 실물이나 모형을 따라 공구대가 자동으로 모형과 같은 윤곽을 깎아내는 선반이다.

49 구성인선의 방지 대책으로 틀린 것은?

① 경사각을 작게 할 것
② 절삭깊이를 적게 할 것
③ 절삭속도를 빠르게 할 것
④ 절삭공구의 인선을 날카롭게 할 것

50 치공구를 사용하는 목적으로 틀린 것은?

① 복잡한 부품의 경제적인 생산
② 작업자의 피로가 증가하고 안전성 감소
③ 제품의 정밀도 및 호환성의 향상
④ 제품의 불량이 적고 생산능력을 향상

51 선삭에서 지름 50mm, 회전수 900rpm, 이송 0.25mm/rev, 길이 50mm를 2회 가공할 때 소요되는 시간은 약 얼마인가?

① 13.4초
② 26.7초
③ 33.4초
④ 46.7초

52 밀링 머신에서 원주를 단식 분할법으로 13등분 하는 경우의 설명으로 옳은 것은?

① 13구멍 열에서 1회전에 3구멍씩 이동한다.
② 39구멍 열에서 3회전에 3구멍씩 이동한다.
③ 40구멍 열에서 1회전에 13구멍씩 이동한다.
④ 40구멍 열에서 3회전에 13구멍씩 이동한다.

53 다음 그림에서 $l_1 = 40mm$, $l_2 = 30mm$, $d = 12mm$, $P = 140kgf$일 때 공작물에 가해지는 힘 Q_1은 얼마인가?

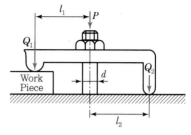

① 60kgf
② 80kgf
③ 420kgf
④ 560kgf

54 연삭가공에서 내면 연삭에 대한 설명으로 틀린 것은?

① 외경 연삭에 비하여 숫돌의 마모가 많다.
② 외경 연삭보다 숫돌 축의 회전수가 느려야 한다.
③ 연삭숫돌의 지름은 가공물의 지름보다 작아야 한다.
④ 숫돌 축은 지름이 작기 때문에 가공물의 정밀도가 다소 떨어진다.

55 배럴가공 중 가공물의 치수 정밀도를 높이고, 녹이나 스케일 제거의 역할을 하기 위해 혼합되는 것은?

① 강구
② 맨드릴
③ 방진구
④ 미디어

56 강을 오스테나이트화한 후, 공랭하여 표준화된 조직을 얻는 열처리는?

① 퀜칭(Quenching)
② 어닐링(Annealing)
③ 템퍼링(Tempering)
④ 노멀라이징(Normalizing)

57 다음 중 열처리에서 풀림의 목적과 가장 거리가 먼 것은?

① 조직의 균질화
② 냉간 가공성 향상
③ 재질의 경화
④ 잔류 응력 제거

58 비교 측정하는 방식의 측정기는?

① 측장기
② 마이크로미터
③ 다이얼 게이지
④ 버니어 캘리퍼스

59 다음 나사의 유효지름 측정방법 중 정밀도가 가장 높은 방법은?

① 삼침법을 이용한 방법
② 피치 게이지를 이용한 방법
③ 버니어 캘리퍼스를 이용한 방법
④ 나사 마이크로미터를 이용한 방법

60 수기가공할 때 작업안전수칙으로 옳은 것은?

① 바이스를 사용할 때는 조에 기름을 충분히 묻히고 사용한다.
② 드릴가공을 할 때에는 장갑을 착용하여 단단하고 위험한 칩으로부터 손을 보호한다.
③ 금긋기 작업을 하는 이유는 주로 절단을 할 때에 절삭성이 좋아지기 위함이다.
④ 탭 작업 시에는 칩이 원활하게 배출이 될 수 있도록 후퇴와 전진을 번갈아 가면서 점진적으로 수행한다.

정답

01	02	03	04	05	06	07	08	09	10
①	④	③	④	③	③	②	③	①	①
11	12	13	14	15	16	17	18	19	20
③	①	③	④	①	②	③	①	①	②
21	22	23	24	25	26	27	28	29	30
①	④	②	①	③	①	②	③	①	④
31	32	33	34	35	36	37	38	39	40
③	④	①	②	④	③	②	①	③	①
41	42	43	44	45	46	47	48	49	50
③	④	③	①	④	③	②	①	①	②
51	52	53	54	55	56	57	58	59	60
②	②	①	②	④	④	③	③	①	④

01

겹치는 선의 우선순위

외형선 → 숨은선 → 절단선 → 가는 1점쇄선

→ 가는 2점쇄선 → 치수 보조선

02

해칭을 하는 부분에 글자 또는 기호를 기입할 경우에는 글자 또는 기호와 겹치지 않게 해칭선을 중단하여 기입해야 한다.

03

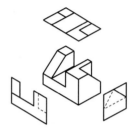

04

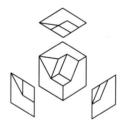

05

① KS규격은 1각법(조선분야)과 3각법(기계분야)을 사용한다.
② 제1각법은 눈 → 물체 → 투상면 순으로 되어 있다.
④ 제1각법과 제3각법은 정면도와 배면도의 위치가 동일하다.

06 회전 도시 단면도

물체의 한 부분을 자른 다음, 자른 면만 90° 회전하여 형상을
나타내는 기법이다.

07

디지타이저는 입력장치이다.

08

y축 대칭은 x좌표의 부호만 반대가 되므로 점(−1, 5), 점
(−4, 3)이 된다.

09

① (50) : 참고치수 50mm를 나타낸다.

10

① STC : 탄소공구강재

※ STD, STF, STS는 합금공구강의 종류이다.

11

• 줄무늬 방향기호
• C : 가공으로 생긴 커터의 줄무늬가 기호를 기입한 면의
  중심에 대하여 동심원 모양인 것을 뜻한다.

12

• 최소허용치수＝기준 치수＋아래 치수 허용차
• 치수공차＝위 치수 허용차－아래 치수 허용차
  0.035＝−0.072−(아래 치수 허용차)에서
  아래 치수 허용차＝−0.072−0.035＝−0.107
∴ 최소허용치수＝100＋(−0.107)＝99.893

13

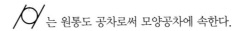 는 원통도 공차로써 모양공차에 속한다.

14

그림의 기하공차는 데이텀 A를 기준으로 지정 길이 100mm
에 대해 0.005mm, 전체 길이에 대해 0.05mm의 평행도를
갖는다.

15

• 왼 2줄 : 나사산의 감긴 방향은 왼쪽이고, 2줄 나사이다.
• M50×2 : 미터 가는 나사로 피치가 2mm이다.
• 6H : 알파벳 대문자이므로 암나사이며, 공차 등급은 6등
  급이다.

16

② 피치원은 가는 1점쇄선으로 그린다.

17 깊은 홈 볼베어링(6312 Z NR)

63	12	Z	NR
베어링 계열 번호 (깊은 홈 볼베어링)	안지름 번호 (베어링 내경 60mm)	실드 기호 (한쪽 실드붙이)	궤도륜 형상 기호 (멈춤링 붙이)

18

- $s6 \parallel 50$: 화살표 쪽에서 루트 깊이 6mm, 용접 길이 50mm의 맞대기 용접
- $\parallel$: 맞대기 용접
- s : 맞대기 용접의 경우 부재의 표면으로부터 용입의 바닥까지의 최소거리(루트 깊이)

- 50 : 용접 길이(mm)
- 실선 쪽에 맞대기 용접기호($\parallel$)가 기입되어 있으므로 화살표 쪽 용접을 의미함

19

① 접시머리 리벳의 길이는 머리 부분까지 포함한 길이이다.

| 접시머리 리벳 |

20

스위프(Sweep) 곡면에 대한 내용이다.

21

전단력 $F = \tau \times A_\tau = \tau \times b \times l$
$= 35 \times 10 \times 54 = 18,900\text{N}$

전달토크 $T = F \times \dfrac{D}{2}$
$= 18,900\text{N} \times \dfrac{45\text{mm}}{2} \times \dfrac{1\text{m}}{1,000\text{mm}}$
$= 425.25\text{N} \cdot \text{m}$

22

이끝원 지름 $D_o = D(\text{피치원지름}) + 2m\,(D = mZ\text{ 적용})$
$= mZ + 2m = m(Z+2)$에서

모듈 $m = \dfrac{D_o}{Z+2} = \dfrac{104}{50+2} = 2\text{mm}$

23

나사를 풀 때 회전력 $P = Q\tan(\rho - \alpha)$에서
나사의 자립조건은 나사가 스스로 풀리지 않는 조건이므로 나사를 풀 때 힘이 들게 되면 나사의 자립조건을 만족하게 된다. 그러므로 나사의 자립조건은 $\alpha < \rho$, 즉 마찰각이 리드각보다 커야 한다.

여기서, Q : 축하중, α : 리드각, ρ : 마찰각

24

그림처럼 원동차 풀리가 우회전할 때 왼쪽은 긴장 측 장력(T_t)이, 오른쪽은 이완 측 장력(T_s)이 작용하게 되는데, 이 두 장력의 차이인 유효장력 ($T_e = T_t - T_s$)으로 벨트풀리를 돌려 동력을 전달하게 된다.

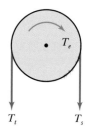

25

병렬조합이므로
$W = W_1 + W_2$
$= k_1 \delta_1 + k_2 \delta_2 \ (\delta = \delta_1 = \delta_2$ 늘음량이 일정하므로$)$
$= \delta(k_1 + k_2)$

$\therefore \delta = \dfrac{W}{k_1 + k_2} = \dfrac{200}{15+35} = 4\text{cm}$

여기서, δ : 조합된 스프링의 전체 처짐량
k_1, k_2 : 각각의 스프링상수
δ_1, δ_2 : 각각의 스프링 처짐량

26

압축하중 $F = \sigma_c \times A_\sigma = 1 \times 100 \times 60 = 6,000\text{N}$

여기서, σ_c : 압축응력

A_σ : 사각형 단면면적

27

원주속도 $V = \dfrac{\pi D N}{60,000} = \dfrac{\pi \times 50 \times 250}{60,000} = 0.654\text{m/s}$

$H = F \cdot V$에서 회전력 $F = \dfrac{H}{V} = \dfrac{40 \times 10^3}{0.654} = 61,162\text{N}$

전단응력 $\tau = \dfrac{F}{A_\tau} = \dfrac{F}{b \times l}$에서

키 길이 $l = \dfrac{F}{b \times \tau} = \dfrac{61,162}{16 \times 60} = 63.7 \fallingdotseq 64\text{mm}$

28

비틀림 모멘트(토크) $T = \tau \cdot Z_P = \tau \dfrac{\pi d^3}{16}$에서

축지름 $d = \sqrt[3]{\dfrac{16T}{\pi\tau}} = \sqrt[3]{\dfrac{16 \times 6,000 \times 10^3}{\pi \times 30}}$

$= 100.6 \fallingdotseq 101\text{mm}$

여기서, τ : 허용전단응력

T : 비틀림모멘트

d : 축 지름

29

허용인장응력 $\sigma_t = \dfrac{F}{A} = \dfrac{F}{\dfrac{\pi d_1^{\,2}}{4}}$에서

볼트의 골지름 $d_1 = \sqrt{\dfrac{4F}{\pi\sigma_t}} = \sqrt{\dfrac{4 \times 10 \times 10^3}{\pi \times 60}}$

$= 14.6\text{mm}$

여기서, $\sigma_t = 60\text{MPa} = 60 \times 10^6 \text{N/m}^2 = 60\text{N/mm}^2$

30

A : 피니언(작은 기어), B : 스퍼기어(큰 기어)

속도비 $i = \dfrac{N_A}{N_B} = \dfrac{Z_B}{Z_A} = \dfrac{Z_B}{30} = \dfrac{3}{1}$

$Z_B = 90$

$D_A = mZ_A = 3 \times 30 = 90$

$D_B = mZ_B = 3 \times 90 = 270$

$\therefore$ 축간거리 $C = \dfrac{D_A + D_B}{2} = \dfrac{90 + 270}{2} = 180$

31

$d = 60\text{mm}, \ l = 100\text{mm}, \ P = 4.2 \times 10^3\text{N}$

베어링 압력 $q = \dfrac{P}{A_q} = \dfrac{P}{dl}$에서

$\therefore q = \dfrac{4.2 \times 10^3}{60 \times 100} = 0.7\text{N/mm}^2 = 0.7\text{MPa}$

32

브레이크 용량은 단위면적당 제동동력이므로

$\mu \cdot q \cdot V = \dfrac{F_f V}{A_q}$

$\therefore A_q = \dfrac{F_f V}{\mu \cdot q \cdot V} = \dfrac{3 \times 10^3}{0.8} = 3,750\text{mm}^2$

여기서, $\mu \cdot q \cdot V$: 브레이크 용량

$F_f V$: 제동동력

A_q : 마찰면적

33

리벳의 전단응력

$\tau = \dfrac{W}{A_\tau} = \dfrac{W}{\dfrac{\pi d^2}{4}}$에서

$d = \sqrt{\dfrac{4W}{\pi\tau}} = \sqrt{\dfrac{4 \times 15 \times 10^3}{\pi \times 60}} = 17.85\text{mm}$

34

벨트의 전달동력 $H = T_e \cdot V$이므로

유효장력 $T_e = T_t - T_s$

장력비 $e^{\mu\theta} = \dfrac{T_t}{T_s},\ T_s = \dfrac{T_t}{e^{\mu\theta}}$

$T_e = T_t - \dfrac{T_t}{e^{\mu\theta}} = T_t \left(\dfrac{e^{\mu\theta} - 1}{e^{\mu\theta}} \right)$

$\quad = 2,180.8 \times \left(\dfrac{2.5 - 1}{2.5} \right) = 1,308.48\,\text{N}$

여기서, 긴장 측 장력 $T_t = \sigma_t \cdot A_\sigma = \sigma_t \cdot b \cdot t$

$\qquad\qquad\qquad\qquad = 2.35 \times 116 \times 8$

$\qquad\qquad\qquad\qquad = 2,180.8\,\text{N}$

$\qquad (\sigma_t = 2.35 \times 10^6 \text{Pa} = 2.35\,\text{N/mm}^2)$

$\therefore\ H = T_e \times V = 1,308.48 \times 7 = 9,159.36\,\text{W} = 9.16\,\text{kW}$

35 최대주응력설

분리파손되는 취성재료에 적합한 파손이론이다.

36

$H = F \cdot V$에서

$F = \dfrac{H}{V} = \dfrac{18.4 \times 10^3}{4} = 4,600\,\text{N}$

축 방향으로 작용하는 힘(추력)은

$F_t = F\tan\beta = 4,600 \times \tan 30 = 2,655\,\text{N} = 2.7\,\text{kN}$

37 편진하중

압축 또는 인장의 어느 한쪽으로만 작용하는 반복하중을 뜻한다.

38 전달동력

$H = T\omega = T \times \dfrac{2\pi N}{60}$

$T = \tau \cdot Z_P = \tau \dfrac{\pi d^3}{16} = 39.2 \times \dfrac{\pi \times 20^3}{16} = 61,575\,\text{N} \cdot \text{mm}$

$\quad = 61.6\,\text{N} \cdot \text{m}$

$\therefore\ H = 61.6 \times \dfrac{2\pi \times 114}{60} = 735.38\,\text{W} = 0.74\,\text{kW}$

여기서, $\tau = 39.2 \times 10^6 \text{Pa}$

$\qquad\qquad = 39.2 \times 10^6 \text{N/m}^2 = 39.2\,\text{N/mm}^2$

39 플렉시블 축

전동축에 큰 휨(Deflection)을 주어서 축의 방향을 자유롭게 바꾸거나 충격을 완화시키는 축으로 유연성 축이라고도 한다.

40

용접이음은 열에 의한 잔류응력이 발생하기 쉬워서 이를 제거하는 작업이 필요하다.

41 강자성체

Fe, Ni, Co

42

④ 수소는 백점이나 헤어 크랙의 원인이 된다.

43 해드필드(Hadfield)강

고망간강, 오스테나이트 조직이며, 가공경화속도가 아주 빠르고, 내충격성이 대단히 우수하여 내마모재로 사용한다.

[참고] 수인법

고Mn강이나 18－8스테인리스강 등과 같이 첨가원소가 다량인 것은 변태온도가 더욱 저하되어 있으므로 서랭시켜도 그 조직이 오스테나이트로 된다. 이러한 것들은 1,000℃에서 수중에 급랭시켜서 완전한 오스테나이트로 만드는 것이 오히려 연하고 인성이 증가되어 가공하기가 쉽다.

44

짧은 원통의 위치결정구 배치

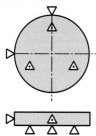

45 주철의 접종

용융주철을 주형에 주입하기 전에 입자상의 순규소, 페로실리콘, 칼슘실리사이드 등의 접종제를 첨가하면, 주철의 기계적 강도가 증가할 뿐만 아니라 결정조직의 개선, 칠화의 방지, 질량 효과의 개선 등에 효과가 있다. 강인주철의 제조에 자주 이용되는 용탕 처리법이다.

46 주철의 성장 방지법

㉠ 흑연을 미세화시켜 조직을 치밀하게 한다.
㉡ C, Si는 적게 하고 Ni을 첨가한다.
㉢ 편상흑연을 구상화시킨다.
㉣ 펄라이트 조직 중 Fe_3C의 흑연화를 방지하기 위해, 탄화물 안정원소인 Mn, Cr, Mo, V 등을 첨가한다.

47

② 결정 구조를 가지지 않는 아몰퍼스 구조이다.

48 터릿선반

보통 선반의 심압대 대신 여러 개의 공구를 방사형으로 구성한 터릿공구대를 설치하여 공정 순서대로 공구를 차례로 사용해 가공할 수 있는 선반이다.

49

① 바이트의 윗면 경사각을 크게 할 것

50

② 작업자의 피로가 감소하고 안전성 증가

51

$$T = \frac{L \cdot N}{f \cdot n} = \frac{50 \times 2}{0.25 \times 900} = 0.444\text{min} = 26.7\text{sec}$$

여기서, L : 가공할 길이(mm)
N : 가공횟수
f : 공구의 이송속도(mm/rev)
n : 회전수(rpm)

52

$$n = \frac{40}{N} = \frac{40}{13} = 3\frac{1}{13} \Rightarrow \frac{1 \times 3}{13 \times 3} = \frac{3}{39}$$

∴ 분할판의 39구멍 열에서 3회전에 3구멍씩 회전시킨다.

53

$$Q_1 \times (l_1 + l_2) = P \times l_2$$

$$Q_1 \times (40 + 30) = 140 \times 30$$

$$\therefore P = \frac{140 \times 30}{(40 + 30)} = 60\text{kgf}$$

54

② 외경 연삭보다 숫돌의 외경이 작기 때문에 숫돌 축의 회전수가 빨라야 한다.

55 미디어(Media)

배럴가공 시 공작물 표면을 연마하거나 광택을 내기 위한 연마제이다.

56 불림(Normalizing)

- 방법 : A$_3$, A$_{cm}$선 이상 30~50℃에서 가열 → 온도 유지 (재료를 균일하게 오스테나이트화함) → 대기 중에서 냉각
- 목적 : 결정립의 조대화, 내부 비틀림, 탄화물이나 그 외 석출물의 분산, 조직의 표준화, 결정립의 미세화, 응력 제거, 가공성 향상

57

③ 재질의 연화

58 비교 측정기

다이얼 게이지, 미니미터, 옵티미터, 옵티컬 컴퍼레이터, 전기 마이크로미터, 공기 마이크로미터, 전기저항 스크레인게이지 등

59 삼침법

나사의 골에 적당한 굵기의 침을 3개 끼워서 침의 외측거리를 외측 마이크로미터로 측정하여 수나사의 유효지름을 계산한다(정밀도가 가장 높은 나사의 유효지름 측정에 쓰인다).

60

① 바이스를 사용할 때는 조에 기름을 깨끗이 닦고 사용한다.
② 드릴가공을 할 때에는 장갑을 착용하지 않는다.
③ 금긋기 작업을 하는 이유는 주로 절단을 정밀하게 하기 위함이다.

기계설계산업기사 **필기**

발행일 | 2022. 1. 10 초판발행
2022. 5. 10 개정1판1쇄

저 자 | 다솔유캠퍼스 · 박성일 · 박은철 · 임선빈
발행인 | 정용수
발행처 | 예문사

주 소 | 경기도 파주시 직지길 460(출판도시) 도서출판 예문사
T E L | 031) 955 – 0550
F A X | 031) 955 – 0660
등록번호 | 11 – 76호

• 예문사 홈페이지 http : //www.yeamoonsa.com

정가 : 27,000원

ISBN 978-89-274-4493-0 13550